**TS** 한국교통안전공단 주관 시험 시행

1일이면 끝내주는

# 버스운전
# 자격시험출제문제

KB213780

대한민국 국가대표 브랜드  국가자격 시험문제 전문출판  **에듀크라운** 국가자격시험문제 전문출판    최고의 적중률!! 최고의 합격률!! **크라운출판사** 국가자격시험문제 전문출판 http://www.crownbook.co.kr

# 차 례

# 버스운전 자격시험 안내

## ❶ 버스운전 자격시험 시행일정

**(1) 컴퓨터(CBT) 방식 자격시험(공휴일 · 토요일 제외)**

○ 자격시험 접수
- 인터넷 : 국가자격시험 홈페이지(http://lic.kotsa.or.kr/tsportal/main.do)
- 방문 : 응시하고자 하는 시험장
- 인터넷 · 방문 접수 시작일 : 연간 시험 일정 확인
○ 자격시험 장소(주차시설 없으므로 대중교통 이용 필수)
- 시험당일 준비물 : 운전면허증(모바일 운전면허증 제외)
- CBT(컴퓨터를 활용한 필기시험)운영

| 자격<br>시험 종목 | 입실<br>시간 | 시험<br>시간 | 상시 CBT 필기시험일(공휴일 · 토요일 제외) | |
|---|---|---|---|---|
| | | | CBT 전용 상설 시험장<br>(서울 구로, 수원, 인천, 대전, 대구, 부산, 광주,<br>전주, 울산, 창원, 춘천, 화성) | 정밀 검사장 활용 CBT 비상설 시험장<br>(서울 성산, 서울 노원, 서울 송파,<br>의정부, 청주, 제주, 상주, 홍성) |
| 버스<br>운전 자격 | 시작<br>20분전 | 80분 | 매일 4회<br>(오전 2회 · 오후 2회)<br>*대전, 부산, 광주는 수요일 오후 항공 CBT 시행 | 매주 화요일, 목요일<br>오후 각 2회 |

**(2) 합격자 발표 :** 시험 종료 후 합격자 발표

## ❷ 응시자격

**(1) 운전면허 :** 제1종 대형 또는 제1종 보통 운전면허소지자

**(2) 연령 :** 20세 이상일 것

**(3) 운전경력 :** 운전경력 1년 이상(운전면허보유 기간 기준)
   ※ 취소 및 정지기간은 보유기간에서 제외

**(4) 운전적성 정밀검사 :** 여객자동차 운수사업법 시행규칙 제49조제3항제1호의 규정에 따른 신규검사 기준에 적합한 자(시험 접수일 기준)

**(5)** 여객자동차 운수사업법 제24조제3항의 결격사유에 해당되지 않는 사람

## ③ 운전자격을 취득할 수 없는 사람

**(1)** 다음 각 목의 어느 하나에 해당하는 죄를 범하여 금고(禁錮) 이상의 실형을 선고받고 그 집행이 끝나거나(집행이 끝난 것으로 보는 경우를 포함) 면제된 날부터 2년이 지나지 아니한 사람

① 「특정강력범죄의 처벌에 관한 특례법」 제2조제1항 각 호에 따른 죄

② 「특정범죄 가중처벌 등에 관한 법률」 제5조의2부터 제5조의5까지, 제5조의9 및 제11조에 따른 죄

③ 「마약류관리에 관한 법률」에 따른 죄

④ 「형법」 제332조(제329조부터 제331조까지의 상습범으로 한정한다.), 제341조에 따른 죄 또는 그 각 미수죄, 제363조에 따른 죄

**(2)** (1)항 각 목의 어느 하나에 해당하는 죄를 범하여 금고 이상의 형의 집행유예를 선고받고 그 집행유예 기간 중에 있는 사람

**(3)** 자격시험일 전 5년간 다음 어느 하나에 해당하여 운전면허 취소된 사람

① 음주운전 또는 음주측정 불응 등

② 과로, 질병 또는 약물 섭취 후 운전

③ 무면허운전으로 벌금형 이상의 형선고 등

④ 운전 중 대형 교통사고 발생(3명 이상 사망 또는 20명 이상 사상자)

**(4)** 자격시험일 전 3년간 아래에 해당하여 운전면허가 취소된 사람

① 공동위험행위

② 난폭운전


## ④ 시험과목

**(1) 시험과목**

| 교시<br>(시험시간) | 시험 과목명 | 출제문항수<br>(총 80문항) | 비고 |
|---|---|---|---|
| 1교시 | 교통 · 운수 관련법규 및 교통사고 유형 | 25 | 출제문제의 수는<br>상이할 수 있음 |
| | 자동차 관리요령 | 15 | |
| 2교시 | 안전운행 요령 | 25 | |
| | 운송서비스(예절포함) | 15 | |

## 5 합격자 결정 및 발표

**(1) 합격자 결정** : 총점의 60% 이상(총80문항 중 48문항 이상)을 얻은 사람

**(2) 합격자 발표** : 시험 종료 후 시험시행 장소에서 합격자 발표

## 6 버스운전 자격증 발급신청·교부

**(1) 발급시기(필기시험에 합격한 사람)**

- 합격자 발표일로부터 30일 이내에 자격증발급 신청

**(2) 발급신청 준비물**

- 운전면허증
- 버스운전자격증 발급신청서 1부(인터넷 신청의 경우 생략)
- 자격증 교부 수수료(10,000원)

## 7 응시자격미달 및 결격사유 해당자처리

**(1) 상시 컴퓨터(CBT) 방식 필기시험 응시자**

- 시험접수 등록시 결격사유 확인 동의서 및 서약서를 작성하여 시험 전에 제출을 받아 응시원서에 기재된 운전경력 등에 근거하여 관계기관에 사실여부 조회를 실시하며, 조회결과 자격시험 응시자격 미달 또는 결격사유 해당자는 여객자동차 운수사업법 제87조제1항제1호·제2호·제8호에 의하여 거짓이나 그 밖의 부정한 방법 등으로 자격을 취득하였으므로 버스운전 자격이 취소되며, 이 경우 기 납부한 수수료는 환불되지 않습니다.

## 8 기타사항

**(1)** 응시자는 시험장위치 및 교통편의를 사전에 확인하여야 하며, 시험 당일 시험응시표, 운전면허증(필수지참)을 소지하고 시험시작 20분 전까지 해당 시험실의 지정된 좌석에 착석하여 시험감독자의 안내에 따라야 하며, 시험개시 후에는 시험장소에 입실할 수 없습니다.

**(2) 부정행위를 한 수험자에 대한 조치** : 당해 시험을 무효처리, 응시자격의 제한 등의 조치를 하게 됩니다.

**(3) 부당하게 자격을 취득한 경우** : 자격취소 등의 처분이 따릅니다.

**(4)** 시험장에는 차량출입이 불가한 경우가 많으니 가급적 대중교통을 이용하여 주시기 바랍니다.

※ 기타 자세한 사항은 한국교통안전공단 버스운전자격시험 홈페이지(http://lic.kotsa.or.kr/tsportal/main.do)를 참조하시거나, 고객 콜센터(1577-0990) 또는 해당지사(원서교부 및 접수처)로 문의하시기 바랍니다.

# 제1편 🚌 교통·운수 관련법규 및 교통사고 유형

## 제1장   여객자동차 운수사업법령

### 제1절  목적 및 정의

**1 목적(법 제1조)**

① 여객자동차 운수사업에 관한 질서 확립
② 여객의 원활한 운송
③ 여객자동차 운수사업의 종합적인 발달 도모
④ 공공복리 증진

**2 정의(법 제2조, 영 제2조, 규칙 제2조)**

① 여객자동차운송사업 : 다른 사람의 수요에 응하여 자동차를 사용하여 유상(有償)으로 여객을 운송하는 사업
② 여객자동차터미널 : 도로의 노면, 그 밖에 일반교통에 사용되는 장소가 아닌 곳으로서 승합자동차를 정류(停留)시키거나 여객을 승·하차(乘下車)시키기 위하여 설치된 시설과 장소
③ 노선 : 자동차를 정기적으로 운행하거나 운행하려는 구간
④ 운행계통 : 노선의 기점(起點)·종점(終點)과 그 기점·종점 간의 운행경로·운행거리·운행횟수 및 운행대수를 총칭한 것
⑤ 여객자동차 운수사업 : 여객자동차운송사업, 자동차대여사업, 여객자동차터미널사업 및 여객자동차 플랫폼사업을 말한다.
⑥ 관할관청 : 관할이 정해지는 국토교통부장관, 대도시권광역교통위원회나 특별시장·광역시장·특별자치시장·도지사 또는 특별자치도지사
⑦ 정류소 : 여객이 승차 또는 하차할 수 있도록 노선 사이에 설치한 장소

### 제2절  여객자동차운송사업

**1 여객자동차운송사업의 종류(법 제3조, 영 제3조)**

**(1) 노선(路線) 여객자동차운송사업(중형 이상의 승합차)(제1호)**

① 시내버스운송사업 : 주로 특별시·광역시·특별자치시 또는 시의 단일 행정구역에서 운행계통을 정하고 국토교통부령으로 정하는 자동차를 사용하여 여객을 운송하는 사업으로 운행형태에 따라 광역급행형·직행좌석형·좌석형 및 일반형 등으로 구분

② 농어촌버스운송사업 : 주로 군(광역시의 군은 제외)의 단일 행정구역에서 운행계통을 정하고 국토교통부령으로 정하는 자동차를 사용하여 여객을 운송하는 사업으로 운행형태에 따라 **직행좌석형·좌석형 및 일반형** 등으로 구분

> 🚌 **자동차의 종류**
> 중형 이상의 승합자동차(관할관청이 필요하다고 인정하는 경우 농어촌버스운송사업에 대해서는 소형 이상의 승합자동차)

③ 마을버스운송사업 : 주로 시·군·구의 단일 행정구역에서 기점·종점의 특수성이나 사용되는 자동차의 특수성 등으로 인하여 다른 노선 여객자동차운송사업자가 운행하기 어려운 구간을 대상으로 여객을 운송하는 사업

④ 시외버스운송사업 : 운행계통을 정하고 자동차를 사용하여 여객을 운송하는 사업으로서 **시내버스운송사업, 농어촌버스운송사업, 마을버스운송사업에 속하지 아니하는 사업**으로 운행행태에 따라 고속형·직행형 및 일반형 등으로 구분

> 🚌 **운행행태에 따른 자동차의 종류(별표1)**
> ① 시외우등고속버스 : 고속형으로 원동기 출력이 자동차 총 중량 1톤당 20마력 이상이고 승차정원이 29인승 이하인 대형승합자동차
> ② 시외고속버스 : 고속형으로 원동기 출력이 자동차 총 중량 1톤당 20마력 이상이고 승차정원이 30인승 이상인 대형승합자동차
> ③ 시외직행 및 시외일반버스 : 중형 이상의 승합자동차(직행형, 일반형)

## (2) **구역(區域) 여객자동차운송사업(제2호)**

① 전세버스운송사업 : 운행계통을 정하지 아니하고 전국을 사업구역으로 하여 1개의 운송계약에 따라 국토교통부령으로 정하는 자동차를 사용하여 여객을 운송하는 사업

② 특수여객자동차운송사업 : 운행계통을 정하지 아니하고 전국을 사업구역으로 하여 1개의 운송계약에 따라 특수형 승합자동차 또는 승용자동차를 사용하여 장례에 참여하는 자와 시체(유골 포함)를 운송하는 사업

## (3) **수요응답형 여객자동차운송사업** : 「농업·농촌 및 식품산업기본법」에 따른 농촌과 「수산업·어촌발전기본법」에 따른 어촌을 기점 또는 종점으로 하고, 운행계통·운행시간·운행횟수를 여객의 요청에 따라 탄력적으로 운영하여 여객을 운송하는 사업(제3호)

## 2 여객자동차운송사업의 운행형태(규칙 제8조)

### (1) **시내버스운송사업 및 농어촌버스운송사업의 노선구역**

① 시내버스운송사업과 농어촌버스운송사업은 특별시·광역시·특별자치시·시 또는 군의 단일 행정구역을 운행하는 사업

② 광역급행형 시내버스운송사업은 기점 행정구역의 경계로부터 50km를 초과하지 않는 범위에서 "대도시권 광역교통 관리에 관한 특별법 시행령 별표 1"에 따른 대도시 권역 내 둘 이상의 시·도를 운행하는 사업

③ 위에도 불구하고 관할관청은 다음 각 호의 기준에 따라 **시내버스운송사업자** 또는 **농어촌버스운** 송사업자의 신청이나 직권에 의하여 해당 **행정구역 밖의 지역**까지 노선을 연장하여 운행하게 할 수 있다.

    ㉮ 관할관청이 지역주민의 편의 또는 지역 여건상 특히 필요하다고 인정하는 경우 : 해당 행정구역의 경계로부터 30km를 초과하지 않는 범위

    ㉯ 국제공항·관광단지·신도시 등 지역의 **특수성**을 고려하여 국토교통부장관이 **고시하는 지역**을 운행하는 경우 : 해당 행정구역의 경계로부터 50km를 초과하지 않는 범위

    ㉰ 직행좌석형 시내버스운송사업으로서 기점·종점이 모두 대도시권역내에 위치한 노선 중 관할관청이 출퇴근 등 **교통편의**를 위하여 필요하다고 인정하는 경우 : 해당 행정구역의 경계로부터 50km를 초과하지 않는 범위

④ 관할 도지사는 지역주민의 편의 또는 지역 여건상 특히 필요하다고 인정되는 경우에는 ①에도 불구하고 둘 이상의 시·군지역을 하나의 운행계통에 따라 운행하게 할 수 있다.

## (2) 시내버스운송사업 및 농어촌버스운송사업의 운행형태

① **광역급행형** : 시내좌석버스를 사용하고 주로 고속국도, 도시고속도로 또는 주간선도로를 이용하여 **기점 및 종점으로부터 5km 이내의 지점**에 위치한 각각 **4개의 정류소**에만 정차하고 그 외의 지점에서는 정차하지 아니하면서 운행하는 형태(관할 관청이 필요하다고 **인정한 경우 기점 및 종점으로부터 7.5km 이내**에 위치한 각각 6개 이내의 정류소에 정차할 수 있다)

② **직행좌석형** : 시내좌석버스를 사용하여 각 정류소에 정차 운행하는 형태

※ ①, ② 외에도 "좌석형"과 "일반형"이 있다.

## (3) 마을버스운송사업의 운행형태 및 노선구역

① 고지대(高地帶)마을, 외지마을, 아파트단지, 산업단지, 학교, 종교단체의 소재지를 기점 또는 종점으로 운행하는 사업

② 다만, 관할관청은 지역주민의 편의 또는 지역 여건상 특히 필요하다고 인정되는 경우에는 **행정구역의 경계로부터 5km 범위**에서 **연장하여 운행**

## (4) 시외버스운송사업의 운행형태

① **고속형** : 시외우등고속버스, 시외고속버스 또는 시외고급고속버스를 사용하여 운행거리가 **100km 이상**이고, 운행구간의 **60% 이상**을 고속국도로 운행하며, 기점과 종점의 중간에서 정차하지 아니하는 운행 형태

② **직행형** : 시외우등직행버스, 시외직행버스 또는 시외고급직행버스를 사용하여 기점 또는 종점이 있는 특별시·광역시·특별자치시 또는 시·군의 행정구역이 아닌 다른 행정구역에 있는 **1개소 이상의 정류소**에 정차하는 운행 형태

③ **일반형** : 시외(우등)일반버스를 사용하여 각 **정류소에 정차**하면서 운행하는 형태

※ 정류소의 소재지를 관할하는 시·도지사는 다른 시·도지사의 면허를 받은 노선여객운송사업자가 원할 경우에는 시내버스운송사업, 농어촌버스운송사업 및 시외버스운송사업의 업종별로 자신이 면허를 한 노선운송사업자의 버스가 정차하는 정류소에 같이 정차할 수 있도록 하여야 한다.

**3** 노선여객자동차운송사업의 한정면허(규칙 제17조)

(1) 여객의 특수성 또는 수요의 불규칙성 등으로 노선버스 운행이 어려운 경우
  ① 공항, 도심공항터미널 또는 국제여객선터미널을 기점 또는 종점으로 하는 경우로서 이용자의 교통불편을 해소하기 위하여 필요하다고 인정되는 경우
  ② 관광지를 기점 또는 종점으로 하는 경우로서 관광의 편의를 제공하기 위하여 필요하다고 인정되는 경우
  ③ 고속철도 정차역을 기점 또는 종점으로 하는 경우로서 고속철도 이용자의 교통편의를 위하여 필요하다고 인정되는 경우
  ④ 출퇴근 또는 심야 시간대에 대중교통이용자의 교통불편을 해소하기 위하여 필요하다고 인정되는 경우
  ⑤ 「산업집적활성화 및 공장설립에 관한 법률」에 따른 산업단지 또는 관할관청이 정하는 공장밀집지역을 기점 또는 종점으로 하는 경우로서 산업단지 또는 공장밀집지역의 접근성 향상을 위하여 필요하다고 인정되는 경우

(2) 수익성이 없어 노선운송사업자가 운행을 기피하는 노선으로서 관할관청이 보조금을 지급하려는 경우 등

(3) 버스전용차로의 설치 및 운행계통의 신설 등 버스교통체계 개선을 위하여 시·도의 조례로 정한 경우

(4) 신규노선에 대하여 직행좌석형 시내버스운송사업 및 광역급행형 시내버스운송사업에 대한 권한 외의 부분에서 규정한 시내버스운송사업을 경영하려는 자의 경우

**4** 자동차 표시(법 제17조, 규칙 제39조)

(1) **자동차 표시 위치** : 자동차의 바깥쪽에 외부에서 알아보기 쉽도록 차체 면에 인쇄하는 등 항구적인 방법으로 표시

(2) **자동차 표시 내용** : 운송사업자의 명칭, 기호 및 그 밖의 표시 내용은 다음과 같다.
  ① 시외버스의 경우 : 시외고속버스(**고속**), 시외우등고속버스 (**우등고속**), 시외직행버스(**직행**), 시외일반버스(**일반**), 시외우등직행버스(**우등직행**), 시외우등일반버스(**우등일반**)
  ② 전세버스운송사업용 자동차 : 전세
  ③ 한정면허를 받은 여객자동차 운송사업용 자동차 : 한정
  ④ 특수여객자동차운송사업용 자동차 : 장의
  ⑤ 마을버스운송사업용 자동차 : 마을버스

**5** 교통사고 시의 조치 등(법 제19조, 영 제11조, 규칙 제41조)

(1) 운송사업자는 사업용 자동차의 고장, 교통사고 또는 천재지변으로 다음 각 호의 어느 하나에 해당하는 상황이 발생하는 경우 국토교통부령으로 정하는 바에 따라 같은 호에 따른 조치를 하여야 한다.

① **사상자가** 발생하는 경우 : 신속하게 유류품을 관리할 것

② 사업용 자동차의 운행을 **재개**할 수 없는 경우 : 대체 운송수단을 확보하여 여객에게 제공하는 등 필요한 조치를 할 것. 다만, 여객이 동의하는 경우에는 그러하지 아니하다.

※ 국토교통부령으로 정하는 바에 따른 조치
- 신속한 응급수송수단의 마련
- 가족이나 그 밖의 연고자에 대한 신속한 통지
- 유류품의 보관
- 목적지까지 여객을 운송하기 위한 대체운송수단의 확보와 여객에 대한 편의의 제공
- 그 밖에 사상자의 보호 등 필요한 조치

(2) 운송사업자는 사업용 자동차에 의해 **중대한 교통사고**가 발생한 경우 지체 없이 국토교통부장관 또는 **시·도지사에게 보고**하여야 한다.

① 전복사고

② 화재가 발생한 사고

③ 사망자가 2명 이상, 사망자 1명과 중상자 3명 이상, 중상자 6명 이상의 사람이 죽거나 다친 사고

(3) 운송사업자는 중대한 교통사고가 발생하였을 때에는 **24시간 이내**에 사고의 일시·장소 및 피해사항 등 사고의 개략적인 상황을 관할 시·도지사에게 보고한 후 **72시간 이내**에 사고보고서를 작성하여 관할 시·도지사에게 제출하여야 한다.

## 6 운수종사자 현황 통보(법 제22조, 규칙 제45조)

(1) 운송사업자는 운수종사자(운전업무 종사자격을 갖추고 여객자동차운송사업의 운전업무에 종사하는 자)에 관한 다음 사항을 각각의 기준에 따라 **시·도지사에게** 알려야 한다.

① **신규 채용**하거나 **퇴직한** 운수종사자의 명단 : 신규 채용일이나 퇴직일부터 7일 이내

② 전월 말일 현재의 운수종사자 현황 : 매월 10일까지

③ 전월 각 운수종사자에 대한 **휴식시간** 보장내역 : 매월 10일까지

(2) 조합은 소속 운송사업자를 대신하여 소속 운송사업자의 운수종사자 **현황**을 취합·통보할 수 있다.

(3) 시·도지사는 통보받은 운수종사자 **현황**을 취합하여 「한국교통안전공단법」에 따라 한국교통안전공단에 통보하여야 한다.

## 제3절 운수종사자의 자격요건 및 운전자격의 관리

## 1 버스운전업무 종사자격(법 제24조, 규칙 제49조)

(1) **여객자동차운송사업(버스)의 운전업무에 종사하려는 사람은 다음 각 호의 요건을 모두 갖추어야 한다.**

① 사업용 자동차를 운전하기에 적합한 운전면허를 보유하고 있을 것

② 20세 이상인 자로서 해당 사업용 자동차 운전경력이 1년 이상일 것

③ 운전적성에 대한 정밀검사 기준에 적합할 것

④ ①, ②, ③의 요건을 갖춘 사람이 한국교통안전공단에서 시행하는 버스운전 **자격시험에 합격하**거나 한국교통안전체험에 관한 연구 · 교육시설에서 실시하는 **이론 및 실기교육**을 이수한 후 운전자격의 등록에 따라 **자격을 취득할 것**

## (2) 운전자격을 취득할 수 없는 사람

※ 5쪽, 3. 운전자격을 취득할 수 없는 사람 참조

## (3) 운전적성정밀검사의 대상(규칙 제49조제3항)

| | |
|---|---|
| **신규검사** | • 신규로 여객자동차운송사업용 자동차를 운전하려는 자<br>• 여객자동차운송사업용 자동차 또는 화물자동차운송사업용 자동차의 운전업무에 종사하다가 퇴직한 자로서 신규검사를 받은 날부터 3년이 지난 후 재취업하려는 자(다만, 재취업일까지 무사고로 운전한 자 제외)<br>• 신규검사의 적합판정을 받은 자로서 운전정밀검사를 받은 날부터 3년 이내 취업하지 않은 자(재취업일까지 무사고로 운전한 자 제외) |
| **특별검사** | • 중상 이상의 사상사고를 일으킨 자<br>• 과거 1년간 「도로교통법시행규칙」에 의한 운전면허 행정처분기준에 의하여 계산한 누산점수가 81점 이상인 자<br>• 질병 · 과로, 그 밖의 사유로 안전운전을 할 수 없다고 인정되는 자인지 알기 위하여 운송사업자가 신청한 자 |
| **자격유지검사** | • 65세 이상 70세 미만인 사람(자격유지검사의 적합판정을 받고 3년이 지나지 아니한 사람은 제외)<br>• 70세 이상인 사람(자격유지검사의 적합판정을 받고 1년이 지나지 아니한 사람은 제외) |

## 2 버스운전 자격시험(법 제24조, 규칙 제52조, 제55조)

(1) 자격시험은 필기시험으로 하되 **총점의 6할 이상**을 얻은 사람을 합격자로 한다.

### (2) 버스운전 자격의 필기시험과목

① 교통 및 운수 관련 법규 및 교통사고유형

② 자동차 관리 요령

③ 안전운행

④ 운송서비스(버스운전자의 예절에 관한 사항을 포함)

(3) 시험시행기관(한국교통안전공단)은 운전자격시험을 실시한 날부터 15일 이내에 해당 시험시행기관의 인터넷 홈페이지에 합격자를 공고하여야 한다.

## 3 운송사업자의 운전자격증명 관리(법 제24조의2, 규칙 제55조의2~제57조)

(1) 운송사업자 또는 운수종사자로부터 운전업무 종사자격을 증명하는 증표의 발급신청을 받은 한국교통안전공단 또는 운전자격증명 발급기관은 운전자격증명을 발급하여야 한다.

(2) 운전자격증 또는 운전자격증명의 기록사항에 착오가 있거나 변경된 내용이 있어 정정을 받으려는 경우와 운전자격증 등을 잃어버리거나 헐어 못 쓰게 되어 재발급을 받으려는 사람은 지체 없이 해당 서류를 첨부하여 한국교통안전공단 또는 운전자격증명 발급기관에 신청하여야 한다.

(3) 여객자동차운송사업용 운수종사자는 해당 사업용 자동차 안에 본인의 **운전자격증명**을 항상 게시하여야 한다.

(4) 운수종사자가 퇴직하는 경우에는 본인의 운전자격증명을 운송사업자에게 반납하고 운송사업자는 지체없이 해당 **운전자격증명** 발급기관에 그 운전자격증명을 **제출**한다.

(5) **운송사업자에 대한 행정처분 또는 과징금**

① 행정처분(영 별표3)

| 위 반 내 용 | 1차 위반 | 2차 위반 |
|---|---|---|
| 운송사업자가 차내에 운전자격증명을 항상 게시하지 아니한 경우 | 운행정지 5일 | – |
| 운수종사자의 자격요건을 갖추지 아니한 사람을 운전업무에 종사하게 한 경우 | 감차명령 | 노선폐지명령 |

② 과징금(영 별표5)

| 위 반 내 용 | 시내버스 / 농어촌버스 / 마을버스 | 시외버스 | 전세버스 | 특수여객 |
|---|---|---|---|---|
| 운송사업자 및 플랫폼운송사업자가 차내에 운전자격증명을 항상 게시하지 않은 경우 | 10만원 | 10만원 | 10만원 | 10만원 |
| 운수종사자의 자격요건을 갖추지 아니한 사람을 운전업무에 종사하게 한 경우 | 500만원<br>(1,000만원) | | | 360만원<br>(720만원) |

※ 괄호 : 2차 위반 시

## 4 운전자격의 취소 및 효력정지(규칙 별표5)

**(1) 운전자격의 취소 및 효력정지의 처분기준**

① 일반기준

㉮ 위반행위가 둘 이상인 경우로서 그에 해당하는 각각의 처분기준이 다른 경우에는 그 중 무거운 처분기준에 따른다. 다만, 둘 이상의 처분기준이 모두 **자격정지**인 경우에는 각 처분기준을 합산한 기간을 넘지 아니하는 범위에서 **무거운 처분기준의 2분의 1 범위에서 가중**할 수 있다(가중기간을 합산한 기간은 6개월을 초과할 수 없다).

㉯ 위반행위의 **횟수**에 따른 행정처분의 기준은 **최근 1년간 같은 위반행위로 행정처분을 받은 경우**에 해당한다.

㉰ 처분 관할관청은 자격정지처분을 받은 사람이 다음의 어느 하나에 해당하는 경우에는 ㉠ 및 ㉡에 따른 처분을 2분의 1 범위에서 늘리거나 줄일 수 있다.

㉠ **가중 사유**(가중의 경우 6개월 초과 금지)
- 위반행위가 사소한 부주의나 오류가 아닌 **고의나 중대한 과실**에 의한 것으로 인정되는 경우
- 위반의 내용정도가 **중대**하여 이용객에게 미치는 피해가 크다고 인정되는 경우

㉡ **감경 사유**(2분의 1 범위에서 감경 가능)
- 위반행위가 고의나 중대한 과실이 아닌 **사소한 부주의나 오류**로 인한 것으로 인정되는 경우

- 위반의 내용·정도가 경미하여 이용객에게 미치는 피해가 적다고 인정되는 경우
- 위반행위를 한 사람이 처음 해당 위반행위를 한 경우로서, **최근 5년 이상** 해당 여객자동차운송사업의 **모범적인** 운수종사자로서 근무한 사실이 인정되는 경우

㉣ 처분관할관청은 자격정지처분을 받은 사람이 정당한 사유 없이 기일 내에 운전자격증을 반납하지 아니할 때에는 해당 처분을 2분의 1의 범위에서 **가중**하여 처분하고, 가중처분을 받은 사람이 기일 내에 운전자격증을 **반납**하지 아니할 때에는 **자격취소처분**을 한다.

② 개별기준(버스운전 자격 관련)

| 위 반 사 항 | 처분 기준 1차 |
|---|---|
| 1. 다음의 어느 하나에 해당하게 된 경우<br>　1호 : 피성년후견인<br>　2호 : 파산선고를 받고 복권되지 아니한 자<br>　3호 : 「여객자동차운수사업법」을 위반하여 징역 이상의 실형을 선고받고 그 집행이 끝나거나(집행이 끝난 것으로 보는 경우를 포함한다) 면제된 날부터 2년이 지나지 아니한 자<br>　4호 : 「여객자동차운수사업법」을 위반하여 징역 이상의 형의 집행유예를 선고받고 그 집행유예 기간 중에 있는 자 | 자격취소 |
| 2. 부정한 방법으로 버스운전자격을 취득한 경우<br>　1호 : 나이와 운전경력 등 운전업무에 필요한 요건을 갖출 것<br>　2호 : 운전적성에 대한 정밀검사 기준에 맞을 것 | 자격취소 |
| 3. 다음 각 호에 해당되는 경우 자격 취득 불가<br>　1호 : 다음 각 목 어느 하나에 해당하는 죄를 범하여 금고 이상의 실형을 선고받고 그 집행이 끝나거나(집행이 끝난 것으로 보는 경우를 포함한다) 면제된 날부터 2년이 지나지 아니한 사람<br>　① 「특정강력범죄의 처벌에 관한 특례법」 제2조 제1항 각호에 따른 죄(살인·존속 살해죄, 위계 등에 의한 촉탁 살인죄)<br>　② 「특정범죄가중처벌 등에 관한 법률」 제5조의2부터 제5조의 5까지, 제5조의9 및 제11조에 따른 죄(미성년자 약취·유인죄, 상습 강도·절도죄, 보복 범죄 등)<br>　③ 「마약류관리에 관한 법률」에 따른 죄(마약, 향정신성 의약품 및 대마)<br>　④ 「형법」 제332조(제329조부터 제331조까지의 상습범으로 한정한다), 제341조에 따른 죄 또는 그 각 미수죄, 제363조에 따른 죄(절도죄, 야간 주거 침입·절도, 특수 절도 상습범)<br>　2호 : 1호 각 목의 어느 하나에 해당하는 죄를 범하여 금고 이상의 형의 집행유예를 선고받고 그 집행유예기간 중에 있는 사람<br>　3호 : 자격시험일 전 5년간 다음 각 목의 어느 하나에 해당하는 사람<br>　① 음주운전 또는 음주측정불응 등에 해당하여 운전면허가 취소된 사람<br>　② 과로, 질병 또는 약물복용 후 운전으로 운전면허가 취소된 사람<br>　③ 무면허운전으로 벌금형 이상의 형선고 등 운전면허가 취소된 사람<br>　④ 운전 중 고의 또는 과실로 3명 이상이 사망(사고발생일부터 30일 이내에 사망한 경우를 포함한다)하거나 20명 이상의 사상자가 발생한 교통사고를 일으켜 운전면허가 취소된 사람<br>　4호 : 자격시험일 전 3년간 다음 각 목의 어느 하나에 해당하는 사람<br>　① 음주 운전에 해당하여 운전면허가 정지된 사람<br>　② 공동위험행위 및 난폭운전에 해당하여 운전면허가 취소된 사람 | 자격취소 |
| 4. 전세버스운송사업의 운수종사자가 대열운행(같은 계약에 따라 같은 목적지로 이동하는 2대 이상의 차량이 고속도로, 자동차전용도로 등에서 「도로교통법」 제19조에 따른 안전거리를 확보하지 않고 줄지어 운행하는 것을 말한다)을 한 경우 | 자격정지 15일 |

| 위 반 사 항 | 처분 기준 1차 |
|---|---|
| 5. 법 제26조 제1항에 따른 금지행위로 1년간 세 번의 과태료 처분을 받은 사람이 같은 위반행위를 한 경우<br>① 정당한 사유 없이 여객의 승차거부 또는 여객을 중도에서 내리게 하는 행위<br>② 부당한 운임 또는 요금을 받는 행위<br>③ 일정한 장소에 오랜 시간 정차하여 여객을 유치하는 행위<br>④ 문을 완전히 닫지 아니한 상태에서 자동차를 출발하거나 운행하는 행위<br>⑤ 여객이 승차하기 전에 자동차를 출발시키거나 승차할 여객이 있는데도 정차하지 아니하고 정류소를 지나치는 행위<br>⑥ 안내방송을 하지 아니하는 행위(국토교통부령으로 정하는 자동차 안내방송시설이 설치되어 있는 경우만 해당한다)<br>⑦ 여객자동차운송사업용 자동차 안에서 흡연하는 행위<br>⑧ 휴식시간을 준수하지 않는 행위<br>⑨ 그 밖에 안전운행과 여객의 편의를 위하여 운수종사자가 지키도록 국토교통부령으로 정하는 사항을 위반하는 행위 | 자격취소 |
| 6. 제26조 제4항을 위반하여 운행기록증을 식별하기 어렵게 하거나, 그러한 자동차를 운행한 경우<br>※ 제26조 제4항<br>운행기록증을 부착하여야 하는 자동차를 운행하는 운수종사자는 같은 항에 따라 신고된 운행기간 중 해당 운행기록증을 식별하기 어렵게 하거나, 그러한 자동차를 운행하여서는 아니 된다. | 자격정지 5일 |
| ※ 제21조 제10항<br>구역 여객자동차운송사업 중 대통령령으로 정하는 여객자동차운송사업을 영위하는 운송사업자는 사업용 자동차를 운행하려면 다음 각 호의 운행정보를 시·도지사에게 신고한 후 운행기록증을 발부받아 해당 자동차에 부착하여야 한다. 이 경우 운행정보 신고 및 운행기록증 발부·부착의 절차·방법 등에 필요한 사항을 국토교통부령으로 정한다.<br>1. 운행 일시·목적 및 경로<br>2. 운수종사자의 이름 및 운전자격<br>3. 그 밖에 국토교통부령으로 정하는 정보 | 자격정지 5일 |
| 7. 교통사고로 다음의 어느 하나에 해당하는 수의 사람을 죽거나 다치게 한 경우<br>① 사망자 2명 이상<br><br>② 사망자 1명 및 중상자 3명 이상<br><br>③ 중상자 6명 이상 | 자격정지 60일<br>자격정지 50일<br>자격정지 40일 |
| 8. 교통사고와 관련하여 거짓이나 그 밖의 부정한 방법으로 보험금을 청구하여 금고 이상의 형을 선고받고 그 형이 확정된 경우 | 자격취소 |
| 9. 운전업무와 관련하여 버스운전자격증을 타인에게 대여한 경우 | 자격취소 |
| 10. 정당한 사유 없이 운수종사자의 교육을 받지 않은 경우 | 자격정지 5일 |
| 11. 「도로교통법」 위반으로 사업용 자동차를 운전할 수 있는 운전면허가 취소된 경우 | 자격취소 |

(2) 관할관청은 처분기준을 적용할 때 위반행위의 동기 및 횟수 등을 고려하여 처분기준의 2분의 1의 범위에서 경감하거나 가중할 수 있다.

**5** 운수종사자의 교육(법 제25조, 규칙 제58조, 별표4의3)

① 운수종사자는 국토교통부령으로 정하는 바에 따라 운전업무를 시작하기 전에 다음의 사항에 관한 교육을 받아야 한다.

| 구 분 | 교육대상자 | 교육시간 | 교육주기 |
|---|---|---|---|
| 가. 신규교육 | 새로 채용한 운수종사자(사업용자동차를 운전하다가 퇴직한 후 2년 이내에 다시 채용된 사람은 제외한다.) | 16 | |
| 나. 보수교육 | 무사고·무벌점 기간이 5년 이상 10년 미만인 운수종사자 | 4 | 격년 |
| | 무사고·무벌점 기간이 5년 미만인 운수종사자 | | 매년 |
| | 법령위반 운수종사자 | 8 | 수시 |
| 다. 수시교육 | 국제행사 등에 대비한 서비스 및 교통안전 증진 등을 위하여 국토교통부장관 또는 시·도지사가 교육을 받을 필요가 있다고 인정하는 운수종사자 | 4 | 필요 시 |

② 교육과목
  ㉮ 여객자동차 운수사업 관계법령 및 도로교통 관계 법령
  ㉯ 서비스의 자세 및 운송질서의 확립
  ㉰ 교통안전수칙(신규교육의 경우에는 대열운행, 졸음운전, 운전 중 휴대폰 사용 등 교통사고 요인과 관련된 교통안전수칙을 포함한다)
  ㉱ 응급처치 방법
  ㉲ 그 밖에 운전업무에 필요한 사항
③ 운수종사자에 대한 교육은 운수종사자 연수기관, 한국교통안전공단, 연합회 또는 조합이 한다.
④ **운송사업자**는 운수종사자에 대한 교육계획의 수립, 교육의 시행 및 일상의 교육훈련업무를 위하여 종업원 중에서 교육훈련 담당자를 선임하여야 한다. 다만, 자동차면허 대수가 20대 미만인 운송사업자의 경우에는 교육훈련 담당자를 선임하지 아니할 수 있다.
⑤ 교육실시기관은 매년 11월 말까지 조합과 협의하여 다음 해의 교육계획을 수립하여 시·도지사 및 조합에 보고하거나 통보하여야 하며, 그 해의 교육결과를 다음 해 1월 말까지 시·도지사 및 조합에 보고하거나 통보하여야 한다.

**제4절** 보칙 및 벌칙

**1** 자가용자동차의 유상운송 등

(1) **자가용자동차를 유상운송용으로 제공하거나 임대하거나 이를 알선할 수 있는 경우**(법 제81조, 규칙 제103조)
  ① 출·퇴근 때 승용자동차를 함께 타는 경우
  ② 천재지변, 긴급 수송, 교육 목적을 위한 운행, 그 밖에 국토교통부령으로 정하는 사유에 해당되는 경우로서 시장·군수·구청장의 허가를 받은 경우
    ㉮ 천재지변이나 그 밖에 이에 준하는 비상사태로 인하여 수송력 공급의 증가가 긴급히 필요한 경우

ⓒ 사업용 자동차 및 철도 등 대중교통수단의 운행이 불가능하여 이를 **일시적으로 대체**하기 위한 수송력 공급이 긴급히 필요한 경우

ⓓ 휴일이 연속되는 경우 등 **수송수요가 수송력 공급**을 크게 초과하여 일시적으로 수송력 공급의 증가가 필요한 경우

ⓔ 학생의 등·하교나 그 밖의 **교육목적**을 위하여 다음의 요건을 갖춘 자동차를 운행하는 경우

    ㉠ 초·중·고등학교와 대학교에서 직접 소유하여 운영하는 **26인승 이상의 승합자동차**(유치원 : 9인승 이상 승용 및 승합차)

    ㉡ 초·중·고등학교와 대학의 통학버스일 것

    ㉢ **차령이 3년**을 초과하지 아니할 것(갱신허가의 경우에는 9년)

ⓕ **어린이**(13세 미만)의 통학이나 시설이용을 위하여 다음의 요건을 갖춘 자동차를 운행하는 경우

    ㉠ 유치원, 어린이집, 학교교과교습학원, 체육시설에서 직접 소유하여 운영하는 9인승 이상의 승용자동차 또는 승합자동차일 것. 다만 9인승 이상의 승용자동차 또는 승합자동차로 출고되었으나 장애아동의 승·하차 편의를 위하여 차량구조 변경이 승인된 차량의 경우에는 9인승 이하의 자동차를 포함한다.

    ㉡ 유치원, 어린이집, 학원 또는 체육시설의 통학이나 시설이용에 이용되는 자동차일 것. 다만, 대규모점포에 부설된 체육시설의 이용자를 위하여 운행하는 자동차는 제외한다.

    ㉢ 차령(처음 허가를 신청하는 경우에는 3년)을 초과하지 아니할 것.

    ※ 학생의 등·하교를 위해 유상 운송 허가를 받은 자가용 자동차의 차령은 9년으로 한다.

ⓖ 국가 또는 지방자치단체 소유의 자동차로서 장애인 등의 교통편의를 위하여 운행하는 경우

## (2) 자가용자동차가 노선을 정하여 운행하거나 이를 알선할 수 있는 경우(법 제82조, 영 제39조)

① 학교, 학원, 유치원, 「영유아보육법」에 따른 어린이집, 호텔, 교육·문화·예술·체육시설(「유통산업발전법」에 따른 대규모점포에 부설된 시설은 제외), 종교시설, 금융기관 또는 병원 이용자를 위하여 운행하는 경우

② 대중교통수단이 없는 지역 등 대통령령으로 정하는 사유에 해당하는 경우로서 특별자치도지사·시장·군수·구청장의 허가를 받은 경우

> 🚌 **대통령령으로 정하는 사유**
> ① 노선버스 및 철도(도시철도 포함) 등 대중교통수단이 운행되지 아니하거나 그 접근이 극히 불편한 지역의 고객을 수송하는 경우
> ② 공사 등으로 대중교통수단의 운행이 불가능한 지역의 고객을 일시적으로 수송하는 경우
> ③ 해당 시설의 소재지가 대중교통수단이 없거나 그 접근이 극히 불편한 지역인 경우(운행구간 : 해당 시설로부터 가장 가까운 정류소 또는 철도역 사이의 구간)

## (3) 자가용자동차 사용의 제한 또는 금지(법 제83조)

특별자치도지사·시장·군수 또는 구청장은 자가용자동차를 사용하는 자가 다음 어느 하나에 해당하면 6개월 이내의 기간을 정하여 그 자동차의 **사용을 제한하거나 금지**할 수 있다.

① **자가용자동차**를 사용하여 여객자동차운송사업을 경영한 경우

② 허가를 받지 아니하고 **자가용자동차**를 유상으로 운송에 사용하거나 임대한 경우

## 2 여객자동차 운수사업에 사용되는 자동차의 차령 등
## (법 제84조, 영 제40조, 별표2, 규칙 제107조)

(1) 여객자동차운수사업에 사용되는 자동차는 여객자동차 운수사업의 종류에 따른 **차령을 넘겨 운행**하지 못한다.

**※ 사업의 구분에 따른 자동차의 차령과 그 연장요건**

㉮ 사업별 차령 등

| 차 종 | 사업의 구분 | | 차 령 |
|---|---|---|---|
| **승용자동차** | 특수여객자동차<br>운송사업용 | 경형 · 중형 · 소형 | 6년 |
| | | 대형 | 10년 |
| **승합자동차** | 전세버스운송사업용 또는 특수여객자동차운송사업용 | | 11년 |
| | 그 밖의 사업용 | | 9년 |

(2) 대폐차(차령이 만료되거나 운행거리를 초과한 차량 등을 다른 차량으로 대체하는 것)에 충당되는 자동차

① **차량충당연한** : 승용자동차는 1년, 승합자동차는 3년

② **차량충당연한의 기산일**

　㉮ 제작연도에 등록된 자동차 : 최초의 신규등록일

　㉯ 제작연도에 등록되지 아니한 자동차 : 제작연도의 말일

## 3 과징금(법 제88조, 영 제46조 · 제 48조, 영 별표5)

(1) **과징금 부과기준(5천만원 이하)**

국토교통부장관, 시 · 도지사 또는 시장 · 군수 · 구청장은 여객자동차운수사업자가 제49조의15제1항(플랫폼가맹사업의 면허취소 등) 또는 제85조제1항(면허취소 등) 각 호의 어느 하나에 해당하여 사업정지처분을 하여야 하는 경우에 그 사업정지 처분이 그 여객자동차운수사업을 이용하는 사람들에게 심한 불편을 주거나 공익을 해칠 우려가 있는 때에는 그 사업정지 처분을 갈음하여 5천만원 이하의 과징금을 부과 · 징수할 수 있다.

(2) **과징금의 용도**

① 벽지노선이나 그 밖에 수익성이 없는 노선으로서 대통령령으로 정하는 노선을 운행하여서 생긴 **손실의 보전(補塡)**

② 운수종사자의 **양성, 교육훈련,** 그 밖의 **자질 향상**을 위한 시설과 운수종사자에 대한 **지도 업무**를 수행하기 위한 시설의 건설 및 운영

③ **지방자치단체**가 설치하는 터미널을 건설하는 데에 필요한 자금의 지원

④ 터미널 시설의 **정비 · 확충**

⑤ 여객자동차운수사업의 경영 개선이나 그 밖에 여객자동차운수사업의 발전을 위하여 **필요한 사업**

(3) 업종별 · 위반 내용별 과징금 부과기준(영 별표 5)  (단위 : 만원)

| 위 반 내 용 | 시내버스<br>농어촌버스<br>마을버스 | 시외<br>버스 | 전세<br>버스 | 특수<br>여객 |
|---|---|---|---|---|
| 1. 면허 또는 허가를 받거나 등록한 차고를 이용하지 아니하고 차고지가 아닌 곳에서 밤샘 주차를 한 경우. 다만, 다음의 어느 하나에 해당하는 경우는 제외 ① 노선 여객자동차 운송사업자가 그 사업에 사용하는 자동차를 등록한 차고지와 인접한 자기 소유의 주차에 밤샘 주차하는 경우 ② 전세버스운송 사업에 사용하는 자동차를 영업 중에 주차장에 밤샘 주차하는 경우 ③ 등록관청이 밤샘주차를 할 수 있도록 공영주차장에서 밤샘주차가 허용된 관할 전세버스운송사업자가 그 사업에 사용하는 자동차를 지정된 구역에 밤샘주차하는 경우 ④ 대여사업에 사용하는 자동차가 대여 중인 경우<br>가) 1차 위반 시<br>나) 2차 위반 시 | <br><br><br><br><br><br><br><br>10<br>15 | <br><br><br><br><br><br><br><br>10<br>15 | <br><br><br><br><br><br><br><br>20<br>30 | <br><br><br><br><br><br><br><br>20<br>30 |
| 2. 신고한 운임 및 요금 등 외에 부당한 요금을 받은 경우<br>가) 1차 위반 시<br>나) 2차 위반 시<br>다) 3차 이상 위반 시 | <br>20<br>30<br>60 | <br>20<br>30<br>60 | <br>–<br><br> | <br>–<br><br> |
| 3. 1년에 3회 이상 6세 미만인 아이의 무상운송을 거절한 경우 | 10 | 10 | – | – |
| 4. 임의로 다음 각 목의 어느 하나에 해당하는 행위를 하여 사업계획을 위반한 경우<br>가) 미운행<br>나) 도중 회차<br>다) 노선 또는 운행계통의 단축 또는 연장 운행<br>라) 감회 또는 증회 운행 | 100<br>(2차 150) | 100<br>(2차 150) | – | – |
| 5. 주사무소 또는 영업소 외의 지역에서 상시 주차시켜 영업한 경우<br>가) 1차 위반 시<br>나) 2차 위반 시<br>다) 3차 이상 위반 시 | –<br><br> | –<br><br> | 120<br>180<br>360 | 120<br>180<br>360 |
| 6. 노후차의 대체 등 자동차의 변경으로 인한 자동차 말소등록 이후 6개월 이내에 자동차 충당하지 못한 경우. 다만, 부득이한 사유로 자동차의 공급이 현저히 곤란한 경우는 제외<br>가) 1차 위반 시<br>나) 2차 위반 시 | <br><br><br>120<br>240 | <br><br><br>120<br>240 | <br><br><br>120<br>240 | <br><br><br>120<br>240 |
| 7. 운행시간에 대하여 사업계획 변경의 인가를 받지 않거나 등록 또는 신고를 하지 않고 미리 운행하거나 임의로 운행시간을 준수하지 않은 경우<br>가) 1차 위반 시<br>나) 2차 위반 시 | <br><br>20<br>40 | <br><br>20<br>40 | <br><br>–<br> | <br><br>–<br> |
| 8. 사업용 자동차의 바깥쪽에 운송사업자의 명칭, 기호, 그 밖에 국토교통부령으로 정하는 사항을 위반하여 1년에 3회 이상 표시하지 아니한 경우 | 20 | 20 | 20 | 20 |
| 9. 운송할 수 있는 소화물이 아닌 소화물을 운송한 경우<br>가) 1차 위반 시<br>나) 2차 위반 시<br>다) 3차 이상 위반 시 | –<br><br> | 60<br>120<br>180 | –<br><br> | –<br><br> |

| 위반 내용 | | | | |
|---|---|---|---|---|
| 10. 소화물 운송의 금지명령을 따르지 않은 경우<br>　가) 1차 위반 시<br>　나) 2차 위반 시<br>　다) 3차 이상 위반 시 | －<br><br> | 180<br>360<br>540 | －<br><br> | －<br><br> |
| 11. 운수종사자의 자격요건을 갖추지 않은 사람을 운전업무에 종사하게 한 경우<br>　가) 1차 위반 시<br>　나) 2차 위반 시 | 500<br>1,000 | 500<br>1,000 | 500<br>1,000 | 360<br>720 |
| 12. 운임 또는 요금을 받고 승차권이나 영수증을 발급하지 않은 경우(시내버스, 농어촌 버스 및 마을버스의 경우와 승차권의 판매를 위탁한 자는 제외하며, 수요응답형 여객자동차운송사업의 경우는 여객의 요구가 있는 경우만 해당한다)<br>　가) 1차 위반 시<br>　나) 2차 위반 시 | －<br>　 | 10<br>15 | 10<br>15 | 10<br>15 |
| 13. 관할관청이 단독으로 실시하거나 관할관청과 조합이 합동으로 실시하는 청결상태 등의 검사에 대한 확인을 거부하는 경우 | 40 | 40 | 40 | 40 |
| 14. 자동차 안에 게시하여야 할 사항을 게시하지 아니한 경우<br>　가) 1차 위반 시<br>　나) 2차 위반 시 | 20<br>40 | 20<br>40 | 20<br>40 | 20<br>40 |
| 15. 정류소에서 주차 또는 정차 질서를 문란하게 한 경우<br>　가) 1차 위반 시<br>　나) 2차 위반 시 | 20<br>40 | 20<br>40 | 20<br>40 | 20<br>40 |
| 16. 속도제한장치 또는 운행기록계가 장착된 운송사업용 자동차를 해당 장치 또는 기기가 정상적으로 작동되지 않은 상태에서 운행한 경우<br>　가) 1차 위반 시<br>　나) 2차 위반 시<br>　다) 3차 이상 위반 시 | 60<br>120<br>180 | 60<br>120<br>180 | 60<br>120<br>180 | 60<br>120<br>180 |
| 17. 하차문이 있는 노선버스(시외직행, 시외고속 및 시외우등고속은 제외한다) 및 수요응답형 여객자동차에 압력감지기 또는 전자감응장치, 가속페달 잠금장치를 설치하지 않거나 작동되지 않은 상태에서 운행한 경우<br>　가) 1차 위반 시<br>　나) 2차 위반 시<br>　다) 3차 이상 위반 시 | 360<br>720<br>1,080 | 360<br>720<br>1,080 | －<br><br> | －<br><br> |
| 18. 차실에 냉방·난방장치를 설치하여야 할 자동차에 이를 설치하지 않고 여객을 운송한 경우<br>　가) 1차 위반 시<br>　나) 2차 위반 시<br>　다) 3차 이상 위반 시 | 60<br>120<br>180 | 60<br>120<br>180 | 60<br>120<br>180 | －<br><br> |
| 19. 차 안에 안내방송장치 및 정차신호용 버저를 작동시킬 수 있는 스위치를 설치하여야 하는 자동차에 이를 설치하지 않은 경우<br>　가) 1차 위반 시<br>　나) 2차 위반 시 | 100<br>200 | 100<br>200 | －<br> | －<br> |
| 20. 차내 안내방송 실시 상태가 불량한 경우<br>　가) 1차 위반 시<br>　나) 2차 위반 시 | 10<br>15 | 10<br>15 | －<br> | －<br> |
| 21. 버스의 앞바퀴에 재생 타이어를 사용한 경우<br>　가) 1차 위반 시<br>　나) 2차 위반 시<br>　다) 3차 이상 위반 시 | 360<br>720<br>1,080 | 360<br>720<br>1,080 | 360<br>720<br>1,080 | 360<br>720<br>1,080 |

| 위반행위 | | | | |
|---|---|---|---|---|
| 22. 앞바퀴에 튜브리스타이어를 사용하여야 할 자동차에 이를 사용하지 않은 경우 | | | | |
| 　　가) 1차 위반 시 | – | 360 | 360 | – |
| 　　나) 2차 위반 시 | | 720 | 720 | |
| 　　다) 3차 이상 위반 시 | | 1,080 | 1,080 | |
| 23. 원동기의 출력기준에 맞지 않는 자동차를 운행한 경우 | | | | |
| 　　가) 1차 위반 시 | 120 | 120 | 120 | – |
| 　　나) 2차 위반 시 | 240 | 240 | 240 | |
| 　　다) 3차 이상 위반 시 | 360 | 360 | 360 | |
| 24. 운전자를 보호할 수 있는 구조의 격벽시설을 설치하지 않은 경우 | | | | |
| 　　가) 1차 위반 시 | 180 | – | – | – |
| 　　나) 2차 위반 시 | 360 | | | |
| 　　다) 3차 이상 위반 시 | 540 | | | |
| 25. 그 밖의 설비기준에 적합하지 않은 자동차를 이용하여 운송한 경우 | | | | |
| 　　가) 1차 위반 시 | 20 | 20 | 20 | 20 |
| 　　나) 2차 위반 시 | 30 | 30 | 30 | 30 |
| 26. 운행하기 전에 점검 및 확인을 하지 않은 경우 | | | | |
| 　　가) 1차 위반 시 | 10 | 10 | 10 | 10 |
| 　　나) 2차 위반 시 | 15 | 15 | 15 | 15 |
| 27. 천연가스 연료를 사용하는 자동차의 점검에 대한 준수사항을 위반한 경우 | | | | |
| 　　가) 1차 위반 시 | 60 | 60 | 60 | 60 |
| 　　나) 2차 위반 시 | 120 | 120 | 120 | 120 |
| 　　다) 3차 이상 위반 시 | 180 | 180 | 180 | 180 |
| 28. 운송사업자가 차내에 운전자격증명을 항상 게시하지 않은 경우 | 10 | 10 | 10 | 10 |
| 29. 운수종사자의 교육에 필요한 조치를 하지 않은 경우 | | | | |
| 　　가) 1차 위반 시 | 30 | 30 | 30 | 30 |
| 　　나) 2차 위반 시 | 60 | 60 | 60 | 60 |
| 　　다) 3차 이상 위반 시 | 90 | 90 | 90 | 90 |
| 30. 국토교통부장관 또는 시, 도지사는 필요하다고 인정하면 소속 공무원으로 하여금 여객자동차 운수사업자 또는 운수종사자의 장부, 서류, 그 밖의 물건을 검사하게 하거나 관계인에게 질문하게 할 수 있으나 이를 거부, 방해 또는 기피하거나 질문에 응하지 않거나 거짓으로 진술을 한 경우 | | | | |
| 　　가) 검사를 거부, 방해 또는 기피한 경우 | | | | |
| 　　　　1) 1차 위반 시 | 60 | 60 | 60 | 60 |
| 　　　　2) 2차 위반 시 | 120 | 120 | 120 | 120 |
| 　　　　3) 3차 이상 위반 시 | 180 | 180 | 180 | 180 |
| 　　나) 질문에 응하지 않거나 거짓으로 진술을 한 경우 | | | | |
| 　　　　1) 1차 위반 시 | 40 | 40 | 40 | 40 |
| 　　　　2) 2차 위반 시 | 80 | 80 | 80 | 80 |
| 31. 차령 또는 운행거리를 초과하여 운행한 경우. 다만, 같은 조 제3항에 따른 차령을 초과하여 운행하는 경우는 제외한다. | | | | |
| 　　가) 1차 위반 시 | 180 | 180 | 180 | 180 |
| 　　나) 2차 위반 시 | 360 | 360 | 360 | 360 |

(주) 국토교통부장관 또는 시 · 도지사는 여객자동차운수사업자의 사업규모, 사업지역의 특수성, 운전자 과실의 정도와 위반행위의 내용 및 횟수 등을 고려하여 과징금 액수의 2분의 1의 범위에서 가중하거나 경감할 수 있다. 다만, 가중하는 경우에도 과징금의 총액은 5천만원을 초과할 수 없다.

# 4 과태료(영 제49조)

## 위반행위별 과태료 부과기준(영별표 6)

(단위 : 만원)

| 위 반 행 위 | 과태료 금액(만원) | | |
|---|---|---|---|
| | 1회 | 2회 | 3회 이상 |
| 1. 여객이 동반하는 6세 미만인 어린아이 1명은 운임이나 요금을 받지 않고 운송하여야 한다는 규정을 위반하여 어린아이의 운임을 받은 경우 | 5 | 10 | 10 |
| 2. 여객자동차운송사업에 사용되는 자동차의 바깥쪽에 운송사업자의 명칭, 기호 등 사업용 자동차의 표시를 하지 않은 경우 | 10 | 15 | 20 |
| 3. 중대한 교통사고 시의 보고를 하지 않거나 거짓보고를 한 경우<br>　가) 사고 시의 조치를 하지 않은 경우<br>　나) 보고를 하지 않거나 거짓 보고를 한 경우 | <br>50<br>20 | <br>75<br>30 | <br>100<br>50 |
| 4. 여객이 착용하는 좌석안전띠가 정상적으로 작동될 수 있는 상태를 유지하지 않은 경우 | 20 | 30 | 50 |
| 5. 운송사업자가 운수종사자에게 여객의 좌석안전띠 착용에 관한 교육을 실시하지 않은 경우 | 20 | 30 | 50 |
| 6. 운수종사자 취업현황을 알리지 않은 경우 | 50 | 75 | 100 |
| 7. 휴식시간 보장내역을 알리지 않거나 거짓으로 알린 경우 | 50 | 75 | 100 |
| 8. 운수종사자의 요건(나이, 운전경력, 운전적성정밀검사 등)을 갖추지 아니하고 여객자동차운송사업 또는 플랫폼운송사업의 운전업무에 종사한 경우 | 50 | 50 | 50 |
| 9. 다음 각 목의 운수종사자 준수사항을 위반한 경우<br>　가) 정당한 사유 없이 여객의 승차를 거부하거나 여객을 중도에 내리게 하는 행위<br>　나) 부당한 운임 또는 요금을 받는 행위<br>　다) 일정한 장소에 오랜 시간 정차하여 여객을 유치하는 행위<br>　라) 문을 완전히 닫지 아니한 상태에서 자동차를 출발시키거나 운행하는 행위 | 20 | 20 | 20 |
| 10. 다음 각 목의 운수종사자 준수사항을 위반한 경우<br>　가) 여객이 승하차하기 전에 자동차를 출발시키거나 승하차할 여객이 있는데도 정차하지 아니하고 정류소를 지나치는 행위<br>　나) 안내방송을 하지 아니하는 행위<br>　다) 여객자동차운수사업용 자동차 안에서 흡연하는 행위<br>　라) 휴식시간을 준수하지 아니하고 운행하는 행위<br>　마) 그 밖에 안전운행과 여객의 편의를 위하여 운수종사자가 지키도록 국토교통부령으로 정하는 사항을 위반하는 행위 | 10 | 10 | 10 |
| 11. 운수종사자가 차량의 출발 전에 여객이 좌석안전띠를 착용하도록 안내하지 않은 경우 | 3 | 5 | 10 |
| 12. 국토교통부장관 또는 시, 도지사는 필요하다고 인정하면 소속 공무원으로 하여금 여객자동차 운수사업자 또는 운수종사자의 장부 및 서류, 그 밖의 물건을 검사하게 하거나 관계인에게 질문하게 할 수 있으나 이에 불응하거나 방해 또는 기피한 경우 | 50 | 75 | 100 |

※ 해당 위반행위의 동기 · 정도 및 횟수와 같은 위반행위로 다른 법령에 따라 납부한 범칙금의 금액 등을 고려하여 과태료 금액의 2분의 1의 범위에서 가중하거나 경감할 수 있으며, 가중하는 경우에는 과태료 총액이 1천만원을 초과할 수 없다.

# 제2장 도로교통법령

## 제1절 총칙

### 1 용어의 정의(법 제2조, 영 제2조)

(1) **도로**
① 「도로법」에 따른 도로
② 「유료도로법」에 따른 유료도로
③ 「농어촌 도로 정비법」에 따른 농어촌 도로
④ 그 밖에 현실적으로 불특정 다수의 사람 또는 차마가 통행할 수 있도록 **공개된** 장소로서 안전하고 원활한 교통을 확보할 필요가 있는 장소

(2) **자동차전용도로** : 자동차만 다닐 수 있도록 설치된 도로

(3) **고속도로** : 자동차의 고속운행에만 사용하기 위하여 지정된 도로

(4) **차도** : 연석선(차도와 보도를 구분하는 돌 등으로 이어진 선), 안전표지 또는 그와 비슷한 인공구조물을 이용하여 경계를 표시하여 모든 차가 통행할 수 있도록 설치된 도로의 부분

(5) **중앙선** : 차마의 통행방향을 명확하게 구분하기 위하여 도로에 **황색실선**이나 **황색점선** 등의 안전표지로 **표시한 선** 또는 **중앙분리대**나 **울타리** 등으로 설치한 시설물을 말한다. 다만, 가변**차로**가 설치된 경우에는 신호기가 지시하는 진행방향의 가장 왼쪽에 있는 **황색점선**을 말함

(6) **차로** : 차마가 한 줄로 도로의 정하여진 부분을 통행하도록 차선으로 구분한 차도의 부분

(7) **차선** : 차로와 차로를 구분하기 위하여 그 **경계지점**을 안전표지로 표시한 선을 말함

(8) **자전거도로** : 안전표지, 위험방지용 울타리나 그와 비슷한 인공구조물로 경계를 표시하여 **자전거 및 개인형 이동장치가 통행**할 수 있도록 설치된 자전거 **전용도로**, 자전거 · 보행자 **겸용도로**, 자전거 **전용차로**, 자전거 우선도로를 말함

> 🚌 **자전거도로의 구분(자전거 이용 활성화에 관한 법률 제3조)**
> 자전거도로는 다음과 같이 구분한다.
> 1. 자전거 전용도로 : 자전거 및 개인형 이동장치만 통행할 수 있도록 분리대, 경계석(境界石), 그 밖에 이와 유사한 시설물에 의하여 차도 및 보도와 구분하여 설치한 자전거도로
> ② 자전거 · 보행자 겸용도로 : 자전거 등 외에 보행자도 통행할 수 있도록 분리대, 경계석, 그 밖에 이와 유사한 시설물에 의하여 차도와 구분하거나 별도로 설치한 자전거도로
> ③ 자전거 전용차로 : 차도의 일정 부분을 자전거 등만 통행하도록 차선(車線) 및 안전표지나 노면표시로 다른 차가 통행하는 차로와 구분한 차로
> ④ 자전거 우선도로 : 자동차의 통행량이 대통령령으로 정하는 기준보다 적은 도로의 일부 구간 및 차로를 정하여 자전거 등과 다른 차가 상호 안전하게 통행할 수 있도록 도로에 노면표시로 설치한 자전거도로

(9) **자전거횡단도** : 자전거 및 개인형 이동장치가 **일반도로**를 횡단할 수 있도록 안전표지로 표시한 도로의 부분

(10) **보도** : 연석선, 안전표지나 그와 비슷한 **인공구조물**로 경계를 표시하여 **보행자**(유모차, 보행보

조용 의자차, 노약자용 보행기 등 행정안전부령으로 정하는 기구 · 장치를 이용하여 통행하는 사람 및 실외 이동 로봇을 포함)가 통행할 수 있도록 한 **도로의 부분**

⑾ **길가장자리구역** : 보도와 차도가 구분되지 아니한 도로에서 **보행자의 안전**을 확보하기 위하여 안전표지 등으로 경계를 표시한 도로의 가장자리 부분

⑿ **횡단보도** : 보행자가 도로를 횡단할 수 있도록 안전표지로 표시한 도로의 부분

⒀ **교차로** : 십자로, T자로나 그 밖에 둘 **이상의 도로**(보도와 차도가 구분되어 있는 도로에서 차도) 가 교차하는 부분

(13-2) **회전교차로** : 교차로 중 차마가 원형의 교통섬(차마의 안전하고 원활한 교통 처리나 보행자 도로 횡단의 안전을 확보하기 위하여 교차로 또는 차도의 분기점 등에 설치하는 섬 모양의 시설)을 중심으로 반시계 방향으로 통행하도록 한 원형의 도로

⒁ **안전지대** : 도로를 횡단하는 보행자나 통행하는 **차마의 안전**을 위하여 안전표지나 이와 **비슷한 인공구조물**로 표시한 도로의 부분

⒂ **신호기** : 도로교통에서 **문자 · 기호 또는 등화**를 사용하여 **진행 · 정지 · 방향전환 · 주의 등**의 신호를 표시하기 위하여 **사람이나 전기의 힘**으로 조작하는 장치

⒃ **안전표지** : 교통안전에 필요한 주의 · 규제 · 지시 등을 표시하는 표지판이나 도로의 바닥에 표시하는 **기호 · 문자 또는 선 등**

⒄ **차마(車馬)** : 차와 우마
　① 차(車)
　　㉮ 자동차　　㉯ 건설기계　　㉰ 자전거　　㉱ 원동기장치자전거
　　㉲ 사람 또는 가축의 힘이나 그 밖의 동력으로 도로에서 운전되는 것(철길이나 가설된 선을 이용하여 운전되는 것, 유모차, 보행보조용 의자차, 노약자용 보행기 등 행정안전부령으로 정하는 기구 · 장치는 제외)
　② 우마(牛馬) : 교통이나 운수에 사용되는 가축을 말한다.

⒅ **자동차** : 철길이나 가설된 선을 이용하지 아니하고 원동기를 사용하여 운전되는 차(견인되는 자동차도 자동차의 일부로 본다)로서,
　① 「**자동차관리법**」에 따른 다음의 자동차(원동기장치자전거 제외)
　　㉮ 승용자동차　　㉯ 승합자동차
　　㉰ 화물자동차　　㉱ 특수자동차
　　㉲ 이륜자동차
　② 「**건설기계관리법**」에 따른 다음의 건설기계
　　㉮ 덤프 트럭　　㉯ 아스팔트 살포기
　　㉰ 노상안정기　　㉱ 콘크리트 믹서 트럭
　　㉲ 콘크리트 펌프　　㉳ 천공기(트럭 적재식)

(18-2) **자율주행시스템** : 「자율주행자동차 상용화 촉진 및 지원에 관한 법률」에 따른 자율주행시스템을 말한다. 이 경우 그 종류는 완전 자율주행시스템, 부분 자율주행시스템 등 행정안전부령으로 정하는 바에 따라 세분할 수 있다.

⑱-3 **자율주행자동차** : 「자동차관리법」에 따른 자율주행자동차로서 자율주행시스템을 갖추고 있는 자동차

⑲ **긴급자동차** : 다음의 자동차로서 그 본래의 긴급한 용도로 사용되고 있는 자동차를 말한다(**법으로 규정한 자동차**).(영 제2조)
  ① 소방차　　② 구급차　　③ 혈액공급차량
  ④ 경찰용 자동차 중 범죄수사, 교통단속, 그 밖의 긴급한 경찰 업무 수행에 사용되는 자동차
  ⑤ 국군 및 주한 국제 연합군용 자동차 중 군내부 질서유지나 부대의 질서있는 이동을 유도하는데 사용되는 자동차
  ⑥ 수사기관의 범죄수사용에 사용되는 자동차
  ⑦ 교도소, 소년교도소, 구치소, 소년원 또는 소년 분류심사원, 보호관찰소의 자동차 중 도주자의 체포, 수용자 · 보호관찰 대상자의 호송 · 경비를 위하여 사용되는 자동차
  ⑧ 국내외 요인에 대한 경호업무 수행에 공무로 사용되는 자동차
  ⑨ 시 · 도경찰청장이 지정한 긴급자동차(사용자 또는 기관의 신청에 의한)
  　　㉮ 전기사업, 가스사업자동차　　　　　　　㉯ 민방위업무수행 기관의 자동차
  　　㉰ 도로관리를 위하여 응급작업에 사용되는 자동차　　㉱ 전신, 전화 응급수리작업 자동차
  　　㉲ 국군 및 주한국제 연합군용(경찰용) 긴급자동차에 유도되고 있는 자동차
  　　㉳ 생명이 위급한 환자나 부상자나 수혈을 위한 혈액을 운송 중인 자동차

⑳ **어린이통학버스** : 다음의 시설 가운데 어린이(**13세 미만인 사람**)를 교육대상으로 하는 시설에서 **어린이의 통학** 등에 이용되는 자동차와 여객자동차운수사업의 **한정면허**를 받아 어린이를 **여객대상**으로 하여 운행되는 운송사업용 자동차를 말한다.
  ① 「유아교육법」에 따른 유치원, 「초 · 중등교육법」에 따른 **초등학교 및 특수학교**, 대안학교 및 외국인학교
  ② 「영유아보육법」에 따른 어린이 집
  ③ 「학원의 설립 · 운영 및 과외교습에 관한 법률」에 따라 설립된 학원
  ④ 「체육시설의 설치 · 이용에 관한 법률」에 따라 설립된 **체육시설**

㉑ **주차** : 운전자가 승객을 기다리거나 **화물을 싣거나** 차가 **고장** 나거나 그 밖의 사유로 차를 계속 정지 상태에 두는 것 또는 운전자가 차에서 떠나서 **즉시 그 차를 운전할 수 없는 상태**에 두는 것

㉒ **정차** : 운전자가 5분을 초과하지 아니하고 **차를 정지시키는 것**으로서 주차 외의 정지 상태

㉓ **운전** : 도로(보행자의 보호, 그리고 주취 운전 금지 · 과로 운전 금지 · 사고발생 시의 조치 및 이에 대한 벌칙 조항들의 경우에는 도로 외의 곳을 포함)에서 차마 또는 노면전차를 그 본래의 사용방법에 따라 사용하는 것(조종 또는 자율주행시스템을 사용하는 것 포함)

㉔ **서행** : 운전자가 차를 즉시 정지시킬 수 있는 정도의 느린 속도로 진행하는 것

㉕ **앞지르기** : 차의 운전자가 앞서가는 **다른 차의 옆**을 지나서 그 차의 앞으로 나가는 것

㉖ **일시정지** : 차 또는 노면 전차의 운전자가 그 차 또는 노면 전차의 바퀴를 일시적으로 완전히 정지시키는 것

⑵⑺ **보행자전용도로** : 보행자만 다닐 수 있도록 **안전표지**나 그와 비슷한 **인공구조물로 표시한 도로**

⑵⑺-2 **보행자우선도로** : 차도와 보도가 분리되지 아니한 도로로서 보행자의 안전과 편의를 보장하기 위하여 보행자 통행이 차마 통행에 우선하도록 지정한 도로

※ 시·도경찰청장이나 경찰서장은 보행자우선도로에서 보행자를 보호하기 위하여 필요하다고 인정하는 경우에는 차마의 통행속도를 시속 20km 이내로 제한할 수 있다.(법 제28조의2)

⑵⑻ **모범운전자** : 무사고 운전자 또는 **유공운전자 표시장**을 받거나 2년 이상 사업용 자동차 운전에 종사하면서 교통사고를 일으킨 전력이 없는 사람으로서 경찰청장이 정하는 바에 따라 선발되어 **교통안전 봉사활동에 종사하는 사람**

⑵⑼ **자전거** : 「자전거 이용 활성화에 관한 법률」 제2조제1호 및 제1호의2에 따른 **자전거 및 전기자전거**를 말한다.

※ 자전거 이용 활성화에 관한 법률

제2조제1호 : "**자전거**"란 사람의 힘으로 페달이나 손페달을 이용하여 움직이는 구동장치와 조향장치 및 제동장치가 있는 바퀴가 둘 이상인 차로서 행정안전부령으로 정하는 크기와 구조를 갖춘 것을 말한다.

제2조제1의2 : "**전기자전거**"란 자전거로서 사람의 힘을 보충하기 위하여 전동기를 장착하고 다음 각 목의 요건을 모두 충족하는 것을 말한다.

가. 페달(손페달을 포함한다)과 전동기의 동시 동력으로 움직이며, 전동기만으로는 움직이지 아니할 것

나. 시속 25km 이상으로 움직일 경우 전동기가 작동하지 아니할 것

다. 부착된 장치의 무게를 포함한 자전거의 전체 중량이 30kg 미만일 것

⑶⑼ **노면전차** : 「도시철도법」 제2조제2호에 따른 **노면전차**로서 도로에서 **궤도**를 이용하여 운행되는 차

---

**제2절** 교통안전시설

**1** 교통신호기(법 제5조)

⑴ 도로를 통행하는 보행자와 **차마** 또는 노면 전차의 운전자는 교통안전시설이 표시하는 신호 또는 지시와 다음 각 호의 어느 하나에 해당하는 **사람의 신호나 지시를 따라야 한다.**

① 교통정리를 하는 **경찰공무원**(의무경찰 포함)

② 제주특별자치도의 **자치경찰공무원**

③ 경찰공무원 및 자치경찰공무원을 **보조하는 사람**(영 제6조)

㉮ 무사고운전자 또는 유공운전자의 표시장을 받거나 2년 이상 사업용 자동차 운전에 종사하면서 교통사고를 일으킨 전력이 없는 사람으로서 경찰청장이 정하는 바에 따라 교통안전 봉사활동에 종사하는 **모범운전자**

㉯ 군사훈련 및 작전에 동원되는 부대의 이동을 유도하는 **군사경찰**

㉰ 본래의 긴급한 용도로 운행하는 소방차·구급차를 유도하는 **소방공무원**

(2) 교통안전시설이 표시하는 신호 또는 지시와 교통정리를 위한 경찰공무원 또는 경찰보조자(경찰공무원 등)의 신호 또는 지시가 서로 다른 경우에는 경찰공무원 등의 신호 또는 지시에 따라야 한다.

(3) 신호기가 표시하는 신호의 종류와 신호의 뜻(규칙 제6조)

① 차량 신호등(별표 2)

㉮ 원형 등화

| 신호의 종류 | 신호의 뜻 |
|---|---|
| 1. 녹색의 등화 | ① 차마는 직진 또는 우회전할 수 있다.<br>② 비보호 좌회전표지 또는 비보호 좌회전표시가 있는 곳에서는 좌회전할 수 있다. |
| 2. 황색의 등화 | ① 차마는 정지선이 있거나 횡단보도가 있을 때에는 그 직전이나 교차로의 직전에 정지하여야 하며, 이미 교차로에 차마의 일부라도 진입한 경우에는 신속히 교차로 밖으로 진행하여야 한다.<br>② 차마는 우회전할 수 있고 우회전하는 경우에는 보행자의 횡단을 방해하지 못한다. |
| 3. 적색의 등화 | ① 차마는 정지선, 횡단보도 및 교차로의 직전에서 정지해야 한다.<br>② 차마는 우회전하려는 경우 정지선, 횡단보도 및 교차로의 직전에서 정지한 후 신호에 따라 진행하는 다른 차마의 교통을 방해하지 않고 우회전할 수 있다.<br>③ ②에도 불구하고 차마는 우회전 삼색등이 적색의 등화인 경우 우회전할 수 없다 |
| 4. 황색등화의 점멸 | 차마는 다른 교통 또는 안전표지의 표시에 주의하면서 진행할 수 있다. |
| 5. 적색등화의 점멸 | 차마는 정지선이나 횡단보도가 있을 때에는 그 직전이나 교차로의 직전에 일시정지한 후 다른 교통에 주의하면서 진행할 수 있다. |

㉯ 화살표 등화

| 신호의 종류 | 신호의 뜻 |
|---|---|
| 1. 녹색화살표 등화 | 차마는 화살표시 방향으로 진행할 수 있다. |
| 2. 황색화살표 등화 | 화살표시 방향으로 진행하려는 차마는 정지선이 있거나 횡단보도가 있을 때에는 그 직전이나 교차로의 직전에 정지하여야 하며, 이미 교차로에 차마의 일부라도 진입할 경우에는 신속히 교차로 밖으로 진행하여야 한다. |
| 3. 적색화살표 등화 | 화살표시 방향으로 진행하려는 차마는 정지선, 횡단보도 및 교차로의 직전에서 정지하여야 한다. |
| 4. 황색화살표 등화 점멸 | 차마는 다른 교통 또는 안전표지의 표시에 주의하면서 화살표시 방향으로 진행할 수 있다. |
| 5. 적색화살표 등화 점멸 | 차마는 정지선이나 횡단보도가 있을 때에는 그 직전이나 교차로의 직전에 일시정지한 후 다른 교통에 주의하면서 화살표시 방향으로 진행할 수 있다. |

② 사각형 등화(차량 가변등) : 가변차로에 설치

| 신호의 종류 | 신호의 뜻 |
|---|---|
| 1. 녹색화살표시의 등화(하향) | 차마는 화살표로 지정한 차로로 진행할 수 있다. |
| 2. 적색X표 표시의 등화 | 차마는 X표가 있는 차로로 진행할 수 없다. |
| 3. 적색X표 표시 등화의 점멸 | 차마는 X표가 있는 차로로 진입할 수 없고, 이미 차마의 일부라도 진입한 경우에는 신속히 그 차로 밖으로 진로를 변경하여야 한다. |

③ 보행 신호등 : 횡단보도에 설치

| 녹색 등화 | 녹색등화의 점멸 | 적색 등화 |
|---|---|---|
| 보행자는 횡단보도를 횡단할 수 있다. | 보행자는 횡단을 시작하여서는 안 되고, 횡단하고 있는 보행자는 신속하게 횡단을 완료하거나 그 횡단을 중지하고 보도로 되돌아와야 한다. | 보행자는 횡단을 하여서는 안 된다. |

④ 버스 신호등(중앙 버스전용차로에 설치)

| 신호의 종류 | 신호의 뜻 |
|---|---|
| 녹색의 등화 | 버스전용차로에 있는 차마는 직진할 수 있다. |
| 황색의 등화 | 버스전용차로에 있는 차마는 정지선이 있거나 횡단보도가 있을 때에는 그 직전이나 교차로의 직전에 정지하여야 하며, 이미 교차로에 차마의 일부라도 진입한 경우에는 신속히 교차로 밖으로 진행하여야 한다. |
| 적색의 등화 | 버스전용차로에 있는 차마는 정지선, 횡단보도 및 교차로의 직전에서 정지하여야 한다. |
| 황색등화의 점멸 | 버스전용차로에 있는 차마는 다른 교통 또는 안전표지의 표시에 주의하면서 진행할 수 있다. |
| 적색등화의 점멸 | 버스전용차로에 있는 차마는 정지선이나 횡단보도가 있을 때에는 그 직전이나 교차로의 직전에 일시정지한 후 다른 교통에 주의하면서 진행할 수 있다. |

⑤ 노면전차신호등

| 신호의 종류 | 신호의 뜻 |
|---|---|
| 황색 T자형의 등화 | 노면전차가 직진 또는 좌회전 · 우회전할 수 있는 등화가 점등될 예정이다. |
| 황색 T자형 등화의 점멸 | 노면전차가 직진 또는 좌회전 · 우회전할 수 있는 등화의 점등이 임박하였다. |
| 백색 가로 막대형의 등화 | 노면전차는 정지선, 횡단보도 및 교차로의 직전에서 정지해야 한다. |
| 백색 가로 막대형 등화의 점멸 | 노면전차는 정지선이나 횡단보도가 있는 경우에는 그 직전이나 교차로의 직전에 일시정지한 후 다른 교통에 주의하면서 진행할 수 있다. |
| 백색 점형의 등화 | 노면전차는 정지선이 있거나 횡단보도가 있는 경우에는 그 직전이나 교차로의 직전에 정지해야 하며, 이미 교차로에 노면전차의 일부가 진입한 경우에는 신속하게 교차로 밖으로 진행해야 한다. |
| 백색 점형 등화의 점멸 | 노면전차는 다른 교통 또는 안전표지의 표시에 주의하면서 진행할 수 있다. |
| 백색 세로 막대형의 등화 | 노면전차는 직진할 수 있다. |
| 백색 사선 막대형의 등화 | 노면전차는 백색사선막대의 기울어진 방향으로 좌회전 또는 우회전할 수 있다. |

⑥ 자전거 신호등(자전거 주행신호 등)

| 신호의 종류 | 신호의 뜻 |
|---|---|
| 녹색의 등화 | 자전거 등은 직진 또는 우회전할 수 있다. |
| 황색의 등화 | ① 자전거 등은 정지선이 있거나 횡단보도가 있을 때에는 그 직전이나 교차로의 직전에 정지해야 하며, 이미 교차로에 차마의 일부라도 진입한 경우에는 신속히 교차로 밖으로 진행해야 한다.<br>② 자전거 등은 우회전할 수 있고, 우회전하는 경우에는 보행자의 횡단을 방해하지 못한다. |
| 적색의 등화 | ① 자전거 등은 정지선, 횡단보도 및 교차로의 직전에서 정지해야 한다.<br>② 자전거 등은 우회전하려는 경우 정지선, 횡단보도 및 교차로의 직전에서 정지한 후 신호에 따라 진행하는 다른 차마의 교통을 방해하지 않고 우회전할 수 있다.<br>③ ②에도 불구하고 자전거 등은 우회전 삼색등이 적색의 등화인 경우 우회전할 수 없다. |

| 신호의 종류 | 신호의 뜻 |
|---|---|
| 황색등화의 점멸 | 자전거 등은 다른 교통 또는 안전표지의 표시에 주의하면서 진행할 수 있다. |
| 적색등화의 점멸 | 자전거 등은 정지선이나 횡단보도가 있을 때에는 그 직전이나 교차로의 직전에 일시정지한 후 다른 교통에 주의하면서 진행할 수 있다. |

⑦ 자전거 신호등(자전거 횡단신호 등)

| 신호의 종류 | 신호의 뜻 |
|---|---|
| 녹색의 등화 | 자전거 등은 자전거횡단도를 횡단할 수 있다. |
| 녹색등화의 점멸 | 자전거 등은 횡단을 시작해서는 안 되고, 횡단하고 있는 자전거 등은 신속하게 횡단을 종료하거나 그 횡단을 중지하고 진행하던 차도 또는 자전거도로로 되돌아와야 한다. |
| 적색의 등화 | 자전거 등은 자전거횡단도를 횡단해서는 안 된다. |

## 2 교통안전표지(58쪽 제10절 안전표지 참조)(규칙 제8조)

(1) 주의표지    (2) 규제표지    (3) 지시표지    (4) 보조표지    (5) 노면표시

## 제3절 보행자의 통행방법

### 1 보행자의 통행(법 제8조)

① 보행자는 **보도와 차도가 구분된 도로**에서는 언제나 **보도로 통행**하여야 한다(다만, 차도를 횡단하는 경우, 도로공사 등으로 보도의 통행이 금지된 경우나 그 밖의 부득이한 경우에는 제외).

② 보행자는 보도와 차도가 구분되지 아니한 도로 중 중앙선이 있는 도로(일방통행인 경우에는 차선으로 구분된 도로를 포함)에서는 길가장자리 또는 길가장자리구역으로 통행하여야 한다.

③ 보행자는 다음 중 어느 하나에 해당하는 곳에서는 도로의 전 부분으로 통행할 수 있다. 이 경우 보행자는 고의로 차마의 진행을 방해하여서는 아니 된다.

   ㉮ 보도와 차도가 구분되지 아니한 도로 중 중앙선이 없는 도로(일방통행인 경우에는 차선으로 구분되지 아니한 도로에 한정)

   ㉯ 보행자우선도로

④ 보행자는 보도에서는 우측통행을 원칙으로 한다.

### 2 실외 이동 로봇 운용자의 의무(법 제8조의2)

① 실외 이동 로봇을 운용하는 사람(실외 이동 로봇을 조작·관리하는 사람을 포함)은 실외 이동 로봇의 운용 장치와 그 밖의 장치를 정확하게 조작하여야 한다.

② 실외 이동 로봇 운용자는 실외 이동 로봇의 운용 장치를 도로의 교통 상황과 실외 이동 로봇의 구조 및 성능에 따라 차, 노면 전차 또는 다른 사람에게 위험과 장해를 주는 방법으로 운용하여서는 아니 된다.

   ※ 벌칙 : 20만 원 이하의 벌금이나 구류 또는 과료에 처함

**3** 차도를 통행할 수 있는 사람 또는 행렬(법 제9조, 영 제7조)

(1) 학생의 대열, 그 밖에 보행자의 통행에 지장을 줄 우려가 있다고 인정되는 경우 차도를 통행할 수 있다. 이 경우 행렬 등은 차도의 우측으로 통행하여야 한다.

(2) **차도의 우측을 통행할 수 있는 사람 또는 행렬**

① 군부대나 그 밖에 이에 준하는 단체의 행렬

② 말·소 등의 큰 동물을 몰고 가는 사람

③ 사다리·목재나 그 밖에 보행자의 통행에 지장을 줄 우려가 있는 물건을 운반 중인 사람

④ 도로에서 청소나 보수 등의 작업을 하고 있는 사람

⑤ 기 또는 현수막 등을 휴대한 행렬

⑥ 장의 행렬

(3) **도로의 중앙을 통행할 수 있는 경우**

사회적으로 중요한 행사에 따른 행렬 등이 시가행진하는 경우에는 도로의 중앙을 통행할 수 있다.

**4** 보행자의 도로횡단(법 제10조)

① 보행자는 횡단보도, 지하도·육교나 그 밖의 도로 횡단시설이 설치되어 있는 도로에서는 그 곳으로 횡단하여야 한다. 다만, 지하도 또는 육교 등의 도로 횡단시설을 이용할 수 없는 **지체장애인의** 경우에는 다른 교통에 방해가 되지 아니하는 방법으로 도로 횡단시설을 이용하지 아니하고 도로를 횡단할 수 있다.

② 횡단보도가 설치되어 있지 아니한 도로에서는 **가장 짧은 거리로 횡단**하여야 한다.

③ 횡단보도를 횡단하거나 신호기 또는 경찰 공무원 등의 신호나 지시에 따라 횡단하는 경우를 제외하고, 차와 노면 전차의 바로 앞이나 뒤로 횡단하여서는 아니 된다.

④ 보행자는 안전표지 등에 의하여 **횡단이 금지되어 있는** 도로의 부분에서는 그 도로를 횡단하여서는 아니 된다.

## 제4절 차마의 통행방법 등

**1** 차마의 통행(법 제13조)

(1) **차도통행의 원칙과 예외**

① **차마의** 운전자는 보도와 차도가 **구분된** 도로에서는 **차도의 우측을 통행하여야** 한다(도로 외의 곳을 출입할 때에는 보도를 횡단하여 통행할 수 있다).

② 도로 외의 곳에 출입할 때에는 **보도를 횡단할 수 있으며**, 보도를 횡단하기 **직전에 일시정지하여** 좌측 및 우측부분 등을 살핀 후 보행자의 통행을 방해하지 아니하도록 횡단하여야 한다.

(2) **우측통행의 원칙** : 차마의 운전자는 도로(보도와 차도가 구분된 도로에서는 차도)의 중앙(중앙선이 설치되어 있는 경우에는 그 중앙선) 우측부분을 통행

(3) 도로의 중앙이나 좌측부분을 통행할 수 있는 경우

① 도로가 일방통행인 경우

② 도로의 파손, 도로공사나 그 밖의 장애 등으로 도로의 우측부분을 통행할 수 없는 경우

③ 도로 우측부분의 폭이 6m가 되지 아니하는 도로에서 다른 차를 앞지르고자 하는 경우, 다만, 다음의 경우에는 예외

　　㉮ 도로의 좌측부분을 확인할 수 없는 경우

　　㉯ 반대방향의 교통을 방해할 우려가 있는 경우

　　㉰ 안전표지 등으로 앞지르기가 금지 또는 제한된 경우

④ 도로의 우측부분의 폭이 차마의 통행에 충분하지 아니한 경우

⑤ 가파른 비탈길의 구부러진 곳에서 시 · 도경찰청장이 필요하다고 인정하여 구간 및 통행방법을 지정하고 있는 경우

## 2 차로에 따른 통행구분(법 제14조, 규칙 제16조)

(1) **차로에 따라 통행할 의무** : 차마의 운전자는 차로가 설치되어 있는 도로에서는 그 차로를 따라 통행하여야 한다(따로 지정한 때에는 그 지정 방법으로 통행).

(2) **차로에 따른 통행구분** : 도로의 중앙에서 오른쪽으로 2 이상의 차로(전용차로가 설치되어 운용되고 있는 도로에서는 전용차로를 제외)가 설치된 도로 및 일방통행도로에 있어서 그 차로에 따른 통행차의 기준은 다음 표와 같다.

**고속도로 외의 도로에서 차로에 따른 통행 차의 기준(규칙 별표9)**

| 도로 | 차로구분 | 통행할 수 있는 차종 |
|---|---|---|
| 고속도로 외의 도로 | 왼쪽 차로 | 승용차동차 및 경형 · 소형 · 중형 승합자동차 |
| | 오른쪽 차로 | 대형승합자동차, 화물자동차, 특수자동차, 법 제2조제18호나목에 따른 건설기계, 이륜자동차, 원동기장치자전거(개인형 이동장치는 제외) |

**고속도로에서 차로에 따른 통행 차의 기준(규칙 별표9)**

| 도로 | | 차로구분 | 통행할 수 있는 차종 |
|---|---|---|---|
| 고속도로 | 편도 2차로 | 1차로 | 앞지르기를 하려는 모든 자동차. 다만, 차량통행량 증가 등 도로상황으로 인하여 부득이하게 시속 80킬로미터 미만으로 통행할 수밖에 없는 경우에는 앞지르기를 하는 경우가 아니라도 통행할 수 있다. |
| | | 2차로 | 모든 자동차 |
| | 편도 3차로 이상 | 1차로 | 앞지르기를 하려는 승용자동차 및 앞지르기를 하려는 경형 · 소형 · 중형 승합자동차. 다만, 차량통행량 증가 등 도로상황으로 인하여 부득이하게 시속 80킬로미터 미만으로 통행할 수밖에 없는 경우에는 앞지르기를 하는 경우가 아니라도 통행할 수 있다. |
| | | 왼쪽 차로 | 승용자동차 및 경형 · 소형 · 중형 승합자동차 |
| | | 오른쪽 차로 | 대형 승합자동차, 화물자동차, 특수자동차, 법 제2조제18호나목에 따른 건설기계 |

※ 비고

1. 위 표에서 사용하는 용어의 뜻은 다음 각 목과 같다.
  가. "왼쪽 차로"란 다음에 해당하는 차로를 말한다.
   1) 고속도로 외의 도로의 경우: 차로를 반으로 나누어 1차로에 가까운 부분의 차로. 다만, 차로수가 홀수인 경우 가운데 차로는 제외한다.
   2) 고속도로의 경우: 1차로를 제외한 차로를 반으로 나누어 그 중 1차로에 가까운 부분의 차로. 다만, 1차로를 제외한 차로의 수가 홀수인 경우 그 중 가운데 차로는 제외한다.
  나. "오른쪽 차로"란 다음에 해당하는 차로를 말한다.
   1) 고속도로 외의 도로의 경우: 왼쪽 차로를 제외한 나머지 차로
   2) 고속도로의 경우: 1차로와 왼쪽 차로를 제외한 나머지 차로
2. 모든 차는 위 표에서 지정된 차로보다 오른쪽에 있는 차로로 통행할 수 있다.
3. 앞지르기를 할 때에는 위 표에서 지정된 차로의 왼쪽 바로 옆 차로로 통행할 수 있다.
4. 도로의 진출입 부분에서 진출입하는 때와 정차 또는 주차한 후 출발하는 때의 상당한 거리 동안은 이 표에서 정하는 기준에 따르지 아니할 수 있다.
5. 이 표 중 승합자동차의 차종 구분은 「자동차관리법 시행규칙」 별표 1에 따른다.
6. 다음 각 목의 차마는 도로의 가장 오른쪽에 있는 차로로 통행하여야 한다.
  가. 자전거 등
  나. 우마
  다. 법 제2조제18호 나목에 따른 건설기계 이외의 건설기계
  라. 다음의 위험물 등을 운반하는 자동차
   1) 「위험물안전관리법」제2조제1항제1호 및 제2호에 따른 지정수량 이상의 위험물
   2) 「총포ㆍ도검ㆍ화약류 등의 안전관리에 관한 법률」 제2조제3항에 따른 화약류
   3) 「화학물질관리법」 제2조제2호에 따른 유독물질
   4) 「폐기물관리법」 제2조제4호에 따른 지정폐기물과 같은 조 제5호에 따른 의료폐기물
   5) 「고압가스 안전관리법」 제2조 및 같은 법 시행령 제2조에 따른 고압가스
   6) 「액화석유가스의 안전관리 및 사업법」 제2조제1호에 따른 액화석유가스
   7) 「원자력안전법」 제2조제5호에 따른 방사성물질 또는 그에 따라 오염된 물질
   8) 「산업안전보건법」 제37조제1항 및 같은 법 시행령 제29조에 따른 제조 등의 금지 유해물질과 「산업안전보건법」 제38조제1항 및 같은 법 시행령 제30조에 따른 허가대상 유해물질
   9) 「농약관리법」 제2조제3호에 따른 원제
  마. 그 밖에 사람 또는 가축의 힘이나 그 밖의 동력으로 도로에서 운행되는 것
7. 좌회전 차로가 2차로 이상 설치된 교차로에서 좌회전하려는 차는 그 설치된 좌회전 차로 내에서 위 표 중 고속도로 외의 도로에서의 차로 구분에 따라 좌회전하여야 한다.

## ❸ 전용차로 통행금지(법 제15조, 영 제10조)

전용차로로 통행할 수 있는 차가 아닌 차는 전용차로로 통행하여서는 아니 된다. 다만, 다음의 경우에는 그러하지 아니하다.

① 긴급자동차가 그 본래의 긴급한 용도로 운행되고 있는 경우
② 전용차로 통행차의 통행에 장해를 주지 아니하는 범위 안에서 **택시가 승객의 승ㆍ하차**를 위하여 일시 통행하는 경우
③ 도로의 **파손ㆍ공사** 그 밖의 **부득이한 장애**로 인하여 전용차로가 아니면 통행할 수 없는 경우

전용차로로 통행할 수 있는 차(영 별표1)

| 전용차로의 종류 | | 통행할 수 있는 차량 |
|---|---|---|
| 버스 전용 차로 | 고속도로 외의 도로 | 1. 36인승 이상의 대형 승합자동차<br>2. 36인승 미만의 사업용 승합자동차<br>3. 어린이통학버스(신고증명서 교부받은 차에 한함)<br>4. 노선을 지정하여 운행하는 16인승 이상 통학 · 통근용 승합자동차<br>5. 대중교통수단으로 이용하기 위한 자율주행자동차로서 시험 · 연구 목적으로 운행하기 위하여 임시운행허가를 받은 자율주행자동차<br>6. 국제행사 참가인원 수송의 승합자동차(기간 내에 한함)<br>7. 25인승 이상의 외국인 관광객 수송용 승합자동차 |
| | 고속도로 | 9인승 이상 승용자동차 및 승합자동차(승용자동차 또는 12인승 이하의 승합자동차는 6인 이상이 승차한 경우로 한정 |
| 다인승 전용차로 | | 3인 이상 승차한 승용, 승합자동차(다인승 전용차로와 버스전용차로가 동시에 설치되는 경우에는 버스전용차로를 통행할 수 있는 차는 제외한다) |
| 자전거 전용차로 | | 자전거 |

고속도로 버스전용차로제

| 구분 | 시행 구간 및 시간 | | |
|---|---|---|---|
| | 시작 시점 | 종료 시점 | 시행시간 |
| 평일 | 경부선 오산 IC | 한남대교남단 | 07:00~21:00 |
| 토요일, 공휴일 | – 경부선 신탄진 IC<br>– 영동선 신갈 JCT | – 한남대교남단<br>– 호법 JCT | 07:00~21:00 |
| 설날 · 추석 연휴 및 연휴 전날 | – 경부선 신탄진 IC<br>– 영동선 신갈 JCT | – 한남대교남단<br>– 호법 JCT | 07:00~<br>다음 날 01:00 |

※ 시행근거 : 경찰청고시 제2021-1호(2021.2.22)

## 4 자동차 등의 속도(규칙 제19조)

### (1) 일반도로에서의 속도

| 편도 1차로 | 최고속도 60km/h 이내 | 최저속도 규제 없음 |
|---|---|---|
| 편도 2차로 이상 | 최고속도 80km/h 이내 | 최저속도 규제 없음 |

### (2) 자동차전용도로에서의 속도

| 최고속도는 90km/h | 최저속도는 30km/h |
|---|---|

(3) 고속도로에서의 속도

| 편도 2차로 이상<br>고속도로 | 승용차, 승합차<br>화물자동차(적재중량 1.5톤 이하) | 최고 100km/h<br>최저 50km/h |
|---|---|---|
| | 화물자동차(적재중량 1.5톤 초과)<br>위험물 운반 자동차 및 건설기계, 특수자동차 | 최고 80km/h<br>최저 50km/h |
| 편도 1차로<br>고속도로 | 모든 자동차 | 최고 80km/h<br>최저 50km/h |
| 편도 2차로 이상<br>지정·고시한<br>노선 또는 구간의 고속도로 | 승용차, 승합차<br>화물자동차(적재중량 1.5톤 이하) | 최고 120km/h<br>최저 50km/h |
| | 화물자동차(적재중량 1.5톤 초과)<br>위험물 운반 자동차 및 건설기계, 특수자동차 | 최고 90km/h<br>최저 50km/h |

(4) 악천후 시의 감속운행 속도

| 1. 비가 내려 노면이 젖어있는 경우<br>2. 눈이 20mm 미만 쌓인 경우 | 최고속도의 $\frac{20}{100}$ |
|---|---|
| 1. 폭우, 폭설, 안개 등으로 가시거리가 100m 이내인 경우<br>2. 노면이 얼어붙은 경우<br>3. 눈이 20mm 이상 쌓인 경우 | 최고속도의 $\frac{50}{100}$ |

## 5 안전거리 확보(법 제19조)

모든 차의 운전자는 같은 방향으로 가고 있는 **앞차의 뒤를 따르는 때**에는 앞차가 갑자기 정지하게 되는 경우 그 앞차와의 충돌을 피할 수 있는 **필요한 거리**를 확보하여야 한다.

(1) **진로변경 금지** : 모든 차의 운전자는 차의 진로를 변경하고자 하는 경우에 그 변경하고자 하는 방향으로 오고 있는 다른 차의 정상적인 통행에 장애를 줄 우려가 있는 때에는 **진로를 변경하여서는 아니 된다**.

(2) **급제동 금지** : 모든 차의 운전자는 위험방지를 위한 경우와 그 밖의 부득이한 경우가 아니면 운전하는 차를 갑자기 정지시키거나 속도를 줄이는 등의 급제동을 하여서는 아니 된다.

## 6 진로양보 의무(법 제20조)

(1) **느린 속도로 가고자 하는 경우** : 긴급자동차를 제외한 모든 차의 운전자는 뒤에서 따라오는 차보다 느린 속도로 가려는 경우에는 도로의 우측 가장자리로 피하여 진로를 양보하여야 한다. 다만, 통행구분이 설치된 도로의 경우에는 예외이다.

(2) **좁은 도로에서 서로 마주보고 진행하는 경우** : 긴급자동차 외의 자동차가 서로 마주보고 진행하는 때에는 다음의 자동차가 도로의 우측 가장자리로 피하여 진로를 양보하여야 한다.
  ① 비탈진 좁은 도로에서는 올라가는 자동차가 양보
  ② 비탈진 좁은 도로 외에서는 동승자가 없고 물건을 싣지 아니한 자동차가 양보

**7 앞지르기 방법 등(앞차의 좌측으로 통행) (법 제21조~제23조)**

① 앞지르고자 하는 모든 차의 운전자는 다음 사항을 주의하여야 한다.
㉮ 반대방향의 교통
㉯ 앞차의 속도·진로
㉰ 앞차 앞쪽의 교통에 주의를 충분히 기울여야 한다.
㉱ 도로상황에 따라 방향지시기·등화 또는 경음기를 사용하는 등 안전한 속도와 방법으로 앞지르기를 하여야 한다.
② 앞지르기를 하는 때에는 속도를 높여 경쟁하거나 앞지르기를 하는 차의 앞을 가로막는 등 앞지르기를 방해하여서는 아니 된다.

**(1) 앞지르기 금지시기(다음의 경우 앞지르기 못함)**

① 앞차의 좌측에 다른 차가 앞차와 나란히 가고 있는 경우
② 앞차가 다른 차를 앞지르고 있거나 앞지르려고 하는 경우
③ 앞차가 법에 따른 명령·경찰공무원의 지시에 따르거나, 위험방지를 위하여 정지 또는 서행하고 있을 때

**(2) 앞지르기 금지장소(다음의 곳에서 앞지르지 못함)**

① 교차로    ② 터널 안    ③ 다리 위
④ 도로의 구부러진 곳, 비탈길의 고갯마루 부근 또는 가파른 비탈길의 내리막 등 시·도경찰청장이 안전표지로 지정한 곳

**8 철길 건널목의 통과(법 제24조)**

**(1) 일시정지와 안전확인** : 철길 건널목을 통과하고자 하는 때에는 건널목 앞에서 일시정지하여 안전한지의 여부를 확인한 후 통과(건널목의 신호기 등의 경우에 따르는 경우는 예외)

**(2) 차단기, 경보기에 의한 진입금지** : 건널목의 차단기가 내려져 있거나 내려지려고 하는 경우와 건널목의 경보기가 울리고 있는 동안에는 그 건널목으로 들어가서는 아니 된다.

**(3) 건널목안에서 고장으로 운행할 수 없게 된 때의 조치**

① 즉시 승객을 대피시킨다.
② 비상신호기 등을 사용하거나 그 밖의 방법으로 철도공무원 또는 경찰공무원에게 그 사실을 알려야 한다.
③ 차량을 건널목 이외의 곳으로 이동 조치한다.

**9 교차로 통행방법(법 제25조~제26조)**

**(1) 우회전 방법** : 모든 차의 운전자는 교차로에서 우회전하고자 하는 때에는 미리 도로의 우측 가장자리를 서행하면서 우회전하여야 한다(신호에 따라 정지하거나 진행하는 보행자 또는 자전거 등에 주의).

(2) **좌회전 방법** : 모든 차의 운전자는 교차로에서 좌회전하려는 경우에는 **미리 도로의 중앙선**을 따라 서행하면서 교차로의 **중심 안쪽**을 이용하여 좌회전하여야 하며 시·도경찰청장이 교차로의 상황에 따라 특히 필요하다고 인정하여 **지정한 곳**에서는 교차로의 **중심 바깥쪽**을 통과할 수 있다.

(3) **우·좌회전하는 차의 진행방해 금지** : 우회전 또는 좌회전을 하기 위하여 손이나 방향지시기 또는 등화로써 신호를 하는 차가 있는 경우에 그 뒤차의 운전자는 신호를 한 앞차의 진행을 방해하여서는 아니 된다.

(4) **교차로 내에서 정차 시 진입금지** : 신호기에 의하여 교통정리가 행하여지고 있는 **교차로에 들어**가려는 때에는 진행하려는 진로의 **앞쪽 교차로**(정지선이 있는 경우에는 그 정지선을 넘은 부분)에 정지하게 되어 다른 차의 통행에 방해가 될 우려가 있는 경우에는 그 교차로에 들어가서는 아니 된다.

(5) **회전교차로 통행방법(법 제25조의2)**
  ① 모든 차의 운전자는 회전교차로에서는 반시계방향으로 통행하여야 한다.
  ② 모든 차의 운전자는 회전교차로에 진입하려는 경우에는 서행하거나 일시정지하여야 하며, 이미 진행하고 있는 다른 차가 있는 때에는 그 차에 진로를 양보하여야 한다.
  ③ 회전교차로 통행을 위하여 손이나 방향지시기 또는 등화로써 신호를 하는 차가 있는 경우 그 뒤차의 운전자는 신호를 한 앞차의 진행을 방해하여서는 아니 된다.

(6) **교통정리가 없는 교차로에서의 양보운전**
  ① 이미 **교차로에 들어가 있는** 다른 차가 있을 때에는 그 **차에 진로를 양보**하여야 한다.
  ② 통행하고 있는 도로의 폭보다 교차하는 도로의 폭이 넓은 경우에는 서행하여야 하며, 폭이 넓은 도로로부터 교차로에 들어가려고 하는 **다른 차가 있을** 때에는 그 차에 **진로를 양보**하여야 한다.
  ③ 우선순위가 같은 차가 동시에 교차로에 들어가려고 하는 차의 운전자는 우측도로의 차에 진로를 양보하여야 한다.
  ④ 교차로에서 좌회전하려고 하는 차의 운전자는 그 교차로에서 직진하거나 우회전하려는 다른 차가 있을 때에는 그 **차에 진로를 양보**한다.

## 🔟 보행자의 보호(법 제27조)

(1) **횡단보도 앞에서 일시정지** : 모든 차 또는 노면전차의 운전자는 보행자(자전거 등에서 내려서 자전거 등을 끌거나 들고 통행하는 자전거 등의 운전자를 포함)가 횡단보도를 통행하고 있거나 통행하려고 하는 때에는 보행자의 횡단을 방해하거나 위험을 주지 아니하도록 그 횡단보도 앞(정지선이 설치되어 있는 곳에서는 그 정지선)에서 일시정지하여야 한다.

(2) **신호 및 지시에 따라 횡단하는 보행자 우선** : 모든 차 또는 노면전차의 운전자는 교통정리를 하고 있는 교차로에서 좌회전이나 우회전을 하려는 경우에는 신호기 또는 경찰공무원 등의 **신호 또는 지시**에 따라 도로를 횡단하는 보행자의 **통행을 방해**하여서는 아니 된다.

(3) **보행자 옆을 지나는 때 서행** : 모든 차의 운전자는 도로에 설치된 안전지대에 보행자가 있는 경우와 차로가 설치되지 아니한 좁은 도로에서 보행자의 옆을 지나는 경우에는 안전한 거리를 두고 서행하여야 한다.

(4) **횡단보도가 없는 곳에서의 횡단보행자 보호** : 모든 차 또는 노면전차의 운전자는 보행자가 횡단보도가 설치되어 있지 아니한 도로를 횡단하고 있을 때에는 안전거리를 두고 일시정지하여 보행자가 안전하게 횡단할 수 있도록 하여야 한다(교통정리를 하고 있지 아니하는 교차로나 그 부근의 도로를 횡단하는 보행자의 통행방해 금지).

(5) **보행자 통행 시 서행 또는 일시정지** : 모든 차의 운전자는 다음 중 어느 하나에 해당하는 곳에서 보행자의 옆을 지나는 경우에는 안전한 거리를 두고 서행하여야 하며, 보행자의 통행에 방해가 될 때에는 서행하거나 일시 정지하여 보행자가 안전하게 통행할 수 있도록 하여야 한다.

① 보도와 차도가 구분되지 아니한 도로 중 중앙선이 없는 도로

② 보행자 우선 도로

③ 도로 외의 곳

(6) **어린이 보호 구역에서 일시 정지** : 모든 차 또는 노면전차의 운전자는 어린이 보호 구역 내에 설치된 횡단보도 중 신호기가 설치되지 아니한 횡단보도 앞(정지선이 설치된 경우에는 그 정지선)에서는 보행자의 횡단 여부와 관계없이 일시 정지하여야 한다.

## 11 긴급자동차의 우선 통행 등(법 제29조, 제30조)

### (1) 긴급자동차의 우선 통행(긴급하고 부득이한 경우)

① 도로의 중앙이나 좌측부분을 통행할 수 있다.

② 「도로교통법」이나 이 법에 따른 명령에 따라 정지하여야 하는 경우에도 불구하고 정지하지 아니할 수 있다.

③ 교통의 안전에 특히 주의하면서 통행하여야 한다.

④ 소방차 · 구급차 · 혈액공급차량 등의 자동차 운전자는 해당 자동차를 그 본래의 긴급한 용도로 운행하지 아니하는 경우에는 경광등이나 사이렌을 작동하여서는 아니 된다. 다만, 범죄 및 화재 예방 등을 위한 순찰 · 훈련 등을 실시하는 경우에는 그러하지 아니한다.

### (2) 긴급자동차에 대한 특례(다음 사항을 적용하지 않음)

① 자동차 등의 속도제한(다만, 긴급자동차에 속도를 제한한 경우에는 속도 제한 규정을 적용)

② 앞지르기 금지        ③ 끼어들기의 금지

## 12 서행 또는 일시정지할 장소(법 제31조)

### (1) 서행할 장소

① 교통정리를 하고 있지 아니하는 교차로

② 도로가 구부러진 부근

③ 비탈길의 고갯마루 부근

④ 가파른 비탈길의 내리막

⑤ 시·도경찰청장이 안전표지에 의하여 지정한 곳, 시장 등이 지정한 어린이 보호구역

### (2) 일시정지할 장소

① 교통정리를 하고 있지 아니하고 좌·우를 확인할 수 없거나 교통이 빈번한 교차로

② 시·도경찰청장이 안전표지에 의하여 지정한 곳

## 13 정차 및 주차의 금지(법 제32조~제33조까지)

### (1) 정차 및 주차 금지장소

① 교차로·횡단보도·건널목이나 보도와 차도가 구분된 도로의 보도(단, 차도와 보도에 걸쳐 설치된 노상주차장에 주차하는 경우는 제외)

② 5m 이내의 곳 : 교차로의 가장자리, 도로의 모퉁이, 소방용수시설 또는 비상소화장치가 설치된 곳, 소화설비·경보설비·피난구조설비가 설치된 곳, 옥내소화전설비, 스프링클러설비, 물분무등소화설비의 송수구, 소화용수설비, 연결송수관설비·연결살수설비·연소방지설비의 송수구, 무선통신보조설비의 무선기기접속단자로부터

③ 10m 이내의 곳 : 횡단보도, 건널목의 가장자리, 안전지대 사방, 버스정류장 표시 기둥이나 표지판 또는 선이 설치된 곳으로부터

④ 시·도경찰청장이 인정하여 지정한 곳, 시장 등이 지정한 어린이 보호구역

### (2) 주차 금지장소

① 터널 안 및 다리 위

② 다음의 곳으로부터 5m 이내의 곳

㉮ 도로공사를 하고 있는 경우에는 그 공사 구역의 양쪽 가장자리

㉯ 다중이용업소의 영업장이 속한 건축물로 소방본부장의 요청에 의하여 시·도경찰청장이 지정한 곳

③ 시·도경찰청장이 도로에서의 위험을 방지하고 교통의 안전과 원활한 소통을 확보하기 위하여 필요하다고 인정하여 지정된 곳

## 14 차와 노면전차의 등화(법 제37조, 영 제19조, 제20조)

### (1) 밤(안개, 눈비올 때, 터널 안 포함)에 도로에서 차를 운행할 때 켜야 하는 등화

① 자동차 : 자동차안전기준에서 정하는 전조등, 차폭등, 미등, 번호등과 실내조명등(실내조명등은 승합자동차와 여객자동차운송사업용 승용자동차에 한한다)

② 원동기장치자전거 : 전조등 및 미등

③ 견인되는 차 : 미등, 차폭등 및 번호등

④ 노면전차 : 전조등, 차폭등, 미등 및 실내조명등

⑤ ①~④까지의 규정 외의 차 : 시 · 도경찰청장이 정하여 고시하는 등화

(2) **밤(안개, 눈비올 때, 터널 안 포함)에 도로에서 정차하거나 주차할 때 켜야 하는 등화**

① 자동차 : 미등 및 차폭등

② 이륜자동차(원동기장치자전거 포함) : 미등(후부반사기를 포함)

③ 노면전차 : 차폭등 및 미등

④ ①~③까지의 규정 외의 차 : 시 · 도경찰청장이 정하여 고시하는 등화

(3) **밤에 마주보고 진행하는 경우의 등화조작**

① 모든 차의 운전자는 밤에 차가 서로 마주보고 진행하는 때

㉮ 전조등의 밝기를 줄인다.

㉯ 불빛의 방향을 아래로 향하게 한다.

㉰ 잠시 전조등을 끌 것(서로 간의 교통을 방해할 우려가 없는 경우에는 예외)

② 모든 차의 운전자는 앞차의 바로 뒤를 따라갈 때 : 전조등 불빛의 방향을 아래로 향하도록 하여야 하며, 전조등 불빛의 밝기를 함부로 조작하여 앞차의 운전을 방해하지 아니할 것

(4) **밤에 교통이 빈번한 곳을 운행할 때** : 모든 차의 운전자는 교통이 빈번한 곳에서 운행할 때에는 전조등 불빛의 방향을 계속 아래로 유지하여야 한다.

## 15 승차의 방법과 제한(법 제39조, 제40조, 영 제22조)

(1) **승차방법**

① 모든 차의 운전자는 승차인원에 관하여 운행상의 안전기준을 넘어서 승차시켜 운전하여서는 아니 된다. 다만, 출발지를 관할하는 경찰서장의 허가를 받은 때에는 그러하지 아니하다.

② 모든 차 또는 노면전차의 운전자는 운전 중 타고 있는 사람 또는 타고 내리는 사람이 떨어지지 아니하도록 문을 정확히 여닫는 등 필요한 조치를 하여야 한다.

③ 모든 차의 운전자는 운전 중 실은 화물이 떨어지지 아니하도록 덮개를 씌우거나 묶는 등 확실하게 고정될 수 있도록 필요한 조치를 하여야 한다.

④ 모든 차의 운전자는 영유아나 동물을 안고 운전장치를 조작하거나 운전석 주위에 물건을 싣는 등 안전에 지장을 줄 우려가 있는 상태로 운전하여서는 아니 된다.

⑤ 모든 차의 **사용자, 정비책임자 또는 운전자**는 「자동차관리법」, 「건설기계관리법」이나 그 법에 따른 명령에 의한 장치가 정비되어 있지 아니한 차(이하 "정비불량차"라 한다)를 운전하도록 시키거나 운전하여서는 아니 된다.

(2) **운행상의 안전기준**

① 자동차의 승차인원 : 승차 정원 이내

② 화물 자동차의 적재 중량 : 구조 및 성능에 따른 적재 중량의 110% 이내

운전자 및 고용주 등의 의무

## 1 운전 등의 금지(법 제43조~제45조)

(1) **무면허운전 등의 금지** : 누구든지 시 · 도경찰청장으로부터 운전면허를 받지 아니하거나 운전면허의 효력이 정지된 경우에는 자동차 등을 운전하여서는 아니 된다.

(2) **술에 취한 상태에서의 운전금지**

① 누구든지 술에 취한 상태(혈중알코올농도 0.03% 이상)에서 자동차 등(건설기계 포함), 노면 전차 또는 자전거를 운전하여서는 아니 된다.

② 경찰공무원은 교통의 안전과 위험 방지를 위하여 필요하다고 인정하거나 술에 취한 상태에서 자동차 등, 노면 전차 또는 자전거를 운전하였다고 **인정할만한 상당한 이유**가 있는 때에는 운전자가 술에 취하였는지를 호흡 조사로 측정할 수 있다. 이 경우 운전자는 경찰 공무원의 측정에 응하여야 한다.

③ 측정 결과에 불복하는 운전자에 대하여는 그 운전자의 동의를 받아 **혈액채취 등의 방법**으로 다시 측정할 수 있다.

🚌 **술에 취한 상태의 측정 방법 등(규칙 제27조의2)**

① 술에 취한 상태의 측정 방법
ㄱ 호흡 조사 : 호흡을 채취해 술에 취한 정도를 객관적으로 환산
ㄴ 혈액 채취 : 혈액을 채취해 술에 취한 정도를 객관적으로 환산

② 술에 취한 상태의 측정 절차
ㄱ 호흡 조사 측정 절차
㉮ 경찰 공무원이 교통의 안전과 위험 방지를 위해 필요하다고 인정하는 경우, 운전자의 외관, 언행 등 운전자가 술에 취한 상태에서 운전한 것으로 의심되는 경우 실시
㉯ 입 안의 잔류 알코올을 헹궈낼 수 있도록 운전자에게 음용수 제공
ㄴ 혈액 채취 측정 절차
㉮ 운전자가 처음부터 혈액 채취 측정을 요구하는 경우, 호흡 조사 측정 결과에 불복하면서 혈액 채취로의 측정에 동의하는 경우, 운전자가 의식이 없는 등 호흡 조사 측정이 불가능한 경우 실시
㉯ 가까운 병원 또는 의원 등의 의료 기관에서 비알콜성 소독약을 사용하여 채혈

③ ①항 및 ②항에서 규정한 사항 외에 술에 취한 상태의 측정 방법 및 절차 등에 관해 필요한 사항은 경찰청장이 결정

(3) **과로한 때 등의 운전금지** : 자동차 등 또는 노면전차의 운전자는 과로 · 질병 또는 **약물**(마약 · 대마 및 향정신성의약품과 그 밖의 행정 안전부령으로 정하는 것)의 영향과 그 밖의 사유로 **정상적으로 운전하지 못할 우려가 있는 상태**에서 **자동차 등 또는 노면전차**를 운전하여서는 아니 된다.

## 2 모든 운전자의 준수사항
## (법 제46조, 제49조, 영 제28조, 제29조, 규칙 제 29조)

① 자동차의 운전자는 도로에서 2명 이상이 공동으로 2대 이상의 자동차를 정당한 사유없이 앞뒤로 또는 좌우로 줄지어 통행하면서 다른 사람에게 위해(危害)를 끼치거나 교통상의 위험을 발생하게 하여서는 아니 된다.

② 물이 고인 곳을 운행하는 때에는 고인 물을 튀게 하여 다른 사람에게 피해를 주는 일이 없도록 할 것

③ 다음의 어느 하나에 해당하는 때에는 일시정지 할 것

    ㉮ 어린이가 보호자 없이 도로를 횡단하는 때, 어린이가 도로에 앉아 있거나 서 있을 때 또는 어린이가 도로에서 놀이를 할 때 등 어린이에 대한 교통사고의 위험이 있는 것을 발견한 경우 (지체장애인 등이 도로 횡단 포함)

    ㉯ 앞을 보지 못하는 사람이 흰색지팡이를 가지거나 장애인 보조견을 동반하고 도로를 횡단하고 있는 경우

    ㉰ 지하도나 육교 등 도로 횡단시설을 이용할 수 없는 지체장애인이나 노인 등이 도로를 횡단하고 있는 경우

④ 자동차의 앞면 창유리와 운전석 좌·우 옆면 창유리의 가시광선투과율이 낮아 교통안전 등에 지장을 줄 수 있는 다음의 기준 미만인 차를 운전하지 아니할 것(다만, 요인경호용, 구급용 및 장의용 자동차는 제외한다)

    ㉮ 앞면 창유리 : 70%

    ㉯ 운전석 좌·우 옆면 창유리 : 40%

⑤ 교통단속용 장비의 기능을 방해하는 장치를 한 차나 그 밖에 안전 운전에 지장을 줄 수 있는 것으로서 기준에 적합하지 아니한 장치를 한 차를 운전하지 아니할 것(자율주행자동차의 신기술 개발을 위한 장치를 장착하는 경우에는 제외)

⑥ 도로에서 자동차 등(개인형 이동장치 제외) 또는 노면전차를 세워둔 채로 시비·다툼 등의 행위를 하여 다른 차마의 통행을 방해하지 아니할 것

⑦ 운전자는 정당한 사유 없이 다음에 해당하는 행위를 하여 다른 사람에게 피해를 주는 소음을 발생시키지 아니할 것

    ㉮ 자동차를 급히 출발시키거나 속도를 급격히 높이는 행위

    ㉯ 자동차의 원동기 동력을 차바퀴에 전달시키지 아니하고 원동기의 회전수를 증가시키는 행위

    ㉰ 반복적이거나 연속적으로 경음기를 울리는 행위

⑧ 운전자는 승객이 차 안에서 안전운전에 현저히 장해가 될 정도로 춤을 추는 등 소란 행위를 하도록 내버려두고 차를 운행하지 아니할 것

⑨ 운전자는 자동차 등 또는 노면전차의 운전 중에는 휴대용 전화(자동차용 전화를 포함)를 사용하지 아니할 것. 다만, 다음에 해당하는 경우에는 그러하지 아니하다.

    ㉮ 자동차가 정지하고 있는 경우

    ㉯ 긴급자동차를 운전하는 경우

    ㉰ 각종 범죄 및 재해신고 등 긴급한 필요가 있는 경우

    ㉱ 손으로 잡지 아니하고도 휴대용 전화(자동차용 전화 포함)를 사용할 수 있는 장치를 이용하는 경우

⑩ 운전자는 자동차의 화물적재함에 사람을 태우고 운행하지 아니할 것

⑪ 자동차 등 또는 노면전차의 운전 중에는 볼 수 있는 위치에 영상이 표시되게 하거나 영상표시장치를 조작하지 아니할 것(자동차 등 또는 노면 전차가 정지하고 있는 경우, 긴급 상황 안내 영상이나 운전에 필요한 영상이 표시되는 경우, 그리고 노면 전차 운전자가 운전에 필요한 영상 표시 장치를 조작하는 경우는 제외)

⑫ 운전자가 차 또는 노면전차를 떠나는 경우에는 교통사고를 방지하고 다른 사람이 함부로 운전하지 못하도록 필요한 조치를 할 것

⑬ 운전자는 안전을 확인하지 아니하고 차 또는 노면전차의 문을 열거나 내려서는 아니 되며, 동승자가 교통의 위험을 일으키지 아니하도록 필요한 조치를 할 것

## 3 특정 운전자의 준수사항(법 제50조 제1항)

(1) 자동차(이륜차 제외)를 운전하는 때에는 좌석안전띠를 매어야 하며, 모든 좌석의 승차자에게도 좌석안전띠(영유아인 경우에는 유아보호용 장구를 장착한 후 좌석안전띠)를 매도록 하여야 한다. 다만, 다음의 경우는 예외로 한다.(규칙 제31조)

① 부상·질병·장애 또는 임신 등으로 좌석안전띠의 착용이 적당하지 아니한 때

② 자동차를 후진시키는 때

③ 신장·비만 그 밖의 신체의 상태가 적당하지 아니하다고 인정되는 때

④ 긴급자동차가 그 본래의 용도로 운행되고 있는 때

⑤ 경호 등을 위한 경찰용 자동차에 의하여 호위되거나 유도되고 있는 자동차를 운전하거나 승차하는 때

⑥ 「국민투표법」 및 공직선거관계법령에 의하여 국민투표운동·선거운동 및 국민투표·선거관리업무에 사용되는 자동차를 운전하거나 승차하는 때

⑦ 우편물의 집배, 폐기물의 수집 그 밖에 빈번히 승강하는 것을 필요로 하는 업무에 종사하는 자가 해당업무를 위하여 자동차를 운전하거나 승차하는 때

⑧ 여객운송사업용 자동차의 운전자가 승객의 주취, 약물복용 등으로 좌석안전띠를 매도록 할 수 없는 때

(2) **운송사업용 자동차, 화물자동차 및 노면전차 등 운전자의 금지행위(법 제50조 제5항)**

① 운행기록계 미설치 또는 고장 등인 때에 자동차를 운전하는 행위

② 운행기록계를 원래의 목적대로 사용하지 아니하고 자동차를 운전하는 행위

③ 승차를 거부하는 행위(사업용 승합자동차와 노면전차의 운전자에 한정)

※ 자율주행자동차 운전자의 준수사항(제50조의2)

① 행정안전부령으로 정하는 완전 자율주행시스템에 해당하지 아니하는 자율주행시스템을 갖춘 자동차의 운전자는 자율주행시스템의 직접 운전 요구에 지체 없이 대응하여 조향장치, 제동장치 및 그 밖의 장치를 직접 조작하여 운전하여야 한다.

② 운전자가 자율주행시스템을 사용하여 운전하는 경우에는 휴대폰 전화 사용, 영상 표시 장치 수신, 영상 표시 장치 조작의 규정을 적용하지 아니한다.

## 4 어린이통학버스의 특별보호

(1) **어린이통학버스의 특별보호(법 제51조)**

① 어린이통학버스가 도로에 정차하여 어린이나 **영유아**가 타고 내리는 중임을 표시하는 **점멸등** 등의 장치를 작동 중일 때에는 어린이통학버스가 **정차한 차로**와 그 차로의 **바로 옆 차로**로 통행하는 차의 운전자는 어린이통학버스에 이르기 전에 일시정지하여 안전을 확인한 후 **서행**하여야 한다.

※ 편도 1차로인 도로, 중앙선이 설치되지 않은 도로에서 반대방향 진행 운전자도 일시정지하여 안전 확인 후 서행

② 모든 차의 운전자는 어린이나 **영유아**를 태우고 있다는 표시를 한 상태로 도로를 통행하는 어린이 통학버스를 앞지르지 못한다.

## (2) 어린이통학버스로 신고할 수 있는 자동차의 요건(영 제31조, 자동차 및 자동차부품의 성능과 기준에 관한 규칙 제19조제8항, 제48조제4항)

① 승차정원 9인승(어린이 1인을 승차정원 1인으로 봄) 이상의 자동차에 한한다.

② 어린이 운송용 승합자동차의 색상 : 황색

③ 앞면과 뒷면에는 분당 60회 이상 120회 이하로 점멸되는 각각 2개의 적색표시등과 2개의 황색표시등 또는 호박색표시등을 설치할 것(적색표시등 : 바깥쪽, 황색표시등 : 안쪽, 좌·우 대칭이 되도록 설치)

④ 각 표시등의 발광면적은 120cm² 이상일 것

⑤ 교통사고로 인한 피해를 전액 배상할 수 있도록 **보험업법**에 따른 보험 또는「여객자동차 운수사업법」에 따른 공제조합에 가입되어 있을 것

⑥ 학교 등 또는「영유아보육법」에 따른 어린이집의 원장이 전세버스운송사업자와 **운송계약**을 맺은 자동차일 것

⑦ 어린이통학버스를 운영하는 자는 어린이통학버스 안에 행정안전부령으로 정하는 신고증명서를 발급받아 어린이통학버스 안에 항상 갖추어 두어야 한다.

## (3) 어린이통학버스 운전자의 의무사항(법 제53조)

어린이나 영유아가 타고 내리는 경우에만 **점멸등** 등의 장치를 작동하여야 하며 어린이나 영유아를 태우고 운행 중인 경우에만 운행 중임을 표시하여야 한다.

## (4) 어린이통학버스를 운영하는 자의 의무사항(보호자 동승)
## (법 제53조제3항)

어린이나 영유아를 태울 때에는 성년인 사람 중 어린이통학버스를 운영하는 자가 지명한 보호자를 함께 태우고 운행하여야 하며, 동승한 보호자는 어린이나 영유아가 승차 또는 하차하는 때에는 자동차에서 내려서 어린이나 영유아가 안전하게 승하차하는 것을 확인하고 운행 중에는 어린이나 영유아가 좌석에 앉아 좌석안전띠를 매고 있도록 하는 등 어린이 보호에 필요한 조치를 하여야 한다.

## 5 사고발생 시의 조치(법 제54조, 영 제 32조)

(1) 차 또는 노면전차의 운전 등 교통으로 인하여 **사람을 사상**(死傷)하거나 물건을 손괴(損壞)한 경우에는 그 차의 운전자나 그 밖의 **승무원**은 즉시 정차하여 다음의 조치를 하여야 한다.

① 사상자를 구호하는 등 필요한 조치

② 피해자에게 인적사항(성명, 전화번호, 주소 등) 제공

(2) 교통사고가 발생한 차 또는 노면전차의 운전자 등은 경찰공무원이 현장에 있을 때에는 그 **경찰공무원**에게, 경찰공무원이 현장이 없을 때에는 가장 가까운 국가경찰관서(지구대·파출소 및 출장

소를 포함)에 다음의 사항을 지체 없이 신고하여야 한다.

① 사고가 일어난 곳　　　　　　　　② 사상자 수 및 부상 정도
③ 손괴한 물건 및 손괴 정도　　　　　④ 그 밖의 조치사항 등

(3) 긴급자동차, 부상자를 운반 중인 차 및 우편물자동차 및 노면 전차 등의 운전자는 긴급한 경우에
　는 동승자로 하여금 사상자 구호 조치나 신고를 하게 하고 운전을 계속할 수 있다.


## 제6절　고속도로 및 자동차 전용도로에서의 특례

### 1 갓길 통행금지 등(법 제60조)

자동차의 운전자는 고속도로등에서 자동차의 고장 등 부득이한 사정이 있는 경우를 제외하고는 행정
안전부령으로 정하는 차로에 따라 통행하여야 하며, 갓길로 통행하여서는 아니 된다. 다만, 긴급자
동차와 고속도로등의 보수·유지 등의 작업을 하는 자동차를 운전하는 때, 차량 정체 시 신호기 또
는 경찰공무원 등의 신호나 지시에 따라 갓길에서 자동차를 운전하는 때에는 그러하지 아니하다.
또한 자동차의 운전자는 고속도로에서 다른 차를 앞지르려면 방향지시기, 등화 또는 경음기를 사용
하여 행정안전부령으로 정하는 차로로 안전하게 통행하여야 한다.

※ 고속도로등의 정의 : 고속도로 또는 자동차전용도로

### 2 횡단·통행 등의 금지 등(법 제62조, 제63조)

자동차의 운전자는 그 차를 운전하여 고속도로등을 횡단하거나 유턴 또는 후진하여서는 아니 된다.
다만, 긴급자동차 또는 도로의 보수·유지 등의 작업을 하는 자동차로서 응급조치작업에 사용되는
경우에는 그러하지 아니하다. 또한 자동차(이륜자동차는 긴급자동차만 해당) 외의 차마의 운전자 또
는 보행자는 고속도로 또는 자동차전용도로를 통행하거나 횡단하여서는 아니 된다.

### 3 고속도로 등에서의 정차 및 주차의 금지(법 제64조)

① 자동차의 운전자는 고속도로등에서 차를 정차 또는 주차시켜서는 아니 된다.
② 고속도로등에서 차를 정차 또는 주차시킬 수 있는 경우
　　㉮ 법령의 규정 또는 경찰공무원(자치경찰공무원은 제외)의 지시에 따르거나 위험을 방지하기
　　　위하여 일시정차 또는 주차시키는 경우
　　㉯ 정차 또는 주차할 수 있도록 안전표지를 설치한 곳이나 정류장에서 정차 또는 주차시키는 경우
　　㉰ 고장이나 그 밖의 부득이한 사유로 길가장자리구역(갓길 포함)에 정차 또는 주차시키는 경우
　　㉱ 통행료를 지불하기 위하여 통행료를 받는 곳에서 정차하는 경우
　　㉲ 도로의 관리자가 고속도로 등을 보수·유지 또는 순회하기 위하여 정차 또는 주차시키는 경우
　　㉳ 경찰용 긴급자동차가 고속도로 등에서 범죄수사·교통단속 그 밖의 경찰임무 수행을 위하여 정
　　　차 또는 주차시키는 경우
　　㉴ 소방차가 고속도로 등에서 화재진압 및 인명 구조·구급 등 소방활동, 소방지원활동 및 생활
　　　안전활동을 수행하기 위하여 정차 또는 주차시키는 경우
　　㉵ 경찰용 긴급자동차 및 소방차를 제외한 긴급자동차가 사용 목적을 달성하기 위하여 정차 또
　　　는 주차시키는 경우

㉔ 교통이 밀리거나 그 밖의 부득이한 사유로 움직일 수 없을 때에 고속도로 등의 차로에 일시정차 또는 주차시키는 경우

## 4 고장 등의 조치(법 제66조, 규칙 제40조)

자동차의 운전자는 고장이나 그 밖의 사유로 고속도로 등에서 자동차를 운행할 수 없게 된 때에는 다음과 같이 조치한다.

① 안전삼각대를 설치한다.

② 밤에 고장이나 그 밖의 사유로 고속도로등에서 자동차를 운행할 수 없는 경우에는 **사방 500m** 지점에서 식별할 수 있는 적색의 섬광신호, 전기제등 또는 불꽃신호를 설치하여야 한다.

③ 안전삼각대 등을 설치하는 경우 그 자동차의 **후방에서 접근**하는 자동차의 **운전자가 확인**할 수 있는 위치에 설치하여야 한다.

## 5 운전자의 고속도로 등에서의 준수사항(법 제67조)

고속도로 등을 운행하는 자동차의 운전자는 교통의 안전과 원활한 소통을 확보하기 위하여 따른 **고장자동차의 표지**를 항상 비치하며, 고장이나 그 밖의 부득이한 사유로 자동차를 운행할 수 없게 되었을 때에는 자동차를 도로의 우측 가장자리에 정지시키고 그 표지를 설치하여야 한다.

## 제7절 특별교통안전교육

### 1 특별교통안전 의무교육(법 제73조제2항, 영 제38조제5항)

**(1) 특별교통안전 의무교육을 받아야 하는 사람**

① 운전면허 취소처분을 받은 사람으로서 운전면허를 다시 받으려는 사람. 다만, 다음의 경우는 제외한다.

㉮ 적성검사를 받지 아니하거나 그 적성검사에 **불합격한 경우**

㉯ 운전면허를 받은 사람이 자신의 운전면허를 실효시킬 목적으로 시·도경찰청장에게 자진하여 운전면허를 반납하는 경우. 다만, 실효시키려는 운전면허가 취소처분 또는 정지처분의 대상이거나 효력정지 기간 중인 경우는 제외한다.

② 술에 취한 상태에서의 운전, 공동위험행위, 난폭운전, 운전 중 고의 또는 과실로 교통사고를 일으킨 경우, 자동차 등을 이용하여 **특수상해, 특수폭행, 특수협박** 또는 특수손괴를 위반하는 행위에 해당하여 운전면허 효력 정지처분을 받게 되거나 받은 사람으로서 그 정지기간이 끝나지 아니한 사람

③ 운전면허 취소처분 또는 운전면허효력 정지처분(음주운전, 공동위험행위, 난폭운전, 고의과실로 교통사고, 자동차 등을 이용하여 특수상해, 특수폭행, 특수협박, 특수손괴로 운전면허효력 정지처분 대상인 경우로 한정)이 면제된 사람으로서 **면제된 날부터 1개월**이 지나지 아니한 사람

④ 운전면허효력 정지처분을 받게 되거나 받은 **초보운전자**로서 그 정지기간이 끝나지 아니한 사람

⑤ 어린이 보호구역에서 운전 중 어린이를 사상하는 사고를 유발하여 벌점을 받은 날부터 1년 이내의 사람

(2) **특별교통안전 의무교육 연기신청을 할 수 있는 사람**

① 질병이나 부상으로 인하여 거동이 불가능한 경우

② 법령에 따라 신체의 자유를 구속당한 경우

③ 그 밖에 부득이하다고 인정할 만한 상당한 이유가 있는 경우

(※ 연기사유 해소 시 30일 내 교육을 받아야 함)

### **2 특별교통안전 권장교육(법 제73조제3항)**

다음 각 호의 어느 하나에 해당하는 사람이 시·도경찰청장에게 신청하는 경우에는 대통령령으로 정하는 바에 따라 특별교통안전 권장교육을 받을 수 있다. 이 경우 권장교육을 받기 전 1년 이내에 해당교육을 받지 아니한 사람에 한정한다.

① 교통법규 위반 등 특별교통안전 의무교육을 받아야 하는 사유 외의 사유로 인하여 운전면허 효력 정지처분을 받게 되거나 받은 사람

② 교통법규 위반 등으로 인하여 운전면허효력 정지처분을 받을 가능성이 있는 사람

③ 특별교통안전 의무교육을 받은 사람

④ 운전면허를 받은 사람 중 교육을 받으려는 날에 65세 이상인 사람

### **3 특별교통안전교육(영 제38조제2항, 제3항)**

(1) 특별교통안전 의무교육 및 특별교통안전 권장교육은 다음 각 호의 사항에 대하여 강의·시청각교육 또는 현장체험교육 등의 방법으로 **3시간 이상 48시간 이하**로 각각 실시한다.

① 교통질서　　　　　② 교통사고와 그 예방　　　　　③ 안전운전의 기초

④ 교통법규와 안전　　⑤ 운전면허 및 자동차 관리

⑥ 그 밖에 교통안전의 확보를 위하여 필요한 사항

(2) 특별교통안전교육(특별교통안전 의무교육 및 특별교통안전 권장교육)은 **도로교통공단**에서 실시한다.

---

### 제8절　운전면허

### **1 운전면허(법 제80조)**

(1) **운전면허 종별 운전할 수 있는 차의 종류(규칙 제53조, 별표 18)**

| 운전면허 | | 운전할 수 있는 차량 |
|---|---|---|
| 종별 | 구분 | |
| 제1종 | 대형면허 | • 승용자동차　　• 승합자동차　　• 화물자동차<br>• 건설기계 – 덤프 트럭, 아스팔트 살포기, 노상안정기, 콘크리트 믹서트럭, 콘크리트 펌프, 천공기(트럭 적재식), 콘크리트 믹서 트레일러, 아스팔트 콘크리트 재생기, 도로보수트럭, 3톤 미만의 지게차<br>• 특수자동차[대형견인차, 소형견인차 및 구난차(이하 "구난차등"이라 한다)는 제외]<br>• 원동기장치자전거 |

| 운전면허 | | 운전할 수 있는 차량 |
|---|---|---|
| 종별 | 구분 | |
| 제1종 | 보통면허 | • 승용자동차　　• 승차정원 15인 이하의 승합자동차<br>• 적재중량 12톤 미만의 화물자동차<br>• 건설기계(도로를 운행하는 3톤 미만의 지게차에 한정)<br>• 총 중량 10톤 미만의 특수자동차(구난차등은 제외)<br>• 원동기장치자전거 |
| | 소형면허 | • 3륜 화물자동차　　• 3륜 승용자동차　　• 원동기장치자전거 |
| | 특수면허 | **대형견인차**　• 견인형 특수자동차<br>　　　　• 제2종 보통면허로 운전할 수 있는 차량 |
| | | **소형견인차**　• 총중량 3.5톤 이하의 견인형 특수자동차<br>　　　　• 제2종 보통면허로 운전할 수 있는 차량 |
| | | **구난차**　• 구난형 특수자동차<br>　　• 제2종 보통면허로 운전할 수 있는 차량 |
| 제2종 | 보통면허 | • 승용자동차　　　　　　　　　• 승차정원 10인 이하의 승합자동차<br>• 적재중량 4톤 이하의 화물자동차　• 총중량 3.5톤 이하의 특수자동차(구난차 등은 제외)<br>• 원동기장치자전거 |
| | 소형면허 | • 이륜자동차(운반차를 포함)　　　• 원동기장치자전거 |

비고 : 피견인자동차는 제1종 대형면허, 제1종 보통면허 또는 제2종 보통면허를 가지고 있는 사람이 그 면허로 운전할 수 있는 자동차(「자동차관리법」 제3조에 따른 이륜자동차는 제외한다)로 견인할 수 있다. 이 경우, 총중량 750킬로그램을 초과하는 3톤 이하의 피견인자동차를 견인하기 위해서는 견인하는 자동차를 운전할 수 있는 면허와 소형견인차면허 또는 대형견인차면허를 가지고 있어야 하고, 3톤을 초과하는 피견인자동차를 견인하기 위해서는 견인하는 자동차를 운전할 수 있는 면허와 대형견인차면허를 가지고 있어야 한다.

## (2) 운전면허를 받을 수 없는 사람(법 제82조 제1항, 영 제42조)

① 18세 미만(원동기장치자전거의 경우에는 16세 미만)인 사람

② 교통상의 위험과 장해를 일으킬 수 있는 **정신질환자 또는 뇌전증환자**로 정상적인 운전을 할 수 없다고 해당 분야 전문의가 인정하는 사람

③ 듣지 못하는 사람(제1종 운전면허 중 대형·특수면허만 해당), 앞을 보지 못하는 사람(한쪽 눈만 보지 못하는 사람의 경우에는 제1종 면허 중 대형면허·특수면허만 해당), 그 밖의 다리, 머리, 척추 등 신체장애로 앉아 있을 수 없는 사람

④ 양쪽 팔의 팔꿈치관절 이상을 잃은 사람이나 양쪽 팔을 전혀 쓸 수 없는 사람. 다만, 본인의 신체장애 정도에 적합하게 제작된 자동차를 이용하여 정상적인 운전을 할 수 있는 경우에는 그러하지 아니하다.

⑤ 교통상의 위험과 장해를 일으킬 수 있는 **마약, 대마, 향정신성의약품 또는 알코올 중독자**

⑥ 제1종 대형면허 또는 제1종 특수면허를 받으려는 사람이 19세 미만이거나 운전경험이 1년 미만인 사람

⑦ 대한민국의 국적을 가지지 아니한 사람 중 **외국인 등록을 하지 아니한 사람**(외국인 등록이 면제된 사람은 제외)이나 **국내거소신고를 하지 아니한 사람**

## (3) 규정된 기간이 지나지 아니하면 운전면허를 받을 수 없는 사람

[벌금 이상의 형(집행유예 포함)이 확정된 경우](제2항)

| 응시제한 사유 | 응시제한 기간 |
|---|---|
| • 무면허운전(운전면허효력 정지기간 중 운전 포함) 또는 운전면허 응시결격기간 중 운전(위반한 날)으로 사람을 사상한 후 구호조치 및 신고의무를 아니하여 취소된 경우<br>• 음주운전, 과로운전, 공동위험행위운전으로 사람을 사상한 후 구호조치 및 신고의무를 아니하여 취소된 경우<br>• 음주운전(무면허운전을 함께 위반한 경우 포함)을 하다가 사람을 사망에 이르게 한 경우 | 위반한 날 또는 취소된 날부터 5년<br><br><br><br>취소된 날부터 5년 |
| • 무면허운전, 음주운전, 과로, 질병, 약물의 상태에서 자동차 등의 운전, 공동위험행위금지규정 외의 사유로 사람을 사상한 후 구호조치 및 신고의무를 아니하여 취소된 경우 | 취소일로부터 4년 |
| • 술에 취한 상태에서 운전하다가 2회 이상 교통사고를 일으켜 취소된 경우<br>• 자동차 및 원동기장치자전거를 이용하여 범죄행위를 하거나, 다른 사람의 자동차 및 원동기장치자전거를 훔치거나 빼앗은 사람이 무면허로 그 자동차 및 원동기장치자전거를 운전하여 취소된 경우 | 취소된 날부터 3년<br>위반한 날부터 3년<br>(무면허 운전금지 등이 포함된 경우) |
| • 음주운전 금지규정을 2회 이상 위반하여 취소된 경우와 운전면허를 받을 자격이 없는 사람이 면허를 취득한 경우<br>• 무면허 운전 또는 운전면허 결격사유자가 3회이상 위반하여 자동차를 운전한 경우<br>• 경찰공무원의 음주운전여부 측정을 2회 이상 위반으로 취소된 경우<br>• 음주운전 또는 음주측정에 불응하여 운전을 하다가 교통사고를 일으킨 경우(무면허운전 · 결격사 유포함)<br>• 거짓이나 그 밖의 부정으로 면허를 취득한 경우, 운전면허효력 정지기간 중 운전면허증 또는 운전면허증을 갈음하는 증명서를 발급 받아 취소된 경우<br>• 다른 사람의 자동차 등을 훔치거나 빼앗은 경우 또는 운전면허시험에 대신 응시하여 취소된 경우<br>• 공동위험행위의 금지를 2회 이상 위반하여 취소된 경우 | 취소일로부터 2년<br>(무면허 운전 포함된 경우 : 위반한 날로부터 2년) |
| • 위(5~2년)의 경우가 아닌 다른 사유로 면허가 취소된 경우(원동기장치자전거면허를 받으려는 경우는 6개월로 하되, 공동위험행위의 금지규정을 위반하여 취소된 경우에는 1년)<br>• 무면허운전(운전면허효력 정지기간 운전 포함 : 취소된 날) 또는 운전면허응시 결격기간 중 운전 및 공동위험행위운전(위반한 날부터)으로 취소된 경우 | 취소된 날부터 1년<br><br><br>취소된 날 또는 위반한 날부터 1년 |
| • 운전면허 효력정지 처분을 받고 있는 경우 | 그 정지처분기간 |
| • 국제운전면허증 또는 상호인정외국면허증으로 운전하는 운전자가 운전금지 처분을 받은 경우 | 그 금지기간 |

※ 자동차 등 운전 : 자동차와 원동기장치자전거 운전을 말함

## 2 자동차 운전에 필요한 적성의 기준(영 제45조)

### (1) 시력(교정시력을 포함)

① 제1종 운전면허 : 두 눈을 동시에 뜨고 잰 시력이 0.8 이상이고, 두 눈의 시력이 각각 0.5 이상일 것. 다만, 한쪽 눈을 보지 못하는 사람이 보통면허를 취득하려는 경우에는 다른 쪽 눈의 시력이 0.8 이상이고, 수평시야가 120도 이상이며, 수직시야가 20도 이상이고, 중심시야 20도 내 암점(暗點) 또는 반맹(半盲)이 없어야 한다.

② 제2종 운전면허 : 두 눈을 동시에 뜨고 잰 시력이 0.5 이상일 것. 다만, 한쪽 눈을 보지 못하는 사람은 다른 쪽 눈의 시력이 0.6 이상일 것

### (2) 붉은색 · 녹색 및 노란색을 구별할 수 있을 것

(3) **청력** : 55데시벨(보청기를 사용하는 사람은 40데시벨)의 소리를 들을 수 있을 것(1종 대형, 특수면허만 해당)

(4) 조향장치나 그 밖의 장치를 뜻대로 조작할 수 없는 등 정상적인 **운전**을 할 수 없다고 인정되는 신체상 또는 정신상의 장애가 없을 것. 다만, 보조 수단이나 신체 장애 정도에 적합하게 제작 · 승인된 자동차를 사용하여 정상적인 운전을 할 수 있다고 인정되는 경우에는 그러하지 아니하다.

## ③ 운전면허의 정지 · 취소처분 기준(규칙 별표 28)

(1) **일반기준**

① 용어의 정의

㉮ **벌점** : 법규위반 또는 사고야기에 대하여 그 위반의 **경중**, 피해의 **정도** 등에 따라 **배점**되는 점수를 말한다.

㉯ **누산점수** : 위반 · 사고 시의 벌점을 누적하여 **합산한 점수**에서 **상계치**(무위반 · 무사고 기간 경과 시에 부여되는 점수 등)를 **뺀** 점수를 말한다(3년간 2회 이상 범칙금을 미납하여 벌점을 받은 경우는 누산점수에 산입한다).

※ 누산점수 = 매 위반 · 사고 시 벌점의 누적 합산치 − 상계치

㉰ **처분벌점** : 법규위반 · 사고야기에 대하여 앞으로 정지처분기준을 적용하는데 필요한 벌점으로서, 누산점수에서 이미 정지처분이 **집행된 벌점의 합계치를 뺀** 점수를 말한다.

※ 처분벌점 = 누산점수 − 이미 처분이 집행된 벌점의 합계치

= 매 위반 · 사고 시 벌점의 누적 합산치 − 상계치

− 이미 처분이 집행된 벌점의 합계치

② 벌점의 종합관리

㉮ **누산점수의 관리** : 법규위반 또는 교통사고로 인한 벌점은 당해 위반 또는 사고가 있었던 날을 기준으로 하여 과거 3년간의 모든 벌점을 누산하여 관리한다.

㉯ **무위반 · 무사고기간 경과로 인한 벌점 소멸** : 처분벌점이 40점 미만인 경우에, 최종의 위반일 또는 사고일로부터 위반 및 사고 없이 1년이 경과한 때에는 그 처분벌점은 소멸한다.

㉰ **벌점 공제**

㉠ 인적 피해 있는 교통사고를 야기하고 **도주한 차량**의 운전자를 검거하거나 신고하여 검거하게 한 운전자(교통사고의 피해자가 아닌 경우로 한정)에게는 검거 또는 신고할 때마다 **40점의 특혜점수**를 부여하여 기간에 관계없이 그 운전자가 **정지 또는 취소처분**을 받게 될 경우 누산점수에서 이를 공제한다. 이 경우 공제되는 점수는 40점 단위로 한다.

㉡ 경찰청장이 정하여 고시하는 바에 따라 **무위반 · 무사고 서약**을 하고 1년간 이를 실천한 운전자에게는 실천할 때마다 **10점의 특혜점수**를 부여하여 기간에 관계없이 그 운전자가 정지처분을 받게 될 경우 **누산점수**에서 이를 공제한다. 이 경우 공제되는 점수는 10점 단위로 한다. 다만, 교통사고로 사람을 사망에 이르게 하거나 음주운전, 난폭운전, 특수상해 등, 국가안보법(형법 포함), 차량절도죄 중 어느 하나에 해당하는 사유로 정지처분을 받게 될 경우에는 공제할 수 없다.

㉒ 개별기준 적용에 있어서의 벌점 합산(법규위반으로 교통사고를 야기한 경우)

　　㉠ 교통사고의 원인이 된 법규위반이 둘 이상인 경우에는 그 중 가장 중한 것 하나만 적용

　　㉡ 교통사고를 일으킨 때 사고결과에 따른 벌점

　　㉢ 교통사고를 일으킨 때 조치 등 불이행에 따른 벌점

㉓ 정지처분 대상자의 임시운전 증명서 : 경찰서장은 면허 정지처분 대상자가 면허증을 반납한 경우에는 본인이 희망하는 기간을 참작하여 **40일 이내의 유효기간**을 정하여 임시운전증명서를 발급한다. 다만, 정지처분 대상자가 즉시 받고자 하는 경우에는 즉시 운전면허 정지처분을 집행한다.

③ 벌점 등 초과로 인한 운전면허의 취소 · 정지

㉮ 벌점 · 누산점수 초과로 인한 면허 취소1회의 위반 · 사고로 인한 벌점 또는 연간 누산점수가 다음 표의 벌점 또는 누산점수에 도달한 때에는 그 운전면허를 취소한다.

| 기간 | 벌점 또는 누산점수 |
|---|---|
| 1년간 | 121점 이상 |
| 2년간 | 201점 이상 |
| 3년간 | 271점 이상 |

㉯ 벌점 · 처분벌점 초과로 인한 면허 정지운전면허 정지처분은 1회의 위반 · 사고로 인한 **벌점 또는 처분 벌점이 40점 이상**이 된 때부터 결정하여 집행하되, 원칙적으로 1점을 1일로 계산하여 집행한다.

④ 처분벌점 및 정지처분 집행일수의 감경

㉮ 특별교통안전교육에 따른 처분벌점 및 정지처분집행일수의 감경

　　㉠ 처분벌점이 **40점 미만**인 사람이 특별교통안전 **권장교육** 중 **벌점감경교육**을 마친 경우에는 20점 감경한다.

　　㉡ 운전면허 정지처분을 받게 되거나 받은 사람이 특별교통안전 의무교육이나 **권장교육** 중 **법규준수교육**을 마친 경우에는 정지처분기간에서 **20일을 감경**한다(현장참여교육을 추가로 마친 경우에는 30일을 추가로 감경).

㉯ 모범운전자에 대한 처분집행일수 감경 : 모범운전자에 대하여는 면허 정지처분의 **집행기간을 2분의 1로 감경**한다.

　　처분벌점에 교통사고 야기로 인한 벌점이 포함된 경우에는 감경하지 아니한다.

㉰ 정지처분 집행일수를 계산할 때 1일 미만의 날짜는 산입하지 않는다.

⑤ 행정처분의 취소

교통사고(법규위반을 포함)가 법원의 판결로 무죄확정[혐의가 없거나 죄가되지 않아 불송치 또는 불기소(불송치 또는 불기소를 받은 이후 해당 사건이 다시 수사 및 기소되어 법원의 판결에 따라 유죄가 확정된 경우는 제외)를 받은 경우를 포함]된 경우에는 즉시 그 운전면허 행정처분을 취소하고 당해 사고 또는 위반으로 인한 벌점을 삭제한다. 다만, 정신질환자, 뇌전증환자, 마약 · 대마, 향정신성 의약품, 알콜중독자의 사유로 무죄가 확정된 경우에는 그러하지 아니하다.

## (2) 취소처분 개별기준

| 일련 번호 | 위 반 사 항 | 내용 |
|---|---|---|
| 1 | 교통사고를 일으키고 구호조치를 하지 아니한 때 | • 교통사고로 사람을 죽게 하거나 다치게 하고, 구호조치를 하지 아니한 때 |
| 2 | 술에 취한 상태에서 운전한 때 | • 술에 취한 상태의 기준(혈중알코올농도 0.03퍼센트 이상)을 넘어서 운전을 하다가 교통사고로 사람을 죽게 하거나 다치게 한 때<br>• 술에 만취한 상태(혈중알코올농도 0.08퍼센트 이상)에서 운전한 때<br>• 술에 취한 상태의 기준을 넘어 운전하거나 술에 취한 상태의 측정에 불응한 사람이 다시 술에 취한 상태(혈중알코올농도 0.03퍼센트 이상)에서 운전한 때 |
| 3 | 술에 취한 상태의 측정에 불응한 때 | • 술에 취한 상태에서 운전하거나 술에 취한 상태에서 운전하였다고 인정할 만한 상당한 이유가 있음에도 불구하고 경찰공무원의 측정요구에 불응한 때 |
| 4 | 다른 사람에게 운전면허증 대여 (도난, 분실 제외) | • 면허증 소지자가 다른 사람에게 면허증을 대여하여 운전하게 한 때<br>• 면허 취득자가 다른 사람의 면허증을 대여 받거나 그 밖에 부정한 방법으로 입수한 면허증으로 운전한 때 |
| 5 | 결격사유에 해당 | • 교통상의 위험과 장해를 일으킬 수 있는 정신질환자 또는 뇌전증 환자로서 치매 · 정신분열에 해당하는 사람<br>• 앞을 보지 못하는 사람, 듣지 못하는 사람(제1종운전 면허 중 대형면허 · 특수면허로 한정)<br>• 양팔의 팔꿈치 관절 이상을 잃은 사람, 또는 양팔을 전혀 쓸 수 없는 사람. 다만, 본인의 신체장애 정도에 적합하게 제작된 자동차를 이용하여 정상적으로 운전할 수 있는 경우에는 제외한다.<br>• 다리, 머리, 척추 그 밖의 신체장애로 인하여 앉아 있을 수 없는 사람<br>• 교통상의 위험과 장해를 일으킬 수 있는 마약, 대마, 향정신성 의약품 또는 알코올 중독자로서 해당전문의가 정상적 운전을 할 수 없다고 인정하는 사람 |
| 6 | 약물을 사용한 상태에서 자동차 등을 운전한 때 | • 약물(마약 · 대마 · 향정신성 의약품 및 「화학물질관리법 시행령」 제11조에 환각물질)의 투약 · 흡연 · 섭취 · 주사 등으로 정상적인 운전을 하지 못할 염려가 있는 상태에서 자동차 등을 운전한 때 |
| 6의 2 | 공동위험행위 | • 공동위험행위로 구속된 때 |
| 6의 3 | 난폭운전 | • 난폭운전으로 구속된 때 |
| 6의 4 | 속도 위반 | • 최고속도보다 100km/h를 초과한 속도로 3회 이상 운전한 때 |
| 7 | 정기적성검사 불합격 또는 정기적성검사 기간 1년 경과 | • 정기적성검사에 불합격하거나 적성검사기간 만료일 다음 날부터 적성검사를 받지 아니하고 1년을 초과한 때 |
| 8 | 수시적성검사 불합격 또는 수시적성검사기간 경과 | • 수시적성검사에 불합격하거나 수시적성검사 기간을 초과한 때 |
| 10 | 운전면허 행정처분 기간 중 운전행위 | • 운전면허 행정처분 기간 중에 운전한 때 |

| 일련 번호 | 위 반 사 항 | 내용 |
|---|---|---|
| 11 | 허위 또는 부정한 수단으로 운전 면허를 받은 경우 | • 허위 · 부정한 수단으로 운전면허를 받은 때<br>• 운전면허의 결격사유에 해당하여 운전면허를 받을 자격이 없는 사람이 운전면허를 받은 때<br>• 운전면허 효력의 정지기간 중에 면허증 또는 운전면허증에 갈음하는 증명서를 교부받은 사실이 드러난 때 |
| 12 | 등록 또는 임시운행 허가를 받지 아니한 자동차를 운전한 때 | • 「자동차관리법」에 따라 등록되지 아니하거나 임시운행 허가를 받지 아니한 자동차(이륜자동차를 제외)를 운전한 때 |
| 12의 2 | 자동차 등을 이용하여 「형법」상 특수상해 등을 행한 때(보복운전) | • 자동차 등을 이용하여 형법상 특수상해, 특수협박, 특수손괴를 행하여 구속된 때 |
| 13 | 다른 사람을 위하여 운전면허시험에 응시한 때 | • 운전면허를 가진 사람이 다른 사람을 부정하게 합격시키기 위하여 운전면허 시험에 응시한 때 |
| 14 | 운전자가 단속 경찰공무원 등에 대한 폭행 | • 단속하는 경찰공무원 등 및 시 · 군 · 구 공무원을 폭행하여 형사입건된 때 |
| 15 | 연습면허 취소사유가 있었던 경우 | • 제1종 보통 및 제2종 보통면허를 받기 이전에 연습면허의 취소사유가 있었던 때(연습면허에 대한 취소 절차 진행 중 제1종 보통 및 제2종 보통면허를 받은 경우를 포함) |

## (3) 정지처분 개별기준

### ① 「도로교통법」이나 같은 법에 의한 명령에 위반한 때

| 위반사항 | 벌점 |
|---|---|
| 1. 속도위반(100km/h 초과)<br>2. 술에 취한 상태의 기준을 넘어서 운전한 때(혈중알코올농도 0.03퍼센트 이상 0.08퍼센트 미만)<br>2의2. 자동차 등을 이용하여 「형법」상 특수상해 등(보복운전)을 하여 입건된 때 | 100 |
| 3. 속도위반(80km/h 초과, 100km/h 이하) | 80 |
| 3의2. 속도위반(60km/h 초과 80km/h 이하)* | 60 |
| 4. 정차 · 주차위반에 대한 조치불응(단체에 소속되거나 다수인에 포함되어 경찰공무원의 3회 이상의 이동명령에 따르지 아니하고 교통을 방해한 경우에 한함)<br>4의2. 공동위험행위로 형사입건된 때<br>4의3. 난폭운전으로 형사입건된 때<br>5. 안전운전의무위반(단체에 소속되거나 다수인에 포함되어 경찰공무원의 3회 이상의 안전운전 지시에 따르지 아니하고 타인에게 위험과 장해를 주는 속도나 방법으로 운전한 경우에 한한다)<br>6. 승객의 차내 소란행위 방치운전<br>7. 출석기간 또는 범칙금 납부기간 만료일부터 60일이 경과될 때까지 즉결심판을 받지 아니한 때 | 40 |
| 8. 통행구분 위반(중앙선 침범에 한함)<br>9. 속도위반(40km/h 초과 60km/h 이하)*<br>10. 철길 건널목 통과방법위반<br>10의2. 회전교차로 통행방법 위반(통행 방향 위반에 한정)<br>10의3. 어린이통학버스 특별보호 위반<br>10의4. 어린이통학버스 운전자의 의무위반(좌석안전띠를 매도록 하지 아니한 운전자는 제외)<br>11. 고속도로 · 자동차전용도로 갓길통행<br>12. 고속도로 버스전용차로 · 다인승전용차로 통행위반<br>13. 운전면허증 등의 제시의무위반 또는 운전자 신원확인을 위한 경찰공무원의 질문에 불응 | 30 |

| 위반사항 | 벌점 |
|---|---|
| 14. 신호 · 지시위반* <br> 15. 속도위반(20km/h 초과 40km/h 이하)* <br> 15의2. 속도위반(어린이 보호구역 안에서 오전 8시부터 오후 8시까지 사이에 제한속도를 20km/h 이내에서 초과한 경우에 한정) <br> 16. 앞지르기 금지시기 · 장소위반 <br> 16의2. 적재제한 위반 또는 적재물 추락방지 위반 <br> 17. 운전 중 휴대용 전화 사용 <br> 17의2. 운전 중 운전자가 볼 수 있는 위치에 영상 표시 <br> 17의3. 운전 중 영상표시장치 조작 <br> 18. 운행기록계 미설치 자동차 운전금지 등의 위반 | 15 |
| 20. 통행구분 위반(보도침범, 보도 횡단방법 위반) <br> 21. 차로통행 준수의무 위반, 지정차로 통행위반(진로변경 금지장소에서의 진로변경 포함) <br> 22. 일반도로 전용차로 통행위반 <br> 23. 안전거리 미확보(진로변경 방법위반 포함) <br> 24. 앞지르기 방법위반 <br> 25. 보행자 보호 불이행(정지선위반 포함)* <br> 26. 승객 또는 승하차자 추락방지조치위반 <br> 27. 안전운전 의무 위반 <br> 28. 노상시비 · 다툼 등으로 차마의 통행 방해행위 <br> 29. 자율주행자동차 운전자의 준수사항 위반 <br> 30. 돌 · 유리병 · 쇳조각이나 그 밖에 도로에 있는 사람이나 차마를 손상시킬 우려가 있는 물건을 던지거나 발사하는 행위 <br> 31. 도로를 통행하고 있는 차마에서 밖으로 물건을 던지는 행위 | 10 |

(주) 1. 범칙금 납부기간 만료일부터 60일이 경과될 때까지 즉결심판을 받지 아니하여 정지처분 대상자가 되었거나, 정지처분을 받고 정지처분 기간 중에 있는 사람이 위반당시 통고받은 범칙금액에 그 100분의 50을 더한 금액을 납부하고 증빙서류를 제출한 때에는 정지처분을 하지 아니하거나 그 잔여기간의 집행을 면제한다. 다만, 다른 위반행위로 인한 벌점이 합산되어 정지처분을 받은 경우 그 다른 위반행위로 인한 정지처분 기간에 대하여는 집행을 면제하지 아니한다.

2. 위 표에도 불구하고 어린이보호구역 및 노인 · 장애인보호구역 안에서 오전 8시부터 오후 8시까지 사이에 다음 각 목에 따른 위반행위를 한 운전자에게는 해당 목에서 정하는 벌점을 부과한다.

　　가. 속도위반(100km/h 초과 또는 80km/h 초과~100km/h 이하)에 해당하는 위반행위 : 120점

　　나. 속도위반(60km/h 초과~80km/h 이하, 40㎞/h 초과~60㎞/h 이하 또는 20㎞/h 초과~40㎞/h 이하), 신호 · 지시위반 또는 보행자 보호 불이행(정지선위반 포함. 단, 어린이 보호구역 내 신호기 없는 횡단보도 앞 일시정지 조항은 제외) 중 어느 하나에 해당하는 위반행위 : 해당 호에 따른 위반행위에 부과하는 벌점의 2배

3. 제25호에도 불구하고 도로 외의 곳에서 보행자 보호 의무를 불이행한 경우에는 벌점을 부과하지 않는다.

② 자동차등의 운전 중 교통사고를 일으킨 때

㉮ 사고결과에 따른 벌점기준

| 구 분 | | 벌점 | 내 용 |
|---|---|---|---|
| 인적<br>피해<br>교통<br>사고 | 사망 1명마다 | 90점 | 사고발생 시로부터 72시간 내에 사망한 때 |
| | 중상 1명마다 | 15점 | 3주 이상의 치료를 요하는 의사의 진단이 있는 사고 |
| | 경상 1명마다 | 5점 | 3주 미만 5일 이상의 치료를 요하는 의사의 진단이 있는 사고 |
| | 부상신고 1명마다 | 2점 | 5일 미만의 치료를 요하는 의사의 진단이 있는 사고 |

(주) 1. 교통사고 발생 원인이 불가항력이거나 피해자의 명백한 과실인 때에는 행정처분을 하지 아니한다.

2. 자동차등 대 사람 교통사고의 경우 쌍방과실인 때에는 그 벌점을 2분의 1로 감경한다.

3. 자동차등 대 자동차등 교통사고의 경우에는 그 사고원인 중 중한 위반행위를 한 운전자만 적용한다.

4. 교통사고로 인한 벌점산정에 있어서 처분 받을 운전자 본인의 피해에 대하여는 벌점을 산정하지 아니한다.

④ 조치 등 불이행에 따른 벌점기준

| 불이행 사항 | 적용법조 (도로교통법) | 벌점 | 내용 |
|---|---|---|---|
| 교통 사고 야기 시 조치 불이행 | 제54조 제1항 | 15 | 1. 물적피해가 발생한 교통사고를 일으킨 후 도주한 때<br>2. 교통사고를 일으킨 즉시(그때, 그 자리에서 곧) 사상자를 구호하는 등의 조치를 하지 아니하였으나 그 후 자진신고를 한 때 |
| | | 30 | ① 고속도로, 특별시·광역시 및 시의 관할구역과 군(광역시의 군을 제외)의 관할구역 중 경찰관서가 위치하는 리 또는 동 지역에서 3시간(그 밖의 지역에서는 12시간) 이내에 자진신고를 한 때 |
| | | 60 | ② ①에 따른 시간 후 48시간 이내에 자진신고를 한 때 |

## (4) 자동차 등 이용 범죄 및 자동차 등 강도·절도 시의 운전면허 행정처분 기준

① 취소처분 기준

| 위반사항 | 적용법조 (도로 교통법) | 내용 |
|---|---|---|
| 자동차 등을 다음 범죄의 도구나 장소로 이용한 경우<br>○ 「국가보안법」 중 제4조부터 제9조까지의 죄 및 같은 법 제12조 중 증거를 날조·인멸·은닉한 죄<br>○ 「형법」 중 다음 어느 하나의 범죄<br>　• 살인, 사체유기, 방화　　• 강간·강제추행<br>　• 약취·유인·감금<br>　• 상습절도(절취한 물건을 운반한 경우에 한정)<br>　• 교통방해(단체 또는 다중의 위력으로써 위반한 경우에 한정) | 제93조 제1항 제11호 | • 자동차 등을 법정형 상한이 유기징역 10년을 초과하는 범죄의 도구나 장소로 이용한 경우<br>• 자동차 등을 범죄의 도구나 장소로 이용하여 운전면허 취소·정지 처분을 받은 사실이 있는 사람이 다시 자동차 등을 범죄의 도구나 장소로 이용한 경우. 다만, 일반교통방해죄의 경우는 제외한다. |
| 다른 사람의 자동차 등을 훔치거나 빼앗은 경우 | 제93조 제1항제12호 | • 다른 사람의 자동차 등을 빼앗아 이를 운전한 경우<br>• 다른 사람의 자동차 등을 훔치거나 빼앗아 이를 운전하여 운전면허 취소·정지 처분을 받은 사실이 있는 사람이 다시 자동차 등을 훔치고 이를 운전한 경우 |

② 정지처분 기준

| 위반사항 | 적용법조 (도로 교통법) | 내용 | 벌점 |
|---|---|---|---|
| 자동차 등을 다음 범죄의 도구나 장소로 이용한 경우<br>○ 「국가보안법」 중 제5조, 제6조, 제8조, 제9조 및 같은 법 제12조 중 증거를 날조·인멸·은닉한 죄<br>○ 「형법」 중 다음 어느 하나의 범죄<br>　• 살인, 사체유기, 방화<br>　• 강간·강제추행<br>　• 약취·유인·감금<br>　• 상습절도(절취한 물건을 운반한 경우에 한정)<br>　• 교통방해(단체 또는 다중의 위력으로써 위반한 경우에 한정) | 제93조 제1항 제11호 | 자동차 등을 법정형 상한이 유기징역 10년 이하인 범죄의 도구나 장소로 이용한 경우 | 100 |
| 다른 사람의 자동차 등을 훔친 경우 | 제93조 제1항 제12호 | 다른 사람의 자동차 등을 훔치고 이를 운전한 경우 | 100 |

(주) 1. 행정처분의 대상이 되는 범죄행위가 2개 이상의 죄에 해당하는 경우, 실체적 경합관계에 있으면 각각의 범죄행위의 법정형 상한을 기준으로 행정처분을 하고, 상상적 경합관계에 있으면 가장 중한 죄에서 정한 법정형 상한을 기준으로 행정처분을 한다.

2. 범죄행위가 예비 · 음모에 그치거나 과실로 인한 경우에는 행정처분을 하지 아니한다.

3. 범죄행위가 미수에 그친 경우 위반행위에 대한 처분기준이 운전면허의 취소처분에 해당하면 해당 위반행위에 대한 처분벌점을 110점으로 하고, 운전면허의 정지처분에 해당하면 처분 집행일수의 2분의 1로 감경한다.

## (5) 다른 법률에 따라 관계 행정기관의 장이 행정처분 요청 시의 운전면허 행정처분 기준

| 일련번호 | 적용법조 (도로 교통법) | 내용 | 정지기간 |
|---|---|---|---|
| 1 | 제93조 제1항 제18호 | • 「양육비 이행확보 및 지원에 관한 18호 법률」 제21조의3에 따라 여성가족부장관이 운전면허 정지처분을 요청하는 경우 | 100일 |

## 제9절 범칙행위 및 범칙금액

### 1 운전자에게 부과되는 범칙행위 및 범칙금액(영 별표8)

(※승합자동차등에 한함)

(단위 : 만원)

| 범칙행위 | 범칙금액 (승합자동차등) |
|---|---|
| 1. 속도 위반(60km/h 초과)<br>1의2. 어린이통학버스 운전자의 의무 위반(좌석안전띠를 매도록 하지 않은 경우는 제외)<br>1의3. 어린이통학버스 운영자의 의무 위반<br>1의4. 인적사항 제공의무 위반(주 · 정차된 차만 손괴한 것이 분명한 경우에 한정) | 13만원 |
| 2. 속도 위반(40km/h 초과 60km/h 이하)<br>3. 승객의 차내 소란행위 방치 운전<br>3의2. 어린이통학버스 특별보호 위반 | 10만원 |
| 3의3. 안전표지가 설치된 곳에서의 정차 · 주차 금지 위반 | 9만원 |
| 4. 신호 · 지시 위반   5. 중앙선침범 · 통행구분 위반<br>6. 속도 위반(20km/h 초과 40km/h 이하)   7. 횡단 · 유턴 · 후진 위반<br>8. 앞지르기 방법 위반   9. 앞지르기 금지시기 · 장소 위반<br>10. 철길 건널목 통과방법 위반<br>11. 횡단보도 보행자 횡단방해(신호 또는 지시에 따라 도로를 횡단하는 보행자의 통행 방해와 어린이보호구역에서의 일시정지 위반 포함)<br>12. 보행자 전용도로 통행위반(보행자전용도로 통행방법 위반을 포함)<br>12의2. 긴급자동차에 대한 양보 · 일시정지 위반<br>12의3. 긴급한 용도나 그 밖에 허용된 사항 외에 경광등이나 사이렌 사용<br>13. 승차인원 초과 · 승객 또는 승하차자 추락방지조치 위반<br>14. 어린이 · 앞을 보지 못하는 사람 등의 보호 위반<br>15. 운전 중 휴대용 전화 사용<br>16. 운전 중 운전자가 볼 수 있는 위치에 영상 표시<br>17. 운전 중 영상표시 장치 조작<br>18. 운행기록계 미설치 자동차운전금지 등의 위반<br>19. 고속도로 · 자동차전용도로 갓길통행<br>20. 고속도로버스전용차로 · 다인승전용차로 통행 위반 | 7만원 |

| 범칙행위 | 범칙금액 (승합자동차등) |
|---|---|
| 21. 통행금지 · 제한 위반<br>22. 일반도로 전용차로 통행 위반<br>23. 고속도로 · 자동차전용도로 안전거리 미확보 위반<br>24. 앞지르기의 방해금지 위반<br>25. 교차로 통행방법 위반<br>25의2. 회전교차로 진입 · 진행방법 위반<br>26. 교차로에서의 양보운전 위반 | 5만원 |
| 27. 보행자 통행방해 또는 보호 불이행<br>28. 정차 · 주차 금지 위반(소방활동을 위해 안전표지가 설치된 곳에서의 정차 · 주차 금지 위반은 제외)<br>29. 주차금지 위반<br>30. 정차 · 주차방법 위반<br>31. 경사진 곳에서의 정차 · 주차방법 위반<br>32. 정차 · 주차위반에 대한 조치 불응<br>33. 적재 제한 위반 · 적재물 추락방지 위반 또는 영유아나 동물을 안고 운전하는 행위<br>34. 안전운전의무 위반<br>35. 도로에서의 시비 · 다툼 등으로 인한 차마의 통행 방해행위<br>36. 급발진 · 급가속 · 엔진 공회전 또는 반복적 · 연속적인 경음기 울림으로 인한 소음 발생행위<br>37. 화물 적재함에의 승객 탑승 운행 행위<br>38. 자율주행자동차 운전자의 준수 사항 위반<br>39. 고속도로 지정차로 통행 위반<br>40. 고속도로 · 자동차전용도로 횡단 · 유턴 · 후진 위반<br>41. 고속도로 · 자동차전용도로 정차 · 주차금지 위반<br>42. 고속도로 진입 위반<br>43. 고속도로 · 자동차전용도로 고장 등의 경우 조치 불이행 | 5만원 |
| 44. 혼잡완화 조치 위반<br>45. 차로통행 준수의무 위반, 지정차로 통행 위반 · 차로 너비보다 넓은 차 통행금지 위반(진로변경금지<br>    장소에서의 진로변경 포함)<br>46. 속도위반(20km/h 이하)<br>47. 진로변경방법 위반<br>48. 급제동금지 위반<br>49. 끼어들기금지 위반<br>50. 서행의무 위반<br>51. 일시정지 위반<br>52. 방향전환 · 진로변경 및 회전교차로 진입 · 진출 시 신호 불이행<br>53. 운전석 이탈 시 안전확보 불이행<br>54. 동승자 등의 안전을 위한 조치 위반<br>55. 시 · 도경찰청 지정 · 공고사항 위반<br>56. 좌석안전띠 미착용<br>57. 이륜자동차 · 원동기장치자전거(개인형 이동장치는 제외) 인명보호장구 미착용<br>57의2. 등화점등 불이행 · 발광장치 미착용(자전거 운전자는 제외)<br>58. 어린이통학버스와 유사한 도색 · 표지 금지 위반 | 3만원 |

| 범칙행위 | 범칙금액<br>(승합자동차등) |
|---|---|
| 59. 최저속도 위반<br>60. 일반도로 안전거리 미확보<br>61. 등화점등 · 조작불이행(안개 · 비 또는 눈이 올 때는 제외)<br>62. 불법부착장치차 운전(교통단속용장비의 기능을 방해하는 장치를 한 차의 운전을 제외)<br>62의2. 사업용 승합자동차의 승차거부 | 2만원 |
| 63. 돌 · 유리병 · 쇳조각이나 그 밖에 도로에 있는 사람이나 차마를 손상시킬 우려가 있는 물건을 던지<br>거나 발사하는 행위<br>64. 도로를 통행하고 있는 차마에서 밖으로 물건을 던지는 행위 | 5만원 |
| 65. 특별한 교통안전교육 미이수<br>　① 과거 5년 이내에 법 제44조(음주운전)를 1회 이상 위반하였던 사람으로서 다시 같은 조를 위반하<br>　　여 운전면허효력 정지처분을 받게 되거나 받은 사람이 그 처분기간이 만료되기 전에 특별 교통안전<br>　　교육을 받지 않은 경우<br>　② ① 외의 경우 | 15만원<br><br><br><br>10만원 |
| 66. 경찰관의 실효된 면허증 회수에 대한 거부 또는 방해 | 3만원 |

※ 승합자동차등은 승합자동차, 4톤 초과 화물자동차, 특수자동차, 건설기계를 말한다.

## 2 어린이 보호구역 및 노인 · 장애인 보호구역에서의 범칙금 · 과태료 부과기준 (영 별표7, 별표10)

| 범칙 행위 또는<br>위반 행위 및 행위자 | 승합자동차(범칙금) | 승합자동차(과태료) |
|---|---|---|
| 1. 신호 · 지시 위반<br>2. 횡단보도 보행자 횡단 방해 | 13만 원 | – |
| 3. 신호 · 지시를 위반한 차 또는 노면 전차의<br>고용주 등 | – | 14만 원 |
| 4. 속도위반한 차<br>　① 60km/h 초과<br>　② 40km/h 초과 60km/h 이하<br>　③ 20km/h 초과 40km/h 이하<br>　④ 20km/h 이하 | 16만 원<br>13만 원<br>10만 원<br>6만 원 | 17만 원<br>14만 원<br>11만 원<br>7만 원 |
| 5. 다음 각 호에 해당하는 차<br>　① 통행금지 · 제한 위반<br>　② 보행자 통행 방해 또는 보호 불이행 | 9만 원 | – |
| 　③ 정차 · 주차 금지 위반<br>　④ 주차 금지 장소 위반<br>　⑤ 정차 · 주차 방법 · 시간제한 위반<br>　⑥ 정차 · 주차 위반에 대한 조치 불응 | • 어린이 보호 구역에서 위반<br>　: 13만 원<br>• 노인 · 장애인 보호 구역에서 위반<br>　: 9만 원 | • 어린이 보호 구역에서 위반<br>　: 13(14)만 원<br>• 노인 · 장애인 보호 구역에서 위반<br>　: 9(10)만 원<br>* ③, ④, ⑤만 해당 |

(주) 1. 괄호 안의 금액은 같은 장소에서 2시간 이상 정차 또는 주차위반을 한 경우의 과태료 금액이다.

## 제10절 안전표지(규칙 제8조, 별표 6)

① 발광형 안전표지 설치 장소 : 안개가 잦은 곳, 야간교통사고가 많이 발생하거나 발생가능성이 높은 곳, 도로의 구조로 인하여 가시거리가 충분히 확보되지 않은 곳 등

② 가변형 속도제한표지 설치 장소 : 비 · 안개 · 눈 등 악천후가 잦아 교통사고가 많이 발생하거나 발생가능성이 높은 곳, 교통혼잡이 잦은 곳 등

(1) **주의표지** : 도로상태가 위험하거나 도로 또는 그 부근에 위험물이 있는 경우에 필요한 안전조치를 할 수 있도록 이를 도로사용자에게 알리는 표지

회전형 교차로

(2) **규제표지** : 도로교통의 안전을 위하여 각종 제한 · 금지 등의 규제를 하는 경우에 이를 도로사용자에게 알리는 표지

앞지르기금지

(3) **지시표지** : 도로의 통행방법 · 통행구분 등 도로교통의 안전을 위하여 필요한 지시를 하는 경우에 도로사용자가 이를 따르도록 알리는 표지

(4) **보조표지** : 주의표지 · 규제표지 또는 지시표지의 주기능을 보충하여 도로사용자에게 알리는 표지

자전거횡단도

(5) **노면표시** : 도로교통의 안전을 위하여 각종 주의 · 규제 · 지시 등의 내용을 노면에 기호 · 문자 또는 선으로 도로사용자에게 알리는 표시

① 노면표시에 사용되는 각종 선이 나타내는 의미

   ㉮ **점선** : 허용

   ㉯ **실선** : 제한

   ㉰ **복선** : 의미의 강조

노면상태

② 노면표시의 색채의 기준

   ㉮ **노란색** : 중앙선 표시, 주차 금지 표시, 정차 · 주차 금지 표시, 정차 금지 지대 표시, 보호 구역 기점 · 종점 표시의 테두리와 어린이 보호 구역 횡단보도 및 안전지대 중 양방향 교통을 분리 하는 표시

양보

ⓒ **파란색** : 전용 차로 표시 및 노면 전차 전용로 표시

ⓓ **빨간색 또는 흰색** : 소방 시설 주변 정차 · 주차 금지 표시 및 보호 구역(어린이, 노인, 장애인) 또는 주거 지역 안에 설치하는 속도 제한 표시의 테두리선

ⓔ **분홍색, 연한 녹색 · 녹색** : 노면 색깔 유도선 표시

ⓕ **흰색** : 그 밖의 표시

# 제3장    교통사고처리 특례법령

## 제1절  특례의 적용

### 1 교통사고 처리특례법

차의 교통으로 인한 사고가 발생하여 운전자를 형사처벌하여야 하는 경우에 적용되는 법이다.

① **업무상 과실** 또는 **중과실로** 사람을 사상한 때에는 **5년 이하의 금고 또는 2천만원 이하의 벌금**에 처한다(「형법」 제268조).

② **건조물** 또는 **재물을 손괴**한 때에는 **2년 이하 금고나 5백만원 이하의 벌금**에 처한다(「도로교통법」 제151조).

### 2 용어의 정의

① **차** : 「도로교통법」 제2조 제17호 가목에 따른 차(車)와 「건설기계관리법」 제2조 제1항 제1호에 따른 건설기계를 말한다.

ⓐ 「도로교통법」 제2조 제17호 가목에 따른 차 : 자동차, 건설기계, 원동기장치자전거, 자전거, 사람 또는 가축의 힘이나 그 밖의 동력에 의하여 도로에서 운전되는 것, 우마

※ 철길이나 가설된 선을 이용하여 운전되는 것, 유모차와 보행보조용 의자차는 제외

ⓑ 「건설기계관리법」 제2조 제1항 제1호에 따른 차 : 덤프 트럭, 아스팔트 살포기, 노상안정기, 콘크리트 믹서 트럭, 콘크리트 펌프, 천공기(트럭적재식)

② **교통사고** : 차의 교통으로 인하여 사람을 사상하거나 물건을 손괴하는 것을 말한다.

ⓐ 교통사고의 조건

ⓞ 차에 의한 사고

ⓛ 피해의 결과 발생(사람 사상 또는 물건 손괴 등)

ⓒ 교통으로 인하여 발생한 사고

ⓑ 교통사고로 처리되지 않는 경우

ⓞ 명백한 자살이라고 인정되는 경우

ⓛ 확정적인 고의 범죄에 의해 타인을 사상하거나 물건을 손괴한 경우

ⓒ 건조물 등이 떨어져 운전자 또는 동승자가 사상한 경우

ⓓ 축대 등이 무너져 도로를 진행 중인 차량이 손괴되는 경우

ⓜ 사람이 건물, 육교 등에서 추락하여 운행 중인 차량과 충돌 또는 접촉하여 사상한 경우

ⓗ 기타 안전사고로 인정되는 경우

## 3 교통사고 처벌의 특례(공소권 없음, 반의사 불벌죄)

피해자와 합의(불벌의사)하거나 종합보험 또는 공제에 가입한 경우 다음 죄에는 특례의 적용을 받아 형사처벌을 하지 않는다.

① 업무상 과실치상죄

② 중과실치상죄

③ 다른 사람의 건조물이나 그 밖의 재물을 손괴한 죄

## 4 특례 적용 제외자(공소권 있음)

종합보험(공제)에 가입되었고, 피해자가 처벌을 원하지 않아도 다음 경우에는 특례의 적용을 받지 못하고 형사처벌을 받는다.

① 교통사고로 사람을 치사(사망)한 경우

② 교통사고 야기 후 도주 또는 사고 장소로부터 옮겨 유기하고 도주한 경우

## 5 보험 또는 공제에 가입된 사실 확인(법 제5조)

보험회사, 공제조합 또는 공제사업자가 작성한 서면에 의하여 증명되어야 한다.

🚌 **사고운전자가 형사처벌 대상이 되는 경우**

① 사망사고

② 차의 교통으로 업무상과실치상죄 또는 중과실치상죄를 범하고 피해자를 구호하는 등의 조치를 하지 아니하고 도주하거나, 피해자를 사고장소로부터 옮겨 유기하고 도주한 경우

③ 차의 교통으로 업무상과실치상죄 또는 중과실치상죄를 범하고 음주측정 요구에 불응한 경우(운전자가 채혈 측정을 요청하거나 동의한 경우는 제외)

④ 신호 · 지시 및 철길 건널목 통과방법 위반 사고

⑤ 중앙선침범 사고, 횡단, 유턴 또는 후진(고속도로, 자동차 전용도로) 중 사고

⑥ 과속(20km/h 초과) 및 무면허운전 사고

⑦ 횡단보도에서 보행자 보호의무 위반 사고

⑧ 주취 · 약물복용 운전중 사고

⑨ 보도침범, 통행방법 위반 사고

⑩ 어린이 보호구역 내 어린이 보호의무 위반 사고

⑪ 적재화물의 추락방지의무 위반 사고

⑫ 중상해 사고를 유발하고 형사상 합의가 안 된 경우

🚌 **중상해의 범위**

① 생명에 대한 위험 : 뇌 또는 주요장기에 중대한 손상

② 불구 : 사지절단 등 또는 시각 · 청각 · 언어 · 생식기능 등 중대한 신체기능의 영구적 상실

③ 불치나 난치의 질병 : 중증의 정신장애 · 하반신 마비 등 중대질병

**6** 사고운전자 가중처벌(특가법 제5조의 3 ,제 1~2항)

(1) **사고운전자가 피해자를 구호하는 등의 조치를 하지 아니하고 도주한 경우** : 피해자를 사망에 이르게 하고 도주하거나, 도주 후에 피해자가 사망한 경우에는 무기 또는 5년 이상의 징역(상해 : 1년 이상의 유기징역 또는 500만원 이상 3천만원 이하의 벌금)

(2) **사고운전자가 피해자를 사고 장소로부터 옮겨 유기하고 도주한 경우** : 피해자를 사망에 이르게 하고 도주하거나, 도주 후에 피해자가 사망한 경우에는 사형, 무기 또는 5년 이상의 징역(상해 : 3년 이상의 유기징역)

(3) **위험운전 치사상의 경우** : 음주 또는 약물의 영향으로 정상적인 운전이 곤란한 상태에서 자동차(원동기장치자전거 포함)를 운전하여 사람을 사망에 이르게 한 경우에는 무기 또는 3년 이상의 징역에 처하고, 상해에 이르게 한 경우는 1년이상 15년 이하의 징역 또는 1천만원 이상 3천만원 이하의 벌금에 처한다.(특가법 제5조의 11)

## 제2절  중대 교통사고 유형 및 대처방법

**1** 사망사고

(1) **사망사고 정의** : ① 교통안전법 시행령에서 교통사고에 의한 사망은 교통사고 발생시부터 30일 이내 사망한 사고이다. ② 도로교통법령상 교통사고 발생후 72시간 내 사망하면 벌점 90점이 부과되며,「교통사고처리특례법」상 형사책임이 부과된다.

(2) **사망사고 성립요건**

| 항목 | 내용 | 예외사항 |
|---|---|---|
| 1. 장소적 요건 | • 모든 장소(「도로교통법」 : 도로상으로 한정)(「교통사고처리특례법」 : 모든 장소로 확대) | – |
| 2. 운전자 과실 | • 운전자로서 요구되는 업무상 주의의무를 소홀히 한 과실 | • 자동차 본래의 운행목적이 아닌 작업 중 과실로 피해자가 사망한 경우(안전사고)<br>• 운전자의 과실을 논할 수 없는 경우 |
| 3. 피해자 요건 | • 운행 중인 자동차에 충격되어 사망한 경우 | • 피해자의 자살 등 고의 사고<br>• 운행목적이 아닌 작업과실로 피해자가 사망한 경우(안전사고) |

**2** 도주(뺑소니) 사고

(1) **도주(뺑소니)인 경우**

① 피해자 사상 사실을 인식하거나 예견됨에도 가버린 경우
② 피해자를 사고현장에 방치한 채 가버린 경우
③ 현장에 도착한 경찰관에게 거짓으로 진술한 경우
④ 사고운전자를 바꿔치기하여 신고한 경우

⑤ 사고운전자가 연락처를 거짓으로 알려준 경우

⑥ 피해자가 이미 사망하였다고 사체 안치 후송 등의 조치 없이 가버린 경우

⑦ 피해자를 병원까지만 후송하고 계속 치료를 받을 수 있는 조치 없이 가버린 경우

⑧ 쌍방 업무상 과실이 있는 경우에 발생한 사고로 과실이 적은 차량이 도주한 경우

⑨ 자신의 의사를 제대로 표시하지 못하는 나이 어린 피해자가 '괜찮다'라고 하여 조치 없이 가버린 경우

## (2) 도주(뺑소니)가 아닌 경우

① 피해자가 부상사실이 없거나 극히 경미하여 구호조치가 필요하지 않아 연락처를 제공하고 떠난 경우

② 사고운전자가 심한 부상을 입어 타인에게 의뢰하여 피해자를 후송 조치한 경우

③ 사고 장소가 혼잡하여 불가피하게 일부 진행 후 정지하고 되돌아와 조치한 경우

④ 사고운전자가 급한 용무로 인해 동료에게 사고처리를 위임하고 가버린 후 동료가 사고처리한 경우

⑤ 피해자 일행의 구타 · 폭언 · 폭행이 두려워 현장을 이탈한 경우

⑥ 사고운전자가 자기 차량 사고에 대한 조치 없이 가버린 경우

## 3 신호 · 지시위반 사고 사례

① 신호가 변경되기 전에 출발하여 인적피해를 야기한 경우

② 황색 주의신호에 교차로에 진입하여 인적피해를 야기한 경우

③ 신호내용을 위반하고 진행하여 인적피해를 야기한 경우

④ 적색 차량신호에 진행하다 정지선과 횡단보도 사이에서 보행자를 충격한 경우

### 신호 · 지시위반 사고의 성립요건

| 항목 | 내용 | 예외사항 |
|---|---|---|
| 1. 장소적 요건 | • 신호기가 설치되어 있는 교차로나 횡단보도<br>• 경찰공무원 등의 수신호 지역 | • 신호기의 고장이나, 황색 점멸신호등의 경우 |
| 2. 피해자 요건 | • 신호 · 지시위반 차량에 충돌되어 인적 피해를 입은 경우 | • 대물피해만 입은 경우 |
| 3. 운전자 과실 | • 고의적 · 의도적 과실<br>• 부주의에 의한 과실 | • 불가항력적 과실<br>• 만부득이한 과실 |
| 4. 시설물 설치 요건 | • 특별시장 · 광역시장 · 제주특별자치도지사 또는 시장 · 군수(광역시의 군수 제외)가 설치한 신호기나 교통안전표지 | • 아파트 단지 등 특정구역 내부의 소통과 안전을 목적으로 자체적으로 설치된 경우는 제외 (설치권한이 없는 자가 설치) |

(주) 신호 · 지시위반 사고에 따른 행정처분 : 범칙금=7만원, 벌점=15점

## 4 중앙선 침범 사고

### (1) 중앙선 침범 개념 : 중앙선을 넘어서거나 차체가 걸친 상태에서 운전한 경우

### (2) 중앙선 침범을 적용하는 경우(현저한 부주의)

① 커브 길에서 과속으로 인한 중앙선 침범의 경우

② 빗길에서 과속으로 인한 중앙선 침범의 경우

③ 졸다가 뒤늦은 제동으로 중앙선을 침범한 경우

④ 차내 잡담 또는 휴대폰 통화 등의 부주의로 중앙선을 침범한 경우

## (3) 중앙선 침범을 적용할 수 없는 경우(만부득이한 경우)

① 사고를 피하기 위해 급제동하다 중앙선을 침범한 경우

② 위험을 회피하기 위해 중앙선을 침범한 경우

③ 빙판길 또는 빗길에서 미끄러져 중앙선을 침범한 경우(제한속도 준수)

## (4) 중앙선 침범 사고의 성립요건

| 항목 | 내용 | 예외사항 |
|---|---|---|
| 1. 장소적 요건 | • 황색실선이나 점선의 중앙선이 설치되어 있는 도로<br>• 자동차전용도로나 고속도로에서의 횡단 · 유턴 · 후진 | • 아파트 단지 내 또는 군부대 내의 사설 중앙선<br>• 일반도로에서의 횡단 · 유턴 · 후진 |
| 2. 피해자 요건 | • 중앙선침범 자동차에 충돌되어 인적피해를 입은 경우<br>• 자동차전용도로나 고속도로에서의 중앙선 침범 · 횡단 · 유턴 · 후진 자동차에 충돌되어 인적피해를 입은 경우 | • 대물피해만 입은 경우 |
| 3. 운전자 과실 | • 고의적 · 의도적 과실<br>• 현저한 부주의에 의한 과실 | • 신호위반 차량에 충돌되어 피해를 입은 경우 |
| 4. 시설물 설치 요건 | • 도로교통법 제13조에 따라 시 · 도경찰청장이 설치한 중앙선 | • 아파트 단지 내 또는 군부대 등 특정구역 내부의 소통과 안전을 목적으로 설치된 경우 제외 |

🚌 **중앙선 침범 사고에 따른 행정처분(승합자동차)**

① 중앙선 침범 : 7만원, 벌점 30점

② 고속도로 · 자동차전용도로에서 횡단 · 유턴 · 후진위반 : 5만원

## 5 과속(20km/h 초과) 사고

(1) **규제속도** : 법정속도(도로교통법에 따른 도로별 최고 · 최저속도)와 제한속도(시 · 도경찰청장에 의한 지정속도)

(2) **설계속도** : 도로설계의 기초가 되는 자동차의 속도

(3) **주행속도** : 정지시간을 제외한 실제 주행거리의 평균 주행속도

(4) **구간속도** : 정지시간을 포함한 주행거리의 평균 주행속도

(5) 과속사고의 성립요건

| 항목 | 내용 | 예외사항 |
|---|---|---|
| 1. 장소적 요건 | • 도로법에 따른 도로, 유료도로법에 따른 도로, 농어촌도로 정비법에 따른 농어촌도로, 그 밖에 현실적으로 불특정 다수의 사람 또는 차마의 통행을 위하여 공개된 장소로서 안전하고 원활한 교통을 확보할 필요가 있는 장소 | • 불특정 다수의 사람 또는 차마의 통행을 위하여 공개된 장소가 아닌 곳에서의 사고 |
| 2. 피해자 요건 | • 과속 차량(20km/h 초과)에 충돌되어 인적피해를 입은 경우 | • 제한속도 20km/h 이하 과속 차량에 충돌되어 인적피해를 입은 경우<br>• 제한속도 20km/h 초과 차량에 충돌되어 대물피해만 입은 경우 |
| 3. 운전자 과실 | • 제한속도 20km/h를 초과하여 과속으로 운행 중에 사고가 발생한 경우<br> - 고속도로나 자동차 전용도로에서 법정 속도 20km/h를 초과한 경우<br> - 일반도로 법정속도 매시 60km/h, 편도 2차로 이상의 도로에서는 매시 80km/h에서 20km/h를 초과한 경우<br> - 속도제한 표지판 설치구간에서 제한속도 20km/h를 초과한 경우<br> - 비가 내려 노면이 젖어있는 경우, 눈이 20mm 미만 쌓인 경우 최고속도의 100분의 20을 줄인 속도에서 20km/h를 초과한 경우 | • 제한속도 20km/h 이하로 과속하여 운행 중 사고를 야기한 경우<br>• 제한속도 20km/h 초과하여 과속 운행 중 대물피해만 입힌 경우 |

(6) 비 · 안개 · 눈 등으로 인한 악천후 시 감속운행속도(20% 또는 50% 감속)

| 정상 날씨 제한속도 | 60km/h | 70km/h | 80km/h | 90km/h | 100km/h |
|---|---|---|---|---|---|
| • 비가 내려 노면이 젖어있는 경우<br>• 눈이 20mm 미만 쌓인 경우 | 48km/h | 56km/h | 64km/h | 72km/h | 80km/h |
| • 폭우 · 폭설 · 안개 등으로 가시거리가 100m 이내인 경우<br>• 노면이 얼어 붙은 경우<br>• 눈이 20mm 이상 쌓인 경우 | 30km/h | 35km/h | 40km/h | 45km/h | 50km/h |

(7) 과속사고에 따른 행정처분

| 범칙금 및 벌점(승합자동차) | | | | |
|---|---|---|---|---|
| 항목 | 60km/h 초과 | 40km/h 초과 60km/h 이하 | 20km/h 초과 40km/h 이하 | 20km/h 이하 |
| 범칙금 | 13만원 | 10만원 | 7만원 | 3만원 |
| 벌점 | 60점 | 30점 | 15점 | - |

## 6 앞지르기 방법 · 금지위반 사고

(1) 모든 차의 운전자는 다음의 경우에는 **앞차**를 앞지르지 못한다.

① 앞차의 좌측에 다른 차가 앞차와 나란히 가고 있는 경우

② 앞차가 다른 차를 앞지르고 있거나 앞지르고자 하는 경우

(2) 모든 차의 운전자는 **경찰공무원의 지시**를 따르거나 **위험**을 방지하기 위하여 정지하거나 **서행**하고 있는 다른 차를 앞지르지 못한다.

(3) 모든 차의 운전자는 **다음의 곳**에서는 다른 차를 앞지르지 못한다.
  ① 교차로        ② 터널 안        ③ 다리 위
  ④ 도로의 구부러진 곳, 비탈길의 고갯마루 부근 또는 가파른 비탈길의 내리막 등 시·도경찰청장이 안전표지로 지정한 곳

(4) 끼어들기의 금지 및 갓길 통행금지 등
  ① 모든 차의 운전자는 도로교통법이나 도로교통법에 의한 **명령** 또는 경찰공무원의 **지시**에 따르거나 위험방지를 위하여 정지 또는 서행하고 있는 다른 차앞에 끼어들지 못한다.
  ② 자동차의 운전자는 고속도로에서 다른 차를 앞지르고자 하는 때에는 **방향지시기, 등화** 또는 경음기를 사용하여 행정안전부령이 정하는 차로로 안전하게 통행하여야 한다.

## 7 철길 건널목 통과방법위반 사고

### (1) 철길 건널목의 종류

| 항목 | 내용 |
|---|---|
| 제1종 건널목 | 차단기, 건널목경보기 및 교통안전표지가 설치되어 있는 경우 |
| 제2종 건널목 | 건널목경보기 및 교통안전표지가 설치되어 있는 경우 |
| 제3종 건널목 | 교통안전표지만 설치되어 있는 경우 |

### (2) 철길 건널목 통과방법위반 사고의 성립요건

| 항목 | 내용 | 예외사항 |
|---|---|---|
| 1. 장소적 요건 | • 철길 건널목 | • 역 구내의 철길 건널목 |
| 2. 피해자 요건 | • 철길 건널목 통과방법 위반 사고로 인적피해를 입은 경우 | • 철길 건널목 신호기·경보기 등의 고장으로 일어난 사고 |
| 3. 운전자 과실 | • 철길 건널목 통과방법 위반<br> – 철길 건널목 전에 일시정지 불이행<br> – 차량이 고장난 경우 승객대피, 차량이동 조치 불이행<br>• 철길 건널목 진입금지<br> – 차단기가 내려져 있거나 내려지려고 하는 경우<br> – 경보기가 울리고 있는 경우 | • 철길 건널목 신호기·경보기 등의 고장으로 일어난 사고 |

### (3) 철길 건널목 통과방법위반 사고에 따른 행정처분

| 항목 | 범칙금(승합자동차) | 벌점 |
|---|---|---|
| 철길 건널목 통과방법위반 | 7만원 | 30점 |

**8** 보행자 보호의무위반 사고

(1) 보행자로 인정되는 경우와 아닌 경우

　① 횡단보도 보행자인 경우

　　㉮ 횡단보도를 걸어가는 사람

　　㉯ 횡단보도를 원동기장치자전거나 자전거를 끌고 가는 사람

　　㉰ 횡단보도를 원동기장치자전거나 자전거를 타고 가다 이를 세우고 한발은 페달에 다른 한발은 지면에 서 있는 사람

　　㉱ 세발자전거를 타고 횡단보도를 건너는 어린이

　　㉲ 손수레를 끌고 횡단보도를 건너는 사람

　② 횡단보도 보행자가 아닌 경우

　　㉮ 횡단보도에서 원동기장치자전거나 자전거를 타고 가는 사람

　　㉯ 횡단보도에 누워 있거나, 앉아 있거나, 엎드려 있는 사람

　　㉰ 횡단보도 내에서 교통정리를 하고 있는 사람

　　㉱ 횡단보도 내에서 택시를 잡고 있는 사람

　　㉲ 횡단보도 내에서 화물 하역작업을 하고 있는 사람

　　㉳ 보도에 서 있다가 횡단보도 내로 넘어진 사람

(2) **횡단보도로 인정되는 경우와 아닌 경우**

　① 횡단보도 노면표시가 있으나 횡단보도 **표지판이 설치되지 않은** 경우에도 횡단보도로 인정

　② 횡단보도 노면표시가 포장공사로 반은 지워졌으나, 반이 남아 있는 경우에도 횡단보도로 인정

　※ 횡단보도 보행자 횡단방해 : 범칙금 7만원, 벌점 10점(승합차)

**9** 무면허 운전의 개념

　① 운전면허를 취득하지 않고 운전하는 행위

　② 운전면허 적성검사기간 만료일로부터 1년간의 취소유예기간이 지난 면허증으로 운전하는 행위

　③ 운전면허 취소처분을 받은 후에 운전하는 행위

　④ 운전면허 정지 기간 중에 운전하는 행위

　⑤ 제2종 운전면허로 제1종 운전면허를 필요로 하는 자동차를 운전하는 행위

　⑥ 제1종 대형면허로 특수면허가 필요한 자동차를 운전하는 행위

　⑦ 운전면허시험에 합격한 후 운전면허증을 발급받기 전에 운전하는 행위

**10** 주취 · 약물복용 운전 중 사고

(1) 불특정 다수인이 이용하는 도로와 특정인이 이용하는 주차장 또는 학교 경내 등에서의 음주운전도 형사처벌 대상. 단, 특정인만이 이용하는 장소에서의 음주운전으로 인한 **운전면허 행정처분은 불가**

　① 공개되지 않은 통행로에서의 음주운전도 처벌 대상 : 공장이나 관공서, 학교, 사기업 등의 정문

안쪽 통행로와 같이 문, 차단기에 의해 도로와 차단되고 별도로 관리되는 장소의 통행로에서의 음주운전도 처벌 대상

② 술을 마시고 주차장(주차선 안 포함)에서 음주운전을 하여도 처벌 대상

③ 호텔, 백화점, 고층건물, 아파트 내 주차장 안의 통행로뿐만 아니라 주차선 안에서 음주운전을 하여도 처벌 대상

(2) 혈중알코올농도 0.03% 미만에서의 음주운전은 처벌 불가

(3) 주취 · 약물복용 운전 중 사고의 성립요건

| 항목 | 내용 | 예외사항 |
| --- | --- | --- |
| 1. 장소적 요건 | • 공개되지 않은 통행로 문, 차단기에 의해 도로와 차단되고 별도로 관리되는 장소<br>• 주차장 또는 주차선 안 | − |
| 2. 피해자 요건 | • 음주운전 자동차에 충돌되어 인적피해를 입은 경우 | • 음주운전 자동차에 충돌되어 대물피해를 입은 경우 (보험에 가입되어 있다면 공소권 없음으로 처리) |
| 3. 운전자 과실 | • 음주한 상태에서 자동차를 운전하여 일정 거리 운행한 경우<br>• 주차장 또는 주차선 안에서 운전하는 경우 | |

## 11 보도침범, 보도횡단방법위반 사고

(1) **보도침범 사고** : 보도에 차마가 들어서는 과정, 보도에 차마의 차체가 걸치는 과정, 보도에 주차시킨 차량을 전진 또는 후진시키는 과정에서 통행 중인 보행자와 충돌한 경우

(2) **보도횡단방법 위반 사고** : 차마의 운전자는 도로에서 도로 외의 곳에 출입하기 위해서는 보도를 횡단하기 직전에 일시정지하여 보행자의 통행을 방해하지 아니하도록 되어 있으나 이를 위반하여 보행자와 충돌하여 인적피해를 야기한 경우

※ 보도침범, 보도횡단 방법위반 : 범칙금(승합) 7만원, 벌점 10점

## 12 승객추락방지 의무위반 사고

(1) **승객추락방지 의무위반에 해당하는 경우**

① 문을 연 상태에서 출발하여 타고 있는 승객이 추락한 경우

② 승객이 타거나 또는 내리고 있을 때 갑자기 문을 닫아 문에 충격된 승객이 추락한 경우

③ 버스 운전자가 개 · 폐 안전장치인 전자감응장치가 고장 난 상태에서 운행 중에 승객이 내리고 있을 때 출발하여 승객이 추락한 경우

(2) **승객추락방지 의무위반에 해당하지 않는 경우**

① 승객이 임의로 차문을 열고 상체를 내밀어 차 밖으로 추락한 경우

② 운전자가 사고방지를 위해 취한 급제동으로 승객이 차 밖으로 추락한 경우

(3) 승객추락방지 의무위반 사고의 성립요건

| 항목 | 내용 | 예외사항 |
|---|---|---|
| 1. 장소적 요건 | • 승용, 승합, 화물, 건설기계 등 자동차에만 적용 | • 이륜자동차 및 자전거는 제외 |
| 2. 피해자 요건 | • 탑승 승객이 개문되어 있는 상태로 출발한 차량에서 추락하여 피해를 입은 경우 | • 적재되어 있는 화물의 추락 사고는 제외 |
| 3. 운전자 과실 | • 차의 문이 열려 있는 상태로 출발하는 행위 | • 차량이 정지하고 있는 상태에서의 추락은 제외 |

※ 승객 또는 승하차자 추락방지조치위반 : 범칙금 7만원, 벌점 10점

## 13 어린이 보호구역내 어린이 보호의무위반 사고

(1) 어린이 보호의무위반 사고의 성립요건

| 항목 | 내용 | 예외사항 |
|---|---|---|
| 자동차적 요건 | • 어린이 보호구역으로 지정된 장소 | • 어린이 보호구역이 아닌 장소 |
| 피해자적 요건 | • 어린이가 상해를 입은 경우 | • 성인이 상해를 입은 경우 |
| 운전자의 과실 | • 어린이에게 상해를 입힌 경우 | • 성인에게 상해를 입힌 경우 |

## 14 적재화물의 추락방지의무위반 사고

(1) **정의** : "모든 차의 운전자는 운전 중 실은 화물이 떨어지지 아니하도록 덮개를 씌우거나 묶는 등 확실하게 고정될 수 있도록 필요한 조치를 하여야 한다"고 규정, 적재화물의 추락방지의무를 위반하여 인명피해 사고를 일으킨 경우

(2) **취지** : 위 규정을 위반하여 자동차의 화물이 떨어지지 아니하도록 필요한 조치를 하지 아니하고 운전한 운전자에 대하여 특례의 적용을 배제함으로써 처벌을 강화하려는 것

## 제3절 교통사고 처리의 이해

### 1 용어의 정의(교통사고조사규칙 제2조)

(1) **교통** : 차를 도로에서 운전하여 사람 또는 화물을 이동시키거나 운반하는 등 차를 그 본래의 용법에 따라 사용하는 것

(2) **교통사고** : 차의 교통으로 인하여 사람을 사상하거나 물건을 손괴한 것

(3) **대형사고** : 3명 이상이 사망(교통사고 발생일부터 30일 이내에 사망)하거나 20명 이상의 사상자가 발생한 사고

(4) **스키드 마크(Skid mark)** : 차의 급제동으로 인하여 타이어의 회전이 정지된 상태에서 노면에 미끄러져 생긴 타이어 마모흔적 또는 활주흔적

(5) **요 마크(Yaw mark)** : 급핸들 조작 등으로 인하여 차의 바퀴가 돌면서 차축과 평행하게 옆으로 미끄러진 타이어의 마모흔적

(6) **충돌** : 차가 반대방향 또는 측방에서 진입하여 그 차의 정면으로 다른 차의 정면 또는 측면을 충격한 것

(7) **추돌** : 2대 이상의 차가 동일방향으로 주행 중 뒤차가 앞차의 후면을 충격한 것

(8) **접촉** : 차가 추월, 교행 등을 하려다가 차의 좌·우측면을 서로 스친 것

(9) **전도** : 차가 주행 중 도로 또는 도로 이외의 장소에 차체의 측면이 지면에 접하고 있는 상태(좌측면이 지면에 접해 있으면 좌전도, 우측면이 지면에 접해 있으면 우전도)

(10) **전복** : 차가 주행 중 도로 또는 도로 이외의 장소에 뒤집혀 넘어진 것

(11) **추락** : 차가 도로변 절벽 또는 교량 등 높은 곳에서 떨어진 것

## 2 수사기관의 교통사고 처리기준

(1) **인피사고(사람을 사망하게 하거나 다치게 한 교통사고)의 처리**

① 사람을 **사망하게 한** 교통사고의 가해자는 「교통사고처리특례법」을 적용하여 **기소의견으로 송치**

② 사람을 다치게 한 교통사고(부상사고)의 피해자가 가해자에 대하여 **처벌을 희망하지 아니하는** 의사표시를 한 때에는 같은 법 제3조 제2항을 적용하여 **불기소 의견으로 송치**. 다만, 사고의 원인 행위에 대하여는 「도로교통법」 적용하여 **통고처분 또는 즉결심판 청구**

③ 부상사고로서 피해자가 가해자에 대하여 처벌을 희망하지 아니하는 **의사표시가 없거나** 교특법 제3조 제2항 단서에 해당하는 경우에는 같은 법 제3조 제1항을 **적용하여 기소의견으로 송치**

④ 부상사고로서 피해자가 가해자에 대하여 처벌을 희망하지 아니하는 의사표시가 없는 경우라도 **보험 또는 공제에 가입**된 경우에는 다음 각 목에 해당하는 경우를 제외하고 같은 조항을 적용하여 **불기소의견으로 송치**

㉮ 교특법 제3조 제2항 단서에 해당하는 경우

㉯ 피해자가 생명의 위험이 발생하거나 불구·불치·난치의 질병(**중상해**)에 이르게 된 경우

㉰ 보험 등의 계약이 해지되거나 보험사 등의 **보험금 등 지급의무가 없어진 경우**

(2) **물피사고(다른 사람의 건조물이나 그 밖의 재물을 손괴한 교통사고)의 처리**

① 피해자가 가해자에 대하여 **처벌을 희망하지 아니하는** 의사표시가 있는 경우 또는 보험 등에 가입된 경우에는 단순 대물피해 교통사고 조사보고서를 작성하고, 교통경찰업무관리시스템(TCS)의 교통사고접수 처리대장에 입력한 후 종결

② 피해자가 가해자에 대하여 처벌을 희망하지 아니하는 **의사표시가 없거나** 보험 등에 가입되지 아니한 경우에는 기소의견으로 송치. 다만, 피해액이 **20만원 미만인 경우**에는 즉결심판을 청구하고 대장에 입력한 후 종결

(3) **뺑소니 사고의 처리**

① 인피사고는 「특정범죄가중처벌 등에 관한 법률」 제5조의3을 적용하여 **기소의견으로 송치**

② 물피사고는 「도로교통법」 제148조를 적용하여 **기소의견으로 송치**

(4) 「도로교통법」 제44조 제1항의 규정을 위반하여 **주취운전 중 인피사고**를 일으킨 운전자에 대하여는 다음 각 호의 사항을 종합적으로 고려하여 「특정범죄가중처벌 등에 관한 법률」 제5조의 11 규정의 위험운전 치사상죄를 적용

① 가해자가 마신 술의 양

② 사고발생 경위, 사고위치 및 피해정도

③ 비정상적 주행 여부, 똑바로 걸을 수 있는지 여부, 말할 때 혀가 꼬였는지 여부, 횡설수설하는지 여부, 사고 상황을 기억하는지 여부 등 사고 전·후의 운전자 행태

(5) **피해자와의 손해배상 합의기간** : 교통조사관은 부상사고로써 「교통사고처리특례법」 제3조 제2항 단서에 해당하지 아니하는 사고를 일으킨 운전자가 보험 등에 가입되지 아니한 경우 또는 중상해 사고를 야기한 운전자에게 특별한 사유가 없는 한 사고를 접수한 날부터 **2주간** 합의할 수 있는 기간을 준다.

※ 합의가 되면 교통사고합의서를 제출받아 교통사고조사 기록에 첨부 처리

## 3 안전사고 등의 처리

(1) **교통조사관은 다음 각 호의 어느 하나에 해당하는 사고의 경우에는 교통사고로 처리하지 아니하고 업무 주무기능에 인계**

① 자살·자해(自害)행위로 인정되는 경우와 확정적 고의(故意)에 의하여 타인을 사상하거나 물건을 손괴한 경우

② 낙하물이나 축대, 절개지 등이 무너져 차량 탑승자가 사상하였거나 물건이 손괴된 경우

③ 사람이 건물, 육교 등에서 추락하여 진행 중인 **차량과 충돌** 또는 접촉하여 사상한 경우

⑥ 그 밖의 차의 **교통으로 발생**하였다고 인정되지 아니한 안전사고의 경우

(2) **교통조사관은 위 (1)의 각항에 해당하는 사고의 경우라도 운전자가 이를 피할 수 있었던 경우에는 교통사고로 처리**

## 제4장   주요 교통사고 유형

### 제1절 안전거리 미확보 사고

## 1 안전거리 개념

(1) **안전거리** : 같은 방향으로 가고 있는 앞차가 갑자기 정지하게 되는 경우 그 앞차와의 추돌을 피할 수 있는 필요한 거리로 정지거리보다 약간 긴 정도의 거리

(2) **정지거리는 공주거리와 제동거리를 합한 거리**

① 공주거리 : 운전자가 위험을 느끼고 브레이크를 밟았을 때 자동차가 제동되기 전까지 주행한 거리

② 제동거리 : 제동되기 시작하여 정지될 때까지 주행한 거리

(3) **안전거리 미확보**

① 성립하는 경우 : 앞차가 정당한 급정지, 과실 있는 급정지라 하더라도 사고를 방지할 주의의무는 뒤차에게 있음. 앞차에 과실이 있는 경우에는 손해보상할 때 과실상계하여 처리

② 성립하지 않는 경우 : 앞차가 고의적으로 급정지하는 경우에는 뒷차의 불가항력적 사고로 인정
하여 앞차에게 책임 부과

## 2  안전거리 미확보 사고의 성립요건

| 항 목 | 내 용 | 예외 사항 |
|---|---|---|
| 1. 장소적 요건 | • 도로에서 발생 | |
| 2. 피해자 요건 | • 동일방향 앞차로 뒤차에 의해 추돌되어 피해를 입은 경우 | • 동일방향 좌우 차에 의해 충돌되어 피해를 입은 경우(진로변경방법위반 적용) |
| 3. 운전자 과실 | • 뒤차가 안전거리를 미확보하여 앞차를 추돌한 경우<br>① 앞차의 정당한 급정지<br>　– 앞차가 정지하거나 감속하는 것을 보고 급정지하는 경우<br>　– 전방의 돌발 상황을 보고 급정지(무단횡단 등)하는 경우<br>　– 앞차의 교통사고를 보고 급정지<br>② 앞차의 상당성 있는 급정지<br>　– 신호 착각에 따른 급정지<br>　– 초행길로 인한 급정지<br>　– 전방상황 오인으로 인한 급정지<br>③ 앞차의 과실 있는 급정지<br>　– 우측 도로변 승객을 태우기 위해 급정지<br>　– 주·정차 장소가 아닌 곳에서 급정지<br>　– 고속도로나 자동차전용도로에서 전방사고를 구경하기<br>　  위해 급정지 | • 앞차가 후진하는 경우<br>• 앞차가 고의로 급정지하는 경우<br>• 앞차가 의도적으로 급정지하는 경우 |

## 제2절  진로 변경(급차로 변경) 사고

## 1  고속도로에서의 차로 의미

(1) **주행차로** : 고속도로에서 주행할 때 통행하는 차로

(2) **가속차로** : 주행차로에 진입하기 위해 속도를 높이는 차로

(3) **감속차로** : 주행차로를 벗어나 고속도로에서 빠져나가기 위해 감속하기 위한 차로

(4) **오르막차로** : 오르막구간에서 저속자동차와 다른 자동차를 분리하여 통행시키기 위한 차로

## 2  진로 변경(급차로 변경) 사고의 성립요건

| 항 목 | 내 용 | 예외 사항 |
|---|---|---|
| 1. 장소적 요건 | • 도로에서 발생 | |
| 2. 피해자 요건 | • 옆 차로에서 진행 중인 차량이 갑자기 차로를 변경하여 불가항력적으로 충돌한 경우 | • 동일방향 앞·뒤 차량으로 진행하던 중 앞차가 차로를 변경하는데 뒤차도 따라 차로를 변경하다가 앞차를 추돌한 경우 |
| 3. 운전자 과실 | • 사고 차량이 차로를 변경하면서 변경방향 차로 후방에서 진행하는 차량의 진로를 방해한 경우 | |

## 1 후진에 따른 용어 정의

(1) **후진위반** : 후진하기 위하여 주의를 기울였음에도 불구하고 다른 보행자나 차량의 정상적인 통행을 방해하여 다른 보행자나 차량을 충돌한 경우(일반도로에서 주로 발생)

(2) **안전운전불이행** : 주의를 기울이지 않은 채 후진하여 다른 보행자나 차량을 충돌한 경우(골목길, 주차장 등에서 주로 발생)

(3) **통행구분위반** : 대로상에서 뒤에 있는 일정한 장소나 다른 길로 진입하기 위해 상당한 구간을 계속 후진하다가 정상진행중인 차량과 충돌한 경우(역진으로 보아 중앙선침범과 동일하게 취급)

## 2 후진사고의 성립요건

| 항 목 | 내 용 | 예외 사항 |
|---|---|---|
| 1. 장소적 요건 | • 도로에서 발생 | |
| 2. 피해자 요건 | • 후진하는 차량에 충돌되어 피해를 입은 경우 | • 정차 중 노면경사로 인해 차량이 뒤로 흘러 내려가 피해를 입은 경우 |
| 3. 운전자 과실 | • 일반사고로 처리하는 경우<br>　- 교통 혼잡으로 인해 후진이 금지된 곳에서 후진하는 경우<br>　- 후방에 교통 보조자를 세우고 보조자의 유도에 따라 후진하지 않는 경우<br>　- 후방에 대한 주시를 소홀히 한 채 후진하는 경우<br>• 교통사고처리특례법 특례단서 제2호를 적용하는 경우<br>　- 고속도로·자동차전용도로에서 후진하는 경우<br>• 차로가 설치되어 있는 도로에서 뒤에 있는 장소로 가기 위해 상당 구간을 후진하는 경우 | • 뒤차의 전방주시나 안전거리 미확보로 앞차를 추돌하는 경우<br>• 고속도로나 자동차전용도로에서 정지 중 노면경사로 인해 차량이 뒤로 흘러내려간 경우<br>• 고속도로나 자동차전용도로에서 긴급자동차, 도로보수 및 유지작업 자동차, 교통상의 위험방지제거 및 응급조치작업에 사용되는 자동차로 부득이하게 후진하는 경우 |

## 제4절 교차로 통행방법위반 사고

## 1 앞지르기 금지와 교차로 통행방법위반 사고의 차이점

(1) **앞지르기 금지 사고** : 뒤차가 교차로에서 앞차의 측면을 통과한 후 앞차의 그 앞으로 들어가는 도중에 발생한 사고

(2) **교차로 통행방법위반 사고** : 뒤차가 교차로에서 앞차의 측면을 통과하면서 앞차의 앞으로 들어가지 않고 앞차의 측면을 접촉하는 사고

## 2 교차로 통행방법위반 사고의 성립요건

| 항 목 | 내 용 | 예외 사항 |
|---|---|---|
| 1. 장소적 요건 | • 2개 이상의 도로가 교차하는 장소(교차로) | |
| 2. 피해자 요건 | • 교차로 통행 중에 통행방법을 위반한 차량에 충돌되어 피해를 입은 경우 | • 신호위반 차량에 충돌되어 피해를 입은 경우 |

| 3. 운전자 과실 | • 교차로 통행방법을 위반한 과실<br>  – 교차로에서 좌회전하는 경우    – 교차로에서 우회전하는 경우<br>• 안전운전불이행 과실 | • 앞차의 후진이나 고의 사고로 인한<br>  경우<br>• 신호를 위반한 경우 |

## 제5절 신호등 없는 교차로 사고

### 1 신호등 없는 교차로 가해자 판독 방법

#### (1) 교차로 진입 전 일시정지 또는 서행하지 않은 경우

① 충돌 직전(충돌 당시, 충돌 후) 노면에 스키드 마크가 형성되어 있는 경우

② 충돌 직전(충돌 당시, 충돌 후) 노면에 요 마크가 형성되어 있는 경우

③ 상대 차량의 측면을 정면으로 충돌한 경우

④ 가해 차량의 진행방향으로 상대 차량을 밀고 가거나, 전도(전복)시킨 경우

#### (2) 교차로 진입 전 일시정지 또는 서행하며 교차로 앞·좌·우 교통상황을 확인하지 않은 경우

① 충돌직전에 상대 차량을 보았다고 진술한 경우

② 교차로에 진입할 때 상대 차량을 보지 못했다고 진술한 경우

③ 가해 차량이 정면으로 상대 차량 측면을 충돌한 경우

#### (3) 교차로 진입할 때 통행우선권을 이행하지 않은 경우

① 교차로에 이미 진입하여 진행하고 있는 차량이 있거나, 교차로에 들어가고 있는 차량과 충돌한 경우

② 통행 우선순위가 같은 상태에서 우측 도로에서 진입한 차량과 충돌한 경우

### 2 신호등 없는 교차로 사고의 성립요건

| 항목 | 내용 | 예외 사항 |
|---|---|---|
| 1. 장소적 요건 | • 2개 이상의 도로가 교차하는 신호등 없는 교차로 | • 신호기가 설치되어 있는 교차로 또는 사실상 교차로로 볼 수 없는 장소 |
| 2. 피해자 요건 | • 신호등 없는 교차로를 통행하던 중<br>  – 후진입한 차량과 충돌하여 피해를 입은 경우<br>  – 일시정지 안전표지를 무시하고 상당한 속력으로 진행한 차량과 충돌하여 피해를 입은 경우<br>  – 신호등 없는 교차로 통행방법 위반 차량과 충돌하여 피해를 입은 경우 | • 신호기가 설치되어 있는 교차로 또는 사실상 교차로로 볼 수 없는 장소에서 피해를 입은 경우 |
| 3. 운전자 과실 | • 신호등 없는 교차로를 통행하면서 교통사고를 야기한 경우<br>  – 선진입 차량에게 진로를 양보하지 않는 경우<br>  – 상대 차량이 보이지 않는 곳, 교통이 빈번한 곳을 통행하면서 일시정지하지 않고 통행하는 경우<br>  – 통행우선권이 있는 차량에게 양보하지 않고 통행하는 경우<br>  – 일시정지, 서행, 양보표지가 있는 곳에서 이를 무시하고 통행하는 경우 | |
| 4. 시설물 설치요건 | • 시·도경찰청장이 설치한 안전표지가 있는 경우<br>  – 일시정지표지    – 서행표지    – 양보표지 | |

**제6절** 서행·일시정지 위반 사고

## 1 서행 · 일시정지 등에 대한 용어 구분

| 구 분 | 내 용 | 이행하여야 할 장소 |
|---|---|---|
| 서행 | • 차가 즉시 정지할 수 있는 느린 속도로 진행하는 것을 의미(위험을 예상한 상황적 대비) | • 교차로에서 좌 · 우회전하는 경우에는 서행<br>• 교통정리가 행하여지고 있지 아니하는 교차로를 진입할 때, 교차하는 도로의 폭이 넓은 경우에는 서행<br>• 안전지대에 보행자가 있는 경우와 차로가 설치되지 아니한 좁은 도로에서 보행자의 옆을 지나는 경우<br>• 교통정리가 행하여지고 있지 아니하는 교차로를 통행할 때는 서행<br>• 도로가 구부러진 부근에서는 서행<br>• 비탈길의 고갯마루 부근에서는 서행<br>• 가파른 비탈길의 내리막에서는 서행<br>• 시 · 도경찰청장이 안전표지에 의하여 지정한 곳에서는 서행 |
| 일시정지 | • 반드시 차가 멈추어야하되, 얼마간의 시간 동안 정지상태를 유지해야 하는 교통상황의 의미(정지상황의 일시적 전개) | • 보도와 차도가 구분된 도로에서 도로 외의 곳을 출입하는 때에는 보도를 횡단하기 직전에 일시정지<br>• 철길 건널목을 통과하고자 하는 때에는 철길 건널목 앞에서 일시정지<br>• 보행자(자전거를 끌고 통행하는 자전거 운전자를 포함)가 횡단보도를 통행하고 있는 때에는 횡단보도 앞(정지선이 설치되어 있는 곳에서는 그 정지선)에서 일시정지<br>• 보행자전용도로를 통행할 때 보행자를 위험하게 하거나 보행자의 통행을 방해하지 아니하도록 보행자의 걸음걸이 속도로 서행하거나 일시정지<br>• 교차로 또는 그 부근에서 긴급자동차가 접근한 때에는 교차로를 피하여 도로의 우측 가장자리에 일시정지<br>• 교통정리가 행하여지고 있지 아니하고 좌 · 우를 확인할 수 없거나 교통이 빈번한 교차로에서는 일시정지<br>• 어린이가 보호자 없이 도로를 횡단하는 때, 어린이가 도로에서 앉아 있거나 서 있는 때 또는 어린이가 도로에서 놀이를 하는 때 등 어린이에 대한 교통사고의 위험이 있는 것을 발견한 때<br>• 앞을 보지 못하는 사람이 흰색 지팡이를 가지거나 장애인보조견을 동반하고 도로를 횡단하고 있는 때<br>• 지하도 또는 육교 등 도로횡단시설을 이용할 수 없는 지체장애인이나 노인 등이 도로를 횡단하고 있는 때<br>• 차량신호등의 적색등화가 점멸하고 있는 경우 차마는 정지선이나 횡단보도가 있을 때에는 그 직전이나 교차로의 직전에 일시정지<br>• 시 · 도경찰청장이 안전표지에 의하여 지정한 곳에서는 일시정지 |
| 정지 | • 자동차가 완전히 멈추는 상태. 즉, 당시의 속도가 0km/h인 상태 | • 차량신호등이 황색등화인 경우 차마는 정지선이 있거나 횡단보도가 있을 때에는 그 직전이나 교차로의 직전에 정지<br>• 차량신호등이 적색등화인 경우 차마는 정지선, 횡단보도 및 교차로의 직전에 정지 |

## 2 서행 · 일시정지 위반 사고 성립요건

| 항목 | 내용 | 예외 사항 |
|---|---|---|
| 1. 장소적 요건 | • 도로에서 발생 | |
| 2. 피해자 요건 | • 서행 · 일시정지 위반 차량에 충돌되어 피해를 입은 경우 | • 일시정지 표지판이 설치된 곳에서 치상피해를 입은 경우(지시위반 사고로 처리) |
| 3. 운전자 과실 | • 서행 · 일시정지 의무가 있는 곳에서 이를 위반한 경우 | • 일시정지 표지판이 설치된 곳에서 치상 사고를 야기한 경우(지시위반 사고로 처리) |
| 4. 시설물 설치요건 | • 서행 장소에 안전표지 중 규제표지인 서행표지나 노면표시인 서행표시가 설치된 경우 | • 규제표지인 일시정지 표지나 노면표시인 일시정지표시가 설치된 경우에는 지시위반 사고로 처리 |

# 제7절 안전운전 불이행 사고

## 1 안전운전과 난폭운전과의 차이

(1) **안전운전** : 모든 자동차 장치를 정확히 조작하여 운전하는 경우와 도로의 교통상황과 차의 구조 및 성능에 따라 다른 사람에게 위험과 장해를 주지 않는 속도나 방법으로 운전하는 경우

(2) **난폭운전** : 고의나 인식할 수 있는 과실로 타인에게 현저한 위해를 초래하는 운전을 하는 경우와 타인의 통행을 현저히 방해하는 운전을 하는 경우

(3) **난폭운전 사례** : 급차로 변경, 지그재그 운전, 좌 · 우로 핸들을 급조작하는 운전, 지선도로에서 간선도로로 진입할 때 일시정지 없이 급진입하는 운전 등

## 2 안전운전 불이행 사고의 성립요건

| 항목 | 내용 | 예외 사항 |
|---|---|---|
| 1. 장소적 요건 | • 도로에서 발생 | |
| 2. 피해자 요건 | • 통행우선권을 양보해야 하는 상대 차량에게 충돌되어 피해를 입은 경우 | • 차량 정비 중 안전 부주의로 피해를 입은 경우<br>• 보행자가 고속도로나 자동차전용도로에 진입하여 통행한 경우 |
| 3. 운전자 과실 | • 자동차 장치조작을 잘못한 경우<br>• 전 · 후 · 좌 · 우 주시가 태만한 경우<br>• 전방 등 교통상황에 대한 파악 및 적절한 대처가 미흡한 경우<br>• 차내 대화 등으로 운전을 부주의한 경우<br>• 초보운전으로 인한 운전이 미숙한 경우<br>• 타인에게 위해를 준 난폭운전의 경우 | • 1차 사고에 이은 불가항력적인 2차 사고<br>• 운전자의 과실을 논할 수 없는 사고 |

# 출제예상문제

## 제1장 여객자동차 운수사업법령

**01** 「여객자동차 운수사업법」의 목적이 아닌 것은?
① 「여객자동차 운수사업법」에 관한 질서 확립
② 여객의 원활한 운송
③ 여객자동차 운수사업의 종합적인 발달 도모
④ 여객의 교통사고 피해에 대한 신속한 회복 촉진

**02** "다른 사람의 수요에 응하여 자동차를 사용하여 유상으로 여객을 운송하는 사업"을 뜻하는 용어는?
① 여객자동차운송사업
② 여객운송 부가서비스
③ 여객자동차운수사업
④ 여객자동차터미널사업

**03** 다음 중 "자동차를 정기적으로 운행하거나 운행하려는 구간"을 뜻하는 용어는?
① 노선
② 정류소
③ 터미널
④ 버스 정류소

**04** 노선의 기점 · 종점과 그 기점 · 종점 간의 운행경로, 운행거리, 운행횟수 및 운행댓수를 총칭하는 용어는?
① 운행계통       ② 운행방법
③ 운행수단       ④ 운행요령

**05** "관할이 정해지는 국토교통부장관이나 특별시장, 광역시장, 특별자치시장 · 도지사 또는 특별자치도지사"를 일컫는 명칭은?
① 관할관청       ② 관할기관
③ 관할부처       ④ 관할소관

**06** "여객이 승차 또는 하차할 수 있도록 노선 사이에 설치한 장소"를 뜻하는 용어는?
① 정류소         ② 터미널
③ 임시 정류장    ④ 간이 정류소

**07** 다음 중 "노선 여객자동차운송사업의 종류"가 아닌 것은?
① 시내버스운송사업
② 시외버스운송사업
③ 마을버스운송사업
④ 특수여객자동차운송사업

**08** 국토교통부령으로 정하는 시외버스운송사업 자동차의 종류와 운행형태에 따른 자동차 종류에 대한 설명이 잘못된 것은?
① 시외버스운송사업자동차 : 중형 또는 대형승합자동차
② 시외우등고속버스(고속형) : 원동기출력이 자동차 총 중량 1톤당 20마력 이상이고, 승차정원이 29인승 이하인 대형승합자동차
③ 시외고속버스(고속형) : 원동기출력이 자동차 총 중량1톤당 20마력 이상이고, 승차정원이 30인승 이하인 대형승합자동차
④ 시외직행 및 시외일반버스 : 직행형과 일반형에 사용되는 중형 이상의 승합자동차

**09** 노선여객자동차운송사업 중 주로 특별시 · 광역시 · 특별자치시 또는 시의 단일 행정구역에서 운행계통을 정하고 국토교통부령으로 정하는 자동차를 사용하여 여객을 운송하는 사업은?
① 시내버스운송사업
② 농어촌버스운송사업
③ 마을버스운송사업
④ 시외버스운송사업

**10** 노선여객자동차운송사업 중 주로 군의 단일 행정구역에서 운행계통을 정하고 국토교통부령으로 정하는 자동차를 사용하여 여객을 운송하는 사업은?
① 시내버스운송사업
② 농어촌버스운송사업
③ 마을버스운송사업
④ 시외버스운송사업

---

**11** 시외버스운송사업의 운행형태 중 "고속형"에 해당하는 설명은?

① 운행거리가 100km 이상이고, 운행구간의 60% 이상을 고속국도에서 운행하는 형태

② 특별시, 광역시, 특별자치시 또는 시·군의 행정구역이 아닌 다른 행정구역에 있는 1개소 이상의 정류소에 정차하면서 운행하는 형태

③ 시내좌석버스를 사용하여 각 정류소에 정차하지 않는 운행형태

④ 시외(우등)일반버스를 사용하여 각 정류소에 정차하는 운행형태

**12** 관할관청은 시내버스운송사업에서 지역주민의 편의 또는 지역 여건상 특히 필요하다고 인정하는 경우, 해당 행정구역 경계로부터 노선을 연장할 수 있는 범위로 맞는 것은?

① 해당 행정구역의 경계로부터 10km를 초과하지 않는 범위

② 해당 행정구역의 경계로부터 15km를 초과하지 않는 범위

③ 해당 행정구역의 경계로부터 20km를 초과하지 않는 범위

④ 해당 행정구역의 경계로부터 30km를 초과하지 않는 범위

**13** 시내버스운송사업 및 농어촌버스운송사업의 운행형태가 아닌 것은?

① 광역급행형　　② 직행좌석형
③ 입석형　　　　④ 일반형

**14** 시내버스운송사업 및 농어촌버스운송사업의 운행형태에 대한 설명으로 잘못된 것은?

① 직행좌석형 : 시내좌석버스를 사용하여 각 정류소에 정차하되, 둘 이상의 시·도에 걸쳐 노선이 연장되는 경우 지역주민의 편의, 지역 여건 등을 고려하여 정류소 수를 조정하여 운행하는 형태

② 광역급행형 : 시내좌석버스를 사용하고 주로 고속국도, 도시고속도로 또는 주 간선도로를 이용하여 기점 및 종점으로부터 5km 이내의 지점에 위치한 각각 4개 이내의 정류소에 정차하고, 그 외의 지점에서는 정차하지 아니하면서 운행하는 형태

③ 좌석형 : 시내좌석버스를 사용하여 각 정류소에

정차하지 아니하면서 운행하는 형태

④ 일반형 : 시내일반버스를 주로 사용하여 각 정류소에 정차하면서 운행하는 형태

**15** 여객자동차 운수종사자격의 결격사유에 해당하지 않는 것은?

① 피성년후견인

② 파산선고를 받고 복권된 자

③ 「여객자동차운수사업법」을 위반하여 징역 이상의 실형을 선고 받고 그 집행이 끝나거나 면제된 날부터 2년이 지나지 아니한 자

④ 「여객자동차운수사업법」을 위반하여 징역 이상의 형의 집행유예를 선고 받고 그 집행유예 기간 중에 있는 자

**16** 버스의 운전업무에 종사하려는 사람의 자격요건이 아닌 것은?

① 사업용 자동차를 운전하기에 적합한 운전면허를 보유하고 있을 것

② 18세 이상으로서 해당 사업용 자동차 운전경력이 1년 이상일 것

③ 국토교통부장관이 실시한 운전적성 정밀검사기준에 적합할 것

④ 한국교통안전공단이 시행하는 버스운전자격시험에 합격한 후 자격을 취득할 것

**17** 버스운전 자격시험 필기시험의 합격 점수는?

① 총점의 5할 이상

② 총점의 6할 이상

③ 총점의 7할 이상

④ 총점의 8할 이상

**18** 다음 중 노선여객자동차운송사업의 한정면허를 발급할 수 있는 경우가 아닌 것은?

① 여객의 특수성 또는 수요의 불규칙성 등으로 인하여 노선버스를 운행하기 어려운 경우

② 수요응답형 여객자동차운송사업을 경영하려는 경우

③ 해당 노선의 수익성이 크다고 판단되어 관할관청이 사업자를 공모하려는 경우

④ 신규노선에 대하여 운행형태가 광역급행인 시내버스운송사업을 경영하려는 자의 경우

---

**19** 자동차 운송사업용 자동차의 표시 내용에 대한 설명이다. 틀린 것은?

① 전세버스운송사업용 자동차 : 전세
② 시외고속버스 : 시외고속
③ 마을버스운송사업용 자동차 : 마을버스
④ 한정면허를 받은 여객자동차 운송사업용 자동차 : 장의

**20** 자가용자동차를 유상운송용으로 제공 또는 임대하거나 이를 알선할 수 있는 경우가 아닌 것은?

① 출 · 퇴근 때 승용자동차를 함께 타는 경우
② 천재지변, 긴급 수송, 교육 목적으로 운행하는 경우
③ 학생의 등 · 하교 시 운영하는 20인승 미만의 승합자동차를 학교에서 임대한 경우
④ 국가 또는 지방자치단체 소유의 자동차로서 장애인등의 교통편의를 위하여 운행하는 경우

**21** 다음 중 여객자동차 운수사업자에게 사업정지처분에 갈음하여 부과 · 징수할 수 있는 과징금의 최고 금액은?

① 일천만원 이하
② 삼천만원 이하
③ 오천만원 이하
④ 칠천만원 이하

**22** 시내, 농어촌, 마을, 시외, 전세, 특수여객버스의 앞바퀴에 재생 타이어를 사용해서는 안 된다는 규정을 1차 위반하였을 경우 과징금은?

① 각 360만원
② 각 500만원
③ 각 720만원
④ 각 1000만원

**23** 중대한 교통사고 시에 보고를 하지 않거나 거짓 보고를 해서는 안된다는 규정을 1차 위반했을 때 과태료 금액은?

① 20만원
② 30만원
③ 40만원
④ 50만원

**24** 「여객자동차운수사업법」상 운수종사자에 대한 교육의 종류가 아닌 것은?

① 신규 교육
② 보충 교육
③ 보수 교육
④ 수시 교육

---

### 제2장  도로교통법령

**25** 「도로교통법」에서 정하는 "도로"에 대한 설명으로 틀린 것은?

① 「도로법」에 따른 도로
② 「유료도로법」에 따른 유료도로
③ 「농어촌 도로정비법」에 따른 농어촌도로
④ 「사도법」에 의하여 규정된 사도

**26** 다음 중 "자동차만 다닐 수 있도록 설치된 도로"의 명칭은?

① 자동차 전용도로
② 고속 도로
③ 일반 도로
④ 고가 도로

**27** 연석선, 안전표지 그와 비슷한 인공구조물로 경계를 표시하여 보행자가 통행할 수 있도록 한 도로의 부분을 의미하는 용어는?

① 차도(車道)
② 도로(道路)
③ 횡단보도(橫斷步道)
④ 보도(步道)

**28** 보도와 차도가 구분되지 아니한 도로에서 보행자의 안전을 확보하기 위하여 안전표지 등으로 경계를 표시한 도로의 가장자리 부분의 명칭은?

① 길가장자리구역
② 갓길
③ 횡단보도
④ 보행자 전용도로

**29** 「유아교육법」에 따른 유치원, 「초 · 중등교육법」에 따른 초등학교 및 특수학교의 시설에서 사용하는 어린이통학버스를 이용하는 어린이의 연령으로 맞는 것은?

① 12세 미만의 사람
② 13세 미만의 사람
③ 14세 미만의 사람
④ 15세 미만의 사람

**30** "운전자가 차 또는 노면 전차를 즉시 정지시킬 수 있는 정도의 느린 속도로 진행하는 것"을 뜻하는 용어는?

① 정지
② 일시정지
③ 서행
④ 일단정지

**31** 차량신호등(원형등화)중 "녹색의 등화"의 의미는?

① 차마는 직진 또는 우회전할 수 있다.
② 차마는 직진 또는 좌회전을 할 수 있다.
③ 녹색 신호시 차마는 직진만 할 수 있다.
④ 적색의 등화에도 비보호좌회전을 할 수 있다.

---

**32** 차량신호등(원형등화)중 "황색의 등화"의 의미에 해당하지 않는 것은?

① 차마는 정지선이 있을 때에는 그 직전이나 교차로 직전에서 정지한다.
② 차마는 횡단보도가 있을 때에는 그 직전에 정지한다.
③ 이미 교차로에 차마의 일부라도 진입한 경우에는 신속히 교차로 밖으로 진행하여야 한다.
④ 차마는 우회전을 할 수 없다.

**33** 다음 중 교통안전표지의 종류가 아닌 것은?

① 주의표지      ② 규제표지
③ 지시표지      ④ 도로 안내표지

**34** 도로상태가 위험하거나 도로 또는 그 부근에 위험물이 있는 경우에 필요한 안전조치를 할 수 있도록 이를 도로사용자에게 알리는 표지는?

① 주의표지      ② 지시표지
③ 규제표지      ④ 노면표시

**35** 도로의 통행방법·통행구분 등 도로교통의 안전을 위하여 필요한 지시를 하는 경우에 도로사용자가 이에 따르도록 알리는 표지는?

① 주의표지      ② 규제표지
③ 지시표지      ④ 노면표시

**36** 보도와 차도가 구분된 도로에서 보행자가 통행하여야 할 통행로는?

① 보도          ② 갓길
③ 길가장자리구역  ④ 차도

**37** 차도의 우측으로 통행할 수 있는 사람 또는 행렬에 해당하지 않는 것은?

① 말, 소 등의 큰 동물을 몰고 가는 사람
② 군부대 그 밖에 이에 준하는 단체의 행렬
③ 기 또는 현수막 등을 휴대한 행렬 및 장의행렬
④ 위법한 시위 단체행렬

**38** 고속도로 편도 3차로에서 오른쪽 차로의 통행차 기준으로 틀린 것은?

① 중형 승합자동차
② 화물자동차
③ 특수자동차
④ 도로교통법 제2조제18호 나목에 따른 건설기계

**39** 고속도로 외의 도로에서 왼쪽 차로의 통행차 기준으로 틀린 것은?

① 승용자동차      ② 소형 승합자동차
③ 중형 승합자동차  ④ 이륜자동차

**40** 고속도로 버스전용차로로 통행할 수 있는 차가 아닌 것은?

① 9인승 이상 승용자동차로서 6인 이상이 승차한 차
② 9인승 이상 승합자동차로서 6인 이상이 승차한 차
③ 승용자동차 또는 12인승 이하의 승합자동차에 6인 이상이 승차한 경우
④ 10인승 이상 승용자동차로서 5인 이상이 승차한 경우

**41** 자동차가 도로를 통행할 때 최고속도에 대한 설명이 틀린 것은?

① 편도 1차로 일반도로 : 매시 60km 이내
② 편도 2차로 이상 일반도로 : 매시 80km 이내
③ 편도 2차로 이상 고속도로 : 매시 100km
④ 자동차 전용도로 : 매시 100km

**42** 편도 2차로 이상의 지정·고시한 노선 또는 구간의 고속도로의 경우, 승합자동차의 최고속도는?

① 매시 100km    ② 매시 110km
③ 매시 120km    ④ 매시 130km

**43** 다음 중 편도 2차로 이상의 모든 고속도로에서 비가 내려 노면이 젖어 있거나 눈이 20mm 미만 쌓인 경우 승합자동차가 주행하여야 할 속도는?

① 100km        ② 90km
③ 80km         ④ 70km

**44** 편도 2차로 이상 일반도로에서 눈이 20mm 미만 쌓인 경우 승용자동차가 주행하여야 할 속도는?

① 60km         ② 64km
③ 70km         ④ 74km

**45** 다음 중 자동차를 운전할 때 안전거리가 필요한 이유는?

① 앞차가 갑자기 정지할 때 그 앞차와의 충돌을 피하기 위해서
② 대향차량의 안전을 위해서
③ 주차 중인 차량의 안전을 위해서
④ 정차 중인 차량의 안전을 위해서

---

32 ④   33 ④   34 ①   35 ③   36 ①   37 ④   38 ①   39 ④   40 ④   41 ④   42 ③   43 ③   44 ②   45 ①

**46** 앞지르기 금지장소가 아닌 곳은?

① 교차로
② 터널 안
③ 다리 위
④ 버스 정류장 근처

**47** 차의 운전자가 철길 건널목을 통과하는 방법으로 잘못된 것은?

① 건널목 앞에서 일시정지한 후 안전을 확인한다.
② 신호기 등이 표시하는 신호에 따르는 경우에는 정지하지 아니하고 통과할 수 있다.
③ 건널목의 차단기가 내려지려고 한다면 서둘러 통과한다.
④ 건널목의 경보기가 울리고 있는 동안에는 그 건널목으로 들어가서는 아니 된다.

**48** 도로에 설치된 안전지대에 보행자가 있는 경우와 차로가 설치되지 아니한 좁은 도로에서 보행자의 옆을 지나는 경우의 통행방법으로 맞는 것은?

① 안전거리를 두고 서행한다.
② 안전거리를 두고 신속히 진행한다.
③ 보행자 옆을 그대로 진행한다.
④ 경음기를 울리며 진행한다.

**49** 다음 중 "자동차의 통행량이 기준보다 적은 도로의 일부 구간 및 차로를 정하여 자전거와 다른 차가 상호 안전하게 통행할 수 있도록 도로에 노면 표시로 설치한 도로"는 무엇인가?

① 자전거 전용도로
② 자전거 · 보행자겸용도로
③ 자전거 전용차로
④ 자전거 우선도로

**50** 서행하여야 할 장소가 아닌 곳은?

① 교통정리를 하고 있지 아니하는 교차로
② 도로가 구부러진 부근
③ 비탈길의 고갯마루 부근
④ 가파른 비탈길의 오르막

**51** 다음 중 주차만이 금지되는 곳은?

① 도로의 모퉁이로부터 5m 이내의 곳
② 도로공사구역의 양쪽 가장자리로부터 5m 이내의 곳
③ 횡단보도로부터 10m 이내의 곳
④ 비상소화장치가 설치된 곳으로부터 5m 이내의 곳

**52** 「도로교통법」에 규정된 긴급자동차가 아닌 것은?

① 구난차
② 구급차
③ 혈액공급차량
④ 소방차

**53** 다음 중 유치원, 초등학교 및 특수학교 시설에서 사용하는 어린이통학버스를 이용하는 어린이의 연령으로 맞는 것은?

① 12세 미만
② 13세 미만
③ 14세 미만
④ 15세 미만

**54** 어린이의 통학 등에 이용되는 자동차로 관할 경찰서장에게 신고하고 신고증명서를 교부받은 자동차를 이용할 수 있는 시설이 아닌 것은?

① 「초 · 중등교육법」에 따른 중학교
② 「영유아보육법」에 따른 어린이집
③ 「학원의 설립 · 운영 및 과외교습에 관한 법률」에 따라 설립된 학원
④ 「체육시설의 설치 · 이용에 관한 법률」에 따라 설립된 체육시설

**55** 다음 중 그 본래의 긴급한 용도로 사용되고 있는 긴급자동차가 아닌 것은?

① 경찰용 자동차 중 범죄수사 · 교통단속 등 긴급한 경찰업무수행에 사용되는 자동차
② 국군 및 주한국제연합군용 자동차 중 군 내부의 질서유지 등에 사용되는 자동차
③ 국내외 요인에 대한 경호업무수행에 공무로서 사용되는 자동차
④ 교도소 · 소년교도소 · 구치소 등의 자동차 중 일반 행정업무를 위하여 사용되는 자동차

**56** 사용하는 사람 또는 기관 등의 신청에 의하여 시 · 도경찰청장이 지정하는 긴급자동차가 아닌 것은?

① 수도사업 그 밖의 사익사업기관에서 위험방지를 위한 응급작업에 사용되는 자동차
② 민방위업무를 수행하는 기관에서 긴급예방을 위한 출동에 사용되는 자동차
③ 도로관리에 사용되는 자동차 중 도로상의 위험방지를 위한 응급작업에 사용되는 자동차
④ 우편물의 운송에 사용되는 자동차 중 긴급배달 우편물의 운송 및 전파감시업무에 사용되는 자동차

---

46 ④  47 ③  48 ①  49 ④  50 ④  51 ②  52 ①  53 ②  54 ①  55 ④  56 ①

**57** 도로교통법상 용어에 대한 설명으로 틀린 것은?

① 정차 : 운전자가 5분을 초과하여 차를 정지시키는 것으로 주차 외의 정지 상태

② 서행 : 운전자가 차를 즉시 정지시킬 수 있는 정도의 느린 속도로 진행하는 것

③ 앞지르기 : 차의 운전자가 앞서가는 다른 차의 옆을 지나서 그 차의 앞으로 나가는 것

④ 일시정지 : 차의 운전자가 그 차의 바퀴를 일시적으로 완전히 정지시키는 것

**58** 차량 및 버스신호등 녹색등화의 의미로 잘못된 것은?

① 차마는 직진 또는 우회전할 수 있다.

② 비보호 좌회전표지 또는 비보호 좌회전표시가 있는 곳에서는 좌회전할 수 있다.

③ 버스전용차로에 차마는 직진할 수 있다.

④ 차마는 다른 교통 또는 안전표지의 표시에 주의하면서 진행할 수 있다.

**59** 다음은 버스신호등의 신호의 뜻에 대한 설명이다. 틀린 것은?

① 적색의 등화 : 버스전용차로에 있는 차마는 직진할 수 있다.

② 황색의 등화 : 버스전용차로에 있는 차마는 정지선이 있거나 횡단보도가 있을 때에는 그 직전이나 교차로의 직전에 정지하여야 하며, 이미 교차로에 차마의 일부라도 진입한 경우에는 신속히 교차로 밖으로 진행하여야 한다.

③ 황색등화의 점멸 : 버스전용차로에 있는 차마는 다른 교통 또는 안전표지의 표시에 주의하면서 진행할 수 있다.

④ 적색등화의 점멸 : 버스전용차로에 있는 차마는 정지선이나 횡단보도가 있을 때에는 그 직전이나 교차로의 직전에 일시정지한 후 다른 교통에 주의하면서 진행할 수 있다.

**60** 보행자의 도로횡단에 대한 설명이다. 틀린 것은?

① 횡단보도, 지하도·육교나 그 밖의 도로 횡단시설이 설치되어 있는 도로에서는 그 곳으로 횡단하여야 한다.

② 횡단보도가 설치되어 있지 아니한 도로에서는 가장 긴 거리로 안전하게 횡단하여야 한다.

③ 모든 차의 바로 앞이나 뒤로 횡단하여서는 아니 된다.

④ 안전표지 등에 의하여 횡단이 금지되어 있는 도로의 부분에서는 그 도로를 횡단하여서는 아니 된다.

**61** 제1종 대형 운전면허로 운전할 수 있는 자동차가 아닌 것은?

① 승합자동차          ② 화물자동차

③ 덤프트럭            ④ 소형견인차

**62** 제1종 보통 운전면허로 운전할 수 없는 자동차는?

① 승차정원 15인 이하의 승합자동차

② 건설기계

③ 구난차 등을 제외한 총중량 10톤 미만의 특수차

④ 적재중량 12톤 이상의 화물자동차

**63** 차마의 운전자가 도로의 중앙이나 좌측 부분을 통행할 수 있는 경우가 아닌 것은?

① 도로가 일방통행인 경우

② 도로의 파손·도로공사나 그 밖의 장애 등으로 도로의 우측 부분을 통행할 수 없는 경우

③ 도로의 우측 부분의 폭이 3m가 되지 아니하는 도로에서 다른 차를 앞지르려는 경우

④ 도로 우측 부분의 폭이 차마의 통행에 충분하지 아니한 경우

**64** 자동차로 범죄행위를 하거나 다른 사람의 자동차를 훔친 사람이 무면허 운전위반으로 벌금 이상의 형(집행유예 포함)의 선고를 받았을 때의 운전면허 응시제한기간은 몇 년인가?

① 그 위반한 날로부터 2년

② 그 위반한 날로부터 3년

③ 그 위반한 날로부터 4년

④ 그 위반한 날로부터 5년

**65** 고속도로 외의 도로에서 차로에 따른 통행차의 기준이 잘못된 것은?

① 왼쪽 차로 : 승용차동차 및 경형·소형·중형 승합자동차

② 왼쪽 차로 : 적재중량이 1.5톤 이하인 화물자동차

③ 오른쪽 차로 : 대형 승합자동차, 화물자동차

④ 오른쪽 차로 : 특수자동차, 「건설기계관리법」 제26조 제11항 단서에 따른 건설기계, 이륜자동차, 원동기장치자전거

---

57 ①   58 ④   59 ①   60 ②   61 ④   62 ④   63 ③   64 ②   65 ②

**66** 누산점수의 관리에서 당해 위반 또는 사고가 있었던 날을 기준하여 몇 년간을 관리하는가?

① 과거 2년간      ② 과거 3년간
③ 과거 4년간      ④ 과거 5년간

**67** 고속도로 "편도 4차로"에서 차로에 따른 통행차의 기준이 잘못된 것은?

① 1차로 : 앞지르기를 하려는 승용자동차 및 경형, 소형, 중형 승합자동차
② 1차로 : 차량통행량 증가 등 부득이하게 시속 80km 미만으로 통행해야 하는 경우, 앞지르기가 아니라도 통행 가능
③ 왼쪽 차로 : 승용자동차 및 중형 승합자동차
④ 오른쪽 차로 : 화물자동차, 「건설기계관리법」 제26조 제11항 단서에 따른 건설기계, 이륜자동차, 원동기장치자전거

**68** 도주차량(뺑소니)을 검거하거나 신고하여 검거하게 한 운전자에게 부여하는 특혜점수는?

① 30점      ② 40점
③ 50점      ④ 60점

**69** 다음 중 벌점 · 누산점수 초과로 인해 면허가 취소되는 기준으로 잘못된 것은?

① 1년간 121점 이상
② 2년간 201점 이상
③ 3년간 271점 이상
④ 4년간 371점 이상

**70** 면허정지처분을 받은 사람이 교통소양교육을 마친 후에 교통참여교육을 마치고 경찰서장에게 교육확인증을 제출하면 며칠간의 추가 감경을 하는가?

① 정지처분기간에서 10일을 추가로 감경한다.
② 정지처분기간에서 20일을 추가로 감경한다.
③ 정지처분기간에서 30일을 추가로 감경한다.
④ 정지처분기간에서 40일을 추가로 감경한다.

**71** 악천후 시 최고속도의 100분의 50을 줄인 속도로 운행하여야 하는 경우가 아닌 것은?

① 폭우 · 폭설 · 안개 등으로 가시거리가 100m 이내인 경우
② 노면이 얼어붙은 경우
③ 눈이 20mm 이상 쌓인 경우
④ 비가 내려 노면이 젖어 있는 경우

**72** 자동차 등이 법정속도에서 60km/h 초과 80km/h 이하로 운행하였을 때의 벌점은?

① 벌점 30점      ② 벌점 40점
③ 벌점 50점      ④ 벌점 60점

**73** 정지처분 개별기준의 벌점으로 틀린 것은?

① 공동위험행위 또는 난폭운전으로 형사입건된 때 : 40점
② 승객의 차내 소란행위 방치운전 : 40점
③ 통행구분 위반(중앙선 침범에 한함) : 40점
④ 속도위반(40km/h 초과 60km/h 이하) : 30점

**74** 안전거리의 확보 등에 대한 설명으로 틀린 것은?

① 모든 차의 운전자는 같은 방향으로 가고 있는 앞차가 갑자기 정지하게 되는 경우 그 앞차와의 충돌을 피할 수 있는 필요한 거리를 확보하여야 한다.
② 자동차등의 운전자는 같은 방향으로 가고 있는 자전거 옆을 지날 때에는 충돌을 피할 수 있도록 거리를 확보하여야 한다.
③ 모든 차의 운전자는 차의 진로를 변경하려는 경우 그 변경하려는 방향으로 오고 있는 차의 정상적인 통행에 장애를 줄 우려가 있으면 진로변경을 하면 아니 된다.
④ 모든 차의 운전자는 위험방지를 위한 경우가 아니더라도 급제동을 할 수 있다.

**75** 자동차 등의 운전 중 교통사고를 일으킨 때 사고결과에 따른 벌점기준이 잘못된 것은?

① 사망 1명마다 : 90점(72시간 내 사망)
② 중상 1명마다 : 15점(의사진단 3주 이상)
③ 경상 1명마다 : 5점(의사진단 3주 미만 5일 이상)
④ 부상신고 1명마다 : 3점(의사진단 5일 미만)

**76** 다음 중 비탈진 좁은 도로에서 자동차가 서로 마주 보고 진행하는 경우, 누구에게 진로 양보의 의무가 있는가?

① 내려오는 자동차
② 올라가는 자동차
③ 중량이 더 큰 자동차
④ 차체가 더 긴 자동차

**77** 다음 중 앞지르거나 끼어들 수 있는 경우는?

① 앞차의 좌측에 따른 차가 앞차와 나란히 가고 있는 경우

---

66 ②   67 ④   68 ②   69 ④   70 ③   71 ④   72 ④   73 ③   74 ④   75 ④   76 ②   77 ④

② 앞차가 다른 차를 앞지르고 있거나 앞지르고자 하는 경우

③ 앞차가 경찰공무원의 지시에 따라 정지하거나 서행하고 있는 경우

④ 터널에 진입하기 전에 앞차를 앞지르고자 하는 경우

**78** 다음 중 승합자동차 운전자가 승객 또는 승하차자 추락방지조치를 위반하였을 때의 범칙금은?

① 5만원  ② 7만원
③ 10만원  ④ 13만원

**79** 돌·유리병·쇳조각이나 그 밖에 도로에 있는 사람이나 차마를 손상시킬 우려가 있는 물건을 던지거나 발사하는 행위를 하였을 때의 범칙금으로 맞는 것은?

① 7만원  ② 6만원
③ 5만원  ④ 4만원

**80** 다음 중 승합자동차 운전자가 어린이 보호구역 및 노인·장애인보호구역에서 신호 또는 지시를 따르지 않은 위반행위를 한 경우 그 차의 고용주 등에게 부과되는 과태료 금액으로 맞는 것은?

① 9만원  ② 13만원
③ 14만원  ④ 16만원

**81** 운전자의 보행자 보호 의무에 대한 설명으로 틀린 것은?

① 보행자가 횡단보도가 설치되어 있지 아니한 도로를 횡단하고 있을 때에는 서행하여 보행자가 안전하게 횡단할 수 있도록 하여야 한다.

② 교통정리를 하고 있는 교차로에서 좌회전 또는 우회전을 하려는 경우에는 신호기 또는 경찰공무원 등의 신호 또는 지시에 따라 도로를 횡단하는 보행자의 통행을 방해하여서는 아니 된다.

③ 교통정리를 하고 있지 아니하는 교차로 또는 그 부근의 도로를 횡단하는 보행자의 통행을 방해하여서는 아니 된다.

④ 도로에 설치된 안전지대에 보행자가 있는 경우와 차로가 설치되지 아니한 좁은 도로에서 보행자의 옆을 지나는 경우에는 안전한 거리를 두고 서행하여야 한다.

**82** 발광형 안전표지를 설치할 장소가 아닌 곳은?

① 안개가 잦은 곳

② 야간 교통사고가 많이 발생하거나 또는 발생가능성이 높은 곳

③ 도로의 구조로 인하여 가시거리가 충분히 확보되지 않은 곳

④ 비, 안개, 눈 등 악천후가 잦아 교통사고가 많이 발생하거나 발생 가능성이 높은 곳

**83** 다음 안전표지의 뜻은?

① 중앙선이 없다는 표지
② 도로 폭이 좁아진다는 표지
③ 도로 끝을 알리는 표지
④ 전방에 터널 있음 표지

**84** 다음 안전표지의 뜻은?

① 양 터널 표지
② 노면 고르지 못함 표지
③ 과속 방지턱 표지
④ 낙석도로 표지

**85** 다음 중 노면표시 색채의 기준에서 전용 차로 및 노면 전차 전용로를 표시하는 색채는?

① 황색  ② 청색
③ 적색  ④ 백색

---

**제3장   교통사고처리특례법령**

**86** 차의 교통으로 인한 사고가 발생하여 운전자를 형사처벌하여야 하는 경우 적용하는 법은?

① 「교통사고처리특례법」
② 「도로교통법」
③ 「특정범죄가중처벌등에 관한 법률」
④ 「과실 재물손괴죄」

**87** 업무상 과실 또는 중대한 과실로 인하여 사람을 사상에 이르게 한 자의 형벌은?

① 5년 이하의 금고 또는 2천만원 이하의 벌금에 처한다.

② 5년 이하의 징역 또는 1천만원 이하의 벌금에 처한다.

③ 2년 이하의 금고나 500만원 이하의 벌금에 처한다.

④ 2년 이상의 징역이나 500만원 이상의 벌금에 처한다.

---

78 ②  79 ③  80 ③  81 ①  82 ④  83 ②  84 ②  85 ②  **제3장**  86 ①  87 ①

**88** "차의 교통으로 인하여 사람을 사상하거나 물건을 손괴하는 것"을 뜻하는 「교통사고처리특례법」상의 용어는?

① 안전사고　　② 교통사고
③ 전도사고　　④ 추락사고

**89** 자동차종합보험에 가입한 교통사고 운전자가 형사처벌 대상이 되는 경우가 아닌 것은?

① 신호 · 지시위반, 과속(20km/h 초과) 사고
② 일반도로에서의 횡단, 유턴, 후진 중 사고
③ 무면허운전, 주취 · 약물복용 운전 중 사고
④ 중앙선침범, 보도침범 위반 사고

**90** 다음 중 교통사고 인명피해가 발생하였을 때의 중상해의 범위에 해당하지 않는 것은?

① 생명 유지에 불가결한 뇌 또는 주요 장기의 중대한 손상이 발생한 경우
② 사지절단 등 신체 중요부분의 상실 · 중대 변형이 있는 경우
③ 시각 · 청각 · 언어 · 생식기능 등 중요한 신체기능의 일시적 상실의 경우
④ 사고 후유증으로 중증의 정신장애 · 하반신 마비 등의 완치 가능성이 없거나 희박한 중대질병이 발생한 경우

**91** 다음 중 사고운전자가 피해자를 사망에 이르게 하고 도주하거나, 도주 후에 피해자가 사망한 경우의 벌칙은?

① 무기 또는 5년 이상의 징역
② 사형 · 무기 또는 5년 이상의 징역
③ 3년 이상의 유기징역
④ 1년 이상의 유기징역

**92** 사고운전자가 피해자를 사고 장소로부터 옮겨 유기하여 피해자를 사망에 이르게 하고 도주하거나 도주 후에 사망한 경우 벌칙은?

① 사형 · 무기 또는 5년 이상의 징역
② 무기 또는 5년 이상의 징역
③ 3년 이상의 유기징역
④ 1년 이상의 유기징역

**93** 다음 중 사망사고의 정의에 해당하지 않는 것은?

① 교통안전법시행령은 교통사고가 주된 원인이 되어 사고 발생시부터 30일 내 사망을 말한다.

② 교통사고 발생 후 72시간 내 사망하면 벌점 90점이 부과된다.
③ 72시간 이후 사망은 사망으로 인정하지 않는다.
④ 사망사고는 그 피해의 중대성과 심각성으로 말미암아 사고차량이 보험이나 공제에 가입되어 있더라도 형사처벌한다.

**94** 다음 중 교통사고로 인한 사망사고가 성립되지 않는 경우는?

① 교통사고처리특례법상 모든 장소에서 발생한 사고
② 운전자로서 요구되는 주의의무를 소홀히 한 과실로 인한 사고
③ 운행 중인 차에 피해자가 충격되어 사망한 경우
④ 운행목적이 아닌 작업과실로 피해자가 사망한 경우

**95** 다음 중 도주(뺑소니)에 해당되지 않는 경우는?

① 피해자를 사고현장에 방치한 채 가버린 경우
② 피해자 일행의 구타 · 폭언 · 폭행이 두려워 이탈한 경우
③ 현장에 도착한 경찰관에게 거짓으로 진술한 경우
④ 사고 운전자를 바꿔치기 하여 신고한 경우

**96** 신호 · 지시위반 사고의 성립요건에 해당하지 않는 것은?

① 장소적 요건 : 경찰공무원 등의 수신호 지역에서 발생한 사고
② 피해자 요건 : 신호 · 지시위반 차량에 충돌되어 인적피해를 입은 경우
③ 운전자 과실 : 불가항력적 또는 만부득이한 과실로 인한 사고
④ 시설물설치 요건 : 권한이 있는 관할관청의 장이 설치한 신호기나 교통안전표지를 위반한 경우

**97** 속도에 대한 정의에서 정지시간을 제외한 실제 주행거리의 평균 주행속도를 뜻하는 용어는?

① 규제속도
② 설계속도
③ 주행속도
④ 구간속도

---

**88** ②　**89** ②　**90** ③　**91** ①　**92** ①　**93** ③　**94** ④　**95** ②　**96** ③　**97** ③

**98** 2차로 이상 고속도로에서 비가 내려 노면이 젖어 있을 때 승합자동차가 감속 주행할 속도는?

① 56km/h  ② 64km/h

③ 72km/h  ④ 80km/h

**99** 승합자동차 운전자가 「도로법」에 따른 도로 등에서 규제속도를 위반하였을 경우 행정처분으로 틀린 것은?

① 60km/h 초과 80km/h 이하 : 범칙금 13만원, 벌점 60점

② 40km/h 초과 60km/h 이하 : 범칙금 10만원, 벌점 30점

③ 20km/h 초과 40km/h 이하 : 범칙금 7만원, 벌점 15점

④ 20km/h 이하 : 범칙금 3만원, 벌점 10점

**100** 앞지르기 방법 · 금지 위반 사고의 성립요건에 해당하지 않는 것은?

① 장소적 요건 : 앞지르기 금지 장소에서 발생한 사고

② 피해자 요건 : 앞지르기 방법 · 금지 위반 차량에 충돌되어 대물피해만 입은 경우

③ 운전자 과실 : 앞차의 우측으로 앞지르다 발생한 사고

④ 시설물설치 요건 : 시 · 도경찰청장이 설치한 앞지르기 금지 표지가 설치된 장소에서의 사고

**101** 승합자동차의 앞지르기 방법 · 금지위반 사고에 따른 행정처분으로 잘못된 것은?

① 앞지르기 방법위반 : 범칙금 7만원, 벌점 10점

② 앞지르기 금지시기위반 : 범칙금 7만원, 벌점 15점

③ 앞지르기 장소위반 : 범칙금 7만원, 벌점 15점

④ 앞지르기 방해금지위반 : 범칙금 5만원, 벌점10점

**102** 철길 건널목의 종류에 대한 설명이 틀린 것은?

① 제1종 건널목 : 차단기, 건널목경보기, 안전표지 설치

② 제2종 건널목 : 건널목경보기, 안전표지 설치

③ 제3종 건널목 : 안전표지 설치

④ 특종 건널목 : 차단기 등 모든 장치 설치

**103** 철길 건널목 통과방법위반 사고의 성립요건에 대한 설명이 틀린 것은?

① 장소적 요건 : 철길 건널목에서 발생한 사고

② 피해자 요건 : 철길 건널목 통과방법 위반 사고로 인적피해를 입은 경우

③ 운전자 과실 : 철길 건널목 통과방법 위반 과실

④ 운전자 과실 : 철길 건널목 신호기 · 경보기 등의 고장으로 일어난 사고

**104** 다음 중 횡단보도 보행자로 인정되지 않는 경우는?

① 횡단보도 내에서 택시를 잡고 있는 사람

② 횡단보도를 걸어가는 사람

③ 세발자전거를 타고 횡단보도를 건너는 어린이

④ 손수레를 끌고 횡단보도를 건너는 사람

**105** 다음 중 횡단보도 보행자로 인정되는 경우는?

① 횡단보도에서 원동기장치자전거나 자전거를 타고 가는 사람

② 횡단보도에서 원동기장치자전거나 자전거를 끌고 가는 사람

③ 횡단보도 내에서 교통정리를 하고 있는 사람

④ 보도에 서 있다가 횡단보도 내로 넘어진 사람

**106** 횡단보도 노면표시가 있으나 횡단보도 표지판이 설치되지 않은 경우와 횡단보도 노면표시가 포장공사로 반은 지워졌으나 반이 남아 있는 경우에 대하여 옳은 설명은?

① 횡단보도로 인정

② 횡단보도로 불인정

③ 횡단보도로 기능 상실

④ 횡단보도로 일부 인정

**107** 보행자 보호의무위반 사고의 성립요건에 해당하지 않는 것은?

① 장소적 요건 : 보행신호가 적색등화일 때의 횡단보도에서의 사고

② 피해자 요건 : 횡단보도를 건너고 있는 보행자가 충돌되어 인적피해를 입은 경우

③ 운전자 과실 : 횡단보도 전에 정지한 차량을 추돌하여 차량이 밀려나가 보행자를 추돌한 경우

④ 시설물 설치요건 : 시 · 도경찰청장이 설치한 횡단보도에서 사고가 발생한 경우

---

98 ④  99 ④  100 ②  101 ④  102 ④  103 ④  104 ①  105 ②  106 ①  107 ①

**108** 다음 중 무면허운전에 해당하지 않는 경우는?

① 운전면허 취소사유가 발생한 상태이지만 취소처분 통지를 받기 전에 운전하는 경우
② 운전면허 취소처분을 받은 후에 운전하는 행위
③ 운전면허 정지기간 중에 운전하는 행위
④ 제2종 운전면허로 제1종 운전면허를 필요로 하는 자동차를 운전하는 경우

**109** 음주운전으로 처벌할 수 있는 경우가 아닌 것은?

① 공장, 관공서, 학교, 사기업 등의 정문 안쪽 통행로
② 차단기에 의해 도로와 차단되고 별도로 관리되는 통행로
③ 술을 마시고 주차장에서 운전
④ 혈중알코올농도 0.03% 미만에서 음주운전

**110** 다음 중 승객추락방지의무를 위반한 경우가 아닌 것은?

① 문을 연 상태에서 출발하여 타고 있는 승객이 추락한 경우
② 승객이 타거나 내리고 있을 때 갑자기 문을 닫아 문에 충격된 승객이 추락한 경우
③ 버스 운전자가 개폐 안전장치가 고장난 상태에서 운행 중에 승객이 내리고 있을 때 출발하여 승객이 추락한 경우
④ 운전자가 사고 방지를 위해 취한 급제동으로 승객이 차밖으로 추락한 경우

**111** 3명 이상이 사망(교통사고 발생일부터 30일 이내에 사망)하거나 20명 이상의 사상자가 발생한 사고를 무엇이라 하는가?

① 교통사고
② 대형사고
③ 안전사고
④ 부상사고

**112** 사람을 사망하게 하거나 다치게 한 교통사고 처리에 있어 피해자와 손해배상 합의기간은?

① 1주간
② 2주간
③ 3주간
④ 4주간

## 제4장   주요 교통사고 유형

**113** 같은 방향으로 가고 있는 앞차가 갑자기 정지하게 되는 경우 그 앞차와의 추돌을 피할 수 있는 필요한 거리로 정지거리보다 약간 긴 정도의 거리를 무엇이라 하는가?

① 안전거리　　　　② 정지거리
③ 공주거리　　　　④ 제동거리

**114** 용어에 대한 설명이 틀린 것은?

① 정지거리 : 공주거리와 제동거리를 합한 거리
② 공주거리 : 운전자가 위험을 느끼고 브레이크를 밟았을 때 자동차가 제동되기 전까지 주행한 거리
③ 제동거리 : 차가 제동되기 시작하여 정지될 때까지 주행한 거리
④ 안전거리 : 공주거리에서 제동거리를 뺀 거리

**115** 안전거리 미확보 사고의 성립요건에 해당하지 않는 것은?

① 앞차의 정당한 급정지
② 앞차의 고의적인 급정지
③ 앞차의 상당성 있는 급정지
④ 앞차의 과실 있는 급정지

**116** 다음 중 고속도로에서 승합자동차가 안전거리 미확보 사고를 일으켰을 때의 행정처분 기준은?

① 범칙금 10만 원, 벌점 30점
② 범칙금 7만 원, 벌점 15점
③ 범칙금 5만 원, 벌점 10점
④ 범칙금 3만 원, 벌점 5점

**117** 고속도로에서의 차로에 대한 설명이 잘못된 것은?

① 주행차로 : 고속도로에서 주행할 때 통행하는 차로
② 가속차로 : 주행차로에 진입하기 위해 속도를 높이는 차로
③ 감속차로 : 주행차로를 벗어나 고속도로에서 빠져나가기 위해 감속하기 위한 차로
④ 오르막차로 : 내리막 구간에서 저속자동차와 다른 자동차를 분리하여 통행시키기 위한 차로

**118** 진로 변경(급차로 변경) 사고의 성립요건에 대한 설명 중 예외사항에 해당되는 것은?

① 장소적 요건 : 도로에서 발생한 사고

---

108 ①　　109 ④　　110 ④　　111 ②　　112 ②　　**제4장**　113 ①　　114 ④　　115 ②　　116 ③　　117 ④　　118 ②

② 피해자 요건 : 차로 변경 후 상당 구간 진행 중인 차량을 뒤차가 추돌한 경우

③ 피해자 요건 : 옆 차로에서 진행 중인 차량이 갑자기 차로를 변경하여 불가항력적으로 충돌한 경우

④ 운전자 과실 : 사고 차량이 차로를 변경하면서 변경방향 차로 후방에서 진행하는 차량의 진로를 방해한 경우

**119** 후진사고의 성립요건 중 예외사항에 해당되는 것은?

① 장소적 요건 : 도로에서 발생한 사고

② 피해자 요건 : 후진하는 차량에 충돌되어 피해를 입은 경우

③ 운전자 과실 : 교통 혼잡으로 인해 후진이 금지된 곳에서 후진하는 경우

④ 운전자 과실 : 뒷차의 전방주시나 안전거리 미확보로 앞차를 추돌하는 경우

**120** 골목길 · 주차장 등에서 주의를 기울이지 않은 채 후진하여 다른 보행자나 차량을 충돌한 경우, 무엇을 위반한 사고에 해당하는가?

① 안전운전 불이행          ② 후진 위반
③ 통행구분 위반            ④ 앞지르기 위반

**121** 대로상에서 뒤에 있는 일정한 장소나 다른 길로 진입하기 위해 상당한 구간을 계속 후진하다가 정상 진행중인 차량과 충돌한 경우, 무엇을 위반한 사고에 해당되는가?

① 안전운행 불이행          ② 앞지르기 위반
③ 후진 위반                ④ 통행구분 위반

**122** 뒷차가 교차로에서 앞차의 측면을 통과한 후 앞차의 그 앞으로 들어가는 도중에 발생한 사고의 유형은?

① 앞지르기 금지 사고
② 안전운전 위반 사고
③ 진로변경 위반 사고
④ 교차로 통행방법 사고

**123** 교차로 통행방법위반 사고의 성립요건 중 예외사항에 해당되는 것은?

① 장소적 요건 : 2개 이상의 도로가 교차하는 장소

② 피해자 요건 : 신호위반 차량에 충돌되어 피해를 입은 경우

③ 운전자 과실 : 교차로에서 통행방법을 위반한 과실

④ 운전자 과실 : 안전운전 불이행한 과실

**124** 교차로 통행방법위반 사고시 "앞차가 너무 넓게 우회전하여 앞 · 뒤가 아닌 좌 · 우 차의 개념으로 보는 상태에서 충돌한 경우"의 가해자는?

① 앞차가 가해자
② 뒤차가 가해자
③ 옆차가 가해자
④ 가해자가 없다

**125** 교차로 통행방법위반 사고 시 "앞차가 일부 간격을 두고 우회전 중인 상태에서 뒷차가 무리하게 끼어들며 진행하여 충돌한 경우" 가해자는?

① 앞차가 가해자
② 뒷차가 가해자
③ 직진 중인 차가 가해자
④ 앞, 뒤차 쌍방과실

**126** 신호등 없는 교차로 진입 전 일시정지 또는 서행하였으나, 교차로 앞 · 좌 · 우 교통상황을 확인하지 않아 사고가 발생했을 때 가해자 판독 방법에 해당되지 않는 것은?

① 충돌 직전에 상대 차량을 보았다고 진술한 경우

② 교차로에 진입할 때 상대 차량을 보지 못했다고 진술한 경우

③ 가해 차량이 정면으로 상대 차량 측면을 충돌한 경우

④ 통행 우선 순위가 같은 상태에서 우측 도로에서 진입한 차량과 충돌한 경우

**127** 신호등 없는 교차로에 진입할 때 통행우선권을 이행하지 않아 사고가 발생하였을 경우 가해자 판독 방법에 해당되지 않는 것은?

① 교차로에 진입할 때 상대 차량을 보지 못했다고 진술한 경우

② 통행 우선 순위가 같은 상태에서 우측 도로에서 진입한 차량과 충돌한 경우

③ 교차로에 동시에 진입한 상태에서 폭이 넓은 도로에서 진입한 차량과 충돌한 경우

④ 교차로에 진입하여 좌회전하는 상태에서 직진 또는 우회전 차량과 충돌한 경우

---

119 ④   120 ①   121 ④   122 ①   123 ②   124 ①   125 ②   126 ④   127 ①

**128** 신호등 없는 교차로 사고의 성립요건 중 예외사항인 것은?

① 장소적 요건 : 신호기가 설치되어 있는 교차로 또는 사실상 교차로로 볼 수 없는 장소

② 피해자 요건 : 후진입한 차량과 충돌하여 피해를 입은 경우

③ 운전자 과실 : 선진입 차량에게 진로를 양보하지 않는 경우

④ 시설물 설치요건 : 시 · 도경찰청장이 설치한 안전표지가 있는 경우

**129** 서행하여야 할 장소가 아닌 곳은?

① 도로가 구부러진 부근

② 비탈길 고갯마루 부근

③ 가파른 비탈길 내리막

④ 철길 건널목

**130** 다음 중 일시정지하여야 할 경우가 아닌 것은?

① 보도와 차도가 구분된 도로에서 도로 외의 곳을 출입하거나, 보도를 횡단하기 직전

② 교통정리가 행하여지고 있지 아니하는 교차로를 진입할 때교차하는 도로의 폭이 넓은 경우

③ 어린이가 보호자 없이 도로를 횡단하는 때

④ 교통정리가 없고 좌 · 우를 확인할 수 없거나 교통이 빈번한 교차로

**131** 서행 · 일시정지 위반사고의 성립요건 중 예외사항에 해당되는 것은?

① 장소적 요건 : 도로에서 발생한 사고

② 피해자 요건 : 일시정지 표지판이 설치된 곳에서 치상피해를 입은 경우

③ 운전자 과실 : 서행 · 일시정지 의무가 있는 곳에서 이를 위반한 경우

④ 시설물 설치요건 : 안전표지 중 규제표지인 서행표지나 노면표시인 서행표시가 설치된 경우

**132** 안전운전과 난폭운전과의 차이에 대한 설명으로 틀린 것은?

① 안전운전 : 모든 장치를 정확히 조작하여 운전하는 경우

② 안전운전 : 도로의 교통상황과 차의 구조 및 성능에 따라 다른 사람에게 위험이나 장애를 주지 않는 속도나 방법으로 운전하는 경우

③ 난폭운전 : 고의나 인식할 수 있는 과실로 타인에게 현저한 위해를 초래하는 운전을 하는 경우

④ 난폭운전 : 지선도로에서 간선도로로 진입할 때 일시정지한 후 안전하게 진입하는 경우

**133** 안전운전 불이행 사고의 성립요건이 아닌 것은?

① 장소적 요건 : 도로에서 발생한 사고

② 피해자 요건 : 차량 정비 중 안전 부주의로 피해를 입은 경우

③ 운전자 과실 : 타인에게 위해를 준 난폭운전을 한 경우

④ 운전자 과실 : 전 · 후 · 좌 · 우 주시가 태만한 경우

**134** 노인보호구역에서 자동차에 싣고 가던 화물이 떨어져 노인을 다치게 하여 2주 진단의 상해를 발생시킨 경우 「교통사고처리특례법」 상 처벌로 맞는 것은?

① 피해자의 처벌의사에 관계없이 형사처벌 된다.

② 피해자와 합의하면 처벌되지 않는다.

③ 손해를 전액 보상받을 수 있는 보험에 가입되어 있으면 처벌되지 않는다.

④ 손해를 전액 보상받을 수 있는 보험에 가입되어 있으면 기소되지 않는다.

## 제1장   자동차 관리

### 제1절  목적 및 정의

**1 일상점검**

(1) **일상점검의 정의** : 자동차를 운행하는 사람이 매일 자동차를 운행하기 전에 점검하는 것

(2) **주의사항**

① 경사가 없는 **평탄한 장소**에서 점검한다.

② 변속레버는 P(주차)에 위치시킨 후 주차 브레이크를 당겨 놓는다.

③ 엔진 시동 상태에서 점검해야 할 사항이 아니면 **엔진 시동**을 끄고 한다.

④ 점검은 환기가 잘 되는 장소에서 실시한다.

⑤ 엔진을 점검할 때에는 반드시 **엔진**을 끄고, 식은 다음에 실시한다(화상 예방).

⑥ **연료장치**나 배터리 부근에서는 불꽃을 멀리한다(화재 예방).

⑦ 배터리, 전기 배선을 만질 때에는 미리 배터리의 ⊖ **단자**를 분리한다(감전 예방).

**2 일상점검 항목 및 내용**

| 점 검 항 목 | | 점 검 내 용 |
|---|---|---|
| 엔진룸<br>내부 | 엔진 | • 엔진오일, 냉각수가 충분한가?<br>• 누수, 누유는 없는가?<br>• 구동벨트의 장력은 적당하고, 손상된 곳은 없는가? |
| | 변속기 | • 변속기 오일량은 적당한가?<br>• 누유는 없는가? |
| | 기타 | • 클러치액, 워셔액 등은 충분한가?<br>• 누유는 없는가? |
| 차의<br>외관 | 완충스프링 | • 스프링 연결부위의 손상 또는 균열은 없는가? |
| | 바퀴 | • 타이어의 공기압은 적당한가?<br>• 타이어의 이상마모 또는 손상은 없는가?<br>• 휠 볼트 및 너트의 조임은 충분하고 손상은 없는가? |
| | 램프 | • 점등이 되고, 파손되지 않았는가? |
| | 등록번호판 | • 번호판이 파손되지 않았는가?<br>• 번호판 식별이 가능한가? |
| | 배기가스 | • 배기가스의 색깔은 깨끗한가? |

| | 점검항목 | 점검내용 |
|---|---|---|
| 운전석 | 핸들 | • 흔들림이나 유동은 없는가? |
| | 브레이크 | • 페달의 자유 간극과 잔류 간극이 적당한가?<br>• 브레이크의 작동이 양호한가?<br>• 주차 브레이크의 작동은 되는가? |
| | 변속기 | • 클러치의 자유 간극은 적당한가?<br>• 변속레버의 조작이 용이한가?<br>• 심한 진동은 없는가? |

| 점검항목 | | 점검내용 |
|---|---|---|
| 운전석 | 후사경 | • 비침 상태가 양호한가? |
| | 경음기 | • 작동이 양호한가? |
| | 와이퍼 | • 작동이 양호한가? |
| | 각종계기 | • 작동이 양호한가? |

## 3 운행 전 점검사항

### (1) 운전석에서 점검

① 연료 게이지량

② 에어압력 게이지 상태

③ 브레이크 페달 유격 및 작동상태

④ 와이퍼 작동상태

⑤ 후사경 각도, 경음기 작동상태, 계기 점등상태

⑥ 스티어링 휠(핸들) 및 운전석 조정

### (2) 엔진점검

① 엔진오일 양은 적당하며 불순물은 없는지?

② 냉각수의 양은 적당하며 색이 변하지는 않았는가?

③ 각종 벨트의 장력은 적당하며 손상된 곳은 없는가?

### (3) 외관점검

① 유리는 깨끗하며 깨진 곳은 없는가?

② 타이어의 공기압력 마모 상태는 적절한가?

③ 후사경의 위치는 바르며 깨끗한가?

④ 차체에 먼지나 외관상 바람직하지 않은 것은 없는가?

⑤ 반사기 및 번호판의 오염, 손상은 없는가?

⑥ 휠 너트의 조임 상태는 양호한가?

⑦ 파워스티어링 오일 및 브레이크액의 양과 상태는 양호한가?

⑧ 차체에서 오일이나 연료, 냉각수 등이 누출되는 곳은 없으며 라디에이터 캡과 연료탱크 캡은 이상 없이 채워져 있는가?

⑨ 각종 등화는 이상 없이 잘 작동되는가?

## 4 운행 중 점검사항

### (1) 출발 전 확인사항

① 각종 계기장치 및 등화장치는 정상 작동인가?

② 브레이크, 엑셀레이터 페달 작동은 이상이 없는가?

③ 공기 압력은 충분하며 잘 충전되고 있는가?

④ 후사경의 위치와 각도는 적절한가?

### (2) 운행 중 유의사항

① 조향장치는 부드럽게 작동되고 있는가?

② 제동장치는 잘 작동되며, 한 쪽으로 쏠리지는 않는가?

③ 각종 계기장치는 정상위치를 가리키고 있는가?

④ 각종 신호등은 정상적으로 작동하고 있는가?

⑤ 클러치 작동은 원활하며 동력전달에 이상은 없는가?

⑥ 엔진소리에 이상음이 발생하지는 않는가?

⑦ 차내에서 이상한 냄새가 나지는 않는가?

## 5 운행 후 점검사항

### (1) 외관점검

① 차체에 굴곡이나 손상된 곳 또는 부품이 없어진 곳은 없는가?

② 후드(보닛)의 고리가 빠지지는 않았는가?

### (2) 엔진점검

① 냉각수, 엔진오일의 이상소모 또는 새는 곳은 없는가?

② 배터리액이 넘쳐 흐르지는 않았는가?

③ 배선이 흐트러지거나, 빠지거나 잘못된 곳은 없는가?

### (3) 하체점검

① 타이어는 정상으로 마모되고 있는가?

② 볼트, 너트가 풀린 곳은 없는가?

③ 조향장치, 현가장치의 나사 풀림은 없는가?

④ 휠 너트가 빠져 없거나 풀리지는 않았는가?

⑤ 에어가 누설되는 곳은 없는가?

⑥ 각종 액체가 새는 곳은 없는가?

## 제2절 주행 전·후 안전수칙

## 1 운행 전 안전수칙

### (1) 안전벨트의 착용

① 가까운 거리라도 안전벨트를 착용한다 : 급정지, 급출발, 교통사고 발생 시 신체에 발생할 수 있는 상해를 예방한다.

② 안전벨트는 꼬이지 않도록 하여 착용한다 : 정상적인 작동을 통해 신체보호 효과가 감소하는 것을 방지한다.

③ 허리부위 안전벨트는 골반 위치에 착용한다 : 안전벨트를 복부에 착용하면 충돌할 때 강한 복부 압력으로 장파열 등 신체에 위해를 가할 수 있다.

## (2) 운전에 방해되는 물건 제거

① 운전석 주변은 항상 깨끗이 유지한다 : 깡통 등이 페달 밑으로 들어가면 페달 조작이 불가능하게 된다.

② 바닥 매트는 페달의 조작을 방해하지 않도록 바닥에 고정되는 제품을 사용한다.

## (3) 올바른 운전자세

① 운전자 몸의 중심이 핸들 중심과 정면으로 일치되도록 한다.

② 브레이크 페달, 클러치 페달은 끝까지 밟았을 때 무릎이 약간 굽혀지도록 한다.

③ 머리지지대의 높이가 조절되는 차량인 경우에는 운전자의 귀 상단 또는 눈의 높이가 머리지지대(헤드레스트) 중심에 올 수 있도록 조정한다.

## (4) 좌석, 핸들, 후사경 조정

① 좌석은 출발 전에 조정하고, 주행 중에는 절대로 조작하지 않는다.

② 백미러(사이드 미러)를 조정하여 충분한 시계를 확보한다.

③ 높이를 조절할 수 있는 핸들은 반드시 출발 전에 신체에 맞게 조절한다.

④ 모든 게이지 및 경고등을 확인한다.

⑤ 주차 브레이크를 해제하여 경고등이 소등되는지 점검한다.

## (5) 일상점검의 생활화

① 자동차 주위에 사람이나 물건 등이 없는지 확인한다.

② 타이어와 노면과의 접지상태를 확인한다.

③ 타이어의 적정공기압을 유지한다.

④ 예비타이어의 공기압도 수시로 점검한다.

⑤ 자동차 하부의 누유, 누수 등을 점검한다.

⑥ 자동차 외관의 이상 유무를 확인한다.

## (6) 인화성 · 폭발성 물질의 차내 방치 금지

① 여름철과 같이 차 안의 온도가 급상승하는 경우에는 인화성 · 폭발성 물질이 폭발할 수 있다.

② 소화기를 비치하여 화재가 발생한 경우 초기에 진화하도록 한다.

> 🚌 **소화기 사용방법**
> ① 바람을 등지고 소화기의 안전핀을 제거한다.
> ② 소화기 노즐을 화재 발생장소로 향하게 한다.
> ③ 소화기 손잡이를 움켜쥐고 빗자루로 쓸듯이 방사한다.

**2** 운행 중 안전수칙

(1) 음주 · 과로한 상태에서의 운전 금지

    ① 적당한 휴식을 취하지 않고 계속 운전하면 졸음운전을 한다.

    ② 장시간 운전을 하는 경우에는 2시간마다 휴식을 취하도록 한다.

    ③ 음주는 운전자의 판단, 시력과 근육 조절을 저하시킨다.

(2) 창문 밖으로 손이나 얼굴 등을 내밀지 않도록 주의한다.

(3) 주행 중에는 엔진 정지 금물 : 주행 중에 시동 스위치를 끄는 경우에는 브레이크의 성능저하 및 핸들 조작이 힘들어지게 된다.

(4) 도어 개방상태에서의 운행 금지 또는 다리 위 돌풍에 주의

(5) 높이 제한이 있는 도로를 주행할 때에는 차량의 높이에 주의

**3** 운행 후 안전수칙

(1) 차에서 내리거나 후진할 때에는 차 밖의 안전을 확인

    차에서 내릴 때에는 차 밖의 주위 상황을 확인하고 도어를 연다. 또한 차를 후진할 때에는 후사경에만 의존하지 말고 직접 후방을 확인한다.

(2) 주 · 정차하거나 워밍업을 할 경우 등에는 배기관 주변 확인

    ① 주 · 정차 또는 워밍업을 할 경우에는 배기관 주변에 연소되기 쉬운 것(마른 낙엽, 지푸라기, 종이, 오일, 타이어 등)이 있는지 확인한다.

    ② 차 뒷부분이 벽 등에 닿은 상태에서 장시간 워밍업이나 고속 공회전을 하면 배기가스의 열에 의해 벽 등이 변색되거나 화재의 위험이 발생한다.

(3) 밀폐된 공간에서의 워밍업 또는 자동차 점검 금지

    ① 밀폐된 공간에서 시동을 걸어 놓으면 배기가스가 차 안으로 유입되어 위험하다.

    ② 워밍업 중에 엔진을 고속으로 회전시키면 연료 소모량이 증가할 뿐만 아니라 배기관을 통해 고온의 배기가스가 나온다.

(4) 주차할 때의 주의사항

    주차할 때에는 반드시 주차 브레이크를 작동시키며 오르막길에서는 1단, 내리막길에서는 R(후진)로 놓고 바퀴에 고임목을 설치한다.

**제3절** 자동차 관리 요령

**1** 터보차저

    ① 터보차저(배기 터빈 과급기)는 고속 회전운동(수만 rpm 이상)을 하는 부품으로 회전부의 원활한 윤활과 터보차저에 이물질이 들어가지 않도록 하는 것이 중요하다.

    ② 시동 전 오일량을 확인하고 시동 후 오일압력이 정상적으로 상승되는지 확인한다.

③ 초기 시동 시 냉각된 엔진이 따뜻해질 때까지 3~10분 정도 공회전을 시켜 주어 엔진이 정상적으로 가동할 수 있도록 운행 전 **예비회전**을 시켜준다.

④ 터보차저는 운행 중 **고온 상태**이므로 급속한 엔진 정지로 인한 열방출이 안 되기 때문에 **터보차저 베어링부의 소착** 등이 발생될 수 있으므로 **충분한 공회전**을 실시하여 터보차저의 온도를 식힌 후 엔진을 끄도록 한다.

⑤ 공회전 또는 워밍업 시의 **무부하** 상태에서 급가속을 하는 것도 터보차저 각부의 **손상**을 가져올 수 있으므로 이를 삼간다.

> 🚌 **터보차저 장착차 점검요령**
> ① 터보차저의 고장은 대부분 윤활유 공급 부족, 엔진 오일 오염, 이물질 유입으로 인한 압축기 날개 손상 등에 의해 발생한다.
> ② 점검을 위하여 에어클리너 엘리먼트를 장착치 않고 고속 회전시키는 것을 삼가야 하며, 압축기 날개 손상의 원인이 된다.

## 2 세차시기

① 겨울철에 **동결방지제(염화칼슘 등)**를 뿌린 도로를 **주행**하였을 경우
② 해안지대를 주행하였을 경우
③ **진흙 및 먼지** 등이 현저하게 붙어 있는 경우
④ 옥외에서 **장시간 주차**하였을 경우
⑤ 매연이나 분진, 철분 등이 묻어 있는 경우
⑥ 타르, 모래, 콘크리트 가루 등이 묻어 있는 경우
⑦ 새의 배설물, 벌레 등이 붙어 있는 경우

## 3 세차할 때의 주의사항

**(1) 세차할 때에 엔진룸은 에어를 이용하여 세척한다.**
엔진룸에 있는 전기장치들의 배선에 수분이 침투할 경우에는 엔진 제어장치의 오류가 발생할 수 있다.

**(2) 겨울철에 세차하는 경우에는 물기를 완전히 제거한다.**
키 홀이나 고무 부품들이 동결로 인하여 도어가 작동하지 않을 수 있다.

**(3) 기름 또는 왁스가 묻어 있는 걸레로 전면유리를 닦지 않는다.**
기름 또는 왁스가 묻어 있는 걸레로 닦으면 야간에 빛이 반사되어 앞이 잘 보이지 않게 된다.

## 4 외장 손질

① 자동차 표면에 녹이 발생하거나, 부식되는 것을 방지하도록 깨끗이 세척한다.
② 소금, 먼지, 진흙 또는 다른 **이물질**이 **퇴적**되지 않도록 깨끗이 제거한다.
③ 자동차의 더러움이 심할 때에는 고무 제품의 변색을 예방하기 위해 가정용 중성세제 대신에 **자동차 전용 세척제**를 사용한다.
④ 범퍼나 차량 외부의 합성수지 부품이 더러워졌을 때에는 딱딱한 브러시나 수세미 대신에 **부드러운 브러시나 스펀지**를 사용하여 닦아낸다.

⑤ 차량 외부의 합성수지 부품에 엔진 오일, 방향제 등이 묻으면 **변색**이나 **얼룩**이 발생하므로 즉시 깨끗이 닦아 낸다.

⑥ 차체의 먼지나 오물을 마른 걸레로 닦아내면 표면에 자국이 발생한다.

⑦ 차체 표면에 깊이 파인 자국이나 돌멩이 자국 등으로 노출된 금속 표면은 빨리 녹슬어 차의 표면을 크게 손상시킬 수 있다.

## 5 내장 손질

① 자동차 내장을 아세톤, 에나멜 및 표백제 등으로 세척할 경우에는 **변색**되거나 손상이 발생할 수 있다.

② 액상 방향제가 유출되어 계기판 부위나 인스트루먼트 패널 및 공기통풍구에 묻으면 액상 **방향제**의 고유 성분으로 인해 손상될 수 있다.

③ 실내등을 청소할 때에는 실내등이 꺼져있는지 확인하여 **화상**이나 **전기충격**을 받지 않도록 한다.

## 제4절 압축천연가스(CNG) 자동차

## 1 CNG 연료의 특징(메탄($CH_4$)이 주성분임)

① 천연가스는 메탄($CH_4$)을 주성분으로 하는 탄소량이 가장 작고, 상온에서는 기체인 탄화 수소계 연료이다.

② 약간의 에탄 등의 경질 파라핀계 탄화수소(탄소와 수소의 화합물을 총칭함)를 함유하고 있다.

③ 천연가스를 액화한 것을 LNG라고 하며, 우리나라의 경우 천연가스전이 없기 때문에 소비되는 가스 전량을 외국의 수입에 의존하고 있는 실정이다(탄화수소계 연료).

④ 천연가스는 표준상태(0℃, 1atm)에서 메탄 1kg당 부피는 약 $1.4m^3$이나, 액상에서는 약 2.4L(-162℃, 1atm)로 부피의 차이는 600배 정도의 차이가 있다. 다시 말해, 가스 상태에서의 천연가스를 액화하면 그 부피가 1/600로 줄어든다.

⑤ 순수한 천연가스는 주성분인 메탄 외에도 황화수소, 이산화탄소 또는 부탄, 펜탄, 습기, 먼지 등이 함유되어 있기 때문에 전처리 공정을 통해 유황, 습기, 먼지 등을 제거한다.

### 🚌 자동차 연료로서 천연가스의 특징

① 천연가스는 메탄($CH_4$)을 주성분으로(83~99%) 하는 탄소량이 적은 탄화수소연료이며, 메탄 이외에 소량 에탄($C_2H_2$), 프로판($C_3H_8$), 부탄($C_4H_{10}$) 등이 함유되어 있다.

② 메탄의 비등점은 -162℃이고, 상온에서는 기체이다.

③ 단위 에너지당 연료 용적은 경유 연료를 1로 하였을 때 CNG는 3.7배, LNG는 1.65배이다.

④ 옥탄가가 비교적 높고(RON : 120~136), 세탄가는 낮다. 따라서 오토 사이클 엔진에 적합한 연료이다.

⑤ 가스 상태로 엔진 내부로 흡입되어 혼합기 형상이 용이하고, 희박연소가 가능하다.

⑥ -20℃~-30℃의 저온인 대기 온도에서도 가스 상태로서 저온 시동성이 우수하다.

⑦ 불완전 연소로 인한 입자상 물질의 생성이 적다.

⑧ 탄소량이 적으므로 발열량당 $CO_2$ 배출량이 적다.

⑨ 유황분을 포함하지 않으므로 $SO_2$ 가스를 방출하지 않는다.

⑩ 탄화수소 연료중의 탄소수가 적고 독성도 낮다.

⑪ 부품 재료의 내식성 등의 재료 특성은 가솔린, 경유와 유사한 특성을 갖는다.

## 2 천연가스 형태별 종류

**(1) LNG(액화천연가스, Liquified Natural Gas)**

천연가스를 액화시켜 부피를 현저히 작게 만들어 저장, 운반 등 사용상의 효용성을 높이기 위한 액화가스

**(2) CNG(압축천연가스, Compressed Natural Gas)**

천연가스를 고압으로 압축하여 고압 압력용기에 저장한 기체상태의 연료

※ LPG(액화석유가스, Liquified Petroleum Gas)

프로판과 부탄을 섞어서 제조된 가스로써 석유 정제과정의 부산물로 이루어진 혼합가스(**천연가스 형태별 종류가 아님**)

## 3 압축천연가스 자동차 점검 시 주의사항

① 압축천연가스를 사용하는 버스에서 **가스누출 냄새**가 나면 주변의 화재원인 물질을 제거하고 전기장치의 작동을 피한다.

㉮ 가스가 누출되었을 때 주변에 화기가 없으면 화재가 발생하지 않지만, 주변에 **담뱃불, 모닥불**이 있거나 **정전기**로 인한 스파크가 발생하면 화재위험이 있다.

㉯ 버스 내에서는 가스가 누출되면 화재위험이 있으므로 **담배**를 피우지 않는다.

② 압축천연가스 누출 시에는 고압가스의 급격한 **압력팽창**으로 주위의 온도가 급강하여 가스가 직접 피부에 접촉하면 **동상**이나 **부상**이 발생할 수 있다.

③ 평소 차량에 승·하차할 때 가스 냄새를 확인하는 습관을 생활화한다.

④ 운전자는 **가스라인과 용기밸브**와의 연결부분의 **이상 유무**를 운행 전·후에 눈으로 직접 확인하는 자세가 필요하다.

⑤ 계기판의 'CNG' 램프가 **점등**되면 가스 연료량의 **부족**으로 엔진의 **출력이 낮아져** 정상적인 운행이 **불가능**할 수 있으므로 가스를 재충전한다.

⑥ **엔진정비** 및 **가스필터 교환**, 연료라인 정비를 할 때에는 배관 내 가스를 모두 **소진**시켜 엔진이 자동으로 정지된 후 작업을 한다.

⑦ 엔진 시동이 걸린 상태에서 엔진오일 라인, 냉각수 라인, 가스연료 라인 등의 파이프나 호스를 조이거나 풀어서는 아니 된다.

⑧ 차량에 별도의 **전기장치를 장착**하고자 하는 경우에는 압축천연가스와 관련된 부품의 **전기배선**을 이용해서는 아니 된다.

⑨ 교통사고나 화재사고가 발생하면 시동을 끈 후 계기판의 스위치 중 **메인 스위치와 비상차단 스위치**를 끄고 대피한다.

⑩ 가스를 충전할 때에는 **승객이 없는 상태**에서 엔진 시동을 끄고 가스를 주입한다. 주입이 완료된 후에는 **충전도어의 닫힌 상태**를 확인하여야 한다.

⑪ 지하 주차장 또는 밀폐된 차고와 같은 장소에 장시간 주·정차할 경우 가스가 누출되면 통풍이 되지 않아 화재나 폭발의 위험이 있으므로 **반드시 환기나 통풍이 잘되는 곳**에 주·정차한다.

⑫ 가스 주입구 도어가 열리면 엔진 시동이 걸리지 않도록 되어 있으므로 임의로 배관이나 밸브실린더 **보호용 덮개**를 제거하지 않는다.

🚌 **가스공급라인 등 연결부에서 가스가 누출될 때의 조치요령**

① 차량 부근으로 화기 접근을 금하고, 엔진시동을 끈 후 메인 전원 스위치를 차단한다.
② 탑승하고 있는 승객을 안전한 곳으로 대피시킨 후 누설부위를 비눗물 또는 가스 검진기 등으로 확인한다.
③ 스테인리스 튜브 등 가스공급라인의 몸체가 파열된 경우에는 교환한다.
④ 커넥터 등 연결부위에서 가스가 새는 경우에는 새는 부위의 너트를 조금씩 누출이 멈출 때까지 반복해서 조여 준다.
　만약 계속해서 가스가 누출되면 사람의 접근을 차단하고 실린더 내의 가스가 모두 배출될 때까지 기다린다.

## 4 CNG 자동차의 구조

① 천연가스 자동차의 엔진과 일반 **디젤엔진**의 차이점은 **연료장치**에서 출발한다.
② 연료를 저장하는 저장용기, 연료의 압력과 양을 제어하는 장치가 **모두 CNG 자동차 엔진의 연료장치**를 구성하게 된다.
③ 연료의 흐름은 천연가스 충전소의 충전노즐에서 자동차의 주입구(리셉터클) 체크밸브를 거쳐 용기에 저장되고, 저장된 용기의 연료는 배관라인을 따라서 **고압의 상태를 저압**으로 조정하여 엔진의 연소실로 주입된다.
④ 천연가스자동차 연료장치 구성품은 약 17종으로 고압의 CNG를 충전하기 위한 용기가 있고, 용기에 부착되어 있는 용기 부속품으로 자동실린더 밸브, 수동 실린더 밸브, 과도한 온도 또는 온도와 압력을 함께 감지하여 작동되며,
⑤ 유량이 설계 설정값을 초과하는 경우, 자동으로 흐름을 차단하거나 제한하는 **밸브인 과류 방지 밸브가 용기용 밸브** 내에 부속품으로 구성되어 있다.
⑥ CNG 연료주입 노즐과 결합하여 차량에 연료를 보내주는 **리셉터클**이 있으며, 체크 밸브, 플렉시블 연료호스(Fuel hose), CNG 필터, 압력조정기, 가스/공기 혼소기, 압력계 등이 있다.
⑦ 천연가스 자동차는 승용자동차(구조변경 전문업체에서 제작하고 있다)와 버스, 청소차 등 대형 영업용 자동차로 나눌 수 있다.

## 제5절 운행 시 자동차 조작 요령

## 1 브레이크 조작

① 브레이크를 밟을 때 2~3회에 나누어 밟게 되면 안정된 성능을 얻을 수 있고, 뒤따라오는 자동차에게 제동정보를 제공함으로써 후미추돌을 방지할 수 있다.
② 내리막길에서 계속 풋 브레이크를 작동시키면 브레이크 파열, 브레이크의 일시적인 작동불능 등의 우려가 있다.
③ 고속 주행 상태에서 엔진 브레이크를 사용할 때에는 주행 중인 단보다 한 단계 낮은 저단으로 변속하면서 서서히 속도를 줄인다. 한 번에 여러 단을 급격히 낮게 되면 변속기 및 엔진에 치명적인 손상을 가할 수 있다.
④ 주행 중에 제동할 때에는 핸들을 붙잡고 기어가 들어가 있는 상태에서 제동한다.
⑤ 내리막길에서 운행할 때 기어를 중립에 두고 탄력 운행을 하지 않는다. 엔진 및 배기 브레이크의 효과가 나타나지 않으며, 제동공기압의 감소로 제동력이 저하될 수 있다.

## ☑ ABS(Anti-lock Brake System) 조작

① ABS 장치는 급제동할 때 또는 미끄러운 도로에서 제동할 때에 구르던 바퀴가 잠기면서 노면 위에서 미끄러지는 현상을 방지하여 핸들의 조향성능을 유지시켜 주는 장치이다.

② 급제동할 때 ABS가 정상적으로 작동하기 위해서는 브레이크 페달을 힘껏 밟고 버스가 완전히 정지할 때까지 계속 밟고 있어야 한다.

③ ABS 차량은 급제동할 때에도 핸들조향이 가능하다.

④ ABS 차량이라도 옆으로 미끄러지는 위험은 방지할 수 없으며, 자갈길이나 평평하지 않은 도로 등 접지면이 부족한 경우에는 일반 브레이크 차량보다 제동거리가 더 길어질 수도 있다.

⑤ ABS 경고등은 키 스위치를 ON하면 일반적으로 **3초 동안 점등(자가진단)된 후 ABS가 정상이면 경고등은 소등된다.** 만약 계속 점등된다면 점검이 필요하다.

## ☑ 차바퀴가 빠져 헛도는 경우

① 차바퀴가 빠져 헛도는 경우에 엔진을 갑자기 가속하면 바퀴가 헛돌면서 더 깊이 빠질 수 있다.

② 변속레버를 '전진'과 'R(후진)'위치로 번갈아 두면서 가속페달을 부드럽게 밟으면서 탈출을 시도한다.

③ 필요한 경우에는 **납작한 돌, 나무 또는 타이어의 미끄럼을 방지할 수 있는 물건을 타이어 밑에** 놓은 다음 자동차를 앞뒤로 반복하여 움직이면서 탈출을 시도한다.

④ 진흙이나 모래 속을 빠져나오기 위해 무리하게 엔진 회전수를 올리면 엔진손상, 과열, 변속기 손상 및 타이어가 손상될 수 있다.

## ☑ 경제적인 운행방법

① 급발진, 급가(감)속 및 급제동 금지
② 경제속도 준수
③ 불필요한 공회전 금지
④ 에어컨은 필요한 경우에만 작동
⑤ 불필요한 화물 적재 금지
⑥ 창문을 열고 고속주행 금지
⑦ 올바른 타이어 공기압 유지
⑧ 목적지를 확실하게 파악한 후 운행

## ☑ 험한 도로 주행

① 요철이 심한 도로에서 **감속 주행**하여 차체의 아래 부분이 **충격**을 받지 않도록 주의한다.

② **비포장도로**, 눈길, 빙판길, 진흙탕 길을 주행할 때에는 속도를 낮추고 제동거리를 충분히 확보한다.

③ 제동할 때에는 **자동차가 멈출 때까지 브레이크 페달을 펌프질 하듯이 가볍게 위아래로 밟아준다.**

④ 눈길, 진흙길, 모랫길인 경우에는 **2단 기어를 사용**하여 차바퀴가 헛돌지 않도록 천천히 가속한다.

## ☑ 야간 운행

① 마주 오는 자동차와 교행할 때에는 전조등을 하향등으로 작동시켜 교행하는 운전자의 눈부심을 방지한다.

② 비가 내리면 전조등의 불빛이 노면에 흡수되거나 젖은 장애물에 반사되어 더욱 보이지 않으므로 주의한다.

## 7 악천후 시 주행

① 비가 내릴 때에는 **노면이 미끄러우므로 급제동을 피하고**, 차간 거리를 충분히 유지한다.

② 노면이 젖어 있는 도로를 주행한 후에는 브레이크를 건조시키기 위해 **앞차와의 안전거리를 확보**하고 서행하는 동안 여러 번에 걸쳐 브레이크를 밟아준다.

③ 안개가 끼었거나 기상조건이 나빠 **시계가 불량할 경우**에는 속도를 줄이고, **미등 및 안개등 또는 전조등을 점등**하고 운행하며 폭우가 내릴 경우 제동거리 확보와 감속 운행을 한다.

## 8 겨울철 운행

① 엔진 시동 후에는 **적당한 워밍업을 한 후 운행**한다. 엔진이 냉각된 채로 운행하면 **엔진 고장**이 발생할 수 있다.

② 눈길이나 빙판에서는 타이어의 접지력이 약해지므로 가속페달이나 핸들을 급하게 조작하면 위험하다.

③ 내리막길에서는 **엔진 브레이크를 사용**하면 방향조작에 도움이 된다. 오르막길에서는 한번 멈추면 다시 출발하기 어려우므로 **차간거리를 유지하면서 서행**한다.

④ 배터리와 케이블 상태를 점검한다. 날씨가 추우면 배터리 용량이 저하되어 시동이 잘 걸리지 않을 수 있다.

⑤ 차의 하체 부위에 있는 **얼음 덩어리를 운행 전에 제거**한다.

⑥ 엔진의 시동을 작동하고 **각종 페달이 정상적으로 작동**되는지 확인한다.

⑦ 겨울철 **오버히트**가 발생하지 않도록 주의한다. 겨울철에 냉각수 통에 부동액이 없는 경우나 부동액 농도가 낮을 경우 엔진 내부가 얼어 냉각수가 순환하지 않으면 오버히트가 발생하게 된다.

⑧ 자동차에 **스노우 타이어**를 장착할 경우에는 동일 규격의 타이어를 장착하여야 하며, 스노우 타이어를 장착하고 건조한 도로를 주행하면 원래 사양의 타이어보다 마찰력이 작아 제동거리가 길어질 수 있으므로 주의한다.

⑨ 후륜구동 자동차는 **뒷바퀴에 타이어 체인을 장착**하여야 한다.

⑩ 타이어 체인을 장착한 경우에는 **30km/h 이내 또는 체인 제작사에서 추천하는 규정속도 이하로 주행**하며, 체인이 차체나 섀시에 닿는 소리가 들리면 즉시 자동차를 멈추고 체인 상태를 점검한다.

⑪ 도어나 연료 주입구가 얼어서 열리지 않을 경우에는 도어나 연료 주입구의 주위를 두드리거나 더운물을 부어 얼어붙은 것을 녹여 준다. 부은 물을 방치하면 다시 얼게 되므로 완전히 닦아 준다.

## 9 고속도로 운행

① 운행 전 점검 : 연료, 냉각수, 엔진오일, 각종 벨트, 타이어 공기압 등 점검

② 고속도로를 벗어날 경우에는 **미리 출구를 확인하고 방향지시등을 작동**시킨다.

③ 터널 출구 부분을 나올 경우에는 바람의 영향으로 차체가 흔들릴 수 있으므로 **속도를 줄인다.**

④ 고속으로 운행할 경우 풋 브레이크만을 많이 사용하면 **브레이크 장치가 과열되어 브레이크 기능**이 저하되므로 엔진 브레이크와 함께 효율적으로 사용한다.

⑤ 고인 물을 통과한 경우에는 서행하면서 브레이크를 부드럽게 **몇 번에 걸쳐 밟아 브레이크를 건조**시켜 준다.

# 제2장   자동차 장치 사용요령

## 제1절  자동차 키 및 도어

### 1  자동차 키(key)의 사용

(1) 차를 떠날 때에는 짧은 시간일지라도 안전을 위해 반드시 키를 뽑아 지참한다.

(2) 자동차 키에는 시동키와 화물실 전용키 2종류가 있다.

(3) 시동키 스위치가 「ST」 → 「ON」상태로 되돌아오지 않게 되면 시동 후에도 스타터가 계속 작동되어 스타터 손상 및 배선의 과부하로 화재의 원인이 된다.

(4) 시동키를 꽂지 않았더라도 키를 차안에 두고 어린이들만 차내에 남겨 두지 않는다. 시동키를 작동시키는 등 차를 조작하여 위험을 초래할 수 있다.

### 2  도어의 개폐

(1) **차 밖에서 도어 개폐(※자동차에 따라 다를 수 있음)**
  ① 키를 이용하여 도어를 닫고 열 수 있으며, 잠그고 해제할 수 있다.
  ② 도어 개폐 스위치에 키를 꽂고 오른쪽으로 돌리면 열리고 왼쪽으로 돌리면 닫힌다.

(2) **차 안에서 도어 개폐**
  ① 차내 개폐 버튼을 사용하여 도어를 열고 닫는다.
  ② 주행 중에는 도어를 개폐하지 않는다. 승객이 추락하여 사고가 발생할 수 있다.

(3) **차를 떠날 때 도어 개폐**
  ① 차에서 떠날 때에는 엔진을 정지시키고 도어를 반드시 잠근다.
  ② 엔진 시동을 끈 후 자동도어 개폐조작을 반복하면 에어탱크의 공기압이 급격히 저하된다.

(4) **화물실 도어 개폐**
  ① 도어를 열 때에는 키를 사용하여 잠금상태를 해제한 후 도어를 당겨 연다.
  ② 도어를 닫은 후에는 키를 사용하여 잠근다.

### 3  연료 주입구 개폐

(1) **연료 주입구 개폐 절차**
  ① 연료 주입구에 키 홈이 있는 차량은 키를 꽂아 잠금 해제시킨 후 연료 주입구 커버를 연다.
  ② 시계 반대방향으로 돌려 연료 주입구 캡을 분리한다.
  ③ 연료를 보충한다.
  ④ 연료 주입구 캡을 닫으려면 연료 주입구 캡을 시계방향으로 돌린다.
  ⑤ 연료 주입구 커버를 닫고 가볍게 눌러 원위치 시킨 후 확실하게 닫혔는지 확인한 다음 키 홈이 있는 차량은 키를 이용하여 잠근다.

**(2) 연료 주입구 개폐할 때의 주의사항**

① 연료 캡을 열 때에는 **연료에 압력**이 가해져 있을 수 있으므로 천천히 분리한다.

② 연료 캡에서 연료가 새거나 바람 빠지는 소리가 들리면 연료 캡을 완전히 분리하기 전에 이런 상황이 멈출 때까지 대기한다.

## 4 엔진 후드(보닛) 개폐

① 도어를 닫은 후에는 확실히 닫혔는지 확인한다. 키 홈이 장착되어 있는 자동차는 키를 사용하여 잠근다.

② 엔진 시동 상태에서 시스템 점검이 필요한 경우를 제외하고는 **엔진 시동을 끄고** 키를 뽑고 나서 **엔진룸을 점검**한다.

③ 엔진 시동 상태에서 점검 및 작업을 해야 할 경우에는 넥타이, 손수건, 목도리 및 옷소매 등이 엔진 또는 라디에이터 팬 가까이 닿지 않도록 주의한다.

## 제2절 운전석 및 안전장치(※자동차에 따라 다를 수 있음)

### 1 운전석

(1) 운행 전에 좌석의 전·후 간격, 각도, 높이를 조절한다.

(2) 운행 중 좌석을 조절하면 순간적으로 운전능력을 상실하게 되어 **사고발생원인**이 될 수 있다.

(3) 운전석 시트 주변에 있는 움직이는 **물건이 페달** 밑으로 들어가면 브레이크, 클러치 또는 가속페달 조작 **불능요인**으로 작용하여 사고발생원인이 될 수 있다.

(4) **운전석 전·후 위치 조절 순서**

① 좌석 쿠션에 있는 조절 레버를 당긴다.

② 좌석을 전·후 원하는 위치로 조절한다.

③ 조절 레버를 놓으면 고정되며 고정되었는지 확인한다.

(5) **운전석 등받이 각도 조절 순서(※ 자동차에 따라 다를 수 있음)**

① 등을 앞으로 약간 숙인 후 좌석에 있는 등받이 각도 조절 레버를 당긴다.

② 좌석에 기대어 원하는 위치까지 조절한다.

③ 조절 레버에서 손을 놓으면 고정된다.

④ 조절이 끝나면 조절 레버가 고정되었는지 확인한다.

(6) **머리지지대 조절 및 분리**
**(※머리지지대가 좌석과 일체형인 자동차도 있음)**

① 머리지지대는 자동차의 좌석에서 등받이 맨 위쪽의 머리를 받치는 부분을 말한다.

② 머리지지대는 **주행 안락감과 충돌사고 발생 시 머리와 목**을 보호하는 역할을 한다.

③ 머리지지대의 높이는 머리지지대 **중심부분**과 운전자의 **귀 상단**이 일치하도록 조절한다.

④ 운전석에서 머리지지대와 머리 사이는 주먹 하나 사이가 될 수 있도록 주의한다.

⑤ 머리지지대를 제거한 상태에서의 주행은 머리나 목의 상해를 초래할 수 있다.

⑥ 머리지지대를 분리하고자 할 때에는 잠금해제 레버를 누른 상태에서 머리지지대를 위로 당겨 분리한다.

## 2 안전장치

### (1) 히터 사용 중 발열 및 화상 등의 위험이 발생할 수 있는 승객

① 유아, 어린이, 노인, 신체가 불편하거나 질병이 있는 승객

② 피부가 연약한 승객

③ 피로가 누적된 승객(과로한 승객)

④ 술을 많이 마신 승객(과음한 승객)

⑤ 졸음이 올 수 있는 수면제 또는 감기약 등을 복용한 승객

### (2) 안전벨트

① 안전벨트 착용은 충돌이나 급정차 시 전방으로 움직이는 것을 제한하여 차 내부와의 충돌을 막아 심각한 부상이나 사망의 위험을 감소시킨다.

② 안전벨트 착용 방법

㉮ 안전벨트를 착용할 때에는 좌석 등받이에 기대어 똑바로 앉는다.

㉯ 안전벨트가 꼬이지 않도록 주의한다.

㉰ 어깨벨트는 어깨 위와 가슴 부위를 지나도록 한다.

㉱ 허리벨트는 골반 위를 지나 엉덩이 부위를 지나도록 한다.

㉲ 안전벨트에 별도의 보조장치를 장착하지 않는다(안전벨트의 보호효과 감소).

㉳ 안전벨트를 복부에 착용하지 않는다(충돌 시 강한 복부 압박으로 장파열 등의 신체 위해를 가할 수 있다).

## 제3절 계기판

## 1 계기판 용어

① 속도계 : 자동차의 시간당 주행속도를 나타낸다.

② 회전계(타코미터) : 엔진의 분당 회전수(rpm)를 나타낸다.

③ 수온계 : 엔진 냉각수의 온도를 나타낸다.

④ 연료계 : 연료탱크에 남아있는 연료의 잔류량을 나타낸다.

※ 동절기에는 연료를 가급적 충만한 상태를 유지한다(연료탱크 내부의 수분침투를 방지하는데 효과적이다).

⑤ 주행거리계 : 자동차가 주행한 총거리(km 단위)를 나타낸다.

⑥ 엔진오일 압력계 : 엔진 오일의 압력을 나타낸다.

⑦ 공기 압력계 : 브레이크 공기 탱크 내의 공기압력을 나타낸다.

⑧ 전압계 : 배터리의 충전 및 방전 상태를 나타낸다.

## 2 경고등 및 표시등

| 명 칭 | 경고등 및<br>표시등 | 내 용 |
|---|---|---|
| 안전벨트<br>미착용 경고등 | | 시동키 「ON」했을 때 안전벨트를 착용하지 않으면 경고등이 점등 |
| 엔진오일 압력<br>경고등 | OIL | 엔진 오일이 부족하거나 유압이 낮아지면 경고등이 점등 |
| ABS(Anti-lock<br>Brake System)<br>표시등 | ASR<br>ABS | - ABS는 각 브레이크 제동력을 전기적으로 제어하여 미끄러운 노면에서 타이어의 로크를 방지하는 장치<br>- ABS 경고등은 키 「ON」하면 약 3초간 점등된 후 소등되면 정상<br>- ASR 경고등은 차량 속도가 5~7km/h에 도달하여 소등되면 정상 |
| 브레이크 에어<br>경고등 | BRAKE AIR | 키가 「ON」 상태에서 AOH 브레이크 장착 차량의 에어 탱크에 공기압이 $4.5\pm0.5$kg/cm$^2$ 이하가 되면 점등 |
| 배터리 충전<br>경고등 | | 벨트가 끊어졌을 때나 충전장치가 고장났을 때 경고 등이 점등 |
| 배기 브레이크<br>표시등 | | 배기 브레이크 스위치를 작동시키면 배기 브레이크가 작동 중임을 표시 |
| 제이크 브레이크<br>표시등 | | 제이크 브레이크가 작동 중임을 표시 |
| 엔진 정비 지시등 | CHECK<br>ENGINE | - 키를 「ON」하면 약 2~3초가 점등된 후 소등<br>- 전자 제어 장치나 배기가스 제어에 관계되는 각종 센서에 이상이 있을 때 점등 |
| 냉각수 경고등 | WATER | 냉각수가 규정 이하일 경우에 경고등 점등 |
| 수온 경고등 | OVER<br>HEAT | 엔진 냉각수 온도가 과도하게 높아지면 경고등 점등 |
| 에어클리너<br>먼지 경고등 | DUST | 에어클리너 내에 먼지가 일정량 이상이 되면 점등 |
| 자동 그리스 작동<br>표시등 | 또는 | 자동 그리스 장치가 작동되면 점등되었다가 소등 |
| 사이드 미러<br>열선작동 표시등 | 또는 | 키 스위치 「ON」 상태에서 사이드 미러 서리제거 스위치를 작동시키면 점등 |

| 명 칭 | | 내 용 |
|---|---|---|
| ECS 표시등<br>감쇠력 가변식<br>쇽 업소버 | SOFT<br>HARD | – 배터리 릴레이 스위치를 「ON」하면 SOFT와 HARD 표시등이 점등되고 ECS 장치에 이상이 없으면 약 3초 후에 소등<br>– ECS[Electronic Controlled Suspension]는 노면 상태와 운전 조건에 따라 차체 높이를 변화시켜, 주행 안전성과 승차감을 동시에 확보하기 위한 장치<br>– ECS의 SOFT 모드를 선택하면 SOFT 표시등이 점등 : 노면이 울퉁불퉁한 비포장 도로에서는 차 높이를 높여 차체를 보호<br>– ECS의 HARD 모드를 선택하면 HARD 표시등이 점등 : 고속 주행이 가능한 도로에서는 차 높이를 낮추어 공기 저항을 줄여 줌으로써 주행 안정성을 높임 |
| 속도 제한기 작동<br>표시등 | SPEED<br>LIMIT | – 속도 제한기는 차량의 속도를 제어함으로써 과속을 방지<br>– 키를 「ON」위치에서 점등되어 시스템이 정상적으로 작동되면 3초 후 자동 소등 |

(주) 자동차에 따라 다를 수 있음

### 3 경고음

| 명 칭 | 내 용 |
|---|---|
| 수온<br>경고음 | • 발생 : 엔진 냉각수 온도가 과도하게 높아지면 경고음이 울림<br>• 조치 : 냉각수량과 벨트의 이상 유무와 엔진 오일량 및 오일 상태를 점검<br>• 차단 : 경고음은 주차 브레이크 노브를 당겨 놓으면 멈춤 |
| 냉각수량<br>경고음 | • 발생 : 냉각수가 규정 이하일 경우 경고음이 울림<br>• 조치 : 냉각계통의 누수 유무를 점검<br>• 차단 : 경고음은 주차 브레이크 노브를 당겨 놓으면 멈춤 |
| 엔진오일<br>압력 경고음 | • 발생 : 엔진오일 압력이 규정 이하일 경우 경고음이 울림<br>• 조치 : 윤활계통의 누유 유무를 점검 |
| 브레이크<br>에어 경고음 | • 발생 : 키 「ON」인 상태에서 AOH 브레이크 장착 차량의 에어 탱크에 공기압이 $4.5 \pm 0.5 kg/cm^2$ 이하가 되면 경고음이 울림<br>• 차단 : 경고음은 주차 브레이크 노브를 당겨 놓으면 멈춤 |

## 제4절 스위치

### 1 전조등(Lighting)

(1) 전조등 스위치 조절

① 1단계 : 차폭등, 미등, 번호판등, 계기판등
② 2단계 : 차폭등, 미등, 번호판등, 계기판등, 전조등

(2) 전조등 사용 시기

① 변환빔(하향) : 마주 오는 차가 있거나 앞차를 따라갈 경우
② 주행빔(상향) : 야간 운행 시 시야확보를 원할 경우(마주 오는 차 또는 앞차가 없을 때에 한하여 사용)
③ 상향점멸 : 다른 차의 주의를 환기시킬 경우(스위치를 2~3회 정도 당겨 올린다)

## 2 와이퍼(Wiper)

(1) 와셔액 탱크가 비어 있을 경우에 와이퍼를 작동시키면 **모터가 손상**된다.

(2) 겨울철에 와이퍼가 얼어붙어 있는 경우, 와이퍼를 모터의 힘으로 작동시키면 **와이퍼 링크가 이탈**하거나 모터가 손상될 수 있다.

(3) 동절기에 와셔액을 사용하면 유리창에 와셔액이 **얼어붙어 시야를 가릴 수 있다.**

(4) 엔진 냉각수 또는 부동액을 와셔액으로 사용하면 차량도장 부분의 손상은 물론 운행 도중 시야를 가려 사고를 유발할 수 있다.

(5) 유리창이 건조할 때 와이퍼 작동 금지

## 3 기타

(1) 방향지시등이 평상 시보다 **빠르게 작동**하면 방향지시등의 **전구가 끊어진 것**으로 교환하여야 한다.

(2) 야간에 맞은 편 도로로 주행 중인 **차량을 발견**하면 **상향등**을 하향등으로 **신속하게 전환**하여야 한다(상향등은 순간적으로 맞은편 도로 운전자의 시야를 방해한다).

(3) **전자제어 현가장치 시스템(ECS)**

① 전자제어 현가장치 시스템(ECS) : 차고센서로부터 ECS ECU(Electronic Control Unit)가 **차량 높이의 변화를 감지**하여 ECS 솔레노이드 밸브를 제어함으로써 에어 스프링의 압력과 차량 높이를 조절하는 전자제어 서스펜션 시스템을 말한다. 종류로는 유압식과 공기압식 등이 있다.

② 주요기능

㉮ 차량 주행 중에는 에어 소모가 감소하여 차량연비의 **개선 효과**가 있다.

㉯ 차량 하중 변화에 따른 **차량 높이 조정이 자동**으로 **빠르게** 이루어진다.

㉰ 도로조건이나 기타 주행조건에 따라서 운전자가 스위치를 조작하여 차량의 높이를 조정할 수 있다.

㉱ 안전성이 확보된 상태에서 차량의 높이 조정 및 닐링(Kneeling : 차체의 앞부분을 내려가게 만드는 차체 기울임 시스템) 기능을 할 수 있다.

㉲ 자기진단 기능을 보유하고 있어 정비성이 용이하고 안전하다.

# 제3장 자동차 응급조치 요령

## 제1절 상황별 응급조치

## 1 진동과 소리는 어떤 부분의 고장인가?

(1) **엔진 부분** : 엔진의 회전수에 비례하여 '쇠가 마주치는 소리'가 날 때가 있다. 거의 이런 이음은 밸브 장치에서 나는 소리로, **밸브 간극 조정**으로 고쳐질 수 있다.

(2) **팬 벨트** : 가속 페달을 힘껏 밟는 순간 '끼익!' 하는 소리가 나는 경우가 많은데, 이때는 팬 벨트 또는 기타의 V벨트가 이완되어 걸려 있는 풀리와의 미끄러짐에 의해 일어난다.

(3) **클러치 부분** : 클러치를 밟고 있을 때 '달달달' 떨리는 소리와 함께 **차체가 떨리고 있다면**, 이것은 클러치 릴리스 베어링의 고장이다. 이것은 정비공장에 가서 **교환하여야 한다.**

(4) **브레이크 부분** : 브레이크 페달을 밟아 차를 세우려고 할 때 바퀴에서 '끽!' 하는 소리가 나는 경우를 많이 경험할 것이다. 이것은 브레이크 라이닝의 마모가 심하거나 라이닝에 오일이 묻어 있을 때 일어나는 현상이다.

(5) **조향 장치 부분** : 핸들이 어느 속도에 이르면 극단적으로 흔들린다. 특히, 핸들 자체에 진동이 일어나면 앞바퀴 불량이 원인일 때가 많다. 앞차륜 정렬(휠 얼라인먼트)이 흐트러졌다든가 바퀴 자체의 휠 밸런스가 맞지 않을 때 주로 일어난다.

(6) **바퀴 부분** : 주행 중 하체 부분에서 비틀거리는 흔들림이 일어나는 때가 있다. 특히 커브를 돌았을 때 휘청거리는 느낌이 들 때, 바퀴의 휠 너트의 이완이나 공기 부족일 때가 많다.

(7) **완충(현가)장치 부분** : 비포장도로의 울퉁불퉁한 험한 노면 상을 달릴 때 '딸각딸각' 하는 소리나 '쿵쿵' 하는 소리가 날 때에는 현가장치인 쇽 업쇼버의 고장으로 볼 수 있다.

**2** 냄새와 열이 나는 것은 어느 부분의 이상인가?

(1) **전기 장치 부분** : 고무 같은 것이 타는 냄새가 날 때는 바로 차를 세워야 한다. 대개 엔진 실내의 전기 배선 등의 피복이 녹아 벗겨져 합선에 의해 전선이 타면서 나는 냄새가 대부분인데, 보닛을 열고 잘 살펴보면 그 부위를 발견할 수 있다.

(2) **브레이크 장치 부분** : 치과 병원에서 이를 갈 때 나는 단내가 심하게 나는 경우는 주차 브레이크의 간격이 좁든가, 주차 브레이크를 당겼다 풀었으나 완전히 풀리지 않았을 경우이다. 또한 긴 언덕길을 내려갈 때 계속 브레이크를 밟는다면 이러한 현상이 일어나기 쉽다.

(3) **바퀴 부분** : 바퀴마다 드럼에 손을 대보면 어느 한쪽만 뜨거운 경우가 있는데, 이때는 브레이크 라이닝 간격이 좁아 브레이크가 끌리기 때문이다.

**3** 배출 가스로 구분할 수 있는 고장

(1) **무색** : 완전 연소 시 배출 가스의 색은 정상 상태에서 무색 또는 약간 엷은 청색을 띤다.

(2) **검은색** : 농후한 혼합가스가 들어가 불완전 연소되는 경우이다. 초크 고장이나 에어 클리너 엘리먼트의 막힘, 연료 장치 고장 등이 원인이다.

(3) **백색** : 엔진 안에서 다량의 엔진 오일이 실린더 위로 올라와 연소되는 경우로, 헤드 개스킷 파손, 밸브의 오일 씰 노후 또는 피스톤 링의 마모 등 엔진 보링을 할 시기가 됐음을 알려준다.

**4** 엔진 시동이 걸리지 않는 경우

(1) **시동모터가 회전하지 않을 때** : 배터리 방전 상태, 배터리 단자의 연결 상태 점검

(2) **시동모터는 회전하나 시동이 걸리지 않을 때** : 연료 유무 점검

### (3) 배터리가 방전되어 있을 때

① 주차 브레이크를 작동시켜 차량이 움직이지 않도록 한다.

② 변속기는 '중립'에 위치시킨다.

③ 보조 배터리를 사용하는 경우에는 **점프 케이블**을 연결한 후 시동을 건다.

④ 타 차량의 배터리에 점프 케이블을 연결하여 시동을 거는 경우에는 **타 차량의 시동**을 먼저 건 후 방전된 차량의 시동을 건다.

⑤ 시동이 걸린 후 배터리가 일부 충전되면 **점프 케이블의 (−) 단자를 분리**한 후 **(+) 단자를 분리**한다.

> 🚌 **주의사항**
> ① 점프 케이블의 양극(+)과 음극(−)이 서로 닿는 경우에는 불꽃이 발생하여 위험하므로 서로 닿지 않도록 한다.
> ② 방전된 배터리가 얼었거나 배터리액이 부족한 경우에는 점프 도중에 배터리의 파열 및 폭발이 발생할 수 있다.

### (4) 전기장치에 고장이 있을 때

① 퓨즈의 단선 여부 점검

② 규정된 용량의 퓨즈만을 사용하여 교체 : 높은 용량의 퓨즈로 교체한 경우에는 전기 배선 손상 및 화재 발생의 원인 제공

## 5 엔진 오버히트가 발생하는 경우

### (1) 오버히트가 발생하는 원인

① 냉각수가 부족한 경우

② 엔진 내부가 얼어 냉각수가 순환하지 않는 경우

### (2) 엔진 오버히트가 발생할 때의 징후

① 운행 중 수온계가 H 부분을 가리키는 경우

② 엔진출력이 갑자기 떨어지는 경우

③ 노킹 소리가 들리는 경우(비정상적 폭발로 나는 소리)

> 🚌 **노킹(Knocking)**
> 압축된 공기와 연료 혼합물의 일부가 내연기관의 실린더에서 비정상적으로 폭발할 때 나는 날카로운 소리

### (3) 엔진 오버히트가 발생할 때의 안전조치

① 비상 경고등을 작동한 후 도로 가장자리로 안전하게 이동하여 정차한다.

② 여름에는 에어컨, 겨울에는 히터의 작동을 중지시킨다.

③ 엔진이 작동하는 상태에서 보닛(Bonnet)을 열어 엔진을 냉각시킨다.

④ 엔진을 충분히 냉각시킨 다음에는 냉각수의 양 점검, 라디에이터 호스 연결부위 등의 누수여부 등을 확인한다.

> 🚌 **주의사항**
> 차를 길 가장자리로 이동하여 엔진시동을 즉시 끄게 되면 수온이 급상승하여 엔진이 고착될 수 있다.

**6** 타이어에 펑크가 난 경우

① 운행 중 타이어가 **펑크** 났을 경우에는 **핸들**이 돌아가지 않도록 견고히 잡고, **비상 경고등**을 작동 시킨다(한 쪽으로 쏠리는 현상 예방).

② 가속페달에서 발을 떼어 속도를 서서히 감소시키면서 **길 가장자리로 이동**한다(급브레이크를 밟게 되면 한 쪽 바퀴만 제동되어 회전하는 것을 예방).

③ 브레이크를 밟아 차를 도로 옆 **평탄하고 안전한 장소에 주차**한 후 주차 브레이크를 당겨 놓는다.

④ 후방에서 접근하는 차량의 운전자가 쉽게 확인할 수 있는 위치에 **고장 자동차의 표지(안전삼각대)**를 한다. 밤에는 고장 자동차 표지와 함께 **사방 500미터 지점**에서 식별할 수 있는 적색 섬광 신호 · 전기제등 또는 **불꽃신호를 설치**한다(시인성 확보를 위한 안전조끼 착용 권장).

⑤ 잭을 사용하여 차체를 들어 올릴 때 자동차가 밀려나가는 현상을 방지하기 위해 교환할 타이어의 대각선에 있는 타이어에 고임목을 설치한다.

> 🚌 **주의사항**
> ① 잭을 사용할 때에는 평탄하고 안전한 장소에서 사용한다.
> ② 잭을 사용하는 동안에 시동을 걸면 위험하다.
> ③ 잭으로 차량을 올린 상태에서 차량 하부로 들어가면 위험하다.
> ④ 잭을 사용할 때에 후륜의 경우에는 리어 액슬 아랫 부분에 설치한다.

**7** 기타 응급조치요령

(1) **풋 브레이크가 작동하지 않는 경우 :** 고단 기어에서 저단 기어로 한 단씩 줄여 감속한 뒤에 주차 브레이크를 이용하여 정지한다.

(2) **견인자동차로 견인하는 경우**

① 구동되는 바퀴를 들어 올려 견인되도록 한다.

② 견인되기 전에 주차 브레이크를 해제한 후 변속레버를 중립(N)에 놓는다.

③ 에어 서스펜션 장착 차량의 견인을 위해 차체를 들어 올릴 때에는 에어스프링이 이탈되지 않도록 주의한다.

(3) **일반자동차로 견인하는 경우**

① 시동키는 반드시 'ON' 위치에 있어야 한다(시동키를 'LOCK'위치에서 뽑으면 핸들이 고정된다).

② 기어변속레버는 중립 위치에 놓는다.

③ 견인 로프는 5m 이내로 하고, 로프 중간에는 넓이 30cm 이상의 흰 천을 묶어 식별이 용이하도록 한다.

**장치별 응급조치**

## **1** 엔진계통 응급조치요령

### (1) 시동모터가 작동되나 시동이 걸리지 않는 경우

| 추정원인 | 조치사항 |
| --- | --- |
| ① 연료가 떨어졌다.<br>② 예열작동이 불충분하다.<br>③ 연료필터가 막혀있다. | ① 연료를 보충한 후 공기빼기를 한다.<br>② 예열시스템을 점검한다.<br>③ 연료필터를 교환한다. |

### (2) 시동모터가 작동되지 않거나 천천히 회전하는 경우

| 추정원인 | 조치사항 |
| --- | --- |
| ① 배터리가 방전되었다.<br>② 배터리 단자의 부식, 이완, 빠짐 현상이 있다.<br>③ 접지 케이블이 이완되어 있다.<br>④ 엔진 오일 점도가 너무 높다. | ① 배터리를 충전하거나 교환한다.<br>② 배터리 단자의 부식부분을 깨끗하게 처리하고 단단하게 고정한다.<br>③ 접지 케이블을 단단하게 고정한다.<br>④ 적정 점도의 오일로 교환한다. |

### (3) 저속 회전하면 엔진이 쉽게 꺼지는 경우

| 추정원인 | 조치사항 |
| --- | --- |
| ① 공회전 속도가 낮다.<br>② 에어클리너 필터가 오염되었다.<br>③ 연료필터가 막혀 있다.<br>④ 밸브 간극이 비정상이다. | ① 공회전 속도를 조절한다.<br>② 에어클리너 필터를 청소 또는 교환한다.<br>③ 연료필터를 교환한다.<br>④ 밸브 간극을 조정한다. |

### (4) 엔진 오일의 소비량이 많다.

| 추정원인 | 조치사항 |
| --- | --- |
| ① 사용되는 오일이 부적당하다.<br>② 엔진 오일이 누유되고 있다. | ① 규정에 맞는 엔진 오일로 교환한다.<br>② 오일 계통을 점검하여 풀려 있는 부분은 다시 조인다. |

### (5) 연료소비량이 많다.

| 추정원인 | 조치사항 |
| --- | --- |
| ① 연료누출이 있다.<br>② 타이어 공기압이 부족하다.<br>③ 클러치가 미끄러진다.<br>④ 브레이크가 제동된 상태에 있다. | ① 연료계통을 점검하고 누출부위를 정리한다.<br>② 적정 공기압으로 조정한다.<br>③ 클러치 간극을 조정하거나 클러치 디스크를 교환한다.<br>④ 브레이크 라이닝 간극을 조정한다. |

### (6) 배기가스 색이 검다.

| 추정원인 | 조치사항 |
| --- | --- |
| ① 에어클리너 필터가 오염되었다.<br>② 밸브 간극이 비정상이다. | ① 에어클리너 필터 청소 또는 교환한다.<br>② 밸브 간극을 조정한다. |

(7) 오버히트 한다(엔진이 과열되었다).

| 추정원인 | 조치사항 |
|---|---|
| ① 냉각수 부족 또는 누수되고 있다.<br>② 팬 벨트의 장력이 지나치게 느슨하다(워터펌프 작동이 원활하지<br>  않아 냉각수 순환이 불량해지고 엔진 과열).<br>③ 냉각팬이 작동되지 않는다.<br>④ 라디에이터 캡의 장착이 불완전하다.<br>⑤ 서모스탯(Thermostat;온도조절기)이 정상 작동하지 않는다. | ① 냉각수 보충 또는 누수 부위를 수리한다.<br>② 팬 벨트 장력을 조정한다.<br><br>③ 냉각팬 전기배선 등을 수리한다.<br>④ 라디에이터 캡을 확실하게 장착한다.<br>⑤ 서모스탯을 교환한다. |

## 2 조향계통 응급조치요령

(1) 핸들이 무겁다.

| 추정원인 | 조치사항 |
|---|---|
| ① 앞바퀴의 공기압이 부족하다.<br>② 파워스티어링 오일이 부족하다. | ① 적정 공기압으로 조정한다.<br>② 파워스티어링 오일을 보충한다. |

(2) 스티어링 휠(핸들)이 떨린다.

| 추정원인 | 조치사항 |
|---|---|
| ① 타이어의 무게중심이 맞지 않는다.<br>② 휠 너트(허브 너트)가 풀려 있다.<br>③ 타이어 공기압이 각 타이어마다 다르다.<br>④ 타이어가 편마모되어 있다. | ① 타이어를 점검하여 무게중심을 조정한다.<br>② 규정 토크로 조인다.<br>③ 적정 공기압으로 조정한다.<br>④ 타이어를 교환한다. |

## 3 제동계통 응급조치요령

(1) 브레이크 제동효과가 나쁘다.

| 추정원인 | 조치사항 |
|---|---|
| ① 공기압이 과다하다.<br>② 공기누설(타이어 공기가 빠져 나가는 현상)이 있다.<br>③ 라이닝 간극 과다 또는 마모상태가 심하다.<br>④ 타이어 마모가 심하다. | ① 적정 공기압으로 조정한다.<br>② 브레이크 계통을 점검하여 풀려 있는 부분은 다시 조인다.<br>③ 라이닝 간극을 조정 또는 라이닝을 교환한다.<br>④ 타이어를 교환한다. |

(2) 브레이크가 편제동 된다.

| 추정원인 | 조치사항 |
|---|---|
| ① 좌·우 타이어 공기압이 다르다.<br>② 타이어가 편마모되어 있다.<br>③ 좌·우 라이닝 간극이 다르다. | ① 적정 공기압으로 조정한다.<br>② 편마모된 타이어를 교환한다.<br>③ 라이닝 간극을 조정한다. |

## 4 전기계통 응급조치요령

(1) 배터리가 자주 방전된다.

| 추정원인 | 조치사항 |
|---|---|
| ① 배터리 단자의 벗겨짐, 풀림, 부식이 있다.<br>② 팬 벨트가 느슨하게 되어 있다.<br>③ 배터리액이 부족하다.<br>④ 배터리 수명이 다 되었다. | ① 배터리 단자의 부식부분을 제거하고 조인다.<br>② 팬 벨트의 장력을 조정한다.<br>③ 배터리액을 보충한다.<br>④ 배터리를 교환한다. |

# 제4장 자동차의 구조 및 특성

## 제1절 동력전달장치

동력전달장치는 동력발생장치에서 발생한 동력을 주행상황에 맞는 적절한 상태로 변화를 주어 바퀴에 전달하는 장치이다.

### 1 클러치

#### (1) 클러치의 필요성

① 엔진을 작동시킬 때 엔진을 무부하 상태로 유지한다.

② 변속기의 기어를 변속할 때 엔진의 동력을 일시 차단한다.

③ 관성운전을 가능하게 한다.

    ㉮ 관성운전이란 주행 중 내리막길이나 신호등을 앞에 두고 가속 페달에서 발을 떼면 특정속도로 떨어질 때까지 연료공급이 차단되고 관성력에 의해 주행하는 운전을 말한다.

    ㉯ 가속 페달에서 발을 떼면 특정속도로 떨어질 때까지 연료공급이 차단되는 현상을 퓨얼 컷(Fuel cut)이라 한다.

#### (2) 클러치의 구비조건

① 냉각이 잘 되어 과열하지 않아야 한다.

② 구조가 간단하고, 다루기 쉬우며 고장이 적어야 한다.

③ 회전력 단속 작용이 확실하며, 조작이 쉬워야 한다.

④ 회전부분의 평형이 좋아야 한다.

⑤ 회전관성이 적어야 한다.

#### (3) 클러치가 미끄러지는 경우 등

① 클러치가 미끄러지는 원인

    ㉮ 클러치 페달의 자유간극(유격)이 없다.

    ㉯ 클러치 디스크의 마멸이 심하고 오일이 묻어 있다.

    ㉰ 클러치 스프링의 장력이 약하다.

② 클러치가 미끄러질 때의 영향

    ㉮ 연료 소비량이 증가한다.

    ㉯ 엔진이 과열한다.

    ㉰ 등판능력이 감소한다.

    ㉱ 구동력이 감소하여 출발이 어렵고, 증속이 잘 되지 않는다.

③ 클러치 차단이 잘 안 되는 원인

    ㉮ 클러치 페달의 자유간극이 크다.

    ㉯ 릴리스 베어링이 손상되었거나 파손되었다.

    ㉰ 클러치 디스크의 흔들림이 크다.

㉱ 유압장치에 공기가 혼입되었다.
㉲ 클러치 구성부품이 심하게 마멸되었다.

## 2 변속기

### (1) 변속기의 필요성

① 엔진과 차축 사이에서 회전력을 변환시켜 전달한다.
② 엔진을 시동할 때 엔진을 무부하 상태로 한다.
③ 자동차를 후진시키기 위하여 필요하다.

### (2) 변속기의 구비조건

① 가볍고, 단단하며, 다루기 쉬워야 한다.
② 조작이 쉽고, 신속 확실하며, 작동시 소음이 작아야 한다.
③ 연속적으로 또는 자동적으로 변속이 되어야 한다.
④ 동력전달 효율이 좋아야 한다.

### (3) 자동변속기 : 클러치와 변속기의 작동이 자동차의 주행속도나 부하에 따라 자동적으로 이루어지는 장치를 말한다.

① 장점
㉮ 기어변속이 자동으로 이루어져 운전이 편리하다.
㉯ 발진과 가 · 감속이 원활하여 승차감이 좋다.
㉰ 조작 미숙으로 인한 시동 꺼짐이 없다.
㉱ 유체가 댐버(쇽 업소버) 역할을 하기 때문에 충격이나 진동이 없다.
② 단점
㉮ 구조가 복잡하고 가격이 비싸다.
㉯ 차를 밀거나 끌어서 시동을 걸 수 없다.
㉰ 연료 소비율이 약 10% 정도 많아진다.

### (4) 자동변속기의 오일 색깔

① 정상 : 투명도가 높은 붉은 색
② 갈색 : 가혹한 상태에서 사용되거나, 장시간 사용한 경우
③ 투명도가 없어지고 검은 색을 띨 때 : 자동변속기 내부의 클러치 디스크의 마멸분말에 의한 오손, 기어가 마멸된 경우
④ 니스 모양으로 된 경우 : 오일이 매우 고온에 노출된 경우
⑤ 백색 : 오일에 수분이 다량으로 유입되는 경우

## 3 타이어

### (1) 주요기능

① 자동차의 하중을 지탱하는 기능
② 엔진의 구동력 및 브레이크의 제동력을 노면에 전달 기능

③ 노면으로부터 전달되는 **충격을 완화시키는 기능**

## (2) 튜브리스 타이어(튜브 없는 타이어)

① 자동차의 고속 주행 중 타이어의 **펑크 위험**으로부터 운전자와 자동차를 보호하기 위해 개발된 타이어를 말한다.

② **장 · 단점**

㉮ 튜브 타이어에 비해 공기압을 유지하는 성능이 좋다.

㉯ 못에 찔려도 공기가 급격히 새지 않는다.

㉰ 타이어 내부의 공기가 직접 림에 접촉하고 있기 때문에 주행 중에 발생하는 열의 발산이 좋아 발열이 적다.

㉱ 튜브 물림 등 튜브로 인한 고장이 없다.

㉲ 튜브 조립이 없으므로 펑크 수리가 간단하고 작업능률이 향상된다.

㉳ 림이 변형되면 타이어와의 밀착이 불량하여 공기가 새기 쉽다.(단점)

㉴ 유리 조각 등에 의해 손상되면 수리하기가 어렵다.(단점)

## (3) 타이어의 형상에 따라 바이어스 타이어, 레디얼 타이어, 스노우 타이어로 구분되며, 그 특성은 다음과 같다.

① 레디얼 타이어

㉮ 접지면적이 크다.

㉯ 타이어 수명이 길다.

㉰ 트레드가 하중에 의한 변형이 적다.

㉱ 회전할 때에 구심력이 좋다.

㉲ 스탠딩 웨이브 현상이 잘 일어나지 않는다.

㉳ 고속으로 주행할 때에는 안전성이 크다.

㉴ 충격을 흡수하는 강도가 작아 승차감이 좋지 않다.

㉵ 저속으로 주행할 때에는 조향 핸들이 다소 무겁다.

② 스노우 타이어

㉮ 스핀을 일으키면 견인력 감소하므로 출발을 천천히 한다.

㉯ 구동 바퀴에 걸리는 하중을 크게 해야 한다.

㉰ 트레드 부가 50% 이상 마멸되면 제 기능을 발휘 못한다.

## (4) 타이어의 특성

① 스탠딩 웨이브 현상(Standing Wave)

㉮ **발생현상** : 자동차가 고속으로 주행하여 타이어의 회전속도가 빨라지면 접지부에서 받은 타이어의 변형(주름)이 다음 접지 시점까지도 복원되지 않고 접지의 뒤쪽에 진동의 물결이 일어나는 현상

㉯ **속도와 차종의 관계** : 일반구조의 승용차용 타이어의 경우 대략 150km/h 전후의 주행속도(150km/h 이하의 저속력)에서 이러한 스탠딩 웨이브 현상이 발생한다.

② 수막현상(Hydroplaning)

    ㉮ **발생개요** : 자동차가 물이 고인 노면을 고속으로 주행할 때 타이어는 요철용무늬(그루브) 사이에 있는 물을 배수하는 기능이 감소되어 물의 저항에 의해 노면으로부터 떠올라 물 위를 미끄러지듯이 되는 현상이 발생하게 되는 현상이다.

    ㉯ **발생현상** : 수막현상은 수상 스키와 같은 원리에 의한 것으로 타이어 접지면의 앞쪽에서 물의 수막이 침범하여 그 압력에 의해 타이어가 노면으로부터 떨어지는 현상이다. 물의 압력은 자동차 속도의 두 배 그리고 유체 밀도에 비례한다.

    ㉰ **주행 속도와 발생관계**

        ㉠ **시속 80km로 주행할 경우** : 타이어의 옆면으로 물이 파고들기 시작하여 부분적으로 수막현상을 일으킨다.

        ㉡ **시속 100km로 주행할 경우** : 노면과 타이어가 분리되어 수막현상을 일으킨다.

        ※ **임계속도** : 타이어가 완전히 떠오를 때의 속도를 임계속도라 한다.

    ㉱ 수막현상 발생 시 주행저해 및 요인

        ㉠ 구동력이 전달되지 않는 축의 타이어는 물과의 저항에 의해 회전속도가 감소되고

        ㉡ 구동축은 공회전과 같은 상태가 되기 때문에 자동차는 관성력만으로 활주하는 것이 되어 제동력은 물론 모든 타이어 본래의 운동기능이 소실되어 핸들에 의해서 자동차를 통제할 수 없게 된다.

        ㉢ 발생하는 최저의 물 깊이는 타이어의 속도, 타이어의 마모 정도, 노면의 거침 등에 따라 다르지만 2.5mm ~10mm 정도라고 보여지고 있다.

    ㉲ **수막현상방지를 위한 주의사항**

        ㉠ 저속 주행

        ㉡ 마모된 타이어를 사용하지 않는다.

        ㉢ 공기압을 조금 높게 한다.

        ㉣ 배수효과가 좋은 타이어를 사용한다(리브형).

## 제2절 완충(현가)장치

완충(현가)장치는 주행 중 노면으로부터 발생하는 진동이나 충격을 완화시켜 차체나 각 장치에 직접 전달하는 것을 방지하는 장치로 차체나 화물의 손상을 방지하고, 승차감과 자동차의 주행 안전성을 향상시키는 역할을 한다.

### 1 완충(현가)장치의 주요기능

① 적정한 자동차의 **높이**를 유지한다.

② 차체가 **노면**에서 받는 **충격**을 완화시킨다.

③ 올바른 **휠 얼라인먼트**와 타이어의 **접지상태**를 유지한다.

④ 차체의 **무게**를 지지하며, **주행방향**을 일부 조정한다.

## **2** 완충(현가)장치의 구성

(1) **스프링** : 차체와 차축 사이에 설치되어 주행 중 노면에서의 충격이나 진동을 흡수하여 차체에 전달되지 않게 하는 것

① **판 스프링** : 판 스프링은 적당히 구부린 띠 모양의 스프링 강을 몇 장 겹쳐 그 중심에서 볼트로 조인 것을 말한다. 버스나 화물차에 사용한다.

② **코일 스프링** : 코일 스프링은 스프링 강을 코일 모양으로 감아서 제작한 것으로 외부의 힘을 받으면 비틀린다.

③ **토션 바 스프링** : 토션 바 스프링은 비틀었을 때 탄성에 의해 원위치하려는 성질을 이용한 스프링 강의 막대이다.

④ **공기 스프링** : 공기의 탄성을 이용한 스프링으로 다른 스프링에 비해 유연한 탄성을 얻을 수 있고, 노면으로부터의 작은 진동도 흡수할 수 있다.

(2) **쇽 업소버** : 노면에서 발생한 스프링의 진동을 재빨리 흡수하여 승차감을 향상시키고 동시에 스프링의 피로를 줄이기 위해 설치하는 장치이다.

(3) **스태빌라이저** : 좌·우 바퀴가 동시에 상·하 운동을 할 때에는 작용을 하지 않으나 좌·우 바퀴가 서로 다르게 상·하 운동을 할 때 작용하여 차체의 기울기를 감소시켜 주는 장치이다.

※ 커브 길에서 자동차가 선회할 때 원심력 때문에 차체가 기울어지는 것을 감소시켜 차체가 롤링(좌·우 진동)하는 것을 방지하여 준다.


## 제3절 조향장치

### **1** 조향장치의 구비조건

① 조향조작이 주행 중의 충격에 영향을 받지 않아야 한다.
② 조작이 쉽고, 방향 전환이 원활하게 이루어져야 한다.
③ 진행방향을 바꿀 때 섀시 및 바디 각 부에 무리한 힘이 작용하지 않아야 한다.
④ 고속주행에서도 조향조작이 안정적이어야 한다.
⑤ 조향 핸들의 회전과 바퀴 선회 차이가 크지 않아야 한다.
⑥ 수명이 길고 정비하기 쉬워야 한다.

### **2** 조향장치의 고장원인

(1) **조향 핸들이 무거운 원인**

① 타이어의 공기압과 조향기어 박스 내의 오일이 부족하다.
② 조향기어의 톱니바퀴가 마모되었다.
③ 앞바퀴의 정렬 상태가 불량하다.
④ 타이어의 마멸이 과도하다.

(2) **조향 핸들이 한 쪽으로 쏠리는 원인**

① 타이어의 공기압이 불균일하다.
② 앞바퀴의 정렬 상태가 불량하다.
③ 쇽업소버의 작동 상태가 불량하다.
④ 허브 베어링의 마멸이 과다하다.

**3** **동력조향장치**

엔진의 동력으로 오일펌프를 구동시켜 발생한 유압을 이용하여 조향핸들이 조작력을 경감시키는 장
치를 말한다.

## (1) 장점

① 조향 조작력이 작아도 되며 조향조작이 신속 경쾌하다.

② 노면에서 발생한 충격 및 진동을 흡수한다.

③ 앞바퀴의 시미현상(바퀴가 좌 · 우로 흔들리는 현상)을 방지할 수 있다.

## (2) 단점

① 기계식에 비해 구조가 복잡하고 값이 비싸다.

② 고장이 발생한 경우에는 정비가 어렵다.

③ 오일펌프 구동에 엔진의 출력이 일부 소비된다.

**4** **휠 얼라이먼트**

자동차 앞부분을 지지하는 앞바퀴는 어떤 기하학적인 각도 관계를 가지고 설치되어 있으며, 여기에
는 캠버, 캐스터, 토인, 조향축(킹 핀) 경사각 등이 있다.

## (1) 휠 얼라이먼트의 역할

① 조향 핸들의 조작을 확실하게 하고 안전성을 준다 : 캐스터의 작용

② 조향 핸들에 복원성을 부여한다 : 캐스터와 조향축(킹 핀) 경사각의 작용

③ 조향 핸들의 조작을 가볍게 한다 : 캠버와 조향축(킹 핀) 경사각의 작용

④ 타이어 마멸을 최소로 한다 : 토인의 작용

## (2) 휠 얼라인먼트가 필요한 시기

① 자동차 하체가 충격을 받았거나 사고가 발생한 경우

② 타이어를 교환한 경우와 타이어 편마모가 발생한 경우

③ 자동차가 한 쪽으로 쏠림현상이 발생한 경우

④ 자동차에서 롤링(좌 · 우 진동)이 발생한 경우

⑤ 핸들이나 자동차의 떨림이 발생한 경우

## (3) 캠버(Camber) : 자동차를 앞에서 보았을 때 앞바퀴가 수직선에 대해 어떤 각도를 두고 설치되어 있는 것을 말한다.

## (4) 캐스터(Caster) : 자동차 앞바퀴를 옆에서 보았을 때 앞 차축을 고정하는 조향축(킹 핀)이 수직선과 어떤 각도를 두고 설치되어 있는 것을 말한다.

## (5) 토인(Toe-in) : 자동차 앞바퀴를 위에서 내려다보면 양쪽 바퀴의 중심선 사이의 거리가 앞쪽이 뒤쪽보다 약간 작게 되어 있는 것을 말한다.

## (6) 조향축(킹 핀) 경사각

① 캠버와 함께 조향핸들의 조작을 가볍게 한다.

② 캐스터와 함께 앞바퀴에 복원성을 부여하여 직진 방향으로 쉽게 되돌아가게 한다.

③ 앞바퀴가 시미 현상(바퀴가 좌 · 우로 흔들리는 현상)을 일으키지 않도록 한다.

**제4절** 제동장치(풋브레이크와 주차브레이크)

**1** 공기식 브레이크(버스나 트럭 등 대형차에 사용)

(1) **공기 압축기 :** 엔진 회전수의 1/2로 회전하여 압축공기를 만들며 실린더 헤드에 언로더 밸브가 설치되어 압력조정기와 함께 공기탱크 내의 압력을 일정하게 유지하고 필요 이상으로 압축기가 구동되는 것을 방지한다.

(2) **공기 탱크 :** 사이드 멤버에 설치되어 압축된 공기를 저장하며 탱크 내의 공기압력은 5~7kgf/cm²이다. 탱크에 안전밸브가 설치되어 탱크 내의 압력을 규정압력 이상이 되면 자동으로 대기 중에 방출하여 안전을 유지한다.

(3) **릴레이 밸브 :** 브레이크 밸브에서 공기를 공급하면 배출 밸브를 닫고 공기 밸브를 열어, 뒤 브레이크 체임버에 압축공기를 보낸다.

(4) **브레이크 체임버 :** 각 바퀴마다 설치되어 있으며, 다이어프램 한쪽 면에는 푸시로드가 설치되어 브레이크가 작동되지 않을 때에는 리턴 스프링에 의해 한쪽으로 밀려져 있다. 브레이크 페달을 밟아 압축공기가 들어오면 스프링 장력을 이기고 다이어프램이 푸시로드를 밀어 브레이크 캠을 작동시켜 브레이크 작용을 하게 된다. 페달을 놓으면 다이어프램 리턴 스프링에 의해 제자리로 돌아와 브레이크 작용이 풀리게 된다.

(5) **저압 표시기 :** 공기식 브레이크의 공기 압력이 규정보다 낮은 것을 알려주는 일을 한다. 저압표시 장치에서는 붉은 색의 경고등을 점등하고 동시에 부저를 울리게 하고 있다.

(6) **체크 밸브 :** 탱크 내의 압력이 규정 값이 되어 공기 압축기에서 압축공기가 공급되지 않을 때에는 밸브를 닫아 탱크 내의 공기가 새지 않도록 한다.

공기식 브레이크와 유압 배력식 브레이크의 비교

| 구분 | 유압 배력식 브레이크 | 공기식 브레이크 |
|---|---|---|
| 차량 중량 | 제한을 받는다. | 제한을 받지 않는다. |
| 오일 및 공기의 누설 | 누설되면 유압이 현저하게 저하되어 위험하다. | 다소 누출되어도 제동성능이 저하되지 않는다. |
| 마찰열 | 베이퍼 록이 발생한다. | 베이퍼 록의 발생 염려가 없다. |
| 제동력 | 페달의 밟는 힘에 따라 변화한다. | 페달의 밟는 양에 따라 변화한다. |
| 에너지 소비 | 에너지 소비가 작다. | 공기 압축기 구동에 많은 에너지가 소비된다. |
| 정비성 | 구조가 간단하여 정비하기 쉽다. | 구조가 복잡하여 정비하기 어렵다. |
| 경제성 | 저가이다. | 비교적 고가이다. |

🚌 **공기식 브레이크 장 · 단점**

1. 장점
   ① 자동차 중량에 제한을 받지 않는다.
   ② 공기가 다소 누출되어도 제동성능이 현저하게 저하되지 않아 안전도가 높다.
   ③ 베이퍼 록 현상이 발생할 염려가 없다.
   ④ 페달을 밟는 양에 따라 제동력이 조절된다.
   ⑤ 압축공기의 압력을 높이면 더 큰 제동력을 얻을 수 있다.
2. 단점
   ① 구조가 복잡하고 유압 브레이크보다 값이 비싸다.
   ② 엔진출력을 사용하므로 연료소비량이 많다.

## 2 ABS(Anti-lock Break System)

(1) **기능 :** 자동차 주행 중 제동할 때 타이어의 고착 현상을 미연에 방지하여 노면에 달라붙는 힘을 유지하므로 사전에 사고의 위험성을 감소시키는 예방 안전장치이다.

(2) **ABS의 특징**
   ① 바퀴의 미끄러짐이 없는 제동 효과를 얻을 수 있다.
   ② 자동차의 방향 안정성, 조종성능을 확보해 준다.
   ③ 앞바퀴의 고착에 의한 조향 능력 상실을 방지한다.
   ④ 노면이 비에 젖더라도 우수한 제동효과를 얻을 수 있다.

## 3 감속 브레이크

(1) **감속 브레이크 :** 풋 브레이크의 보조로 사용되는 브레이크로 자동차가 고속화 및 대형화함에 따라 풋 브레이크를 자주 사용하는 것은 베이퍼 록이나 페이드 현상이 발생할 가능성이 높아져 안전한 운전을 할 수 없게 됨에 따라 개발된 것이다.

   ① 엔진 브레이크 : 엔진의 회전 저항을 이용한 것으로 언덕길을 내려갈 때 가속 페달을 놓거나, 저속기어를 사용하면 회전저항에 의한 제동력이 발생한다.
   ② 제이크 브레이크 : 엔진 내 **피스톤 운동을 억제**시키는 브레이크로 일부 피스톤 내부의 **연료분사**를 차단하고 강제로 배기밸브를 개방하여 작동이 줄어든 피스톤 운동량만큼 엔진의 출력이 저하되어 제동력이 발생한다.
   ③ 배기 브레이크 : 배기관 내에 설치된 밸브를 통해 배기가스 또는 공기를 압축한 후 배기 파이프 내의 압력이 배기 밸브 스프링 장력과 평형이 될 때까지 높게 하여 제동력을 얻는다.
   ④ 리타터 브레이크 : 별도의 오일을 사용하고 기어자체에 작은 터빈(자동변속기) 또는 별도의 리타터용 터빈(수동변속기)이 장착되어 유압을 이용하여 동력이 전달되는 회전방향과 반대로 터빈을 작동시켜 제동력을 발생시키는 브레이크로 **풋 브레이크를 사용하지 않고 80~90%의 제동력을 얻을 수 있으나**, 엔진의 저속회전 시(낮은 RPM)에서는 제동력이 낮다.

(2) **장점**
   ① 풋 브레이크를 사용하는 횟수가 줄기 때문에 주행할 때의 안전도가 향상되고, 운전자의 피로를 줄일 수 있다.
   ② 브레이크 슈, 드럼 혹은 타이어의 마모, 클러치 관련 부품의 마모가 감소한다.

# 제5장   자동차검사 및 보험

## 제1절  자동차검사

### 1  자동차검사의 필요성

① 자동차 결함으로 인한 교통사고 예방으로 국민의 생명 보호
② 자동차 배출가스로 인한 대기환경개선
③ 불법개조 등 안전기준 위반 차량 색출로 운행 및 거래질서 확립
④ 자동차보험 미가입 자동차의 교통사고로부터 국민피해 예방

### 2  자동차종합검사(배출가스 검사 + 안전도 검사)

자동차 정기검사와 배출가스 정밀검사 및 특정경유자동차 배출가스 검사의 검사 항목을 하나의 검사로 통합하고 검사 시기를 자동차 정기검사 시기로 통합하여 한 번의 검사로 모든 검사가 완료되도록 함으로써 자동차검사로 인한 국민의 불편을 최소화하고 편익을 도모하기 위해 시행하는 제도이다.

#### (1) 대상자동차 및 검사 유효기간(자동차종합검사의 시행 등에 관한 규칙 별표1)

| 검사 대상 | | 적용 차량 | 검사 유효기간 |
|---|---|---|---|
| 승용자동차 | 비사업용 | 차령이 4년 초과인 자동차 | 2년 |
| | 사업용 | 차령이 2년 초과인 자동차 | 1년 |
| 경형 · 소형의 승합 및 화물자동차 | 비사업용 | 차령이 3년 초과인 자동차 | 1년 |
| | 사업용 | 차령이 2년 초과인 자동차 | 1년 |
| 사업용 대형화물자동차 | | 차령이 2년 초과인 자동차 | 6개월 |
| 사업용 대형승합자동차 | | 차령이 2년 초과인 자동차 | 차령 8년까지는 1년, 이후부터는 6개월 |
| 중형 승합자동차 | 비사업용 | 차령이 3년 초과인 자동차 | 차령 8년까지는 1년, 이후부터는 6개월 |
| | 사업용 | 차령이 2년 초과인 자동차 | 차령 8년까지는 1년, 이후부터는 6개월 |
| 그 밖의 자동차 | 비사업용 | 차령이 3년 초과인 자동차 | 차령 5년까지는 1년 이후부터는 6개월 |
| | 사업용 | 차령이 2년 초과인 자동차 | 차령 5년까지는 1년 이후부터는 6개월 |

(주) 1. 검사 유효기간이 6개월인 자동차의 경우 종합검사 중 자동차 관리법에 따른 자동차 배출가스 정밀검사 분야의 검사는 1년마다 받는다.
2. 사업용 자동차란 여객자동차운수사업법에 따른 여객자동차운수사업 또는 화물자동차운수사업법에 따른 화물자동차 운수사업에 사용되는 자동차.
3. 최초로 종합검사를 받아야 하는 날은 위 표의 적용차령 후 처음으로 도래하는 정기검사 유효기간 만료일로 한다. 다만, 자동차가 정기검사를 받지 아니하여 정기검사기간이 경과된 상태에서 적용차령이 도래한 자동차가 최초로 종합검사를 받아야 하는 날은 적용차령 도래일로 한다.

#### (2) 자동차종합검사 유효기간

① 검사 유효기간 계산 방법

㉮ 「자동차관리법」에 따라 신규등록을 하는 경우 : 신규등록일부터 계산

　　　　㉯ 자동차종합검사기간 내에 종합검사를 신청하여 적합 판정을 받은 경우 : 직전 검사 유효기간 마지막 날의 다음 날부터 계산

　　　　㉰ 자동차종합검사기간 전 또는 후에 자동차종합검사를 신청하여 적합판정을 받은 경우 : 자동차 종합검사를 받은 날의 다음 날부터 계산

　　　　㉱ 재검사 결과 적합 판정을 받은 경우 : 자동차종합검사를 받은 것으로 보는 날의 다음 날부터 계산

　　② 자동차 소유자가 자동차종합검사를 받아야 하는 기간

　　　　㉮ 자동차종합검사 유효기간의 마지막 날(검사 유효기간을 연장하거나 검사를 유예한 경우에는 그 연장 또는 유예된 기간의 마지막 날) **전후 각각 31일** 이내에 받아야 한다.

　　　　㉯ **소유권 변동** 또는 **사용본거지 변경** 등의 사유로 자동차종합검사의 대상이 된 자동차 중 자동차 정기검사의 기간 중에 있거나 자동차 정기검사의 기간이 지난 자동차는 **변경등록을 한 날부터 62일 이내**에 자동차종합검사를 받아야 한다.

(3) **자동차종합검사 재검사기간**

　　① 자동차종합검사기간 내에 종합검사를 신청한 경우 : 부적합 판정을 받은 날부터 자동차종합검사 기간 만료 후 10일 이내

　　② 자동차종합검사기간 전 또는 후에 종합검사를 신청한 경우 : 부적합 판정을 받은 날의 다음날부터 10일 이내

　　③ 자동차종합검사 재검사기간 내에 적합 판정을 받은 자동차 : 자동차종합검사 결과표 또는 자동차 기능 종합진단서를 받은 날에 자동차종합검사를 받은 것으로 본다.

　　④ 자동차종합검사 결과 부적합 판정을 받은 자동차의 소유자가 재검사기간 내에 재검사를 신청하지 아니한 경우 또는 재검사기간 내에 재검사를 신청하였으나 그 기간 내에 적합 판정을 받지 못한 경우 : 종합검사를 받지 아니한 것으로 본다.

　　⑤ 자동차종합검사 결과 부적합 판정을 받은 자동차가 특정경유자동차의 배출허용기준에 맞는지에 대한 검사가 면제되는 경우 : 자동차 배출가스 정밀검사 분야에 대해서는 재검사기간 내에 적합 판정을 받은 것으로 본다.

(4) **자동차종합검사를 받지 아니한 경우의 과태료 부과기준**

　　① 자동차종합검사를 받아야 하는 기간만료일부터 30일 이내인 경우 : 4만원

　　② 자동차종합검사를 받아야 하는 기간만료일부터 30일 초과 114일 이내인 경우 : 4만원에 31일째부터 계산하여 3일 초과 시마다 2만원 추가

　　③ 자동차종합검사를 받아야 하는 기간만료일부터 115일 이상인 경우 : 60만원

(5) **자동차종합검사 유효기간 연장**

　　① 검사 유효기간 연장사유에 해당하는 경우

　　　　㉮ 전시·사변 또는 이에 준하는 비상사태로 인하여 관할지역에서 자동차종합검사 업무를 수행할 수 없다고 판단되는 경우(대상 자동차, 유예기간 및 대상 지역 등이 공고된 경우만 해당한다)

㉱ 자동차를 도난당한 경우, 사고발생으로 인하여 자동차를 장기간 정비할 필요가 있는 경우, 형사소송법 등에 따라 자동차가 압수되어 운행할 수 없는 경우, 운전면허 취소 등으로 인하여 자동차를 운행할 수 없다고 인정되는 경우

　　㉲ 자동차 소유자가 폐차를 하려는 경우

　② 자동차종합검사 유효기간 연장을 위한 서류

　　㉮ 공통서류 : 자동차등록증 부적합자동차는 자동차종합검사 결과표 또는 자동차기능 종합진단서 추가

　　㉯ 자동차의 도난, 사고, 압류, 등록번호판 영치 등 부득이한 사유가 있는 경우

　　　㉠ 경찰관서에서 발급하는 도난신고 확인서

　　　㉡ 시장·군수·구청장, 경찰서장, 소방서장, 보험사 등이 발생한 사고사실증명서류

　　　㉢ 정비업체에서 발생한 정비예정증명서

　　　㉣ 행정처분서

　　　㉤ 시장·군수·구청장(읍·면·동·이장을 포함)이 확인한 섬 지역 장기체류 확인서

　　　㉥ 병원입원 또는 해외출장 등 그 밖의 부득이한 사유가 있는 경우에는 그 사유를 객관적으로 증명할 수 있는 서류

　　㉰ 자동차 소유자가 폐차를 하는 경우 : 폐차인수증명서

　　㉱ 연장 또는 유예기간 : 연장 또는 유예 사유가 인정되는 날까지 연장이 가능하나, 자동차 소유자가 폐차를 하려는 경우에 대해서는 1회만 허용되며, 1개월 이내로 함

## 3 자동차 정기검사(안전도 검사)

「자동차관리법」에 따라 종합검사 시행지역 외의 지역에 대하여 안전도 분야에 대한 검사를 시행하며, 배출가스검사는 공회전 상태에서 배출가스 측정한다.

### (1) 검사유효기간(규칙 별표 15의2)

| 구 분 | | 검사유효기간 |
|---|---|---|
| 비사업용 승용자동차 및 피견인 자동차 | | 2년(신조차로서 「자동차관리법」 제43조제5항에 따른 신규검사를 받은 것으로 보는 자동차의 최초검사유효기간은 4년) |
| 사업용 승용자동차 | | 1년(신조차로서 「자동차관리법」 제43조제5항에 따른 신규검사를 받은 것으로 보는 자동차의 최초검사유효기간은 2년) |
| 경형·소형의 승합 및 화물자동차 | | 1년 |
| 사업용 대형 화물자동차 | 차령이 2년 이하인 경우 | 1년 |
| | 차령이 2년 초과인 경우 | 6월 |
| 중형 승합자동차 및 사업용 대형 승합자동차 | 차령이 8년 이하인 자동차 | 1년 |
| | 차령이 8년 초과인 자동차 | 6월 |
| 그 밖의 자동차 | 차령이 5년 이하인 경우 | 1년 |
| | 차령이 5년 초과인 경우 | 6월 |

(주) 10인 이하를 운송하기에 적합하게 제작된 자동차로서 2000년 12월 31일 이전에 등록된 승합자동차의 경우에는 승용자동차의 검사유효기간을 적용하되, 그 내부의 특수한 설비로 인하여 승차인원이 10인 이하로 된 자동차, 경형승합자동차로서 승차인원이 10인 이하인 전방조종자동차, 캠핑용 자동차 또는 캠핑용 트레일러는 제외

## (2) 사업용 대형 승합자동차 검사 기관(규칙 별표 18)

| 검사 업무의 범위 | 자동차 종합정비업자 | 소형 자동차 종합 정비업자 |
|---|---|---|
| | 차령이 6년을 초과한 사업용 대형 승합자동차를 제외한 모든 자동차에 대한 정기검사 | 승용자동차와 경형 및 소형의 승합·화물·특수자동차에 대한 정기검사 |

## (3) 검사방법 및 항목 : 종합검사의 안전도 검사 분야의 검사방법 및 검사항목과 동일하게 시행

## (4) 정기검사 미 시행에 따른 과태료

① 정기검사를 받아야 하는 기간만료일부터 30일 이내인 경우 : 4만원

② 정기검사를 받아야 하는 기간만료일부터 30일 초과 114일 이내인 경우 : 4만원에 31일째부터 계산하여 3일 초과 시마다 2만원 추가

③ 정기검사를 받아야 하는 기간만료일부터 115일 이상인 경우 : 60만원

## 4 튜닝검사

튜닝의 승인을 받은 날부터 45일 이내에 한국교통안전공단 자동차검사소에서 안전기준 적합여부 및 승인받은 내용대로 변경하였는가에 대하여 검사를 받아야 하는 일련의 행정절차를 말한다.

## (1) 튜닝 승인구비서류

① 튜닝승인신청서 : 자동차 소유자가 신청, 대리인인 경우 소유자(운송회사)의 위임장 및 인감증명서 첨부 필요

② 튜닝 전·후 주요제원 대비표

③ 튜닝 전·후 자동차의 외관도 : 외관도 및 설계도면에 변경내용(축간거리, 승객좌석간 거리등)이 정확히 표시·기재되어 있어야 함

④ 튜닝하려는 구조·장치의 설계도 : 특수한 장치 등을 설치할 경우 장치에 대한 상세도면 또는 설계도 포함

## (2) 튜닝승인 불가 항목

① 차량의 총 중량이 증가되는 튜닝

② 승차정원이 증가하는 승차장치 튜닝

③ 자동차의 종류가 변경되는 튜닝

④ 변경 전보다 성능 또는 안전도가 저하될 우려가 있는 경우의 튜닝

※ 튜닝 승인은 승인신청 접수일로부터 10일 이내 처리된다.

## (3) 튜닝승인 대상 항목 등

| 구분 | 승인 대상 | 승인 불필요 대상 |
|---|---|---|
| 구조 | • 길이·너비 및 높이(범퍼, 라디에이터그릴 등 경미한 외관변경의 경우 제외)<br>• 총중량 | • 최저지상고<br>• 중량분포<br>• 최대안전경사각도<br>• 최소회전반경<br>• 접지부분 및 접지압력 |

| 구분 | 승인 대상 | 승인 불필요 대상 |
|---|---|---|
| 장치 | • 원동기(동력발생장치) 및 동력전달장치<br>• 주행장치(차축)  • 조향장치  • 제동장치<br>• 연료장치  • 차체 및 차대<br>• 연결장치 및 견인장치<br>• 승차장치 및 물품적재장치<br>• 소음방지장치<br>• 배기가스발산방지장치<br>• 전조등 · 번호등 · 후미등 · 제동등 · 차폭등 · 후퇴등 기타 등화장치<br>• 내압용기 및 그 부속장치<br>• 기타 자동차의 안전 운행에 필요한 장치로서 국토해양부령이 정하는 장치 | • 조종장치<br>• 완충장치<br>• 전기 · 전자장치<br>• 창유리<br>• 경음기 및 경보장치<br>• 방향지시등 기타 지시장치<br>• 후사경 · 창닦이기 기타 시야를 확보하는 장치<br>• 속도계 · 주행거리계 기타 계기<br>• 소화기 및 방화장치 |

(주) 공통사항 : 「자동차관리법」 제29조 제1항에 따른 자동차안전기준에 적합하여야 함

※ 벌칙 : 1년 이하의 징역 또는 1천만원 이하의 벌금

### (4) 튜닝검사 신청서류

① 자동차등록증　　　　　　　② 튜닝승인서

③ 튜닝 전 · 후의 주요제원대비표　　④ 튜닝 전 · 후의 자동차 외관도(외관변경이 있는 경우)

⑤ 튜닝하려는 구조 · 장치의 설계도

## 5 임시검사

### (1) 임시검사를 받는 경우

① 불법튜닝 등에 대한 안전성 확보를 위한 검사

② 사업용 자동차의 차령연장을 위한 검사

③ 자동차 소유자의 신청을 받아 시행하는 검사

### (2) 임시검사 신청서류

① 자동차검사신청서

② 자동차등록증

③ 자동차점검 · 정비 · 검사 또는원상복구명령서(해당하는 경우만 첨부)

## 6 신규검사

수입자동차, 일시 말소 후 재등록하고자 하는 자동차 등 신규등록을 하고자 할 때 받는 검사

### (1) 신규검사를 받아야 하는 경우

① 「여객자동차운수사업법」에 의하여 면허, 등록, 인가 또는 신고가 실효하거나 취소되어 말소한 경우

② 자동차를 교육 · 연구목적으로 사용하는 등 대통령령이 정하는 사유에 해당하는 경우

　㉮ 자동차 자기인증을 하기 위해 등록한 자

　㉯ 국가간 상호인증 성능시험을 대행할 수 있도록 지정된 자

　㉰ 자동차 연구개발 목적의 기업부설연구소를 보유한 자

　㉱ 해외자동차업체와 계약을 체결하여 부품개발 등의 개발업무를 수행하는 자

　　　　㉑ 전기자동차 등 친환경·첨단미래형 자동차의 개발·보급을 위하여 필요하다고 국토해양부장
　　　　　관이 인정하는 자
　　③ 자동차의 차대번호가 등록원부상의 차대번호와 달라 직권 말소된 자동차
　　④ 속임수나 그 밖의 부정한 방법으로 등록되어 말소된 자동차
　　⑤ 수출을 위해 말소한 자동차
　　⑥ 도난당한 자동차를 회수한 경우

## (2) 신규검사 신청서류

　　① 신규검사 신청서
　　② 제원표(이미 자기 인증된 자동차와 같은 제원의 자동차인 경우 제원표 첨부 생략 가능)
　　③ 출처증명서류[말소사실증명서 또는 수입신고서, 자기인증 면제확인서(자기인증 면제대상 차량
　　　에 한 함)]


# 제2절 자동차 보험 및 공제

## ■ 자동차 보험 및 공제 미가입에 따른 과태료

(1) 자동차 운행으로 다른 사람이 사망하거나 부상한 경우에 피해자(피해자가 사망한 경우에는 손해
　　배상을 받을 권리를 가진 자)에게 책임보험금을 지급할 책임을 지는 책임보험이나 책임 공제에
　　미가입한 경우

　　① 가입하지 아니한 기간이 10일 이내인 경우 : 3만원
　　② 가입하지 아니한 기간이 10일을 초과한 경우 : 3만원에 11일째부터 1일마다 8천원을 가산한 금액
　　③ 최고 한도금액 : 자동차 1대당 100만원

(2) 책임보험 또는 책임공제에 가입하는 것 외에 자동차의 운행으로 다른 사람의 재물이 멸실되거나
　　훼손된 경우에 피해자에게 사고 1건당 2천만원의 범위에서 사고로 인하여 피해자에게 발생한 손
　　해액을 지급할 책임을 지는 「보험업법」에 따른 보험이나 「여객자동차운수사업법」에 따른 공제에
　　미가입한 경우

　　① 가입하지 아니한 기간이 10일 이내인 경우 : 5천원
　　② 가입하지 아니한 기간이 10일을 초과한 경우 : 5천원에 11일째부터 1일마다 2천원을 가산한 금액
　　③ 최고 한도금액 : 자동차 1대당 30만원

(3) 책임보험 또는 책임공제에 가입하는 것 외에 자동차 운행으로 인하여 다른 사람이 사망하거나 부
　　상한 경우에 피해자에게 책임보험 및 책임공제의 배상책임한도를 초과하여 피해자 1명당 1억원
　　이상의 금액 또는 피해자에게 발생한 모든 손해액을 지급할 책임을 지는 보험업법에 따른 보험이
　　나 여객자동차운수사업법에 따른 공제에 미가입한 경우

　　① 가입하지 아니한 기간이 10일 이내인 경우 : 3만원
　　② 가입하지 아니한 기간이 10일을 초과한 경우 : 3만원에 11일째부터 1일마다 8천원을 가산한 금액
　　③ 최고 한도금액 : 자동차 1대당 100만원

제1장 자동차 관리

**01** 자동차를 운행하는 사람이 매일 자동차를 운행하기 전에 실시하여야 하는 점검의 용어는?

① 일상점검     ② 수시점검
③ 정기점검     ④ 정밀점검

**02** 운전자가 일상점검 할 때의 주의사항으로 틀린 것은?

① 경사가 없는 평탄한 장소에서 점검을 한다.
② 점검 장소는 환기가 잘 되지 않아도 된다.
③ 엔진 시동 상태에서 점검을 하면 아니 된다.
④ 배터리, 전기 배선을 만질 때에는 미리 배터리의 ⊖단자를 분리한다.

**03** 다음 중 올바른 소화기 사용방법에 해당하지 않는 것은?

① 바람을 등지고 소화기의 안전핀을 제거한다.
② 소화기 노즐을 화재 발생장소로 향하게 한다.
③ 소화기 손잡이를 움켜쥐고 빗자루로 쓸 듯이 방사한다.
④ 차량용 소화기의 경우 정기적으로 점검할 필요는 없다.

**04** 다음 중 운행 전 안전수칙으로 잘못된 것은?

① 가까운 거리라도 안전벨트를 착용한다.
② 안전벨트는 꼬이지 않도록 착용한다.
③ 운전석 주변은 항상 깨끗이 유지한다.
④ 허리 부위의 안전벨트는 골반 위치에 착용해서는 안 된다.

**05** 다음 중 올바른 운전자세에 대하여 틀린 것은?

① 운전자 몸의 중심이 핸들 중심과 정면으로 일치되도록 한다.
② 브레이크 페달이나 클러치 페달을 끝까지 밟았을 때 약간 굽혀지도록 한다.

③ 등은 펴서 시트에 가까이 붙이고 앉는다.
④ 손목은 최대한 핸들의 가까운 곳에 닿아야 한다.

**06** 다음 중 운행 중 안전수칙으로 잘못된 것은?

① 창문 밖으로 손이나 얼굴 등을 내밀지 않도록 한다.
② 장거리 주행 중에는 수시로 엔진을 정지시켜 엔진의 부담을 덜도록 한다.
③ 터널 출구나 다리 위 돌풍에 주의한다.
④ 높이 제한이 있는 도로에서는 차량의 높이에 주의한다.

**07** 다음 중 운행 후 안전수칙으로 잘못된 것은?

① 차에서 내리거나 후진할 때에는 차 밖의 안전을 확인한다.
② 차 뒷부분이 벽 등에 닿은 상태에서 장시간 워밍업이나 고속 공회전을 하면 엔진이 냉각되기 쉽다.
③ 밀폐된 공간에서의 워밍업 또는 자동차 점검을 금한다.
④ 주정차를 하거나 워밍업을 할 경우 등에는 배기관 주변을 확인한다.

**08** 다음 중 터보차저의 고장 발생 원인이 아닌 것은?

① 윤활유 공급부족으로 인한 압축기 날개 손상
② 엔진오일 오염으로 인한 압축기 날개 손상
③ 냉각수 과다로 인한 압축기 날개 손상
④ 이물질 유입으로 인한 압축기 날개 손상

**09** 터보차저 장착차 점검을 위하여 "에어클리너 엘리먼트를 장착치 않고 고속 회전시킬 때" 어떤 고장이 발생하는가?

① 압축기 날개 손상     ② 엔진오일 오염
③ 윤활유 공급 부족     ④ 냉각수 부족

**10** 압축천연가스(CNG)의 주 성분에 해당하는 것은?

① 메탄 ($CH_4$)     ② 에탄 ($C_2H_2$)
③ 프로판 ($C_3H_8$)     ④ 부탄 ($C_4H_{10}$)

---

**제1장** 1 ①   2 ②   3 ④   4 ④   5 ④   6 ②   7 ②   8 ③   9 ①   10 ①

**11** 다음 중 가스 상태의 천연가스를 액화하면 얼마나 줄어드는가?

① 1/600로 줄어든다.　② 1/500로 줄어든다.

③ 1/400로 줄어든다.　④ 1/300로 줄어든다.

**12** 자동차 연료로서 천연가스의 특징으로 틀린 것은?

① 가스 상태로 엔진내부로 흡입되어 혼합기 형상이 용이하고, 희박연소가 가능하다.

② 불완전 연소로 인한 입자상 물질의 생성이 적다.

③ 탄소량이 많으므로 발열량당 $CO_2$ 배출량이 많다.

④ 유황분을 포함하지 않으므로 $SO_2$ 가스를 방출하지 않는다.

**13** 천연가스를 액화시켜 부피를 현저히 작게 만들어 저장 · 운반 등 사용상의 효용성을 높이기 위한 액화가스는?

① LNG(액화천연가스)

② CNG(압축천연가스)

③ ANG(흡착천연가스)

④ LPG(액화석유가스)

**14** 천연가스를 고압으로 압축하여 고압 압력용기에 저장한 기체상태의 연료의 명칭은?

① LPG(액화석유가스)

② CNG(압축천연가스)

③ LNG(액화천연가스)

④ ANG(흡착천연가스)

**15** 압축천연가스 자동차에 대한 점검 시 주의사항이 아닌 것은?

① 평소 차량에 승 · 하차할 때 가스 냄새를 확인하는 습관을 생활화한다.

② 버스 내에서는 가스가 누출되면 화재위험이 있으므로 담배를 피우지 않는다.

③ 교통사고나 화재사고가 발생하면 시동을 끈 후 계기판의 스위치 중 메인 스위치와 비상차단 스위치를 끄고 대피한다.

④ 가스를 충전할 때에는 승객이 없는 상태에서 엔진시동을 켜고 가스를 주입한다.

**16** 연료절약을 위한 경제적인 운행방법으로 틀린 것은?

① 급발진, 급가속 및 급제동 금지, 경제속도 준수

② 경제속도 준수, 불필요한 공회전 금지

③ 불필요한 화물 적재 금지

④ 창문을 열고 고속으로 주행

**17** 겨울철에 타이어에 체인을 장착하고 주행할 수 있는 속도(km/h)는?

① 50km/h 이내 또는 체인 제작사에서 추천하는 규정속도 이하로 주행

② 40km/h 이내 또는 체인 제작사에서 추천하는 규정속도 이하로 주행

③ 30km/h 이내 또는 체인 제작사에서 추천하는 규정속도 이하로 주행

④ 20km/h 이내 또는 체인 제작사에서 추천하는 규정속도 이하로 주행

**18** ABS(Anti-lock Brake System) 조작에 대한 설명으로 틀린 것은?

① 급제동할 때 노면에서 미끄러지는 현상을 방지하여 핸들의 조향성능을 유지한다.

② 급제동할 때 ABS가 정상적으로 작동하기 위해서는 브레이크 페달을 힘껏 밟고 차량이 완전히 정지할 때까지 계속 밟고 있어야 한다.

③ ABS 차량은 급제동 시 핸들 조향이 불가능하므로 주의한다.

④ ABS 경고등은 키 스위치를 ON하면 일반적으로 3초 동안 점등된 후 정상이면 경고등은 소등된다.

## 제2장　자동차 장치 사용요령

**19** 자동차 키(key)의 사용 및 관리에 대한 설명이 잘못된 것은?

① 차를 떠날 때에는 짧은 시간일지라도 안전을 위해 반드시 키를 뽑아 지참한다.

② 자동차 키에는 시동키와 화물실 전용키 2종류가 있다.

③ 시동키 스위치가 ST → ON 상태로 돌아오지 않아도 고장은 아니다.

④ 키를 차 안에 두고 어린이들만 차내에 남겨 두지 않는다.

**20** 자동차 화물실 도어 개폐요령으로 틀린 것은?

① 화물실 도어는 화물실 전용키를 사용한다.

② 차내 개폐 버튼을 사용하여 도어를 열고 닫는다.

③ 도어를 열 때에는 키를 사용하여 잠금 상태를 해제한 후 도어를 당겨 연다.

④ 도어를 닫은 후에는 키를 사용하여 잠근다.

**21** 연료 주입구를 개폐할 때의 주의사항이 아닌 것은?

① 연료 캡을 열 때에는 최대한 빠르게 분리한다.

② 연료 캡에서 연료가 새거나 바람 빠지는 소리가 들리면 연료 캡을 완전히 분리하기 전에 이런 상황이 멈출 때까지 대기한다.

③ 시계 반대방향으로 돌려 연료 주입구 캡을 분리한다.

④ 연료를 충전할 때에는 항상 엔진을 정지시키고 연료 주입구 근처에 불꽃이나 화염을 가까이 하지 않는다.

**22** 자동차 엔진의 후드(보닛) 개폐요령에 대한 설명으로 틀린 것은?

① 대형버스의 경우 일반적으로 엔진계통의 점검·정비가 용이하도록 자동차 후방에 엔진룸이 있다.

② 도어를 닫은 후 확실히 닫혔는지 확인은 불필요하다.

③ 키 홈이 장착되어 있는 자동차는 키를 사용하여 잠근다.

④ 엔진 시동 상태에서 시스템 점검이 필요한 경우를 제외하고는 엔진 시동을 끄고, 키를 뽑고 나서 엔진룸을 점검한다.

**23** 운전석 전·후 위치 조절 순서가 잘못된 것은?

① 운행 중에 좌석의 전·후 간격, 각도, 높이를 조절한다.

② 좌석 쿠션 아래에 있는 조절 레버를 당긴다.

③ 좌석을 전·후 원하는 위치로 조절한다.

④ 조절 후에는 좌석을 앞·뒤로 가볍게 흔들어 고정되었는지 확인한다.

**24** 다음 중 자동차 좌석에 설치된 머리지지대에 대한 설명으로 틀린 것은?

① 좌석의 등받이 맨 위쪽의 머리를 지지하는 부분이다.

② 충돌사고 발생 시 머리와 목을 보호하는 역할을 한다.

③ 머리지지대 제거 상태에서 주행은 머리나 목의 상해를 초래할 수 있다.

④ 머리지지대와 머리 사이는 간격 없이 지지대에 기대고 운전하도록 한다.

**25** 안전벨트 착용 방법과 착용했을 때의 효과에 대한 설명이 잘못된 것은?

① 착용은 좌석 등받이에 기대어 똑바로 앉는다.

② 어깨벨트는 어깨 위와 가슴 부위를 지나도록 한다.

③ 차 내부와의 충돌을 막아 심각한 부상이나 사망의 위험을 감소시킨다.

④ 안전벨트의 착용 시 꼬여도 무방하다.

**26** 자동차 계기판의 용어에 대한 설명으로 틀린 것은?

① 회전계(타고미터) : 엔진의 분당 회전수를 나타낸다.

② 주행거리계 : 자동차가 주행한 총거리를 나타낸다.

③ 전압계 : 배터리 충전 및 방전상태를 나타낸다.

④ 속도계 : 자동차의 평균 주행속도를 나타낸다.

**27** 자동차 경고등 및 표시등의 명칭으로 틀린 것은?

① : 안전벨트 미착용 경고등

② : 엔진오일 압력 경고등

③ : 배기 브레이크 표시등

④ : 자동 정속 주행 표시등

**28** 자동차 전조등 1단계 스위치를 조절하였을 때 점등되는 것은?

① 차폭등, 미등, 번호판등, 계기판등

② 차폭등, 미등, 번호판등, 계기판등, 전조등

③ 차폭등, 전조등, 미등, 번호판등

④ 미등, 차폭등, 계기판등, 전조등

**29** 엔진의 회전수에 비례하여 "쇠가 마주치는 소리"가 날 때가 있는데, 이 경우 어떤 부분의 고장인가?
① 밸브 장치의 고장으로 소리가 난다.
② 팬 벨트가 이완되어 소리가 난다.
③ V 벨트가 이완되어 소리가 난다.
④ 풀리와의 미끄러짐에 의해 소리가 일어난다.

**30** 진동과 소리가 날 때 고장 부분에 대한 설명으로 틀린 것은?
① 가속 페달을 힘껏 밟는 순간 '끼익' 소리 : 팬 벨트 또는 기타 V벨트가 이완되어 걸려 있는 풀리와의 미끄러짐에 의해 일어난다.
② 클러치를 밟고 있을 때 '달달달' 떨리는 소리와 함께 차체가 떨림 : 클러치 릴리스 베어링의 고장이다.
③ 비포장 도로의 울퉁불퉁한 험한 노면을 달릴 때 '딱각딱각' '쿵쿵' 하는 소리 : 브레이크 라이닝 마모나 라이닝에 오일이 묻어 있을 때 일어난다.
④ 핸들이 어느 속도에 이르면 극단적으로 흔들리고 핸들 자체에 진동이 일어남 : 앞바퀴 불량이나 앞차륜 정렬 및 휠 밸런스가 맞지 않을 때 일어난다.

**31** 다음 중 차에서 치과 병원에서 이를 갈 때 나는 단내가 심하게 나는 경우, 어느 부분의 이상인가?
① 전기 장치 부분　　② 현가 장치 부분
③ 브레이크 장치 부분　④ 바퀴 부분

**32** 배출가스 색으로 구분할 수 있는 엔진 상태에 대한 설명으로 잘못된 것은?
① 무색 : 완전 연소 시
② 검은색 : 불완전 연소 시
③ 청색 : 소량의 오일이 실린더 위로 올라와 연소되는 경우
④ 백색 : 다량의 엔진 오일이 실린더 위로 올라와 연소되는 경우

**33** 배터리가 방전되어 다른 차량의 배터리에 점프 케이블을 연결하여 시동이 걸린 후 점프 케이블의 분리 방법이 잘못된 것은?
① 점프 케이블의 양극(+)과 음극(-)이 서로 닿으면 위험하므로 닿지 않도록 한다.

② 시동이 걸린 후 점프 케이블 분리는 양극(+)단자를 먼저 분리 후, 음극(-)단자는 2차로 분리한다.
③ 시동이 걸린 후 점프 케이블의 분리는 음극(-)단자를 1차로 먼저 분리하여야 한다.
④ 점프 케이블의 분리는 첫번째 음극(-)단자를, 두번째 양극(+)단자의 순서로 분리한다.

**34** 차의 엔진에 오버히트가 발생하는 원인이 아닌 것은?
① 냉각수가 부족한 경우
② 겨울철 냉각수통에 부동액이 들어 있지 않는 경우
③ 엔진 퓨즈가 단선되어 있는 경우
④ 엔진 내부가 얼어 냉각수가 순환하지 않는 경우

**35** 엔진 오버히트가 발생할 때의 징후가 아닌 것은?
① 청색을 띤 배출가스가 관찰될 경우
② 운행 중 수온계가 H 부분을 가리키는 경우
③ 엔진 출력이 갑자기 떨어지는 경우
④ 노킹 소리가 들리는 경우

**36** 오버히트가 발생할 때의 안전조치로 잘못된 것은?
① 비상경고등을 작동한 후 도로 가장자리로 안전하게 이동하여 정차한다.
② 차를 길 가장자리로 이동하여 엔진시동을 즉시 끈다.
③ 여름에는 에어컨, 겨울에는 히터의 작동을 중지시킨다.
④ 엔진이 작동하는 상태에서 보닛을 열어 엔진을 냉각시킨다.

**37** 고속도로등에서 자동차의 타이어 펑크 또는 그 밖의 고장으로 주차할 때 고장자동차의 표지 설치에 대한 설명이 잘못된 것은?
① 후방에서 접근하는 차량의 운전자가 확인할 수 있는 위치에 설치한다.
② 탑승자들은 신속하고 안전하게 가드레일 밖 등의 안전한 장소로 대피한다.
③ 밤에는 사방 500m 지점에서 식별할 수 있는 적색의 섬광신호, 전기제등 또는 불꽃신호를 추가로 설치한다.
④ 낮이나 밤의 경우 안전삼각대나 불꽃신호등이 없으면 운전자가 차도상에서 수신호를 한다.

---

제3장   29 ①　30 ③　31 ③　32 ③　33 ②　34 ③　35 ①　36 ②　37 ④

**38** 시동모터가 작동되지 않거나 천천히 회전하는 경우의 조치사항이 아닌 것은?

① 배터리를 충전하거나 교환한다.

② 연료 필터를 교환한다.

③ 접지 케이블을 단단하게 고정한다.

④ 적정 점도의 오일로 교환한다.

## 제4장  자동차의 구조 및 특성

**39** 자동차의 동력전달 장치가 아닌 것은?

① 클러치 　　　　　 ② 변속기

③ 타이어 　　　　　 ④ 쇽 업소버

**40** 동력전달장치 중 클러치의 구비조건이 아닌 것은?

① 냉각이 잘 되어 과열되지 않아야 한다.

② 구조가 간단하고 다루기 쉬워야 한다.

③ 회전 부분의 평형이 좋아야 한다.

④ 회전관성이 커야 한다.

**41** 자동차에 클러치가 필요한 이유가 아닌 것은?

① 엔진을 작동시킬 때 엔진을 무부하 상태로 유지한다.

② 변속기의 기어를 변속할 때 엔진의 동력을 일시 차단한다.

③ 관성운전을 가능하게 한다.

④ 엔진의 구동력 및 브레이크의 제동력을 노면에 전달한다.

**42** 엔진의 출력을 자동차 주행속도에 알맞게 회전력과 속도로 바꾸어 구동바퀴에 전달하는 장치의 명칭은?

① 변속기 　　　　　 ② 클러치

③ 완충장치 　　　　 ④ 동력전달장치

**43** 다음 중 자동차 변속기가 필요한 이유가 아닌 것은?

① 엔진과 차축 사이에서 회전력을 변환시켜 전달한다.

② 엔진을 시동할 때 엔진을 무부하 상태로 한다.

③ 관성운전을 가능하게 한다.

④ 자동차를 후진시키기 위하여 필요하다.

**44** 다음 중 자동변속기의 장점이 아닌 것은?

① 기어변속이 자동으로 이루어져 운전이 편리하다.

② 발진과 가·감속이 원활하여 승차감이 좋다.

③ 구조가 단순하고 가격이 저렴하다.

④ 조작 미숙으로 인한 시동 꺼짐이 없다.

**45** 자동변속기의 오일 상태에 대한 설명이 틀린 것은?

① 투명도가 높은 청백색 : 정상

② 갈색 : 가혹한 상태에서 사용되거나, 장시간 사용한 경우

③ 니스 모양으로 된 경우 : 오일이 매우 고온에 노출된 경우

④ 백색 : 오일에 수분이 다량으로 유입된 경우

**46** 타이어의 주요기능이 아닌 것은?

① 자동차의 하중을 지탱하는 기능을 한다.

② 노면으로부터 전달되는 충격을 완화시키는 기능을 한다.

③ 자동차의 진행방향을 전환 또는 유지시키는 기능을 한다.

④ 휠의 열을 흡수하는 기능을 한다.

**47** 튜브리스 타이어의 장점이 아닌 것은?

① 유리 조각 등에 손상되어도 수리하기 쉽다.

② 튜브 타이어에 비해 공기압을 유지하는 성능이 좋다.

③ 튜브 조립이 없으므로 펑크 수리가 간단하고, 작업능률이 향상된다.

④ 못에 찔려도 공기가 급격히 새지 않는다.

**48** 자동차가 고속으로 주행하여 타이어의 회전속도가 빨라지면 접지부에서 받은 타이어의 변형이 다음 접지 시점까지도 복원되지 않고 접지의 뒤쪽에 진동의 물결이 일어나는 현상의 명칭은?

① 스탠딩 웨이브 현상

② 모닝록 현상

③ 수막 현상

④ 워터 페이드 현상

**49** 수막현상이 발생 시 타이어가 완전히 떠오를 때의 속도 명칭은?

① 임계속도 　　　　 ② 주행속도

③ 규정속도 　　　　 ④ 제한속도

---

**50** 수막현상이 발생하는 물 깊이는 타이어의 속도, 마모 정도, 노면의 거침 등에 따라 다르지만 최저의 물 깊이는 어느 정도인가?

① 2.5mm ~ 10mm  ② 3.5mm ~ 11mm

③ 4.5mm ~ 12mm  ④ 5.5mm ~ 13mm

**51** 수막현상을 방지하기 위한 주의사항이 아닌 것은?

① 공기압을 조금 낮게 한다.

② 저속주행한다.

③ 마모된 타이어를 사용하지 않는다.

④ 배수효과가 좋은 리브형 타이어를 사용한다.

**52** 완충(현가)장치의 주요기능에 대한 설명이 틀린 것은?

① 적정한 자동차의 높이를 유지한다.

② 올바른 휠 얼라인먼트를 유지한다.

③ 타이어의 접지상태를 유지한다.

④ 주행방향과 주행속도를 조정할 수 있다.

**53** 다음 중 좌·우 바퀴가 서로 다르게 상하 운동을 할 때 작용하여 차체의 기울기를 감소시켜 주는 장치는?

① 스태빌라이저     ② 쇽 업소버

③ 토션 바 스프링    ④ 판 스프링

**54** 조향장치의 구비조건이 아닌 것은?

① 조향 조작이 주행 중의 충격에 영향을 받지 않아야 한다.

② 조작이 쉽고, 방향 전환이 원활하게 이루어져야 한다.

③ 조향 핸들의 회전과 바퀴 선회의 차이가 커야 한다.

④ 고속주행에서도 조향 조작이 안정적이어야 한다.

**55** 조향 핸들이 무거울 때의 원인으로 맞는 것은?

① 타이어의 공기압이 불균일하다.

② 조향기어의 톱니바퀴가 마모되었다.

③ 쇽업소버의 작동 상태가 불량하다.

④ 허브 베어링의 마멸이 과다하다.

**56** 동력조향장치의 장점이 아닌 것은?

① 조향 조작력이 작아도 된다.

② 노면에서 발생한 충격 및 진동을 흡수한다.

③ 고장이 발생한 경우에 정비가 쉽다.

④ 조향조작이 신속하고 경쾌하다.

**57** 조향 핸들이 한 쪽으로 쏠릴 때의 원인으로 맞는 것은?

① 쇽업소버의 작동 상태가 불량하다.

② 타이어의 마멸이 과다하다.

③ 조향기어 박스 내의 오일이 부족하다.

④ 타이어의 공기압이 부족하다.

**58** 자동차 앞바퀴를 옆에서 보았을 때 앞 차축을 고정하는 조향축(킹핀)이 수직선과 어떤 각도를 두고 설치되어 있는 것을 무엇이라 하는가?

① 캠버        ② 캐스터

③ 토인        ④ 조향축 경사각

**59** 조향축(킹핀) 경사각의 역할이 아닌 것은?

① 캠버와 함께 조향핸들의 조작을 가볍게 한다.

② 캐스터와 함께 앞바퀴에 복원성을 부여하여 직진 방향으로 쉽게 돌아가게 한다.

③ 앞바퀴가 시미현상을 일으키지 않도록 한다.

④ 조향 링키지의 마멸에 의해 토아웃되는 것을 방지한다.

**60** 다음 중 공기식 브레이크의 구조가 아닌 것은?

① 공기 압축기, 공기 탱크, 브레이크 밸브

② ABS 브레이크, 감속 브레이크

③ 릴레이 밸브, 퀵 릴리스 밸브,

④ 브레이크 체임버, 저압 표시기, 체크 밸브

**61** 자동차 주행 중 제동할 때 타이어의 고착 현상을 미연에 방지하여 노면에 달라붙는 힘을 유지하므로 사전에 사고의 위험성을 감소시키는 예방 안전장치가 있는 브레이크는?

① ABS 브레이크

② 감속 브레이크

③ 공기 브레이크

④ 유압 배력식 브레이크

**62** 다음 중 공기식 브레이크의 단점에 해당하는 것은?

① 자동차 중량에 제한을 받는다.

② 엔진출력을 사용하므로 연료소비량이 많다.

③ 베이퍼 록 현상이 발생할 우려가 있다.

④ 공기가 조금이라도 누출되면 제동성능이 현저하게 저하된다.

---

**50** ① **51** ① **52** ④ **53** ① **54** ③ **55** ② **56** ③ **57** ① **58** ② **59** ④ **60** ② **61** ① **62** ②

**63** 배기관 내에 설치된 밸브를 통해 배기가스 또는 공기를 압축한 후 배기 파이프 내의 압력이 배기 밸브 스프링 장력과 평형이 될 때까지 높게 하여 제동력을 얻는 제동장치는?

① 제이크 브레이크

② 배기 브레이크

③ 엔진 브레이크

④ 리타터 브레이크

**64** 감속 브레이크의 장점이 아닌 것은?

① 브레이크 슈, 드럼 혹은 타이어의 마모를 줄인다.

② 눈, 비 등으로 인한 타이어 미끄럼을 줄인다.

③ 주행할 때의 안전도가 향상 된다.

④ 운전자의 주행 시 피로를 줄일 수는 없으나, 이상 소음이 없어 승객에게 불쾌감을 주지 않는다.

## 제5장 자동차 검사 및 보험

**65** 자동차 검사가 필요한 이유가 아닌 것은?

① 자동차 결함으로 인한 교통사고 사상자 사전 예방

② 자동차 배출가스로 인한 대기오염 최대화

③ 불법개조 등 안전기준 위반 차량 색출로 운행질서 확립

④ 자동차보험 미가입 자동차의 교통사고로부터 국민 피해 예방

**66** 자동차 정기검사와 배출가스 정밀검사 또는 특정경유 자동차 배출가스 검사의 검사항목을 하나의 검사로 통합하고, 검사 시기를 자동차 정기검사 시기로 통합하여 한번의 검사로 모든 검사가 완료되는 검사는?

① 정기검사

② 임시검사

③ 종합검사

④ 수시검사

**67** 차령이 2년 초과된 사업용 승용자동차의 검사 유효기간은?

① 6월           ② 1년

③ 2년           ④ 3년

**68** 자동차 종합검사 유효기간의 계산 방법으로 잘못된 것은?

① 신규등록을 하는 경우 : 신규등록일부터 계산

② 자동차종합검사기간 내 신청하여 적합 판정을 받은 경우 : 직전 검사 유효기간 마지막 날의 다음 날부터 계산

③ 자동차종합검사기간 전 또는 후에 검사를 신청하여 적합 판정을 받은 경우 : 종합검사를 받은 날의 다음 날부터 계산

④ 재검사기간 내에 적합 판정을 받은 경우 : 자동차 종합검사를 받은 날부터 계산

**69** 자동차 종합검사는 유효기간 마지막 날을 기준하여 전,후 며칠 이내에 받아야 하는가?

① 전,후 각각 15일 이내

② 전,후 각각 20일 이내

③ 전,후 각각 30일 이내

④ 전,후 각각 31일 이내

**70** 자동차종합검사를 받지 아니한 경우의 과태료 부과 기준이 틀린 것은?

① 검사를 받아야 하는 기간만료일부터 30일 이내인 경우 : 4만원

② 검사를 받아야 하는 기간만료일부터 30일을 초과 114일 이내인 경우 : 4만원에 31일 째부터 3일 초과 시 마다 2만원 추가

③ 검사를 받아야 하는 기간만료일부터 114일을 초과 214일 이내인 경우 : 매 3일 초과 시 마다 5만원 추가

④ 과태료 최고 한도액 : 60만원

**71** 차령이 2년 이하인 사업용 대형화물자동차의 정기 검사유효기간은?

① 6월           ② 1년

③ 2년           ④ 3년

**72** 정기검사를 받지 않았을 때 부과되는 과태료의 최고 한도금액은?(검사만료일로부터 115일 이상인 경우)

① 20만원         ② 30만원

③ 50만원         ④ 60만원

---

63 ②   64 ④   제5장   65 ②   66 ③   67 ②   68 ④   69 ④   70 ③   71 ②   72 ④

**73** 자동차 튜닝 승인은 승인신청 접수일부터 며칠 이내에 처리되며, 튜닝 승인을 받은 날부터 며칠 이내에 자동차 검사소에서 안전기준 적합여부 및 승인받은 내용대로 변경하였는가에 대하여 검사를 받아야 하는가?

① 접수일로부터 5일 이내 처리,
　 승인받은 날 부터 30일 이내 검사
② 접수일로부터 7일 이내 처리,
　 승인받은 날 부터 35일 이내 검사
③ 접수일로부터 10일 이내 처리,
　 승인받은 날 부터 40일 이내 검사
④ 접수일로부터 10일 이내 처리,
　 승인받은 날 부터 45일 이내 검사

**74** 자동차의 튜닝이 승인되는 경우는?

① 속도계, 주행거리계, 최소회전반경, 조종장치의 튜닝
② 차량 총중량이 증가되는 튜닝
③ 승차정원이 증가하는 승차장치의 튜닝
④ 자동차의 종류가 변경되는 튜닝

**75** 자동차가 임시검사를 받는 경우가 아닌 것은?

① 불법튜닝 등에 대한 안전성 확보를 위한 검사
② 자동차 자기인증을 하기 위한 검사
③ 사업용 자동차의 차령연장을 위한 검사
④ 자동차의 소유자의 신청을 받아 시행하는 검사

**76** 신규검사를 받아야 하는 경우가 아닌 것은?

① 「여객자동차 운수사업법」에 의하여 면허, 등록, 인가 또는 신고가 실효하거나 말소한 경우
② 자동차의 차대번호가 등록원부상의 차대번호와 달라 직권 말소된 자동차
③ 사업용 자동차의 차령연장을 위한 검사
④ 속임수나 그 밖의 부정한 방법으로 등록되어 말소된 자동차

**77** 자동차 운행으로 다른 사람이 사망하거나 부상한 경우 피해자에게 지급할 책임을 지는 책임보험 또는 책임공제에 미가입한 때의 과태료에 대한 규정으로 잘못된 것은?

① 가입하지 아니한 기간이 10일 이내인 경우 : 3만원

② 가입하지 아니한 기간이 10일을 초과한 경우 : 3만원에 11일째부터 1일마다 8천 원을 가산한 금액
③ 가입하지 아니한 기간이 30일을 초과한 경우 : 5만원에 31일째부터 1일마다 1만 원을 가산한 금액
④ 최고 한도금액 : 자동차 1대당 100만원

**78** 책임보험 또는 책임공제에 가입하는 것 외에 자동차의 운행으로 다른 사람의 재물이 멸실되거나 훼손된 경우에 피해자에게 발생한 손해액을 지급할 책임을 지는 보험이나 공제에 미가입한 경우의 과태료에 대한 규정으로 잘못된 것은?

① 가입하지 아니한 기간이 5일 이내인 경우 : 3천원
② 가입하지 아니한 기간이 10일 이내인 경우 : 5천원
③ 가입하지 아니한 기간이 10일을 초과한 경우 : 5천원에 11일째부터 1일마다 2천원을 가산한 금액
④ 최고 한도금액 : 자동차 1대당 30만원

**79** 책임보험 또는 책임공제에 가입하는 것 외에 자동차 운행으로 인하여 다른 사람이 사망하거나 부상한 경우에 피해자에게 책임보험 및 책임공제의 배상책임 한도를 초과하여 피해자 1명당 1억원 이상의 금액 또는 피해자에게 발생한 모든 손해액을 지급할 책임을 지는 보험이나 공제에 미가입한 경우의 과태료에 대한 규정이 잘못된 것은?

① 가입하지 아니한 기간이 10일 이내인 경우 : 3만원
② 가입하지 아니한 기간이 10일을 초과한 경우 : 3만원에 11일째부터 1일마다 8천 원을 가산한 금액
③ 최고 한도금액 : 자동차 1대당 100만원
④ 최저 한도금액 : 자동차 1대당 50만원

## 제1장   교통사고 요인과 운전자의 자세

### 제1절 교통사고의 제요인

**1** 일상적으로 교통사고의 위험요인은 교통의 구성요인인 **인간, 도로환경** 그리고 **차량**의 측면으로 구분할 수 있다.

**2** 이들 각각이 단일 요인으로 사고에 직접적인 영향을 미치는 경우보다는 정도의 차이가 있을지 라도 각 요인이 복합적으로 사고에 기여하는 것이 보통이다.

### 3 교통사고요인의 복합적 연쇄과정

#### (1) 인간요인에 의한 연쇄과정

| 원 인 | ①-1 | 아내와 싸우다. |
|---|---|---|
| 결 과 | ①-ⓐ | 출근이 늦어졌다. |
| 원 인 | ①-2 | 출근이 늦어졌다. |
| 결 과 | ①-ⓑ | 초조하게 운전을 한다. |
| 원 인 | ①-3 | 초조하게 운전을 한다. |
| 결 과 | ①-ⓒ | 과속으로 운전을 한다. |
| 최종원인 | ①-4 | 과도한 속도 |
| 최종결과 | ①-ⓓ | 운전자는 전방의 커브에 느린 차가 있는 위험에 곧바로 주의하지 못함 |

#### (2) 차량요인에 의한 연쇄과정

| 원 인 | ②-1 | 점검미스 |
|---|---|---|
| 결 과 | ②-ⓐ | 브레이크 제동력이 약화되어 있음을 발견하지 못하였다. |
| 최종원인 | ②-2 | 브레이크 제동력의 약화 |
| 최종결과 | ②-ⓑ | 제동거리의 증가 |

#### (3) 환경요인에 의한 연쇄과정

| 원 인 | ③-1 | 비가 오고 있다. |
|---|---|---|
| 결 과 | ③-ⓐ | 젖은 도로 |
| 최종원인 | ③-2 | 젖은 도로 |
| 최종결과 | ③-ⓑ | 도로의 마찰계수의 저하<br>사람+차+환경의 인과의 연쇄=충돌 |

※ 각각의 최종결과가 원인(사람(①-ⓓ)+차(②-ⓑ)+환경(③-ⓑ)이 되어 충돌(사고) 발생

**4** 교통사고는 차량 운행 전의 심신상태, 차량 정비요인, 날씨 등에 의한 도로 환경요인, 운전 중의 예측 및 판단 과정 등이 상호작용적으로 시간적으로 연쇄과정을 거치면서 발생한다. 즉, 사고 직전 행동이나 상황은 다음 행동과 상황의 원인 및 결과가 되는 연쇄과정을 반복한다.

※ 교통사고의 **인간요인 총 91%** 중 순수한 **인간요인에 의한 사고는 57.0%이며, 나머지 34%는 차량 및 환경요인**이 복합적 작용한 것으로 나타났다.

**5** 인간에 의한 사고 원인은 다음과 같다.

(1) **신체 · 생리적 요인** : 피로, 음주, 약물, 신경성 질환의 유무 등이 포함된다.

(2) **운전태도와 사고에 대한 태도** : ① 운전태도 요인 : 교통법규 및 단속에 대한 인식, 속도지향성 및 자기중심성 등 ② 사고에 대한 태도 요인 : 운전상황에서의 위험에 대한 경험, 사고발생확률에 대한 믿음과 사고의 심리적 측면을 각각 의미한다.

(3) **사회 환경적 요인** : 근무환경, 직업에 대한 만족도, 주행환경에 대한 친숙성 등이 있다.

(4) **운전기술의 부족** : 차로유지 및 대상의 회피와 같은 두 과제의 처리에 있어 **주의를 분할**하거나 이를 **통합**하는 능력 등이 해당된다.

**6** 사고의 간접원인

'알코올에 의한 기능저하', '약물에 의한 기능저하', '피로', '경험부족' 등이 비교적 영향 정도가 큰 것으로 나타났다.


## 제2절 버스 교통사고의 주요 유형

**1** 버스 운전자의 직무수행 특성

다수 승객이 쾌적하고 안전한 여행을 할 수 있도록 세심한 배려를 해야 하며, 버스 운행의 정시성 유지에도 신경을 써야하는 직무를 수행하여야 한다.

**2** 버스 교통사고의 주요 요인이 되는 특성

(1) 버스의 길이는 승용차의 2배 정도 길이이고, 무게는 10배 이상이나 된다. 그만큼 도로상에서 점유하는 공간이 크며, 다른 물체와 충돌하더라도 승용차의 10배 이상의 파괴력을 갖는다.

(2) 버스 주위에 접근하더라도 버스의 운전석에서는 잘 볼 수 없는 부분이 승용차 등에 비해 **훨씬 넓다**.

(3) 버스의 좌우회전 시의 **내륜차**는 승용차에 비해 **훨씬 크다**. 그만큼 회전 시에 주변에 있는 물체와 접촉할 가능성이 높아진다.

(4) 버스의 **급가속, 급제동**은 승객의 안전에 영향을 바로 미친다.

(5) 버스 운전자는 **승객들의 운전방해 행위**(운전자와의 대화 시도, 간섭, 승객 간의 고성 대화, 장난 등)에 쉽게 주의가 분산된다.

(6) 버스는 버스정류장에서 승객의 승하차 관련 위험에 노출되어 있다. 노약자의 경우는 승하차 시에도 발을 잘못 디뎌 다칠 수가 있다.

## 3 버스의 특성과 관련된 대표적인 사고 유형 10가지

### (1)  (유형 1) 회전, 급정거 등으로 인한 차내 승객 사고

▶ 버스 직진 또는 회전
▶ 커브, 타 차량 등으로 인한 급격한 차로변경 및 회전, 급정거 등
● 전방 멀리까지의 교통상황 관찰 및 주의의 결여, 차간거리 유지
■ 사고 빈도 1위(18~19%)

### (2)  (유형 2) 동일방향 후미추돌사고

▶ 버스 직진 및 앞 차량 추돌
▶ 타 차량 등의 끼어들기로 인한 선행 차의 갑작스런 정지 또는 감속 등에 따른 위험 등
▶ 급제동, 차로변경
● 전방 멀리까지의 교통상황 관찰 및 주의의 결여, 차간거리유지 실패, 빗길 및 눈길 제동 방법 및
   주행 방법 등에 대한 숙지의 미숙
■ 사고 빈도 2위(18~19%)

### (3)  (유형 3) 진로변경 중 접촉 사고

▶ 버스 직진
▶ 전방의 장애물, 교차로, 진입 등으로 인한 진로변경
● 버스의 사각 지점에 들어 온 차량 등에 대한 관찰 및 주의의 결여, 진입간격 유지의 실패
■ 사고 빈도 3위(15~16%)

### (4)  (유형 4) 회전 중 주 · 정차, 진행 차량, 보행자 등과의 접촉사고

▶ 버스 좌회전 또는 우회전
▶ 회전 방향의 다른 차량 등에 대한 주의의 고착, 부적절한 속도
● 회전 방향의 불법 주, 정차 차량 또는 보행자 등에 대한 부주의
■ 사고 빈도 4위(12~13%)

### (5)  (유형 5) 승 · 하차 시 사고

▶ 버스 정차 및 승 · 하차
▶ 이륜차의 진행 시 하차 중인 승객의 위험
● 버스 정차 위치, 버스 운전자의 개문에 대한 판단 착오, 정차 차량 등으로 인한 시야 장애, 이륜
   차에 대한 주의 결여 등
■ 사고 빈도 5위(11~12%)

### (6)  (유형 6) 횡단 보행자 등과의 사고

▶ 버스 직진 중
▶ 횡단보도 부근, 이면도로 진출입부 주변 접근

● 보행자, 자전거, 이륜차 등의 횡단에 대한 부주의
■ 사고 빈도 6위(7~8%)

### (7)  (유형 7) 가장자리 차로 진행 중 사고

▶ 버스 직진 중
▶ 가장자리 차로 주행, 장애물
● 가장자리 차로의 주차차량, 보행자, 자전거, 이륜차 등에 대한 부주의
■ 사고 빈도 7위(6~7%)

### (8)  (유형 8) 교차로 신호위반 사고

▶ 버스 직진, 좌우회전
▶ 신호 바뀌기 전후
● 조급함과 좌우 관찰의 결여, 신호에 대한 자의적 해석 등
■ 사고 빈도 8위(3~4%)

### (9)  (유형 9) 눈, 빗길 미끄러짐 사고

▶ 버스 직진 또는 회전
▶ 커브, 미끄러운 노면 등에서의 과속 등
● 눈, 비 시 젖은 노면에 대한 관찰 및 주의의 결여, 제동방법의 미숙 등
■ 사고 빈도 9위(3~4%)

### (10)  (유형 10) 1차사고로 인한 후속 사고

▶ 버스 직진
▶ 앞차 등의 근접 추종
● 전방 상황에 대한 주의의 결여, 인지 지연, 조작미스 등
■ 사고 빈도 10위(1%)

## 제3절  버스 운전자로서의 기본자세

(1) 주관적 안전과 객관적 안전의 운전경험에 따른 변화

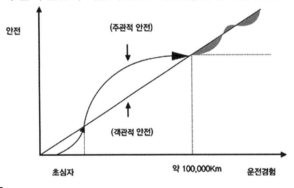

① 독일의 Klebelsberg(1975)는 **객관적 안전(OS)**과 **주관적 안전(SS)**이라는 용어를 사용하여 운전 중의 위험사태에 대한 판단과 관련한 '**자기능력의 과대평가**'와 '**위험사태의 과소평가**'에 대해서 기술한 바 있다. **객관적 안전**은 말 그대로 객관적으로 인정되는 안전이고, **주관적 안전**은 실제의 안전정도와 관계 없이 스스로가 특정 상황에 대해 인식하는 안전의 정도이다.

② 초심자는 주관적 안전이 객관적 안전보다도 낮게 인식된다.

③ 대략 개인의 주행거리가 약 10만km를 넘어서게 되면 운전경험의 축적에 의해 주관적 안전과 객관적 안전이 균형을 이르게 됨으로써 사고 위험은 그만큼 줄어든다.

## 제2장  운전자 요인과 안전운행

### 제1절  시력과 운전

### 1 정지시력

(1) 시력은 물체의 모양이나 위치를 분별하는 눈의 능력이다.

(2) 정지시력은 일정 거리에서 일정한 시표(란돌프 시표)를 보고 모양을 확인할 수 있는지를 가지고 측정하는 시력이다.

※ 5m 거리에서 흰 바탕에 검정색으로 그려진 C링(직경 7.5mm)의 끊어진 부분(1.5mm)을 식별할 수 있을 때의 시력을 1.0으로 한다.

※ 운전면허를 취득하는데 필요한 시력기준(정지시력)을 기준

① 제1종 운전면허 : 두 눈을 동시에 뜨고 잰 시력이 0.8 이상이고, 두 눈의 시력이 각각 0.5 이상이어야 한다.

② 제2종 운전면허 : 두 눈을 동시에 뜨고 잰 시력이 0.5 이상일 것, 다만, 한쪽 눈을 보지 못하는 사람은 다른 쪽 눈의 시력이 0.6 이상이어야 한다.

### 2 동체시력의 의미와 특성

(1) **동체시력의 의미** : 움직이는 물체 또는 움직이면서 다른 자동차나 사람 등의 물체를 보는 시력을 말한다.

(2) **동체시력의 특성**

① 동체시력은 물체의 이동속도가 빠를수록 저하된다. 정지시력이 1.2인 사람이 시속 50km로 운전한다면 동체시력은 0.7 이하로 떨어지며, 시속 90km이라면 동체시력은 0.5 이하로 떨어진다.

② 동체시력은 정지시력과 어느 정도 비례 관계를 갖는다. 정지시력이 저하되면 동체시력도 저하된다.

③ 동체시력은 조도(밝기)가 낮은 상황에서는 쉽게 저하되며, 50대 이상에서는 야간에 움직이는 물체를 제대로 식별하지 못하는 것이 주요 사고 요인으로도 작용한다.

### 3 시야와 깊이지각

① 시야 : 중심시와 주변시를 포함해서 주위의 물체를 확인할 수 있는 범위를 말하며, 바로 눈의 위

치를 바꾸지 않고도 볼 수 있는 좌우의 범위이다.

   ※ **중심시** : 인간이 전방의 어떤 사물을 주시할 때, 그 사물을 분명하게 볼 수 있게 하는 눈의 영역을 말한다.

   ※ **주변시** : 그 좌우로 움직이는 물체 등을 인식할 수 있게 하는 눈의 영역이다.

② **정지상태에서의 시야** : 정상인의 경우 한쪽 눈의 기준은 대략 160° 정도이고, 양안(양쪽 눈)의 시야는 보통 180°~200° 정도이다.

   ※ WHO에서 운전에 요구되는 최소한의 기준은 한쪽 눈의 시야가 140° 이상 될 것을 권고하고 있다.

③ **시야가 다음과 같은 조건에서 받는 영향**

   ㉮ 시야가 움직이는 상태에 있을 때는 움직이는 속도에 따라 축소되는 특성을 갖는다(운전자가 시속 40km로 주행 중일 때 → 약 100° 정도로 축소되고, 시속 100km로 주행 중인 때는 약 40° 정도로 축소된다).

   ㉯ 한 곳에 주의가 집중되어 있을 때에 인지할 수 있는 시야 범위는 좁아지는 특성이 있다. 운전 중 교통사고가 발생한 곳으로 시선이 집중되어 있다면 이에 비례하여 시야의 범위가 좁아진다.

④ **깊이지각** : 양안(양쪽 눈) 또는 단안(한쪽 눈) 단서를 이용하여 물체의 거리를 효과적으로 판단하는 능력이다(입체시 : 깊이를 지각하는 능력).

   ※ 조도가 낮은 상황에서 깊이지각 능력은 매우 떨어지기 때문에 야간에 자주 운전하는 특정 직업의 운전자에게는 문제가 된다.

   ※ 입체시 능력이 떨어지면 주·정차 시의 사고율이 높아진다는 연구결과도 있다.

### 4 야간시력

(1) **야간에 안전하게 운전하기 위한 요령** : 낮은 조도 하에서도 잘 볼 수 있어야 하며, 대비가 낮은 물체도 잘 확인할 수 있어야 한다. 또한 섬광회복력(운전자의 시각기능을 섬광을 마주하기 전 단계로 되돌리는 신속성의 정도) 등도 야간 시력의 요소로서 중요하다.

(2) **명순응과 암순응**

① **명순응** : 섬광으로 인해 이때 운전자가 눈에 들어오는 불빛을 직접 보는지의 여부에 관계없이 운전자 눈의 동공은 밝은 빛에 맞추어 좁아진다. 이렇게 빛을 적게 받아들여 어두운 부분까지 볼 수 있게 하는 과정을 말한다.

② **암순응** : 섬광의 불빛이 사라지면 다시 동공은 어두운 곳을 잘 보려고 빛을 많이 받아들이기 위해 확대되는데, 이 과정을 암순응이라 한다.

(3) **명순응과 암순응의 위험에 대처하는 방법**

① 대향차량의 전조등 불빛을 직접적으로 보지 않는다. 전조등 불빛을 피해 멀리 도로 오른쪽 가장자리 방향을 바라보면서, 주변시로 다가오는 차를 계속해서 주시하도록 한다.

② 불빛에 의해 순간적으로 앞을 잘 볼 수 없다면 속도를 줄인다.

③ 가파른 도로나 커브길 등에서와 같이 대향차의 전조등이 정면으로 비칠 가능성이 있는 상황에서는 가능한 그에 대비한 주의를 한다.

(4) **현혹현상** : 운행 중 갑자기 빛이 눈에 비치면 순간적으로 장애물을 볼 수 없는 현상으로 마주 오는 차량의 전조등 불빛을 직접 보았을 때 순간적으로 시력이 상실되는 현상을 말한다.

(5) **증발현상** : 야간에 대향차의 전조등 눈부심으로 인해 순간적으로 보행자를 잘 볼 수 없게 되는 현상으로 보행자가 교차하는 차량의 불빛 중간에 있게 되면 운전자가 순간적으로 보행자를 전혀 보지 못하는 현상을 말한다.


## 제2절 심신 상태와 운전

### 1 감정과 운전

(1) 삶의 전반에 걸쳐 사람들은 긍정적이고 부정적인 강한 감정(즐거움, 슬픔, 화남, 공포)의 모든 범위를 경험한다.

(2) 강한 감정은 운전을 방해할 뿐만 아니라 보고 생각하는 방법에도 영향을 미칠 수 있다.

(3) 기쁘든지 슬프든지 사색과 백일몽에 빠진다면, 운전자는 자신의 주위에서 일어나는 것에 대하여 주의를 덜 기울이게 될 것이다.

(4) **감정이 운전에 미치는 영향**

① 부주의와 집중력 저하

㉮ 어떤 일로 흥분된 감정 상태에 있을 때 우리들은 흔히 어느 한 가지 문제나 생각에 주의가 고착되는 것을 경험한다.

㉯ 감정의 원인이 무엇이든, 그것은 도로로부터 우리들 자신의 주의를 소홀하게 함으로써 안전 운전을 방해할 수 있다.

② 정보 처리 능력의 저하

㉮ 운전은 심신을 전부 이용하는 복잡한 활동이다.

㉯ 운전 중에는 시청각을 이용하여 표지, 표시, 신호를 보고, 다른 차 소리도 들어야 할 뿐만 아니라 그것을 기초로 하여 올바른 운전 판단을 내려야 한다.

(5) **감정을 통제하는 법**

① 운전과 무관한 것에서 비롯된 감정

㉮ 어떤 문제에 대해서 상당히 흥분된 상태일 경우, 운전하기 전에 흥분을 가라앉히는 첫 단계는 자신이 의기소침하거나 화가 난 것을 스스로가 인정하는 것이다. 스스로의 상태를 인정한다면 감정은 점차 진정된다.

㉯ 다음 단계는 감정이 야기된 상태와 운전 상황은 서로 별개의 문제임을 확실히 하는 것이다.

② 운전상황에서 야기되는 감정

㉮ 자신을 화나게 하거나 기분 나쁘게 하는 상황이 어떤 것인지를 객관적으로 생각해본다(예 : 운전 중에 날씨가 나빠지거나, 예기치 않은 교통 정체가 발생했을 때, 다른 차량이 무리하게 끼어들기 등을 해 왔을 때).

④ 다른 사람의 행위를 가급적이면 불가피한 상황에 의한 행동으로 이해하려고 노력하는 한편, 자신도 상황에 따라서는 그와 같은 행위를 어쩔수 없이 할 수도 있다는 것을 인정함으로써, 너그러운 마음을 갖는다.

⑤ 운전자 자신이 불안반응이나 감정적 반응을 강화시키는 자기 암시적 사고를 하지 않도록 할 필요가 있다.

(6) 운전 중의 스트레스와 흥분을 최소화하는 방법

① **사전에 준비한다.** : 사전에 주행 계획을 세우고 여유 있게 출발하면, 예상치 못한 상황으로 인한 스트레스도 줄고 문제를 피할 수도 있다(우회 경로에 대해서도 미리 정해둔다).

② **다른 운전자의 실수를 예상한다.** : 다른 사람의 무례하거나 위험한 운전에 매번 화를 내고 그에 대응하기보다는 모든 사람이 한 두 번은 실수를 할 수 있다는 사실을 받아들일 필요가 있다.

③ **기분 나쁘거나 우울한 상태에서는 운전을 피한다.**

㉮ 운전을 하기 전에 두 번을 더 생각해 본다.

㉯ 감정이 진정되지 않았다면 진정될 때까지 주변 산책을 한다.

## 2 피로와 졸음운전

(1) 피로상태에서는 주의력과 움직이는 상황에서의 동체시력도 저하된다.

(2) 시야의 범위도 축소되기 때문에 위험 상황을 인식하기가 어려워진다.

㉠ 1. 물체를 분명하게 볼 수 없을 수도 있다.

2. 중요한 표지, 불빛, 소리 등의 정보를 놓칠 수도 있다.

3. 속도나 거리를 잘못 판단할 수도 있다.

4. 주행 중에 깜빡 졸거나, 그대로 잠들어버릴 수도 있다.

① **피로가 운전에 미치는 영향(수면부족, 전날의 음주)**

| 구 분 | | 피로현상 | 운전과정에 미치는 영향 |
|---|---|---|---|
| 정신적 | 주의력 | • 주의가 산만해진다.<br>• 집중력이 저하된다. | • 교통표지를 간과하거나, 보행자를 알아보지 못한다. |
| | 사고력, 판단력 | • 정신활동이 둔화된다.<br>• 사고 및 판단력이 저하된다. | • 긴급 상황에 필요한 조치를 제대로 하지 못한다. |
| | 지구력 | • 긴장이나 주의력이 감소한다. | • 운전에 필요한 몸과 마음상태를 유지할 수 없다. |
| | 감정 조절 능력 | • 사소한 일에도 필요 이상의 신경질적인 반응을 보인다. | • 사소한 일에도 당황하며, 판단을 잘못하기 쉽다. |
| | 의지력 | • 자발적인 행동이 감소한다. | • 방향지시등을 작동하지 않고 회전하게 된다. |
| 신체적 | 감각 능력 | • 빛에 민감하고, 작은 소음에도 과민반응을 보인다. | • 교통신호를 잘못보거나 위험신호를 제대로 파악하지 못한다. |
| | 졸음 | • 시계변화가 없는 단조로운 도로를 운행하면 졸게 된다. | • 평상시보다 운전능력이 현저하게 저하되고, 심하면 졸음운전을 하게 된다. |

② 운전 중 피로를 푸는 법(일반적인 방법)

㉮ 차 안에는 항상 신선한 공기가 충분히 유입되도록 한다.

㉯ 태양빛이 강하거나 눈의 반사가 심할 때는 선글라스를 착용한다.

㉰ 지루하게 느껴지거나 졸음이 올 때는 라디오를 틀거나, 노래 부르기, 휘파람 불기 또는 혼자 소리 내어 말하기 등의 방법을 써 본다.

㉱ 정기적으로 차를 멈추어 차에서 나와, 몇 분 동안 산책을 하거나 가벼운 체조를 한다.

㉲ 운전 중에 계속 피곤함을 느끼게 된다면, 운전을 지속하기보다는 차를 멈추는 편이 낫다.

③ 졸음운전의 징후와 대처

㉮ 눈이 스르르 감긴다든가 전방을 제대로 주시할 수 없어진다.

㉯ 머리를 똑바로 유지하기가 힘들어진다.

㉰ 하품이 자주난다.

㉱ 이 생각 저 생각이 나면서 생각이 단절된다.

㉲ 지난 몇 km를 어떻게 운전해 왔는지 가물가물하다.

㉳ 차선을 제대로 유지 못하고 차가 좌우로 조금씩 왔다 갔다 하는 것을 느낀다.

㉴ 앞차에 바짝 붙는다거나 교통신호를 놓친다.

㉵ 순간적으로 차도에서 갓길로 벗어나거나 거의 사고 직전에 이르기도 한다.

※ 대처 : ① 우선적으로 신선한 공기흡입이 중요

② 창문을 연다든가 에어컨의 외부환기시스템을 가동하여 신선한 공기 흡입

③ 가벼운 목 · 어깨운동 등이 도움이 된다.

## 3 음주와 약물 운전의 회피

음주 및 약물운전은 그 자체가 사고의 직접적 원인이며 그 결과 또한 대형사고로 연결될 가능성이 높기 때문에 피해야 할 가장 위험한 행동이다.

### (1) 술에 대한 잘못된 상식의 대표적인 것

① 운동을 하거나 사우나를 하는 것, 그리고 커피를 마시면 술이 빨리 깬다(알코올의 1시간당 분해의 양 : 혈중 알코올 농도 기준 0.008~0.020%).

② 알코올은 음식이나 음료일 뿐이다(향정신성 약물이며, 중독성이 있다).

③ 술을 마시면 생각이 더 명료해진다[억제제(진정제)의 기능이 있다].

④ 술 마시면 얼굴이 빨개지는 사람은 건강하기 때문이다.

⑤ 술 마실 때는 담배 맛이 좋다(구강암, 식도암, 후두암 걸릴 위험이 높다).

⑥ 간장이 튼튼하면 아무리 술을 마셔도 괜찮다(1시간에 0.015% 정도 분해).

### (2) 혈중 알코올 농도와 행동적 증후

| 마신 양 | 혈중알코올농도(%) | 취한 상태 | | 취하는 기간 구분 |
|---|---|---|---|---|
| 2잔 | 0.02~0.04 | • 기분이 상쾌해짐<br>• 쾌활해짐 | • 피부가 빨갛게 됨<br>• 판단력이 조금 흐려짐 | 초기 |

| 3~5잔 | 0.05~0.10 | • 얼큰히 취한 기분<br>• 체온상승, 맥박이 빨라짐 | • 압박에서 탈피하여 정신이완 | 중기,<br>손상 가능기 |
|---|---|---|---|---|
| 6~7잔 | 0.11~0.15 | • 상당히 큰소리를 냄<br>• 서면 휘청거림 | • 화를 자주 냄 | 완취기 |
| 8~14잔 | 0.16~0.30 | • 호흡이 빨라짐<br>• 같은 말을 반복해서 함 | • 갈지자 걸음 | 구토,<br>만취기 |
| 15~20잔 | 0.31~0.40 | • 똑바로 서지 못함<br>• 같은 말을 반복해서 함 | • 말할 때 갈피를 잡지 못함 | 혼수 상태 |
| 21잔 이상 | 0.41~0.50 | • 흔들어도 일어나지 않음<br>• 호흡을 천천히 깊게 함 | • 대소변을 무의식 중에 함 | 사망 가능 |

(주) 1. 65kg의 건강한 성인남자 기준
　　　2. 맥주의 경우 캔을 기준으로 함

## (3) 알코올이 운전에 미치는 부정적인 영향

① 심리−운동 협응능력 저하(비틀거리는 걸음걸이, 차의 균형유지곤란)
② 시력의 지각능력 저하(안구의 운동력 둔화, 주변시 판단력 감소 등)
③ 주의 집중능력 감소(차선을 잘못 지킴, 앞차의 신호, 보행자 등 정보미흡)
④ 정보 처리능력 둔화(적정 대처능력 상실)
⑤ 판단능력 감소(순간 판단능력 감소)
⑥ 차선을 지키는 능력 감소(전방과 측면의 거리판단능력이 감소)

## (4) 음주운전이 위험한 이유(법 기준 : 혈중알코올농도 0.03% 이상)

① 발견지연으로 인한 사고 위험 증가(적절한 운전조작 불가)
② 운전에 대한 통제력 약화로 과잉조작에 의한 사고 증가
③ 시력저하와 졸음 등으로 인한 사고의 증가
④ 2차 사고유발(성적흥분 및 공격적 충동으로 2차 범죄의 원인)
⑤ 사고의 대형화(치사율이 가장 높은 법규위반으로 대부분 대형사고로 연결)
⑥ 마신 양에 따른 사고 위험도의 지속적 증가

> 🚌 **혈중 알코올 농도에 따른 사고 가능율**
> ① 0.05% 상태에서는 음주를 하지 않을 때보다 : 2배
> ② 만취상태인 0.1%에서는 음주를 하지 않을 때보다 : 6배
> ③ 0.15% 상태에서는 음주를 하지 않을 때보다 : 25배

## (5) 음주운전 차량 증후의 특징적인 패턴

① 야간에 아주 천천히 달리는 자동차
② 전조등이 미세하게 좌·우로 왔다 갔다 하는 자동차
③ 과도하게 넓은 반경으로 회전하는 차량
④ 2개 차로에 걸쳐서 운전하는 차량
⑤ 신호에 대한 반응이 과도하게 지연되는 차량

⑥ 운전행위와 반대되는 방향지시등을 조작하는 차량

⑦ 지그재그 운전을 수시로 하는 차량

## (6) 약물이 인체에 미치는 영향

① 진정제

㉮ 중추신경이 비정상적으로 흥분한 상태를 진정시키는 데 쓰이는 의약품이다.

㉯ 불안, 불면, 통증, 경련 등의 증세를 완화시키거나 고혈압 치료 등의 목적으로 복용한다.

㉰ 진정제의 효과 : 알코올의 효과와 유사하다. 반사행동이 둔화되고 심리−운동 협응능력도 저하된다. 복용 중에 운전하게 되면 이완되고, 자제력이 감소되며, 사물을 확인하는데도 어려움을 느낀다. 운전 중의 예측 및 의사결정, 운전조작 각 과정을 적절히 수행하는 데도 어려움을 느끼게 된다.

② 흥분제

㉮ 중추신경계의 활동을 활발하게 하는 약물이다.

㉯ 증상 : 초기에는 힘이 나는 것처럼 느끼게 해주며 졸음을 깨워주기도 하지만 그 효과는 오랫동안 지속되지 않는다. 심지어는 신경을 예민하게 하고, 사소한 일에도 화가 나게 한다.

㉰ 운전자의 행동 : 흥분제를 복용한 운전자는 잘못된 자기 확신을 쉽게 갖게 됨으로써 운전과 관련한 위험 감행이 증가하게 된다. 흔히 흥분제의 효과가 없어질 때쯤 되면 복용자는 오히려 더 피곤함을 느끼게 된다.

③ **환각제** : 인간의 시각, 감각기관, 인지능력 등 기능 변화

㉮ 인간의 시각을 포함한 제반 감각기관과 인지능력, 사고 기능을 변화시킨다.

㉯ 환각제에 따라서는 인간의 방향 감각과 거리, 그리고 시간에 대한 감각을 왜곡시키기도 한다.

㉰ 환각제의 종류 : LSD와 PCP는 아주 강력한 환각제이며, 마리화나도 있다.

## (7) 운전자의 약물 복용 수칙

① 약 복용 시 주의사항과 부작용에 대한 설명을 반드시 읽고 확인한다 : 감기약, 두통약 등의 진통제, 알레르기약 등 "약을 복용한 후에는 운전하지 마시오"라고 쓰였을 때는 운전하기 전에 그 약을 복용해서는 안 되며 안전운전을 하려면 이러한 경고들을 무시해서는 안 된다.

② 1~2잔의 술이라도 약물과 함께 복용하지 않는다. : 감기약을 알코올과 함께 복용하게 되면 약만 복용할 때보다 훨씬 신경조직이 둔감해진다.

---

**제3절** 교통약자 등과의 도로 공유

**1** 보행자

## (1) 보행자 옆을 지나갈 때 : 안전거리를 두고 서행해야 한다.

① 모든 차의 운전자는 도로에 차도가 설치되지 아니한 좁은 도로, 안전지대 등 보행자의 옆을 지나는 때에는 안전한 거리를 두고 서행해야 한다.

② 주 · 정차하고 있는 차 옆을 지나는 때에는 차문을 열고 사람이 내리거나 갑자기 사람이 튀어나

오는 경우가 있으므로 **서행**한다.

## (2) 횡단하는 보행자의 보호

① 모든 차의 운전자는 **횡단보도가 없는 교차로**나 그 부근을 보행자가 횡단하고 있는 경우에는 그 **통행**을 방해해서는 안 된다.

② 횡단보도 부근에서는 횡단하는 사람이나 자전거 등이 없는 경우 외에는 그 **직전이나 정지선**에서 정지할 수 있는 속도로 줄이고 **일시정지**하여 보행자 등의 통행을 방해해서는 안 된다.

③ 교통정리가 행하여지고 있는 교차로에서 **좌·우회전**하려는 경우와 보행자 전용도로가 설치된 경우에는 신호기 또는 경찰공무원 등의 **신호나 지시에 따라** 도로를 횡단하는 **보행자의 통행**을 방해하여서는 안 된다.

④ 보행자 전용도로가 설치된 경우에도 자동차 등의 통행이 허용된 자동차 등의 운전자는 **보행자**의 걸음걸이 속도로 운행하거나 **일시정지**하여 보행자의 통행을 방해하지 않도록 해야 한다.

⑤ 보행자 보호의 주요 주의 사항
  ㉮ **시야가 차단된** 상황에서 나타나는 보행자를 특히 조심한다.
  ㉯ **차량신호가 녹색**이라도 완전히 비어 있는지를 확인하지 않은 상태에서 **횡단보도**에 들어가서는 안 된다.
  ㉰ 신호에 따라 횡단하는 **보행자의 앞뒤**에서 그들을 압박하거나 재촉해서는 안 된다.
  ㉱ 회전할 때는 언제나 회전 방향의 **도로**를 건너는 보행자가 있을 수 있음을 유의한다.
  ㉲ 어린이 보호구역 내에서는 특별히 주의한다.
  ㉳ 주거지역 내에서는 어린이의 존재여부를 주의 깊게 관찰한다.
  ㉴ 앞을 보지 못하는 사람이나 장애인에게는 우선적으로 양보를 한다.

## (3) 어린이나 신체장애인의 보호

① **일시정지** : 어린이가 보호자 없이 걸어가고 있을 때, 도로를 횡단하고 있을 때, 앞을 보지 못하는 사람이 흰색 지팡이를 이용하거나 장애인보조견을 이용하여 도로를 횡단하고 있는 때와 지하도, 육교 등 도로 횡단시설을 이용할 수 없는 신체 장애인이 도로를 횡단하고 있는 때

## (4) 노인 등의 보호 : 위험에 대한 판단과 회피가 늦어 사고를 당하는 경우가 많기 때문에 이러한 노인들의 통행을 발견했을 때는 일시정지하면서 안전하게 통행할 수 있도록 해야 한다.

## (5) 어린이통학버스의 특별보호

① 어린이통학버스가 어린이 또는 영유아를 태우고 있다는 표시를 하고 도로를 통행하는 때에 모든 차의 운전자는 어린이통학버스를 앞지르지 못한다.

② 어린이나 영유아가 타고 내리는 중임을 나타내는 어린이통학버스가 정차한 차로와 그 차로의 바로 옆 차로를 통행하는 차의 운전자는 어린이통학버스에 이르기 전 일시정지하여 안전을 확인 후 서행한다.

※ 중앙선 미설치 또는 편도 1차로인 도로의 반대방향에서 진행하는 차의 운전자는 어린이통학버스에 이르기 전 일시정지하여 안전을 확인 후 서행한다.

## 2 고령운전자와 안전운전

### (1) 고령운전자의 정의

고령운전자의 정의 이전에 고령자에 대한 정의가 먼저 정립되어야 한다. 국토해양부(2011), 「고령자 교통사고 원인 및 원인별 대책 연구」에서는 고령자를 학술적 측면, 법·제도적 측면, 사회적 측면, 교통안전 측면에서 정의하고 있다.

① 학술적 측면

"나이가 들어감에 따라 생리적·신체적 기능의 퇴화와 더불어 정신적·심리적 변화가 일어나 개인의 자기유지 기능과 사회적 역할 기능이 약화되고 있는 사람"으로 정의한다. 이러한 학술적 측면의 정의는 대상을 구분하는 범위를 정하기가 곤란한 주관적 성격이 강하다.

② 법·제도적 측면

『노인복지법』이나 『국민기초생활보장법』에서 정의하는 노인은 65세 이상의 노령인을 대상으로 하고 있으며, 『고령자고용촉진법』에서는 55세 이상을 고령자로 정의하고 있다. 한편 『국민연금법』에서는 노령연금급여대상자로서 60세 이상을 노인으로 정의하고 있으나, 연금재정의 어려움과 평균수명 연장 등의 이유로 2033년부터 65세로 적용하기로 하고 있다. 의료기술의 발달과 평균수명의 연장 등 사회적 변화를 감안하면 법·제도적 측면에서 고령자에 대한 정의는 65세 이상의 노령자를 대상으로 정의하는 것이 합리적이라 판단된다.

고령자의 연령기준 및 관련규정

| 법규 및 근거 규정 | 연령 기준 |
|---|---|
| 「고용상연령차별금지및고령자고용촉진에관한법률시행령」 제2조 | – 고령자 : 55세 이상<br>– 준 고령자 : 50세~55세 미만 |
| 「연금법」 제61조 | – 노령연금 수급권자 : 60세 이상 |
| 「기초노령연금법」 제3조 | – 연금 지급대상 : 65세 이상 |
| 「노인복지법시행규칙」 제14조 | – 무료실비노인주거시설 : 65세 이상<br>– 유료노인주거시설 : 60세 이상 |
| 「국민기초생활보장법시행령」 제7조 | – 근로능력이 없는 수급자 : 65세 이상 |

③ 사회적 측면

연령이 높은 고령자를 실제로 관찰하여 노인으로 규정하기에 편리하도록 한 것으로서 사회과학적 조사연구의 편의, 정책 및 행정적 편의를 위하여 네 가지로 정의하고 있다.

㉮ 개인의 자각(self-awareness)에 의한 정의 : 개인 스스로 주관적으로 판단하여 노인이라고 생각하는 사람을 노인으로 규정하는 것이며, 이는 노화의 생물학적·사회적·심리적 측면을 어느 정도 내포하고 있지만, 개인의 주관에 따라 다르게 정의될 수 있으므로 보편적인 개념으로 사용하기엔 부적절한 측면이 있다.

㉯ 사회적 역할 상실에 의한 정의 : 사회적 지위와 역할이 상실된 상태에 있는 사람을 노인으로 규정하는 것으로, 이러한 정의는 사회적 지위와 역할이 분명하지 않은 상태에 있는 사람(특히 여성)에게는 적용이 곤란한 측면이 있다.

ⓒ 역연령(chronological age)에 의한 정의 : 출생 후 경과한 시간에 따라 일정한 시점에 도달한 사람을 구분한 것으로써 보통 65세 이상을 노인으로 규정하고 있으며, 이러한 정의는 관찰과 판단이 쉬울 뿐만 아니라 입법적 측면이나 행정적 측면에서 편의성 때문에 가장 보편적으로 사용되는 정의이다.

　　ⓓ 기능적 연령(functional age)에 의한 정의 : 개인의 특수한 신체적 심리적 사회적 영역에 대한 기능의 정도에 따라서 규정하는 것으로, 개인의 특수한 업무를 수행할 수 없는 경우를 노인으로 규정한다.

④ 교통안전 측면

　　『교통약자의 이동편의 증진법』에 명시된 '교통약자'의 개념에 포함되는 대상으로 '생활을 영위함에 있어 불편을 느끼는 자'로 정의되며, 특히 고령자는 움직이는 물체를 식별하는 동체시력의 저하로 주변 상황의 인지능력이 낮아 교통사고 위험에 노출될 가능성이 높으므로 타 교통약자와 함께 사회적으로 교통사고와 같은 위험으로부터 보호되어야 할 권리를 가진 대상자로서 문제해결을 위한 대책이 필요한 계층으로 정의하였다(Brouwer, 1994). 교통안전 측면의 고령자는 교통안전대책의 대상자로서 현대사회에서 **평균수명 증가, 노년층 인구의 사회활동 증가,** 인구통계학 상 널리 활용되고 있는 편리성 등을 감안하여 **65세 이상인 자를 고령자**로 정의하고 있다.

　　이상과 같은 고령자에 대한 정의를 검토하고 교통안전 측면에서 고령자를 관리하고 구분하기 위한 입법적 또는 행정적 측면의 편의성을 고려하여 **고령운전자는 만65세 이상의 운전면허소지자를 대상으로 정의한다.**

## (2) 고령운전자의 특성

　　운전행위는 시각을 통하여 정보를 받아들이고 뇌에서 상황을 판단한 후 운전자의 핸들조작 및 감·가속을 통하여 차량을 통제하는 행위로서, 자신의 차량이 움직이는 상황에서 주변의 고정물체 또는 이동물체를 보고 판단한 후 이에 대한 대응을 해야 하는 시각적, 인지적, 반응적 특성을 활용하는 복잡한 행위이다. 고령운전자는 시각적 특성과 인지적 특성, 반응특성 등이 젊은 운전자와는 다르게 나타나며, 운전을 안전하게 하기 위한 조건이 젊은 운전자에 비하여 불리하게 변화된다.

① 시각적 특성

　　고령운전자는 노화에 따라 교통상황 대처능력이 현저히 저하되는데, 교통시설을 이용하기 위해 필요한 표지판, 신호체계, 교통의 흐름, 주위상황을 대부분 시각적으로 받아들여야 하지만, 시각능력이 떨어지게 되어 운전을 위한 정보입수에 어려움을 겪게 된다. 즉, 사물과 사물을 구별하는 대비능력이 저하되고, 광선 혹은 섬광에 대한 민감성이 증가하며, 시야의 범위 감소 현상에 따라 좁아진 시야 범위 바깥에 있는 표지판, 신호등, 차량, 보행자 등을 발견하지 못하는 경향이 있다.

　　ⓐ 식별능력의 저하

　　　　고령운전자들은 젊은 운전자에 비하여 사물을 구별하는 식별능력이 떨어진다. 자동차 운전 시에는 가까운 곳을 보는 근점시력보다 먼 곳을 보는 원점시력이 더 중요한데, 고령운전자는 빛의 양이 적은 조도가 낮은 상황(야간, 터널구간 등)에서는 먼 곳을 보는 원점시력이 더욱 저하되어 더 많은 주의를 필요로 하게 된다.

  ㉯ 대비(對比)감도 감소

    고령층일수록 구별이 뚜렷하지 않는 물체를 식별하는 능력이 저하된다. 이는 주로 배경으
    로부터 물체를 식별하는 것으로, 희미한 차선 식별, 반사물질 처리가 되지 않은 연석 혹은
    중앙분리대의 가장자리를 식별하는 능력을 의미한다.

  ㉰ 조도 순응 및 색채지각 능력의 감소

    고령운전자는 젊은 운전자에 비하여 밝은 곳에서 어두운 곳으로 이동할 때 낮은 조도에 순응
    하는 능력인 암순응(dark adaptation) 시간이 증가한다. 따라서 주간에 터널로 진입하거
    나 야간에 밝은 상업지역에서 어두운 비상업지역으로 진입하는 상황에서 암순응시간이 증가
    하면 사물을 식별하는 능력이 순간적으로 떨어지게 되어 사고위험이 높아지게 된다.

 ② 청각적 특성

  청각능력은 인간의 가장 원초적인 감각능력으로 인지반응 시간을 가능한 짧게 하며, 인지한 정
  보에 반응하는 기능을 유지하게 한다. 청각은 시ㆍ지각과 독립적으로 작용하지 않으므로 청각기
  능이 약화되면 지각기능도 저하된다. 고령화와 함께 가장 빈번하게 수반되는 것이 청각 기능의
  상실 또는 약화현상이다.

 ③ 체력적 특성

  고령화로 인해 골밀도가 떨어지면 골절상을 많이 입게 되고, 관절 접합부 혈액낭의 윤활유가 감
  소되어 관절의 통증과 움직임 저하현상이 나타난다.

 ④ 정신적 특성

  고령화에 따라 감각기관의 기능저하 뿐만 아니라 전체 신경계와 사고 과정의 기능이 저하되고
  느려진다. 이는 복잡한 교통상황에서 순간대처능력을 저하시키는 원인이 된다. 또한 노화에 따
  른 근육운동력의 저하는 반응시간의 지연으로 나타난다.

## (3) 고령인구 및 고령운전자 추이

 ① 고령인구 추이

  일반적으로 고령화(노령화) 사회란 국제연합(UN)이 정한 바에 따라 65세 이상 노인 인구 비율
  이 전체 인구의 7%이상을 차지하는 사회를 말하며, 그 비율이 14%를 넘는 사회를 고령사회,
  20%를 넘으면 초고령 사회라고 한다.

 ② 고령운전자 추이

  2018년 말 현재 우리나라 운전면허 소지자는 32,161,081명으로 2001년 19,084,337명에
  비해 16.11배 가량 늘어났다. 1990년대까지 폭발적인 증가추세를 보이던 운전면허 소지자는
  이후 증가세가 다소 완만해졌으나, 2000년에 비하여 2015년의 면허 소지자는 1.52배 이상 증
  가하였으며, 2007년 이후에는 전 국민의 50% 이상이 운전면허증을 보유하고 있는 것으로 나
  타났다.

  장래 고령 운전면허 소지사가 급증함에 따라 고령운전자도 급증할 수밖에 없어 이에 따른 교통
  안전 대책 마련이 시급함을 알 수 있다.

### 3 고령운전자와 교통안전

#### (1) 고령운전자 교통사고 특성

① 일반적 특성

고령인구와 고령 운전면허 소지자 증가에 따라 고령운전자가 관련된 교통사고도 높은 증가 추세를 보이고 있다. 2001년 이후 최근까지 교통사고 통계에 의하면 전체 교통사고 및 사망자 수는 감소추세에 있는 반면, 고령운전자와 관련된 교통사고 및 사망자는 큰 폭으로 증가하고 있다.

#### (2) 연구결과 나타난 고령운전자의 일반적인 교통사고 발생특징

젊은 운전자에 비하여 고령운전자는 여러측면의 변화를 겪게 된다. 즉, 노화에 따른 여러기능의 약화가 나타나는데, 1차적으로 운전과 관련된 외부 정보를 인지하는 신체적 특징과 심리적 특징, 그리고 이 두 가지를 통해 판단을 내리는 지각적 특성이 변화된다. 또한 2차적으로 신체의 노화로 인한 판단 반응시간의 지연과 운전행위에 대한 정확도의 변화 등이 나타난다.

시각과 청각과 같은 1차적 반응들과 마찬가지로 위에서 언급한 반응적 행동은 고령운전자의 사고위험을 증가시키고 있다고 볼 수 있을 것으로 판단되며, 이 밖에도 안전운전과 관련된 고령자의 사회적 특징과 고령자를 배려하지 않는 외부환경도 고령운전자의 사고위험을 증가시키고 있다고 할 수 있다.

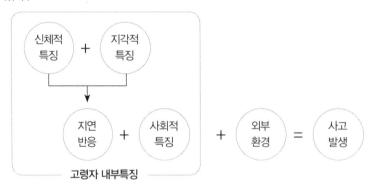

고령운전자 사고발생 과정 메카니즘

### 4 자전거와 이륜자동차

(1) 자전거, 이륜차에 대해서는 차로 내에서 점유할 공간을 내 주어야 한다.

(2) 자전거, 이륜차를 앞지를 때는 특별히 주의한다.

(3) 교차로에서는 특별히 자전거나 이륜차가 있는지를 잘 살핀다.

(4) 길가에 주정차를 하려고 하거나 주·정차 상태에서 출발하려고 할 때는 특별히 자전거, 이륜차의 접근 여부에 주의한다.

(5) 이륜차나 자전거의 갑작스런 움직임에 대해 예측한다.

(6) 야간에 가장자리 차로로 주행할 때는 자전거의 주행 여부에 주의한다.

**5** 대형자동차

(1) 다른 차와의 충분한 안전거리를 유지한다

(2) 승용차 등이 대형차의 사각지점에 들어오지 않도록 주의한다.

(3) 앞지를 충분한 공간 간격을 유지한다.

(4) 대형차로 회전할 때는 회전할 수 있는 충분한 공간 간격을 확보한다.


## 제4절 사업용자동차 위험운전행태 분석

### **1** 운행기록장치의 정의 및 자료

#### (1) 운행기록장치 정의

"운행기록장치"란 자동차의 속도, 위치, 방위각, 가속도, 주행거리 및 교통사고 상황 등을 기록하는 자동차의 부속장치 중 하나인 전자식 장치를 말한다. 「여객자동차운수사업법」에 따른 여객자동차 운송사업자는 그 운행하는 차량에 운행기록장치를 장착하여야 하며, 버스의 경우 '2012. 12. 31 이후 운행기록장치를 의무장착하도록 하고 있다. 전자식 운행기록장치의 장착 시 이를 수평상태로 유지되도록 하여야 하며, 수평상태의 유지가 불가능할 경우 그에 따른 보정 값을 만들어 수평상태와 동일한 운행기록을 표출할 수 있게 하여야 한다.

전자식 운행기록장치(Digital Tachograph)의 구조는 운행기록 관련신호를 발생하는 센서, 신호를 변환하는 증폭장치, 시간 신호를 발생하는 타이머, 신호를 처리하여 필요한 정보로 변환하는 연산장치, 정보를 가시화 하는 표시장치, 운행기록을 저장하는 기억장치, 기억장치의 자료를 외부기기에 전달하는 전송장치, 분석 및 출력을 하는 외부기기로 구성된다.

#### (2) 운행기록의 보관 및 제출 방법

운행기록장치 장착의무자는 「교통안전법」에 따라 운행기록장치에 기록된 운행기록을 6개월동안 보관하여야 하며, 운송사업자는 교통행정기관 또는 한국교통안전공단이 교통안전점검, 교통안전 진단 또는 교통안전관리규정의 심사 시 운행기록의 보관 및 관리 상태에 대한 확인을 요구할 경우 이에 응하여야 한다.

운송사업자는 차량의 운행기록이 누락 혹은 훼손되지 않도록 배열순서에 맞추어 운행기록장치 또는 저장장치(개인용 컴퓨터, 서버, CD, 휴대용 플래시메모리 저장장치 등)에 보관하여야 하며, 다음의 사항을 고려하여 운행기록을 점검하고 관리하여야 한다.

① 운행기록의 보관, 폐기, 관리 등의 적절성

② 운행기록 입력자료 저장여부 확인 및 출력점검(무선통신 등으로 자동 전송하는 경우를 포함)

③ 운행기록장치의 작동불량 및 고장 등에 대한 차량운행 전 일상점검

운송사업자가 공단에 운행기록을 제출하고자 하는 경우에는 저장장치에 저장하여 인터넷을 이용하거나 무선통신을 이용하여 운행기록분석시스템으로 전송하여야 한다. 한국교통안전공단은 운송사업자가 제출한 운행기록 자료를 운행기록분석시스템에 보관, 관리하여야 하며, 1초 단위의 운행기록 자료는 6개월간 저장하여야 한다.

## **2** 운행기록분석시스템의 활용

### (1) 운행기록분석시스템 개요

운행기록분석시스템은 자동차의 운행정보를 실시간으로 저장하여 시시각각 변화하는 운행상황을 자동적으로 기록할 수 있는 운행기록장치를 통해 자동차의 순간속도, 분당엔진회전수(RPM) 브레이크 신호, GPS, 방위각, 가속도 등의 운행기록 자료를 분석하여 운전자의 과속, 급감속 등 운전자의 위험행동 등을 과학적으로 분석하는 시스템으로 분석결과를 운전자와 운수회사에 제공함으로써 운전자의 운전행태의 개선을 유도, 교통사고를 예방할 목적으로 구축되었다.

### (2) 운행기록분석시스템 분석항목

운행기록분석시스템에서는 차량의 운행기록으로부터 다음의 항목을 분석하여 제공한다.

① 자동차의 운행경로에 대한 궤적의 표기

② 운전자별 · 시간대별 운행속도 및 주행거리의 비교

③ 진로변경 횟수와 사고위험도 측정, 과속 · 급가속 · 급감속 · 급출발 · 급정지 등 위험운전 행동 분석

④ 그 밖에 자동차의 운행 및 사고발생 상황의 확인

### (3) 운행기록분석결과의 활용

교통행정기관이나 한국교통안전공단, 운송사업자는 운행기록의 분석결과를 다음과 같은 교통안전 관련 업무에 한정하여 활용할 수 있다.

① 자동차의 운행관리      ② 운전자에 대한 교육 · 훈련

③ 운전자의 운전습관 교정      ④ 운송사업자의 교통안전관리 개선

⑤ 교통수단 및 운행체계의 개선      ⑥ 교통행정기관의 운행계통 및 운행경로 개선

⑦ 그 밖에 사업용 자동차의 교통사고 예방을 위한 교통안전정책의 수립

## **3** 사업용자동차 운전자 위험운전행태분석

### (1) 위험운전 행동기준과 정의

운행기록분석시스템에서는 위험운전 행동의 기준을 사고유발과 직접관련 있는 5가지 유형으로 분류하고 있으며, 11가지의 구체적인 행위에 대한 기준을 제시하고 있다.

| 위험운전행동 | | 정의 | 화물차 기준 |
|---|---|---|---|
| 과속<br>유형 | 과속 | 도로제한속도보다 20km/h 초과 운행한 경우 | 도로제한속도보다 20km/h 초과 운행한 경우 |
| | 장기과속 | 도로제한속도보다 20km/h 초과해서 3분 이상 운행한 경우 | 도로제한속도보다 20km/h 초과해서 3분이상 운행한 경우 |
| 급가속<br>유형 | 급가속 | 초당 11km/h 이상 가속 운행한 경우 | 6km/h 이상 속도에서 초당 6km/h 이상 가속 운행한 경우 |
| | 급출발 | 정지상태에서 출발하여 초당 11km/h 이상 가속 운행한 경우 | 5km/h 이하에서 출발하여 초당 8km/h 이상 가속 운행한 경우 |

| 위험운전행동 | | 정의 | 화물차 기준 |
|---|---|---|---|
| 급감속<br>유형 | 급감속 | 초당 7.5km/h 이상 감속 운행한 경우 | 초당 9km/h 이상 감속 운행하고 속도가 6km/h 이상인 경우 |
| | 급정지 | 초당 7.5km/h 이상 감속하여 속도가 "0"이 된 경우 | 초당 9km/h 이상 감속하여 속도가 5km/h 이하가 된 경우 |
| 급차로<br>변경<br>유형<br>(초당<br>회전각) | 급진로변경<br>(15~30°) | 속도가 30km/h 이상에서 진행방향이 좌/우측(15~30°)으로 차로를 변경하며 가감속(초당 -5km/h~+5km/h)하는 경우 | 속도가 30km/h 이상에서 진행방향이 좌/우측 8°/sec 이상으로 차로변경하고 5초 동안 누적각도가 ±2°/sec 이하, 가감속이 초당 ±2km/h 이하인 경우 |
| | 급앞지르기<br>(30~60°) | 초당 11km/h 이상 가속하면서 진행방향이 좌/우측(30~60°)으로 차로를 변경하며 앞지르기 한 경우 | 속도가 30km/h 이상에서 진행방향이 좌/우측 8°/sec 이상으로 차로변경하고 5초동안 누적각도가 ±2°/sec 이하, 가속이 초당 3km/h 이상인 경우 |
| 급회전<br>유형<br>(누전<br>회전각) | 급좌우회전<br>(60~120°) | 속도가 15km/h 이상이고, 2초 안에 좌측(60~120° 범위)으로 급회전한 경우 | 속도가 25km/h 이상이고, 4초 안에 좌/우측(누적회전각이 60~120° 범위)으로 급회전한 경우 |
| | 급U턴<br>(160~180°) | 속도가 15km/h 이상이고, 3초 안에 좌/우측(160~180° 범위)으로 급하게 U턴한 경우 | 속도가 20km/h 이상이고, 8초 안에 좌/우측(160~180° 범위)으로 운행한 경우 |
| 연속 운전 | | 운행시간이 4시간 이상 운행, 10분 이하 휴식일 경우<br>※ 11대 위험운전행동에 포함되지 않음 | |

## (2) 위험운전 행태별 사고유형 및 안전운전 요령

운전자가 자동차의 가속장치와 제동장치, 조향장치 등을 과도하고 급격하게 작동하는 경우 사고를 유발할 수 있으므로 차량 운행 시 운전자의 주의가 필요하다.

위험운전행동별로 발생가능성이 높은 사고유형과 사고를 예방하기 위한 안전운전 요령

| 위험운전행동 | | 사고유형 및 안전운전 요령 |
|---|---|---|
| 과속<br>유형 | 과속 | • 버스 사고의 주요원인이 과속이다. 과속은 치사율을 높이고, 돌발상황에 대처가 어려우며, 버스의 경우 승차인원이 많아 대형사고로 연결될 수 있다.<br>• 버스는 차체의 높이가 높기 때문에 과속을 하면 커브길, 고속도로 진출입램프에서 전도, 전복의 위험성이 크다. 따라서 계기판을 수시로 확인하며 규정속도를 유지하도록 하고, 커브길 진입 전에는 충분히 감속하는 것이 좋다.<br>• 빗길이나 눈길, 빙판길, 커브길에서는 차량의 속도를 감속하는 습관을 들여야 한다. |
| | 장기과속 | • 버스는 장기과속의 위험에 항상 노출되어 있어 운전자의 속도감 및 거리감 저하를 가져올 수 있다.<br>• 야간의 경우 운전자의 시야가 좁아지는 만큼 장기과속으로 인한 사고위험이 커지므로 항상 규정 속도를 준수하여 운행해야 한다. |
| 급가속<br>유형 | 급가속 | • 교차로를 통과하기 위해 무리하게 급가속을 하는 행동은 추돌사고를 유발하고 돌발 상황을 대처를 어렵게 한다. 황색신호에 무리한 교차로 진입을 하지 말고, 교차로 접근 시 미리 감속하는 것이 좋다.<br>• 버스의 경우 입석승객이 많고, 좌석승객도 안전띠를 매지 않기 때문에 급가속 행동은 차내 사고를 유발할 수 있으므로 정류장 등에서 차량 출발 시 천천히 가속하는 것이 좋다. |
| | 급출발 | • 내리막, 오르막 길에서의 급출발은 시동을 꺼지게 하는 원인이 되며, 사고의 원인이 될 수도 있으므로 속도를 줄이고 서서히 출발해야 한다. |

| 위험운전행동 | | 사고유형 및 안전운전 요령 |
|---|---|---|
| 급감속 유형 | 급감속 | • 버스 운전석은 승용차에 비해 1.5~2배 높아 같은 거리라도 길게 느껴지기 때문에 전방 차량과 거리를 좁혀 주행하는 특성이 있다.<br>• 야간주행이나 고속주행으로 운전자의 시야가 좁아지면, 전방차량 제동 등과 같은 돌발 상황을 인지하지 못하여 급감속하는 경우가 발생하므로 항상 규정 속도로 주행하고 앞차와의 거리를 충분히 확보해야 한다.<br>• 버스의 경우 입석승객이 많고, 좌석승객도 안전띠를 매지 않기 때문에 급감속 행동은 차내사고를 유발할 수 있으므로 신호교차로나 정류장 등에서 차로변경을 미리하고, 감속하는 습관이 필요하다. |
| 급회전 유형 | 급좌회전 | • 급좌회전은 야간주행이나 비신호교차로, 교통섬이 있는 교차로에서 운전자가 방심하여 발생하게 되는데, 버스의 경우 차체가 높아 급좌회전으로 차량이 전도, 전복될 수 있으므로 유의해야 한다.<br>• 교차로 접근 시 미리 감속하고, 모든 방향의 차량상황을 인지하고 신호에 따라 좌회전하여야 한다.<br>• 특히 급좌회전, 꼬리 물기 등을 삼가고, 저속으로 회전하는 습관이 필요하다. |
| | 급우회전 | • 버스의 급우회전은 다른 차량과의 충돌 뿐 아니라 도로를 횡단하고 있는 횡단보도상의 보행자나 이륜차, 자전거와 사고를 유발할 수 있다.<br>• 속도를 줄이지 않고 회전을 하는 경우 전도, 전복위험이 크고 보행자 사고를 유발하므로 교차로 접근 시 충분히 감속하고 보행자에 주의하여 우회전해야 한다.<br>• 버스는 회전 시 뒷바퀴가 앞바퀴보다 안쪽으로 회전하는 특징이 있으므로 횡단대기중인 보행자에 각별히 유의해야 한다. |
| | 급U턴 | • 버스의 경우 차체가 길어 속도가 느리므로 급U턴이 잘 발생하진 않지만, U턴 시에는 진행방향과 대향방향에서 오는 과속차량과의 충돌사고 위험성이 있다.<br>• 차체가 길기 때문에 U턴 시 대향차로의 많은 공간이 요구되므로 대향차로 상의 과속차량에 유의해야 한다. |
| 급진로 변경 유형 | 급앞지르기 | • 속도가 느린 상태에서 옆 차로로 진행하기 위해 진로변경을 시도하는 경우 급 앞지르기가 발생하기 쉽다. 이 경우 진로변경 차로 상에서도 공간이 발생하여 후행차량도 급하게 진행하고자 하는 운전심리가 있어 진로변경 중 측면 접촉사고가 발생될 수 있다.<br>• 진로를 변경하고자 하는 차로의 전방뿐만 아니라 후방의 교통상황도 충분하게 고려하고 반영하는 운전 습관이 중요하다. |
| | 급진로변경 | • 고속주행을 하는 고속도로나 간선도로 등에서 차체가 큰 버스의 급진로변경은 연쇄추돌사고 등으로 연결되기 쉽다.<br>• 고속주행을 하는 상태에서 추월 등을 시도하기 위해 진로를 급변경하는 경우 옆 차로 차량과의 측면 접촉사고들이 많이 발생될 수 있다.<br>• 진로변경을 하고자 하는 경우 방향지시등을 켜고 차로를 천천히 변경하여 옆 차로에 뒤따르는 차량이 진로변경을 인지할 수 있도록 해야 하며, 차로의 전방뿐만아니라 후방의 교통상황도 충분하게 고려해야 한다. |

# 제3장   자동차 요인과 안전운행

## 제1절   자동차의 물리적 현상

### 1 원심력

(1) **원심력의 개념** : 차가 길모퉁이나 커브를 돌 때에 핸들을 돌리면 주행하던 차로나 도로를 벗어나려는 힘이 작용하게 되는 힘을 원심력이라 한다.

(2) **원심력과 안전운행**

① 원심력의 힘이 노면과 타이어 사이에서 발생하는 마찰저항보다 커지면 차는 옆으로 미끄러져 차로나 도로를 벗어나게 될 위험이 증가한다.

② 차가 길모퉁이나 커브를 빠른 속도로 진입하면 노면을 잡고 있으려는 타이어의 접지력보다 원심력이 더 크게 작용하여 사고 발생 위험이 증가한다.

③ 일반적으로 매시 50km로 커브를 도는 차는 매시 25km로 도는 차보다 **4배의 원심력이 발생**한다.

④ 이 경우 속도를 줄이지 않으면 속도는 2배 증가하였지만 차는 커브를 도는 힘보다 직진 하려는 힘이 4배가 작용하여 도로를 이탈하게 된다.

⑤ 원심력은 속도가 빠를수록, 커브 반경이 작을수록, 차의 중량이 무거울수록 커지게 되며, 특히 속도의 제곱에 비례해서 커진다.

⑥ 커브 길에서는 원심력이 작용하므로 안전하게 회전하려면 속도를 줄여야 한다.

### 2 스탠딩 웨이브 현상(Standing wave)

(1) **개념** : 고속으로 주행할 때에는 타이어의 회전속도가 빨라지면 접지면에서 발생한 타이어의 변형이 다음 접지 시점까지 복원되지 않고 진동의 물결로 남게 되는 현상을 스탠딩 웨이브라 한다.

(2) **발생현상** : 스탠딩 웨이브 현상이 계속되면 타이어 내부의 고열로 인해 타이어는 쉽게 과열되어 파손될 수 있다.

(3) **스탠딩 웨이브 현상을 예방하기 위한 조치**

① 주행 중인 속도를 줄인다.

② 타이어 공기압은 평상치보다 높인다.

③ 과다 마모된 타이어나 재생타이어를 사용하지 않는다.

### 3 수막현상(Hydroplaning)

(1) **개념** : 자동차가 물이 고인 노면을 고속으로 주행할 때 타이어의 트레드 홈 사이에 있는 물을 헤치는 기능이 감소되어 노면 접지력을 상실하게 되는 현상으로 타이어 접지면 앞 쪽에서 들어오는 물의 압력에 의해 타이어가 노면으로부터 떠올라 물위를 미끄러지는 현상을 수막현상이라 한다.

> 🚌 수막현상 발생 시 물의 압력은 자동차 속도의 2배 그리고 유체밀도에 비례한다.

(2) **발생 시 상황**

① 물이 고인 도로를 고속으로 주행할 때 일정 속도 이상이면 타이어의 트레드가 노면의 물을 완전히 밀어내지 못하고, 타이어 앞 쪽에 발생한 **얇은 수막**으로 노면으로부터 떨어져 **제동력 및 조향력**을 상실하게 된다.

> 임계속도 : 타이어가 완전히 노면으로부터 떨어질 때의 속도
> 관성력 : 움직이고 있는 물체는 계속 움직이고자 하는 힘

(3) **수막현상 발생에 영향을 주는 요인**

① 차의 속도　　　　　　　　　② 고인 물의 깊이
③ 타이어의 패턴　　　　　　　④ 타이어의 마모정도
⑤ 타이어의 공기압　　　　　　⑥ 노면 상태 등

(4) **수막현상을 예방하기 위한 조치**

① 고속으로 주행하지 않는다.　　② 과다 마모된 타이어를 사용하지 않는다.
③ 공기압을 평상시보다 조금 높게 한다.
④ 배수효과가 좋은 타이어 패턴(리브형 타이어)을 사용한다.

## 4 페이드(Fade) 현상

(1) **발생원인** : 내리막길을 내려갈 때 브레이크를 반복하여 사용하면 마찰열이 라이닝에 축적되어 브레이크의 제동력이 저하되는 현상을 페이드라 한다.

(2) **발생현상** : 브레이크 라이닝의 온도상승으로 과열되어 라이닝의 **마찰계수가 저하됨**에 따라 페달을 강하게 밟아도 제동이 잘 되지 않는다.

> 🚌 **워터 페이드(Water fade) 현상**
> ① 브레이크 마찰재가 물에 젖으면 마찰계수가 작아져 브레이크의 제동력이 저하되는 현상을 워터 페이드라 한다.
> ② 물이 고인 도로에 자동차를 정차시켰거나 수중 주행을 하였을 때 이 현상이 일어날 수 있으며 브레이크가 전혀 작용되지 않을 수도 있다.
> ③ 워터 페이드 현상이 발생하면 마찰열에 의해 브레이크가 회복되도록 브레이크 페달을 반복해 밟으면서 천천히 주행한다.

## 5 베이퍼 록(Vapour lock) 현상

(1) **개념** : 긴 내리막길에서 풋(발) 브레이크를 지나치게 사용하면 차륜 부분의 마찰열 때문에 휠 실린더나 브레이크 파이프 속에서 **브레이크액이 기화**되고, 브레이크 회로 내에 공기가 유입된 것처럼 기포가 발생하여 브레이크가 작용하지 않는 현상

(2) **주요 발생 원인**

① 긴 내리막길에서 계속 브레이크를 사용하여 브레이크 드럼이 과열되었을 때와 불량한 브레이크액 및 액의 변질로 비등점이 저하된 오일을 사용한 때

(3) **방지 요령** : 엔진 브레이크를 사용하여 저단기어를 유지하면서 풋 브레이크 사용을 줄인다.

## 6 모닝 록(Morning lock) 현상

(1) **개념** : 비가 자주 오거나 습도가 높은 날 또는 오랜 시간 주차한 후에는 브레이크 드럼에 미세한 녹이 발생하게 되는데 이러한 현상을 모닝 록(Morning Lock)이라 한다.

(2) **발생현상**

① 모닝 록 현상이 발생하면 브레이크 드럼과 라이닝, 브레이크 패드와 디스크의 마찰계수가 높아져 평소보다 **브레이크가 지나치게 예민하게 작동한다.**

② 평소의 감각대로 브레이크를 밟게 되면 급제동이 되어 사고가 발생할 수 있다.

(3) **제거 해소 방법** : 아침에 운행을 시작할 때나 장시간 주차한 다음 운행을 시작하는 경우에는 **출발 시** 서행하면서 브레이크를 몇 **차례 밟아주면** 녹이 **자연스럽게 제거**되면서 모닝 록 현상이 해소된다.

## 7 선회 특성과 방향 안정성

(1) **언더 스티어(Under steer)**

① **현상** : 코너링 상태에서 구동력이 원심력보다 작아 타이어가 그립의 한계를 넘어서 핸들을 돌린 각도만큼 라인을 타지 못하고 코너 바깥쪽으로 밀려나가는 현상이다.

② **발생차종 및 원인**

㉮ 언더 스티어(Under Steer) 현상은 흔히 전륜구동(Front wheel Front drive) 차량에서 주로 발생한다.

㉯ 핸들을 지나치게 꺾거나 과속, 브레이크 잠김 등이 원인이 되어 발생할 수 있다.

㉰ 커브길을 돌 때에 속도가 너무 높거나, 가속이 진행되는 동안에는 원심력을 극복 할 수 있는 충분한 마찰력이 발생하기 어렵다.

③ **언더 스티어 현상 방지 요령** : 앞바퀴와 노면과의 마찰력 감소에 의해 슬립각이 커지면 언더 스티어 현상이 발생할 수 있으므로 앞바퀴의 마찰력을 유지하기 위해 커브길 진입 전에 가속페달에서 발을 떼거나 브레이크를 밟아 **감속한 후 진입**하면 앞바퀴의 **마찰력이 증대**되어 언더 스티어 현상을 방지할 수 있다.

(2) **오버 스티어(Over steer)**

① **현상**

㉮ 코너링 시 운전자가 핸들을 꺾었을 때 그 꺾은 범위보다 차량 앞쪽이 진행 방향의 안쪽(코너 안쪽)으로 더 돌아가려고 하는 현상이다.

㉯ 구동력을 가진 뒤쪽 타이어는 계속 앞으로 나아가려고 하고 차량 앞은 이미 꺾인 핸들 각도로 인해 그 꺾인 쪽으로 빠르게 진행하게 되므로 코너 안쪽으로 말려들어오게 되는 현상이다

② **발생차종** : 흔히 후륜구동(Front wheel Rear drive) **차량에서 주로 발생**한다.

③ **오버 스티어의 예방요령** : 커브길 진입 전에 **충분히 감속**하여야 한다.

## 8 내륜차(內輪差)와 외륜차(外輪差)

차량 바퀴의 궤적을 보면 직진할 때는 앞바퀴가 지나간 자국을 그대로 따라가지만, 핸들을 돌렸을 때에는 바퀴가 모두 제각기 서로 다른 원을 그리면서 통과하게 되어 앞바퀴의 궤적과 뒷바퀴의 궤적 간에는 차이가 발생하게 된다.

155

(1) **내륜차(內輪差)** : 앞바퀴의 안쪽과 뒷바퀴의 안쪽 궤적 간의 차이

(2) **외륜차(外輪差)** : 바깥 바퀴의 궤적 간의 차이

   ※ 소형차에 비해 축간거리가 긴 대형차에서 내륜차 또는 외륜차가 크게 발생한다.

   ※ 차가 회전할 때에는 내, 외륜차에 의한 여러 가지 교통사고 위험이 발생한다.

(3) **내륜차와 외륜차에 의한 사고위험**

   ① **내륜차에 의한 사고 위험**

   ㉮ 전진(前進)주차를 위해 주차공간으로 진입도중 차의 뒷부분이 주차되어 있는 차와 충돌할 수 있다.

   ㉯ 커브길의 원활한 회전을 위해 확보한 공간으로 끼어든 이륜차나 소형승용차를 발견하지 못해 충돌사고가 발생할 수 있다.

   ② **외륜차에 의한 사고 위험**

   ㉮ 후진주차를 위해 주차공간으로 진입도중 차의 앞부분이 다른 차량이나 물체와 충돌할 수 있다.

   ㉯ 버스가 1차로에서 좌회전하는 도중에 차의 뒷부분이 2차로에서 주행 중이던 승용차와 충돌할 수 있다.

## 9 타이어 마모에 영향을 주는 요소

(1) **타이어 공기압** : 공기압이 낮으면 타이어 수명이 짧아진다.

(2) **차의 하중** : 하중이 커지면 타이어 마모를 촉진한다.

(3) **차의 속도** : 속도가 증가하면 타이어 마모를 촉진한다.

(4) **커브(도로의 굽은 부분)** : 커브 구간이 반복될수록 타이어 마모는 촉진된다.

(5) **브레이크** : 밟은 횟수가 많으면 타이어 마모량은 커진다.

(6) **노면** : 비포장도로 · 콘크리트 포장도로에서 타이어 마모가 더 발생한다.

(7) **기타(정비불량, 기온, 운전자의 운전습관, 타이어의 트레드 패턴)**

## 제2절 자동차의 정지거리

### 1 공주거리와 공주시간

① **공주거리** : 운전자가 자동차를 정지시켜야 할 상황임을 인지하고 브레이크 페달로 발을 옮겨 브레이크가 작동을 시작하기 전까지 이동한 거리를 말한다.

② **공주시간** : 공주거리 동안 자동차가 진행한 시간

### 2 제동거리와 제동시간

① **제동거리** : 운전자가 브레이크 페달에 발을 올려 브레이크가 작동을 시작하는 순간부터 자동차가 완전히 정지할 때까지 이동한 거리를 말한다.

② 제동시간 : 제동거리 동안 자동차가 진행한 시간을 말한다.

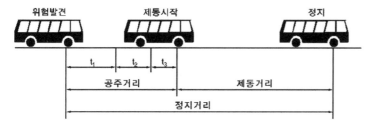

**3** 정지거리와 정지시간

① 정지거리 : 운전자가 위험을 인지하고 자동차를 정지시키려고 시작하는 순간부터 자동차가 완전히 정지할 때까지 이동한 거리(공주거리＋제동거리)

② 정지시간 : 정지거리 동안 자동차가 진행한 시간을 정지시간(공주시간＋제동시간)

※ 정지거리는 운전자 요인(인지반응시간, 운행속도, 피로도, 신체적 특성 등), 자동차 요인(자동차의 종류, 타이어의 마모정도, 브레이크의 성능 등), 도로 요인(노면종류, 노면상태 등)에 따라 차이가 발생할 수 있다.

# 제4장   도로 요인과 안전운행

## 제1절  용어의 정의 및 설명

### **1** 가변차로

(1) **정의** : 가변차로는 방향별 교통량이 **특정시간대**에 현저하게 차이가 발생하는 도로에서 **교통량이 많**은 쪽으로 **차로수가 확대**될 수 있도록 신호기에 의하여 **차로의 진행방향을 지시**하는 차로를 말한다.

(2) **가변차로 설치효과**

① 가변차로는 차량의 운행속도를 향상시켜 구간 통행시간을 줄여준다.

② 가변차로는 차량의 **지체를 감소**시켜 에너지 소비량과 배기가스 배출량의 감소 효과를 기대할 수 있다.

(3) **가변차로 시행 시 시설개선할 사항** : 주·정차 금지, 좌회전 통행 제한, 충분한 신호시설의 설치, 차선 도색 등 노면표시에 대한 개선이 필요하다.

※ 경부고속도로에서 출·퇴근 시간대의 원활한 교통소통을 위해 길어깨(갓길)를 활용한 가변차로제를 시행하고 있다.

### **2** 양보차로

(1) **개념** : 양방향 2차로 앞지르기 금지구간에서 자동차의 원활한 소통을 도모하고, 도로 안전성을 제고하기 위해 길어깨 쪽으로 설치하는 저속 자동차의 주행차로를 말한다.

(2) **설치목적** : 저속 자동차로 인해 동일 진행방향 뒤차의 속도감소를 유발시키고, 반대차로를 이용한 앞지르기가 불가능할 경우 원활한 소통을 위해 설치하게 된다.

(3) **운영방법** : 양보차로가 효과적으로 운영되기 위해서는 **저속자동차는** 뒤 따르는 자동차가 **한 대라도 있을 경우** 뒤 차에게 **양보하는** 것이 바람직하다.

## 3 앞지르기차로

(1) **개념** : 저속 자동차로 인한 뒤 차의 속도 감소를 방지하고, 반대차로를 이용한 앞지르기가 불가능할 경우 원활한 소통을 위해 도로 중앙 측에 설치하는 고속 자동차의 주행차로를 말한다.

(2) **설치구간** : 앞지르기차로는 2차로 도로에서 주행속도를 확보하기 위해 **오르막차로와 교량 및 터**널구간을 제외한 구간에 설치된다.

## 4 오르막차로 : 오르막 구간에서 저속 자동차와의 안전사고를 예방하기 위하여 저속 자동차와 다른 자동차를 분리하여 통행시키기 위해 설치하는 차로를 말한다.

## 5 회전차로 : 교차로 등에서 자동차가 우회전, 좌회전 또는 유턴을 할 수 있도록 직진차와는 별도로 설치하는 차로를 말한다.

## 6 변속차로 : 본선의 다른 고속 자동차의 주행을 방해하지 않고 안전하게 감속 또는 가속하도록 설치한 차로

(1) **감속차로** : 고속 주행하는 자동차가 감속하여 다른 도로로 유입할 경우 설치

(2) **가속차로** : 저속의 자동차가 고속 주행하고 있는 자동차 사이로 유입할 경우

(3) **설치장소** : 고속도로의 인터체인지 연결로, 휴게소 및 주유소 진입로, 공단진입로, 상위도로와 하위도로가 연결되는 평면교차로 등

## 7 기타 용어

(1) **차로 수** : 양방향 차로(오르막차로, 회전차로, 변속차로 및 양보차로를 제외)의 수를 합한 것을 말한다.

(2) **측대** : 길어깨(갓길) 또는 중앙분리대의 일부분으로 포장 끝부분 보호, 측방의 여유확보, 운전자의 시선을 유도하는 기능을 갖는다.

(3) **분리대** : 자동차의 통행 방향에 따라 분리하거나 성질이 다른 같은 방향의 교통을 분리하기 위하여 설치하는 도로의 부분이나 시설물을 말한다.

(4) **편경사** : 평면곡선부에서 자동차가 원심력에 저항할 수 있도록 하기 위하여 설치하는 횡단경사를 말한다.

(5) **도류화** : 자동차와 보행자를 안전하고 질서 있게 이동시킬 목적으로 회전차로, 변속차로, 교통섬, 노면표시 등을 이용하여 상충하는 교통류를 분리시키거나 통제하여 명확한 통행경로를 지시해 주는 것을 말한다.

① 두 개 이상 자동차 진행방향이 교차하지 않도록 통행경로를 제공한다.
② 자동차가 합류, 분류 또는 교차하는 위치와 각도를 조정한다.
③ 교차로 면적을 조정함으로써 자동차 간에 상충되는 면적을 줄인다.
④ 자동차가 진행해야 할 경로를 명확히 제공한다.
⑤ 보행자 안전지대를 설치하기 위한 장소를 제공한다.
⑥ 자동차의 통행속도를 안전한 상태로 통제한다.
⑦ 분리된 회전차로는 회전차량의 대기장소를 제공한다.

(6) **교통섬** : 자동차의 안전하고 원활한 교통처리나 보행자 도로횡단의 안전을 확보하기 위하여 교차로 또는 차도의 분기점 등에 설치하는 섬 모양의 시설이다.

🚌 교통섬을 설치하는 목적
① 도로교통의 흐름을 안전하게 유도
② 보행자가 도로를 횡단할 때 대피섬 제공
③ 신호등, 도로표지, 안전표지, 조명 등 노상시설의 설치장소 제공

(7) **교통약자** : 장애인, 고령자, 임산부, 영유아를 동반한 사람, 어린이 등 생활함에 있어 이동에 불편을 느끼는 사람을 말한다.

(8) **시거(視距)** : 운전자가 자동차 진행방향에 있는 장애물 또는 위험 요소를 인지하고 제동하여 정지하거나 또는 장애물을 피해서 주행할 수 있는 거리를 말한다.

※ 주행상의 안전과 쾌적성을 확보하는데 매우 중요한 요소이다.

※ 종류 : 정지시거와 앞지르기시거가 있다.

(9) **상충** : 2개 이상의 교통류가 동일한 도로공간을 사용하려 할 때 발생되는 교통류의 교차, 합류 또는 분류되는 현상을 말한다.

## 제2절 도로의 선형과 교통사고

### 1 평면선형과 교통사고

① 도로의 곡선반경이 작을수록 사고발생 위험이 증가하므로 급격한 평면곡선 도로를 운행하는 경우에는 운전자의 각별한 주의가 요구된다.
② 평면곡선 도로를 주행할 때에는 원심력에 의해 곡선 바깥쪽으로 진행하려는 힘을 받게 된다. (속도감속)
③ 곡선반경이 작은 도로에서는 원심력으로 인해 고속으로 주행할 때에는 차량전도 위험이 증가하며, 비가 올 때에는 노면과의 마찰력이 떨어져 미끄러질 위험이 증가한다.
④ 방호울타리의 주요기능
  ㉮ 자동차의 차도이탈을 방지하는 것
  ㉯ 탑승자의 상해 및 자동차의 파손을 감소시키는 것
  ㉰ 자동차를 정상적인 진행방향으로 복귀시키는 것
  ㉱ 운전자의 시선을 유도하는 것

**2** 종단선형과 교통사고

① 급한 오르막 구간 또는 내리막 구간에서는 교통사고 발생의 주요원인 중 하나가 자동차 속도 변화가 큰 경우이다.

② 일반적으로 종단경사(오르막 내리막 경사)가 커짐에 따라 자동차 속도 변화가 커 내리막길에서 사고발생이 증가할 수 있다.

③ 종단경사가 변경되는 부분에서는 일반적으로 종단곡선이 설치된다.

## 제3절 도로의 횡단면과 교통사고

※ 도로의 횡단면에는 : 차도, 중앙분리대, 길어깨(갓길), 주 · 정차대, 자전거도로, 보도 등이 있다.

### **1** 차로와 교통사고

(1) 횡단면의 차로폭이 넓을수록 운전자의 안정감이 증진되어 교통사고예방 효과가 있으나, 차로폭이 과다하게 넓으면 운전자의 경각심이 사라져 제한속도보다 높은 속도로 주행하여 교통사고가 발생할 수 있다.

(2) 차로를 구분하기 위한 차선을 설치한 경우에는 차선을 설치하지 않은 경우보다 교통사고 발생률이 낮다.

### **2** 중앙분리대와 교통사고

(1) 대향하는 차량간의 정면충돌을 방지하기 위하여 도로면보다 높게 콘크리트 방호벽 또는 방호울타리를 설치하는 것을 말하며, 분리대와 측대로 구성된다.

(2) 중앙분리대는 정면충돌사고를 차량단독사고로 변환시킴으로써 사고로 인한 위험을 감소시킨다.

(3) 중앙분리대의 폭이 넓을수록 대향차량과의 충돌 위험은 감소한다.

(4) **중앙분리대의 기능**

① 상 · 하행 차도의 교통을 분리시켜 차량의 중앙선 침범에 의한 치명적인 정면충돌 사고를 방지하고, 도로 중심축의 교통마찰을 감소시켜 원활한 교통소통을 유지한다.

② 광폭분리대의 경우 사고 및 고장차량이 정지할 수 있는 여유 공간을 제공한다.

③ 필요에 따라 유턴 등을 방지하여 교통 혼잡이 발생하지 않도록 하여 안전성을 높인다.

④ 도로표지 및 기타 교통관제시설 등을 설치할 수 있는 공간을 제공한다.

⑤ 평면교차로가 있는 도로에서는 폭이 충분할 때 좌회전 차로로 활용할 수 있어 교통소통에 유리하다.

⑥ 횡단하는 보행자에게 안전섬이 제공됨으로써 안전한 횡단이 확보된다.

⑦ 야간에 주행할 때 발생하는 전조등 불빛에 의한 눈부심이 방지된다.

### **3** 길어깨(갓길)와 교통사고

(1) **개념** : 길어깨(갓길)는 도로를 보호하고 비상시에 이용하기 위하여 차도와 연결하여 설치하는 도로의 부분으로 갓길이라고도 한다.

(2) **용도와 효능** : 길어깨(갓길)가 넓으면 차량의 이동공간이 넓고, 시계가 넓으며, 고장차량을 주행차로 밖으로 이동시킬 수 있어 안전 확보가 용이하다. 길어깨 폭이 넓은 곳은 폭이 좁은 곳보다 교통사고가 감소한다.

(3) **길어깨(갓길)의 기능**

① 고장차가 대피할 수 있는 공간을 제공하여 교통 혼잡을 방지하는 역할을 한다.

② 도로 측방의 여유 폭은 교통의 안전성과 쾌적성을 확보할 수 있다.

③ 도로관리 작업공간이나 지하매설물 등을 설치할 수 있는 장소를 제공한다.

④ 곡선도로의 시거가 증가하여 교통의 안전성이 확보된다.

⑤ 보도가 없는 도로에서 보행자의 통행 장소로 제공된다.

(4) **포장된 길어깨(갓길)의 장점**

① 긴급자동차의 주행을 원활하게 한다.

② 차도 끝의 처짐이나 이탈을 방지한다.

③ 보도가 없는 도로에서는 보행의 편의를 제공한다.

## **4** 교량과 교통사고

① 교량의 폭, 교량 접근도로의 형태 등이 교통사고와 밀접한 관계가 있다.

② 교량 접근도로의 폭에 비해 교량의 폭이 좁으면 사고 위험이 증가한다.

③ 교량 접근도로의 폭과 교량의 폭이 같을 때에는 사고 위험이 감소한다.

④ 교량 접근도로의 폭과 교량의 폭이 서로 다른 경우에도 안전표지, 시선유도 시설, 접근도로에 노면표시 등을 설치하면 운전자의 경각심을 불러 일으켜 사고 감소효과가 발생할 수 있다.


## 제4절 회전교차로

## **1** 회전교차로

(1) **개념** : 교통류가 신호등 없이 교차로 중앙의 원형교통섬을 중심으로 회전하여 교차부를 통과하도록 하는 평면교차로의 일종이다.

(2) **회전교차로의 일반적인 특징**

① 회전교차로로 진입하는 자동차가 교차로 내부의 회전차로에서 주행하는 자동차에게 양보한다.

② 일반적인 교차로에 비해 상충 횟수가 적다.

③ 교차로 진입은 저속으로 운영하여야 한다.

④ 교차로 진입과 대기에 대한 운전자의 의사결정이 간단하다.

⑤ 교통상황의 변화로 인한 운전자 피로를 줄일 수 있다.

⑥ 신호교차로에 비해 유지관리 비용이 적게 든다.

⑦ 인접 도로 및 지역에 대한 접근성을 높여 준다.

⑧ 사고빈도가 낮아 교통안전 수준을 향상시킨다.

⑨ 지체시간이 감소되어 연료 소모와 배기가스를 줄일 수 있다.

## 2 회전교차로 기본 운영 원리(시계반대방향으로 회전)

① 회전교차로에 진입하는 자동차는 회전 중인 자동차에게 양보한다.
② 회전차로 내에 여유 공간이 있을 때까지 양보선에서 대기한다.
③ 교차로 내부에서 회전 정체는 발생하지 않는다(교통혼잡이 발생하지 않는다).

## 3 회전교차로와 로터리(교통서클)의 차이점

| 구 분 | 회전교차로(Roundabout) | 로터리(Rotary) 또는 교통서클(Traffic circle) |
|---|---|---|
| 진입 방식 | • 진입자동차가 양보<br>• 회전자동차에게 통행우선권 | • 회전자동차가 양보<br>• 진입자동차에게 통행우선권 |
| 진입부 | • 저속 진입 | • 고속 진입 |
| 회전부 | • 고속으로 회전차로 운행 불가<br>• 소규모 회전반지름 위주 | • 고속으로 회전차로 운행 가능<br>• 대규모 회전반지름 위주 |
| 분리 교통섬 | • 감속 또는 방향분리를 위해 필수 설치 | • 선택 설치 |

## 4 회전교차로 설치를 통한 교차로 서비스 향상

(1) **교통소통 측면** : 교통량이 상대적으로 많은 비신호 교차로 또는 교통량이 적은 신호 교차로에서 지체가 발생할 경우 교통소통 향상을 목적으로 설치

(2) **교통안전 측면** : 사고발생 빈도가 높거나 심각도가 높은 사고가 발생하는 등 교차로 안전성 향상을 목적으로 설치

① 교통사고 잦은 곳으로 지정된 교차로
② 교차로의 사고유형 중 직각 충돌사고 및 정면 충돌사고가 빈번하게 발생하는 교차로
③ 주 도로와 부 도로의 통행 속도차가 큰 교차로
④ 부상, 사망사고 등의 심각도가 높은 교통사고 발생 교차로

(3) **도로미관 측면** : 교차로 미관 향상을 위해 설치

(4) **비용절감 측면** : 교차로 유지관리 비용을 절감하기 위해 설치

## 제5절 도로의 안전시설

### 1 시선유도시설

(1) **시선유도시설** : 주간 또는 야간에 운전자의 시선을 유도하기 위해 설치된 안전시설로 다음의 표지가 있다.

① 시선유도표지
② 갈매기표지
③ 표지병

(2) **시선유도표지** : 직선 및 곡선 구간에서 운전자에게 전방의 도로조건이 변화되는 상황을 반사체를 사용하여 안내해 줌으로써 안전하고 원활한 차량주행을 유도하는 시설물이다.

(3) **갈매기표지** : 급한 곡선 도로에서 운전자의 시선을 명확히 유도하기 위해 곡선정도에 따라 갈매기표지를 사용하여 운전자의 원활한 차량주행을 유도하는 시설물이다.

(4) **표지병** : 야간 및 악천후에 운전자의 시선을 명확히 유도하기 위해 도로 표면에 설치하는 시설물이다.

(5) **시인성 증진 안전시설에는 장애물 표적표지, 구조물 도색 및 빗금표지, 시선유도봉이 있다.**

| ① (시선유도표지) 직선 및 곡선 구간 | ② (갈매기표지) 급한 곡선 도로 | ③ (표지병) 야간 및 악천후 | ④ 시인성 증진 안전 시설(시선유도봉) |

## 2 방호울타리

(1) **개념** : 주행 중에 진행 방향을 잘못 잡은 차량이 도로 밖, 대향차로 또는 보도 등으로 이탈하는 것을 방지하거나 차량이 구조물과 직접 충돌하는 것을 방지하여 탑승자의 상해 및 자동차의 파손을 최소한도로 줄이고 자동차를 정상 진행 방향으로 복귀시키도록 설치된 시설을 말한다.

(2) **기능** : 운전자의 시선을 유도하고 보행자의 무단 횡단을 방지

(3) **방호울타리의 구분**

① **설치위치에 따라 구분** : 노측용, 중앙분리대용, 보도용 및 교량용
② **시설물 강도에 따라 구분** : 가요성 방호울타리(가드레일, 케이블 등)와 강성 방호울타리(콘크리트 등)
③ **노측용 방호울타리** : 자동차가 도로 밖으로 이탈하는 것을 방지하기 위하여 도로의 길어깨 측에 설치
④ **중앙분리대용 방호울타리** : 왕복방향으로 통행하는 자동차들이 대향차도 쪽으로 이탈하는 것을 방지하기 위해 도로 중앙의 분리대 내에 설치
⑤ **보도용 방호울타리** : 자동차가 도로 밖으로 벗어나 보도를 침범하여 일어나는 교통사고로부터 보행자 등을 보호하기 위하여 설치
⑥ **교량용 방호울타리** : 교량 위에서 자동차가 차도로부터 교량 바깥, 보도 등으로 벗어나는 것을 방지하기 위해서 설치

## 3 충격흡수시설

(1) **기능** : 주행 차로를 벗어난 차량이 도로상의 구조물 등과 충돌하기 전에 자동차의 충격에너지를 흡수하여 정지하도록 하거나, 자동차의 방향을 교정하여 본래의 주행 차로로 복귀시켜주는 기능을 한다.

(2) **설치목적** : 교각(橋脚 : 다리를 받치는 기둥) 및 교대(橋臺 : 다리의 양쪽 끝을 받치는 기둥), 지하차도 기둥 등 자동차의 충돌이 예상되는 장소에 설치하여 자동차가 구조물과의 직접적인 충돌로 인한 사고 피해를 줄이기 위해 설치한다.

## 4 과속방지시설

(1) **개념** : 도로 구간에서 낮은 주행 속도가 요구되는 일정지역에서 통행 자동차의 과속 주행을 방지하기 위해 설치하는 시설

(2) **과속방지시설은 다음과 같은 장소에 설치된다.**

① 학교, 유치원, 어린이 놀이터, 근린공원, 마을 통과 지점 등으로 자동차의 속도를 저속으로 규제할 필요가 있는 구간

② 보·차도의 구분이 없는 도로로서 보행자가 많거나 어린이의 놀이로 교통사고 위험이 있다고 판단되는 구간

③ 자동차의 통행속도를 30km/h 이하로 제한할 필요가 있다고 인정되는 구간

## 5 도로반사경

(1) **개념** : 운전자의 시거 조건이 양호하지 못한 장소에서 거울면을 통해 사물을 비추어줌으로써 운전자가 적절하게 전방의 상황을 인지하고 안전한 행동을 취할 수 있도록 하기 위해 설치한 시설

(2) **설치장소 : 교차하는 자동차 등을 가장 잘 확인할 수 있는 위치**

① 단일로의 경우 : 곡선반경이 작아 시거 확보가 아니된 장소

② 교차로의 경우 : 비신호 교차로에서 교차로 모서리에 장애물이 위치해 있어 운전자의 좌·우 시거가 제한되는 장소

## 6 조명시설

(1) **역할** : 도로이용자가 안전하고 불안감 없이 통행할 수 있도록 적절한 조명환경을 확보해줌으로써 운전자에게 심리적 안정감을 제공하는 동시에 운전자의 시선을 유도해 준다.

(2) **조명시설의 주요기능**

① 주변이 밝아짐에 따라 교통안전에 도움이 된다.

② 도로이용자인 운전자 및 보행자의 불안감을 해소해 준다.

③ 운전자의 피로가 감소한다.

④ 범죄 발생을 방지하고 감소시킨다.

⑤ 운전자의 심리적 안정감 및 쾌적감을 제공한다.

⑥ 운전자의 시선 유도를 통해 보다 편안하고 안전한 주행 여건을 제공한다.

## 7 기타 안전시설

(1) **미끄럼방지시설** : 특정한 구간에서 노면의 미끄럼 저항이 낮아진 곳이나 도로 선형이 불량한 구간에서 노면의 미끄럼 저항을 높여 제동거리를 짧게 하여 주는 시설을 말한다.

(2) **노면요철포장** : 졸음운전 또는 운전자의 부주의로 인해 차로를 이탈하는 것을 방지하기 위해 노면에 인위적인 요철을 만들어 자동차가 통과할 때 타이어에서 발생하는 마찰음과 차체의 진동을 통해 운전자의 주의를 환기시켜 주는 시설을 말한다.

(3) **긴급제동시설** : 제동장치에 이상이 발생하였을 때 자동차가 안전한 장소로 진입하여 정지하도록 하여 위험을 방지하는 시설을 말한다.


## 제6절 도로의 부대시설

### 1 버스정류시설(승객의 승 · 하차를 위한 전용시설)

(1) **버스정류시설의 종류 및 의미**

① 버스정류장(Bus bay) : 버스승객의 승 · 하차를 위하여 본선 차로에서 분리하여 설치된 띠 모양의 공간을 말한다.

② 버스정류소(Bus stop) : 버스승객의 승 · 하차를 위하여 본선의 오른쪽 차로를 그대로 이용하는 공간을 말한다.

③ 간이버스정류장 : 버스승객의 승 · 하차를 위하여 본선 차로에서 분리하여 최소한의 목적을 달성하기 위하여 설치하는 공간을 말한다.

(2) **버스정류장 또는 정류소 위치에 따른 종류**

① 교차로 통과 전(Near-side) 정류장 또는 정류소 : 진행방향 앞에 있는 교차로를 통과하기 전에 있는 정류장을 말한다.

② 교차로 통과 후(Far-side) 정류장 또는 정류소 : 진행방향 앞에 있는 교차로를 통과한 다음에 있는 정류장을 말한다.

③ 도로구간 내(Mid-block) 정류장 또는 정류소 : 교차로와 교차로 사이에 있는 단일로의 중간에 있는 정류장을 말한다.

(3) **중앙버스전용차로의 버스정류소 위치에 따른 장 · 단점**

① **교차로 통과 전(Near-side) 정류소**

㉮ **장점** : 교차로 통과 후 버스전용차로 상의 교통량이 많을 때 발생할 수 있는 혼잡을 최소화할 수 있다.

㉯ **단점** : 버스전용차로에 있는 자동차와 좌회전하려는 자동차의 상충이 증가한다.

② **교차로 통과 후(Far-side) 정류소**

㉮ **장점** : 버스전용차로 상에 있는 자동차와 좌회전하려는 자동차의 상충이 최소화된다.

㉯ **단점** : 출 · 퇴근 시간대에 버스전용차로 상에 버스들이 교차로까지 대기할 수 있다.

③ **도로구간 내(Mid-block) 정류소(횡단보도 통합형)**

㉮ **장점** : 버스를 타고자 하는 사람이 진 · 출입 동선이 일원화되어 가고자 하는 방향의 정류장으로 접근이 편리

㉯ 단점 : 정류장 간 무단으로 횡단하는 보행자로 인해 사고 발생위험이 있다.

(4) **가로변 버스정류장 또는 정류소 위치에 따른 장 · 단점**

① **교차로 통과 전(Near-side) 정류장 또는 정류소**

㉮ 장점 : 일반 운전자가 보행자 및 접근하는 버스의 움직임 확인이 용이하다.

㉯ 단점 : 정차하려는 버스와 우회전 하려는 자동차가 상충될 수 있다.

② **교차로 통과 후(Far-side) 정류장 또는 정류소**

㉮ 장점 : 우회전하려는 자동차 등과의 상충을 최소화할 수 있다.

㉯ 단점 : 정차하려는 버스로 인해 교차로 상에 대기차량이 발생할 수 있다.

③ **도로구간 내(Mid-block) 정류장 또는 정류소**

㉮ 장점 : 자동차와 보행자 사이에 발생할 수 있는 시야제한이 최소화된다.

㉯ 단점 : 정류장 주변에 횡단보도가 없는 경우에는 버스 승객의 무단횡단에 따른 사고 위험이 존재한다.

## 2 비상주차대

(1) **개념** : 우측 길어깨(갓길)의 폭이 협소한 장소에서 고장난 차량이 도로에서 벗어나 대피할 수 있도록 제공되는 공간을 말한다.

(2) **설치되는 장소** : ① 고속도로에서 길어깨(갓길) 폭이 2.5m 미만으로 설치되는 경우, ② 길어깨(갓길)를 축소하여 건설되는 긴 교량의 경우, ③ 긴 터널의 경우 등

## 3 휴게시설

(1) **개념** : 출입이 제한된 도로에서 안전하고 쾌적한 여행을 하기 위해 장시간의 연속주행으로 인한 운전자의 생리적 욕구 및 피로 해소와 주유 등의 서비스를 제공하는 장소를 말한다.

(2) **규모에 따른 휴게시설의 종류**

① **일반 휴게소** : 사람과 자동차가 필요로 하는 서비스를 제공할 수 있는 시설로 주차장, 녹지공간, 화장실, 급유소, 식당, 매점 등으로 구성된다.

② **간이 휴게소** : 짧은 시간 내에 차의 점검 및 운전자의 피로회복을 위한 시설로 주차장, 녹지 공간, 화장실 등으로 구성된다.

③ **화물차 전용 휴게소** : 화물차 운전자를 위한 전용 휴게소로 이용자 특성을 고려하여 식당, 숙박시설, 샤워실, 편의점 등으로 구성된다.

④ **쉼터 휴게소(소규모 휴게소)** : 운전자의 생리적 욕구만 해소하기 위한 시설로 최소한의 주차장, 화장실과 최소한의 휴식공간으로 구성된다.

# 제5장 안전운전의 기술

## 제1절 인지, 판단의 기술

① 외계에 적응하기 위해서는 교통환경 속에서 발생하는 정보를 끊임없이 지속적으로 인지하여야 한다.

② 정보에 기초하여 다른 정보를 예측하기도 하고, 자기와 다른 도로 이용자와의 관계를 판단하여 운전 조작을 행하여야 한다.

③ 운전 조작에 따라 차의 움직임에 변화가 있게 되며, 이는 다시 새로운 교통환경을 유발하게 된다.

④ 인지, 판단, 조작 과정이 반복되는 과정을 거치는 것이 바로 운전이다.

⑤ 운전의 위험을 다루는 효율적인 정보처리 방법의 하나는 소위 확인, 예측, 판단, 실행 과정을 따르는 것이다.

⑥ 확인, 예측, 판단, 실행 과정은 안전운전을 하는데 필수적 과정이다.

### 1 확인 – 주변의 모든 것을 빠르게 보고 한눈에 파악하는 것

(1) 가능한 한 멀리까지, 즉 적어도 12~15초 전방까지 문제가 발생할 가능성이 있는지를 미리 확인하는 것이다.

(2) 이 거리는 시가지 도로에서 40~60km 정도로 주행할 경우 200여 미터의 거리이다.

　① 확인과정에서 실수를 낳는 요인

　　㉮ 선택적 주시과정에서 어느 한 물체에 시선을 뺏겨 오래 머무는 경우(주의의 고착)

　　　㉠ 좌회전 중 진입방향의 우회전 접근 차량에 시선이 뺏겨, 같이 회전하는 차량에 대해 주의하지 못했다.

　　　㉡ 목적지를 찾느라 전방을 주시하지 못해 보행자와 충돌하였다.

　　　㉢ 교차로 진행신호를 확인하지 않고, 대형차량 뒤를 따라 진행하다 충돌 사고가 발생하였다.

　　㉯ 운전과 무관한 물체에 대한 정보 등을 선택적으로 받아들이는 경우(주의의 분산)

　　　㉠ DMB 시청에 시선을 빼앗겨 앞차와의 안전거리를 확보하지 못해 앞차를 추돌하였다.

　　　㉡ 승객과 대화를 하다가 앞차의 급정지를 늦게 발견하고 제동을 하였으나 추돌을 하였다.

　② 주의해서 보아야 할 것

　　㉮ 전방을 탐색할 때 : 다른 차로의 차량, 보행자, 자전거 교통의 흐름과 신호를 살핀다.

　　㉯ 주변을 확인할 때 : 주차 차량이 있을 때는 후진등이나 제동등, 방향지시기의 상태를 살핀다.

### 2 예측 – 확인한 정보를 모아 사고가 발생할 수 있는 지점을 판단하는 것

(1) 운전 중 판단의 기본 요소는 시인성, 시간, 거리, 안전공간 및 잠재적 위험원 등에 대한 평가이다.

(2) **평가의 내용**

　① **주행로** : 다른 차의 진행 방향과 거리는?

② **행동** : 다른 차의 운전자가 할 것으로 예상되는 행동은?

③ **타이밍** : 다른 차의 운전자가 행동하게 될 시점은?

④ **위험원** : 특정 차량, 자전거 이용자 또는 보행자는 잠재적으로 어떤 위험을 야기할 수 있는가?

⑤ **교차지점** : 정확하게 어떤 지점에서 교차하는 문제가 발생하는가?

**3** **판단** – 위험에 대해 어떤 입장에서 판단 여부

(1) **위험 감행성(Risk-taking)이란** 어떤 행동을 할 때 나타나는 위험성의 주관적 확률이 0이 아님에도 불구하고, 그 행동을 수행하는 것이다.

(2) 사람은 위험에 대해서 신중한 사람[**위험 회피자(Risk-avoider)**]과 위험을 가볍게 보는 사람[**위험 감행자(Risk-taker)**]이 있다.

(3) **운전행동 유형 : 예측/지연 회피반응**

| 행동특성 | 예측 회피 운전행동 | 지연 회피 운전행동 |
|---|---|---|
| 1. 적응유형 | 사전 적응적(Preadaptive) | 사후 적응적(Postadaptive) |
| 2. 위험접근속도 | 저속 접근 | 고속 접근 |
| 3. 행동통제 | 조급하지 않음 | 조급함 |
| 4. 각성수준 | 낮은 각성상태 | 높은 각성상태 |
| 5. 사고 관여율 | 낮은 사고 관여율 | 높은 사고 관여율 |
| 6. 위험 감내성 | 비 감내성 | 감내성 |
| 7. 성격유형 | 내향적 | 외향적 |
| 8. 인지-정서 취약성 | 인지요인 취약성 | 정서요인 취약성 |
| 9. 도로안전 전략 민감성 | 인지적 접근 | 정서적 접근 |

① 예측회피 운전의 기본적 방법

㉮ **속도 가 · 감속** : 때로는 속도를 낮추거나 높이는 결정을 해야 한다.

㉯ **위치 바꾸기(진로변경)** : 현명한 운전자라면 사고 상황이 발생할 경우를 대비해서 주변에 긴급 상황 발생 시 회피할 수 있는 완충 공간을 확보하면서 운전한다.

㉰ **다른 운전자에게 신호하기** : 필요하다면 다른 사람에게 자신의 의도를 알려주거나, 주의를 환기시켜 주어야 한다.

**4** **실행** – 요구되는 시간 안에 필요한 조작을 하는 것

(1) 급제동 시 브레이크 페달을 급하고, 강하게 밟는다고 제동거리가 짧아지는 것은 아니다(급제동 시에는 신속하게 브레이크를 여러 번 나누어 점진적으로 세게 밟는 제동 방법 등을 잘 구사할 필요가 있다).

(2) 핸들 조작도 부드러워야 한다(핸들 과대 또는 과소 조작).

(3) 조작 실수로 발생하는 일부 사고유형을 보면 다음과 같다.

① 횡단보도 정지선에 멈추기 위해 브레이크를 밟는다는 것이 실수로 가속페달을 밟아 정지한 차량을 추돌하였다.

② 물병 또는 신고 있던 슬리퍼가 브레이크 페달에 끼어 제동하지 못하고 앞차와 추돌하였다.

③ 좌측 방향지시등을 작동시키고 우측차로로 진입하다가 충돌사고가 발생하였다.

## 제2절 안전운전의 5가지 기본 기술

### 1 운전 중에 전방 멀리까지 본다.

(1) 가능한 한 시선은 전방 먼 쪽에 두되, 바로 앞 도로 부분을 내려다보지 않도록 한다.

(2) 일반적으로 20~30초 전방까지 본다.

① 도시에서는 대략 시속 40~50km의 속도에서 교차로 하나 이상의 거리

② 고속도로와 국도 등에서는 대략 시속 80~100km의 속도에서 약 500~800m 앞의 거리를 살피는 것이다.

㉮ 전방 가까운 곳을 보고 운전할 때의 징후들

㉠ 교통의 흐름에 맞지 않을 정도로 너무 빠르게 차를 운전한다.

㉡ 차로의 한 쪽 편으로 치우쳐서 주행한다.

㉢ 우회전, 좌회전 차량 등에 대한 인지가 늦어서 급브레이크를 밟는다던가 회전차량에 진로를 막혀버린다.

㉣ 우회전할 때 넓게 회전한다.

㉤ 시인성이 낮은 상황에서 속도를 줄이지 않는다.

### 2 전체적으로 살펴본다(교통상황을 폭넓게 전반적으로 확인).

(1) 시야 확보가 적은 징후들

① 급정거 ② 앞차에 바짝 붙어 가는 경우
③ 반응이 늦은 경우 ④ 빈번하게 놀라는 경우
⑤ 급차로 변경 등이 많을 경우 ⑥ 좌 · 우회전 등의 차량에 진로를 방해받음

### 3 눈을 계속해서 움직인다.

운전자가 특정 차량 대열만을 약 2초 정도만 계속해서 바라볼 경우, 그 운전자의 시선과 시야는 이미 고정되어 다른 것을 놓치게 된다.

(1) 시야 고정이 많은 운전자의 특성

① 위험에 대응하기 위해 경적이나 전조등을 좀처럼 사용하지 않는다. 또는 정지선에서 출발시 좌 · 우를 확인하지 않는다.

② 더러운 창이나 안개에 개의치 않는다.

③ 거울이 더럽거나 방향이 맞지 않는데도 개의치 않는다.

④ 회전하기 전에 뒤를 확인하지 않는다.

## 4 다른 사람들이 자신을 볼 수 있게 한다.

회전을 하거나 차로 변경을 할 경우에 다른 사람이 미리 알 수 있도록 신호를 보내야 한다.

(1) 어두울 때는 주차등이 아니라 전조등을 사용한다.

(2) 비가 올 경우에는 항상 전조등을 사용한다.

(3) 경적을 사용할 때는 30m 이상의 거리에서 사용한다.

## 5 차가 빠져나갈 공간을 확보한다.

(1) 운전자는 주행 시 앞 뒤 뿐만 아니라 좌우로 안전 공간을 확보하도록 노력해야 한다.

(2) 앞차와의 간격은 최소한 2초는 되어야 한다.

(3) 의심스러운 상황

① 주행로 앞쪽으로 고정물체나 장애물이 있는 것으로 의심되는 경우
② 전방 신호등이 일정시간 계속 녹색일 경우(신호가 곧 바뀔 것을 알려줌)
③ 반대 차로에서 다가오는 차가 좌회전을 할 수도 있는 경우
④ 다른 차가 옆 도로에서 너무 빨리 나올 경우
⑤ 가능하면 뒤차가 지나갈 수 있게 차로를 변경한다.
⑥ 가능하면 속도를 약간 내서 뒤차와의 거리를 늘린다.


## 제3절 방어운전의 기본 기술

### 🚌 3단계 시계열적 과정의 핵심요소
① 방어운전은 자신과 다른 사람을 위험한 상황으로부터 보호하는 기술이다.
② 방어 운전자는 다른 사람들의 행동을 예상하고 적절한 때에 차의 속도와 위치를 바꿀 수 있는 사람이다.
③ 방어운전은 주요 사고유형 패턴의 실수를 예방하기 위한 방법으로서 위험의 인지, 방어의 이해, 제시간 내의 정확한 행동이라는 것이다.

## 1 기본적인 사고유형의 회피

(1) **정면 충돌 사고** : 직선로, 커브 및 좌회전 차량이 있는 교차로에서 주로 발생한다.

※ 대향차량과의 사고를 회피하는 법은 다음과 같다.
① 전방의 도로 상황을 파악한다(내 차로로 들어오거나 앞지르려고 하는 차나 보행자).
② 정면으로 마주칠 때 핸들조작은 오른쪽으로 한다(상대차로 쪽으로 틀지 않도록 한다).
③ 속도를 줄인다(주행거리와 충격력을 줄이는 효과가 있다).
④ 오른 쪽으로 방향을 조금 틀어 공간을 확보한다(차도를 벗어나 길가장자리 쪽으로 주행).

### (2) 후미 추돌 사고(가장 흔한 사고의 형태)

① 앞차에 대한 주의를 늦추지 않는다(제동등, 방향지시기 등을 단서로 활용한다).

② 상황을 멀리까지 살펴본다(앞차 너머의 상황을 살핀다).

③ 충분한 거리를 유지한다(앞차와 최소한 3초 정도의 추종거리를 유지한다).

④ 상대보다 더 빠르게 속도를 줄인다.

### (3) 단독 사고(피곤, 음주 또는 약물의 영향을 받고 있을 때 발생) 차 주변의 모든 것을 제대로 판단
하지 못하는 빈약한 판단에서 비롯된다. 또한 심신이 안정된 상태에서 운전을 한다.

### (4) 미끄러짐 사고(눈이나, 비가 올 때 등에 주로 발생)

※ 눈, 비 등이 오는 날씨에는 다음과 같은 사항에 주의한다.

① 다른 차량 주변으로 가깝게 다가가지 않는다(수시 제동확인).

② 제동상태가 나쁠 경우 도로 조건에 맞춰 속도를 낮춘다.

### (5) 차량 결함 사고(브레이크와 타이어 결함 사고가 대표적)

※ 대처 방법은 다음과 같다.

① 차의 앞바퀴가 터지는 경우 핸들을 단단하게 잡아 차가 한 쪽으로 쏠리는 것을 막고, 의도한 방
향을 유지한 다음 속도를 줄인다.

② 뒷바퀴의 바람이 빠지면 차의 후미가 좌우로 흔들리는 것을 느낄 수 있다. 이때 차가 한 쪽으로
미끄러지는 것을 느끼면 핸들 방향을 그 방향으로 틀어주며 대처한다. 이 경우, 핸들을 과도하
게 틀면 안 되며, 페달은 나누어 밟아서 안전한 곳에 멈춘다.

③ 브레이크를 계속 밟아 열이 발생하여 듣지 않는 페이딩 현상이 일어나면 차를 멈추고 브레이크가
식을 때까지 기다려야 한다.

## 2 시인성, 시간, 공간의 관리(제시간 내에 행동)

### (1) 시인성을 높이는 방법 : 시인성은 자신이 도로의 장애물 등을 확인하는 능력과, 다른 운전자나 보
행자가 자신을 볼 수 있게 하는 능력이며 운전 중 시인성을 높이는 방법은 아래와 같다.

① 운전하기 전의 준비

㉮ 차 안팎 유리창을 깨끗이 닦는다.

㉯ 차의 모든 등화를 안팎으로 깨끗이 닦는다.

㉰ 성애제거기, 와이퍼, 워셔 등이 제대로 작동되는지 점검

㉱ 후사경과 사이드 미러의 조정과 운전석의 높이도 조정함

㉲ 선글라스, 점멸등, 차 닦는 도구 등을 준비하여 필요 시 사용

② 운전 중 행동

㉮ 낮에도 흐린 날 등에는 하향 전조등을 켠다(운전자, 보행자에게 600~700m 전방에서 좀 더
빠르게 볼 수 있게끔 하는 효과가 있다).

㉯ 자신의 의도를 다른 도로이용자에게 좀 더 분명히 전달함으로써 자신의 시인성을 최대화할
수 있다.

㉰ 다른 운전자의 사각에 들어가 운전하는 것을 피한다.

(2) 시간을 다루는 법

① 차를 정지시켜야 할 때 필요한 시간과 거리는 속도의 제곱에 비례한다.

② 도로상의 위험을 발견하고 운전자가 반응하는 시간은 문제 발견(인지) 후, 0.5초에서 0.7초 정도이다.

※ 시간을 효율적으로 다루는 기본 원칙

㉮ 안전한 주행경로 선택을 위해 주행 중 20~30초 전방을 탐색한다(20~30초 전방은 도시에서는 40~50km의 속도로 400m 정도의 거리이고, 고속도로 등에서는 80~100km의 속도로 800m 정도의 거리이다).

㉯ 위험 수준을 높일 수 있는 장애물이나 조건을 12~15초 전방까지 확인한다(12~15초 전방의 장애물은 도시에서는 200m 정도의 거리, 고속도로 등에서는 400m 정도의 거리이다).

(3) 공간을 다루는 법(자기 차와 앞차, 옆차 및 뒤차와의 거리를 다루는 문제)

① 속도와 시간, 거리 관계를 항상 염두에 둔다.

㉮ 정지거리는 속도의 제곱에 비례한다.

㉯ 속도를 2배 높이면 정지에 필요한 거리는 4배 필요하다(건조한 도로를 50km의 속도로 주행 시 → 필요 정지거리 13m. 그러나 100km에서는 52m(4×13) 정도이다).

② 차 주위의 공간을 평가하고 조절한다(공간을 다루는 기본적인 요령)

㉮ 앞차와 적정한 추종거리를 유지한다. 앞차와의 거리를 적어도 2~3초 정도 유지한다(빙판 길, 눈이 쌓인 도로, 비가 몹시 내린상황 : 5~6초).

㉯ 뒤차와도 2초 정도의 거리를 유지한다.

㉰ 가능하면 좌우의 차량과도 차 한 대 길이 이상의 거리를 유지한다.

㉱ 차의 앞뒤나 좌우로 공간이 충분하지 않을 때는 공간을 증가시켜야 한다.

(4) 젖은 도로 노면을 다루는 법

① 비가 오면 노면의 마찰력이 감소하기 때문에 정지거리가 늘어난다. 노면의 마찰력이 가장 낮아지는 시점은 비오기 시작한지 5~30분 이내이다.

② 수막현상은 속도가 높을수록 쉽게 일어난다.


## 제4절 시가지 도로에서의 방어운전

### 1 시가지에서의 시인성, 시간, 공간의 관리

(1) 시인성 다루기

① 1~2블록 전방의 상황과 길의 양쪽 부분을 모두 탐색한다.

② 조금이라도 어두울 때는 하향 전조등(변환빔)을 켜도록 한다.

③ 예정보다 빨리 회전하거나 한 쪽으로 붙을 때는 자신의 의도를 신호로 알린다.

④ 전방 차량 후미의 등화에 지속적으로 주의하여, 제동과 회전여부 등을 예측한다.

⑤ 주의표지나 신호에 대해서도 감시를 늦추지 말아야 한다(앰블런스 · 경찰차 · 소방차 · 긴급차의 사이렌 소리 등).

## (2) 시간 다루기

① 속도를 낮춘다. 특히, 교차로에 진입할 때 등에는 확인, 예측, 판단, 조작과정을 이용하는 것이 위협적인 상황을 조기에 발견하는 데 도움이 된다.

② 다른 운전자와 보행자가 자신을 보고 반응할 수 있도록 하기 위해서는 항상 사전에 자신의 의도를 신호로 표시한다.

③ 도심교통상의 운전, 특히 러시아워에 있어서는 여유시간을 가지고 주행하도록 한다.

## (3) 공간 다루기

① 교통체증으로 서로 근접하는 상황이라도 앞차와는 2초 정도의 거리를 둔다.

② 다른 차 뒤에 멈출 때 앞차의 6~9m 뒤에 멈추도록 한다.

③ 다른 차로로 진입할 공간의 여지를 남겨둔다.

④ 항상 앞차가 앞으로 나간 다음에 자신의 차를 앞으로 움직인다.

⑤ 주차한 차와는 가능한 한 여유 공간을 넓게 유지한다.

⑥ 대향차선의 차와 자신의 차 사이에는 가능한 한 많은 공간을 유지한다.

# ② 시가지 교차로에서의 방어운전

## (1) 교차로에서의 방어운전

① 신호는 운전자의 눈으로 직접 확인한 후 선신호에 따라 진행하는 차가 없는지 확인하고 출발한다. 즉, 앞서 직진, 좌회전, 우회전 또는 U턴하는 차량 등에 주의한다.

② 좌·우회전할 때에는 방향지시등을 정확히 점등한다.

③ 교통정리가 행하여지고 있지 아니하고 좌·우를 확인할 수 없거나 교통이 빈번한 교차로에 진입할 때에는 일시정지하여 안전을 확인한 후 출발한다.

④ 내륜차에 의한 사고에 주의한다.
　㉮ 우회전할 때에는 뒷바퀴로 자전거나 보행자를 치지 않도록 주의한다.
　㉯ 좌회전할 때에는 정지해 있는 차와 충돌하지 않도록 주의한다.

## (2) 교차로 황색신호에서의 방어운전

① 황색신호일 때에는 멈출 수 있도록 감속하여 접근한다.

② 황색신호일 때 모든 차는 정지선 바로 앞에 정지하여야 한다.

③ 이미 교차로 안으로 진입하여 있을 때 황색신호로 변경된 경우에는 신속히 교차로 밖으로 빠져나간다.

④ 교차로 부근에는 무단 횡단하는 보행자 등 위험요인이 많으므로 돌발 상황에 대비한다.

⑤ 가급적 딜레마 구간에 도달하기 전에 속도를 줄여 신호가 변경되면 바로 정지할 수 있도록 준비한다.
　㉮ 급정지할 경우에는 뒤 차량이 후미를 추돌할 수 있으며, 차내 안전사고가 발생할 가능성이 높아진다.
　㉯ 정지선을 초과하여 횡단보도에 정지하면 보행자의 통행에 방해가 된다.
　㉰ 딜레마구간을 계속 진행하여 황색신호가 끝날 때까지 교차로를 통과하지 못하면 다른 신호를 받고 정상 진입하는 차량과 충돌할 위험이 증가한다.

**3** 시가지 이면도로에서의 방어운전(위험성이 많이 내포됨)

① 주변에 주택 등이 밀집되어 있는 주택가나 동네길, 학교 앞 도로로 보행자의 횡단이나 통행이 많다.

② 길가에서 뛰노는 어린이들이 많아 어린이들과의 접촉사고가 발생할 가능성이 높다.

③ 특히, 어린이보호구역에서는 시속 30km 이하로 운전해야 한다.

> 🚌 **주요 주의 사항**
> 1. 항상 보행자의 출현 등 돌발 상황에 대비한 방어운전을 한다.
>     ① 자동차나 어린이가 갑자기 출현할 수 있다는 생각을 가지고 차량의 속도를 줄여 운전한다.
>     ② 언제라도 곧 정지할 수 있는 마음의 준비를 갖춘다.
> 2. 위험한 대상물은 계속 주시한다.
>     ① 돌출된 간판 등과 충돌하지 않도록 주의한다.
>     ② 위험스럽게 느껴지는 자동차나 자전거, 손수레, 보행자 등을 발견하였을 때에는 그의 움직임을 주시하면서 운행한다.
>         – 자전거나 이륜차가 통행하고 있을 때에는 통행공간을 배려하면서 운행한다(이륜차 등의 급회전 등 대비).
>         – 주·정차된 차량이 출발하려고 할 때에는 감속하여 안전거리를 확보한다.

## 제5절 지방도로에서의 방어 운전

### **1** 지방도로에서의 시인성, 시간, 공간의 관리

**(1) 시인성 다루기**

① 주간에도 하향전조등(변환빔)을 켠다. 야간에 주위에 다른 차가 없다면 어두운 도로에서는 상향전조등(주행빔)을 켜도 좋다.

② 도로상 또는 주변에 차, 보행자 또는 동물과 장애물 등이 있는지를 살피며, 20~30초 앞의 상황을 탐색한다.

③ 문제를 야기할 수 있는 전방 12~15초의 상황을 확인한다.

④ 큰 차를 너무 가깝게 따라 감으로써 잠재적 위험원에 대한 시야를 차단 당하는 일이 없도록 한다.

⑤ 회전 시, 차를 길가로 붙일 때, 앞지르기를 할 때 등에서는 자신의 의도를 신호로 나타낸다.

**(2) 시간 다루기**

① 천천히 움직이는 차를 주시한다.

② 교차로, 특히 교통신호등이 설치되어 있지 않은 곳일수록 접근하면서 속도를 줄인다.

③ 낯선 도로를 운전할 때는 여유시간을 허용하고, 미리 갈 노선을 계획한다.

④ 자갈길, 지저분하거나 도로노면의 표시가 잘 보이지 않는 도로를 주행할 때는 속도를 줄인다.

⑤ 도로상에 또는 도로 근처에 있는 동물에 접근하거나 이를 통과할 때, 동물이 주행로를 가로질러 건너갈 때는 속도를 줄인다.

**(3) 공간 다루기**

① 전방을 확인하거나 회피핸들조작을 하는 능력에 영향을 미칠 수 있는 속도, 교통량, 도로 및 도로 부분의 조건 등에 맞춰 추종거리를 조정한다. 회피공간을 항상 확인해 둔다.

② 다른 차량이 바짝 뒤에 따라붙을 때 앞으로 나아갈 수 있도록 가능한 한 충분한 공간을 유지한다.

③ 왕복 2차선 도로상에서는 자신의 차와 대향차 간에 가능한 한 충분한 공간을 유지한다.

## 2 커브길의 방어운전

① **원심력** : 어떠한 물체가 회전운동을 할 때 회전반경으로부터 밖으로 뛰쳐나가려고 하는 힘의 작용을 말한다.

② 자동차의 원심력은 속도의 제곱에 비례하여 크게 작용하게 되며 커브의 반경이 짧을수록 커진다.

③ 회전반경이 짧은 커브 길에서 속도를 높이면 높일수록 원심력은 한층 더 높아지고 전복 사고의 위험도 그만큼 커진다.

④ 커브길에서 주행방법

　㉮ 슬로우-인, 패스트-아웃(Slow-in, Fast-out) : 커브길에 진입할 때에는 속도를 줄이고, 진출할 때에는 속도를 높이라는 뜻이다.

　㉯ 아웃-인-아웃(Out-In-Out) : 차로 바깥쪽에서 진입하여 안쪽, 바깥쪽 순으로 통과하라는 뜻이다.

　㉰ 커브 진입직전에 속도를 감속하여 원심력 발생을 최소화하고, 커브가 끝나는 조금 앞에서 차량의 방향을 바르게 하면서 속도를 가속하여 신속하게 통과할 수 있도록 핸들을 조작한다.

### (1) 커브길 주행방법

① 커브길에 진입하기 전에 경사도나 도로의 폭을 확인하고 엔진 브레이크를 작동시켜 속도를 줄인다.

② 엔진 브레이크만으로 속도가 충분히 줄지 않으면 풋 브레이크를 사용하여 회전 중에 더 이상 가속하지 않도록 줄인다.

③ 감속된 속도에 맞는 기어로 변속한다.

④ 회전이 끝나는 부분에 도달하였을 때에는 핸들을 바르게 한다.

⑤ 가속 페달을 밟아 속도를 서서히 높인다.

### (2) 커브길 주행 시의 주의사항

① 커브길에서는 기상상태, 노면상태 및 회전속도 등에 따라 차량이 미끄러지거나 전복될 위험이 증가하므로 부득이한 경우가 아니면 급핸들 조작이나 급제동은 하지 않는다.

② 중앙선을 침범하거나 도로의 중앙선으로 치우친 운전을 하지 않는다. 항상 반대 차로에 차가 오고 있다는 것을 염두에 두고 주행차로를 준수하며 운전한다.

③ 시력이 볼 수 있는 범위(시야)가 제한되어 있다면 주간에는 경음기, 야간에는 전조등을 사용하여 내 차의 존재를 반대 차로 운전자에게 알린다.

④ 겨울철 커브길은 노면이 얼어있는 경우가 많으므로 사전에 충분히 감속하여 안전사고가 발생하지 않도록 주의한다.

## 3 언덕길의 방어운전(오르막과 내리막)

### (1) 내리막길에서의 방어운전

① 내리막길을 내려갈 때에는 엔진 브레이크로 속도를 조절하는 것이 바람직하다.

② 엔진 브레이크를 사용하면 페이드(Fade) 현상 및 베이퍼 록(Vapour lock) 현상을 예방하여 운행 안전도를 높일 수 있다.

③ 배기 브레이크가 장착된 차량의 경우 배기 브레이크를 사용하면 다음과 같은 효과가 있어 운행의 안전도를 더욱 높일 수 있다.

㉮ 브레이크 액의 온도상승 억제에 따른 베이퍼 록 현상을 방지한다.

㉯ 드럼의 온도상승을 억제하여 페이드 현상을 방지한다.

㉰ 브레이크 사용 감소로 라이닝의 수명을 연장시킬 수 있다.

④ 도로의 오르막길 경사와 내리막길 경사가 같거나 비슷한 경우라면, 변속기 기어의 단수도 오르막과 내리막에서 동일하게 사용하는 것이 바람직하다. 이는 앞서 사용한 기어단수가 적절하였다는 가정 하에서 적용하는 것이다.

⑤ 커브길을 주행할 때와 마찬가지로 경사길 주행 중간에 불필요하게 속도를 줄이거나 급제동하는 것은 주의해야 한다.

⑥ 내리막길에서 기어를 변속할 때는 다음과 같은 방법으로 한다.

㉮ 변속할 때 클러치 및 변속 레버의 작동은 신속하게 한다.

㉯ 왼손은 핸들을 조정하고, 오른손과 양발은 신속히 움직인다.

## (2) 오르막길에서의 안전운전 및 방어운전

① 정차할 때는 앞차가 뒤로 밀려 충돌할 가능성이 있으므로 충분한 차간 거리를 유지한다.

② 오르막길의 정상 부근은 시야가 제한되는 사각지대로, 반대 차로의 차량이 앞에 다가올 때까지는 보이지 않을 수 있으므로 서행하며 위험에 대비한다.

③ 정차해 있을 때에는 가급적 풋 브레이크와 핸드 브레이크를 동시에 사용한다.

④ 뒤로 미끄러지는 것을 방지하기 위해 정지하였다가 출발할 때에 핸드 브레이크를 사용하면 도움이 된다.

## 4 철길 건널목 방어운전

### (1) 철길 건널목에서의 방어운전

① 철길 건널목에 접근할 때에는 속도를 줄여 접근한다(감속 및 정지준비).

② 일시정지 후에는 철도 좌·우의 안전을 확인한다(안전 확인 후 진입).

③ 건널목을 통과할 때에는 기어를 변속하지 않는다(수동변속기차의 경우).

④ 건널목 건너편 여유 공간을 확인한 후에 통과한다(교통정체여부 확인).

### (2) 철길 건널목 통과 중에 시동이 꺼졌을 때의 조치방법

① 즉시 동승자를 대피시키고, 차를 건널목 밖으로 이동시키기 위해 노력한다.

② 철도공무원, 건널목 관리원이나 경찰에게 알리고 지시에 따른다.

③ 건널목 내에서 움직일 수 없을 때에는 열차가 오고 있는 방향으로 뛰어가면서 옷을 벗어 흔드는 등 기관사에게 위급상황을 알려 열차가 정지할 수 있도록 안전조치를 취한다.

## 제6절 고속도로에서의 방어운전

### 1 고속도로에서의 시인성, 시간, 공간의 관리

#### (1) 시인성 다루기

① 20~30초 전방을 탐색해서 도로주변에 차량, 장애물, 동물, 심지어는 보행자 등이 없는가를 살핀다.

② 진·출입로 부근의 위험이 있는지에 대해 주의한다.

③ 주변에 있는 차량의 위치를 파악하기 위해 자주 후사경과 사이드미러를 보도록 한다.

④ 차로 변경이나, 고속도로 진입, 진출 시에는 진행하기에 앞서 항상 자신의 의도를 신호로 알린다.

⑤ 가급적이면 하향 전조등(변환빔)을 켜고 주행한다.

⑥ 가급적 대형차량이 전방 또는 측방 시야를 가리지 않는 위치를 잡아 주행하도록 한다.

#### (2) 시간 다루기

① 확인, 예측, 판단 과정을 이용하여 12~15초 전방 안에 있는 위험상황을 확인한다.

② 항상 속도와 추종거리를 조절해서 비상 시에 멈추거나 회피핸들 조작을 하기 위한 적어도 4~5초의 시간을 가져야 한다.

③ 고속도로 등에 진입 시에는 항상 본선 차량이 주행 중인 속도로 차량의 대열에 합류하려고 해야 한다.

④ 고속도로를 빠져나갈 때는 가능한 한 빨리 진출 차로로 들어가야 한다.

⑤ 차의 속도를 유지하는 데 어려움을 느끼는 차를 주의해서 살핀다. 미리 차의 위치와 속도를 조절한다.

⑥ 주행하게 될 고속도로 및 진출입로를 확인하는 등 사전에 주행경로 계획을 세운다. 혼잡 시간대나 기상이 나쁠 때 운전을 회피한다. 출발 전에 라디오 교통정보를 듣고 움직인다. 여유시간을 갖는다.

#### (3) 공간 다루기

① 자신과 다른 차량이 주행하는 속도, 도로, 기상조건 등에 맞도록 차의 위치를 조절한다.

② 다른 차량과의 합류 시, 차로변경 시, 진입차선을 통해 고속도로로 들어갈 때 적어도 4초의 간격을 허용하도록 한다.

③ 차로를 변경하기 위해서는 핸들을 점진적으로 튼다.

④ 만일 여러 차로를 가로지를 필요가 있다면 매번 신호를 하면서 한 번에 한 차로씩 옮겨 간다.

⑤ 고속도로의 차로수가 갑자기 줄어드는 장소를 조심한다.

### 2 고속도로 진·출입부에서의 방어운전

#### (1) 진입부에서의 안전운전

① 주행차로 진입의도를 다른 차량에게 방향지시등으로 알린다.

② 주행차로 진입 전 충분히 가속하여 주행차로 차량의 교통흐름을 방해하지 않도록 한다.

③ 진입을 위한 가속차로 끝부분에서 감속하지 않도록 주의한다.

(2) **진출부에서의 안전운전**

　① 주행차로 진출의도를 다른 차량에게 방향지시등으로 알린다.

　② 진출부 진입 전에 충분히 감속하여 진출이 용이하도록 한다.

　③ 주행차로 차로에서 천천히 진출부로 진입하여 출구로 이동한다.

### 제7절　앞지르기

#### 1  앞지르기 순서와 방법상의 주의사항

　① 앞지르기 금지장소 여부를 확인한다.

　② 전방의 안전을 확인하는 동시에 후사경으로 좌측 및 좌후방을 확인한다.

　③ 좌측 방향지시등을 켠다.

　④ 최고속도의 제한범위 내에서 가속하여 진로를 서서히 좌측으로 변경한다.

　⑤ 차가 일직선이 되었을 때 방향지시등을 끈 다음 앞지르기 당하는 차의 좌측을 통과한다.

　⑥ 앞지르기 당하는 차를 후사경으로 볼 수 있는 거리까지 주행한 후 우측 방향지시등을 켠다.

　⑦ 진로를 서서히 우측으로 변경한 후 차가 일직선이 되었을 때 방향지시등을 끈다.

#### 2  앞지르기를 해서는 안 되는 경우

　① 앞차가 좌측으로 진로를 바꾸려고 하거나 다른 차를 앞지르려고 할 때

　② 앞차의 좌측에 다른 차가 나란히 가고 있을 때

　③ 뒤차가 자기 차를 앞지르려고 할 때

　④ 마주 오는 차의 진행을 방해하게 될 염려가 있을 때

　⑤ 앞차가 교차로나 철길 건널목 등에서 정지 또는 서행하고 있을 때

　⑥ 앞차가 경찰공무원 등의 지시에 따르거나 위험방지를 위하여 정지 또는 서행하고 있을 때

　⑦ 어린이통학버스가 어린이 또는 유아를 태우고 있다는 표시를 하고 도로를 통행할 때

#### 3  앞지르기할 때 발생하기 쉬운 사고 유형

　① 최초 진로를 변경할 때에는 동일방향 좌측 후속 차량 또는 나란히 진행하던 차량과의 충돌

　② 중앙선을 넘어 앞지르기할 때에는 반대 차로에서 횡단하고 있는 보행자나 주행하고 있는 차량과의 충돌

　③ 앞지르기한 후 주행차로로 재진입하는 과정에서 앞지르기 당하는 차량과의 충돌

#### 4  앞지르기할 때의 방어운전

(1) **자신의 차가 다른 차를 앞지르기할 때**

　① 앞지르기에 필요한 속도가 그 도로의 최고속도 범위 이내 일 때 앞지르기를 시도한다(과속은 금물이다).

　② 앞지르기에 필요한 충분한 거리와 시야가 확보되었을 때 앞지르기를 시도한다.

③ 앞차가 앞지르기를 하고 있는 때는 앞지르기를 시도하지 않는다.

④ 점선으로 되어 있는 중앙선을 넘어 앞지르기 하는 때에는 대향차의 움직임에 주의한다.

## (2) 다른 차가 자신의 차를 앞지르기할 때

① 앞지르기를 시도하는 차가 원활하게 주행차로로 진입할 수 있도록 속도를 줄여준다.

② 앞지르기 금지 장소 등에서도 앞지르기를 시도하는 차가 있다는 사실을 항상 염두에 두고 방어운전을 한다.

## 제8절 야간, 악천후 시의 운전

### 1 야간운전

#### (1) 야간운전의 위험성

① 야간에는 시야가 전조등의 불빛으로 식별할 수 있는 범위로 제한됨에 따라 **노면과 앞차의 후미등 전방**만을 보게 되므로 가시거리가 100m 이내인 경우에는 **최고속도를 50% 정도 감속**하여 운행한다.

② 커브길이나 길모퉁이에서는 전조등 불빛이 회전하는 방향을 제대로 비춰지지 않는 경향이 있으므로 속도를 줄여 주행한다.

③ 마주 오는 대향차의 전조등 불빛으로 인해 도로 보행자의 모습을 볼 수 없게 되는 **증발현상**과 운전자의 눈 기능이 순간적으로 저하되는 **현혹현상** 등이 발생할 수 있다. 이럴 때에는 **약간 오른쪽**을 바라보며 대향차의 전조등 불빛을 정면으로 보지 않도록 한다.

④ 원근감과 속도감이 저하되어 과속으로 운행하는 경향이 발생할 수 있다.

⑤ 술 취한 사람이 갑자기 도로에 뛰어들거나, 도로에 누워있는 경우가 발생하므로 주의해야 한다.

⑥ 밤에는 낮보다 장애물이 잘 보이지 않거나, 발견이 늦어 조치시간이 지연될 수 있다.

#### (2) 야간의 안전운전

① 해가 지기 시작하면 곧바로 **전조등을 켜** 다른 운전자들에게 자신을 알린다.

② 흑색 등 어두운 색의 옷차림을 한 보행자는 발견하기 곤란하므로 보행자의 확인에 더욱 세심한 주의를 기울인다.

③ 커브길에서는 **상향등과 하향등을 적절히 사용**하여 자신이 접근하고 있음을 알린다.

④ 대향차의 전조등을 직접 바라보지 않는다.

⑤ 자동차가 서로 마주보고 진행하는 경우에는 **전조등 불빛의 방향을 아래로** 향하게 한다.

⑥ 밤에 고속도로등에서 자동차를 운행할 수 없게 되었을 때에는 후방에서 접근하는 자동차의 운전자가 확인할 수 있는 위치에 **고장자동차 표지**를 설치하고, 사방 500m 지점에서 식별할 수 있는 **적색의 섬광신호 · 전기제등 또는 불꽃신호**를 설치하는 등 조치를 취하여야 한다.

⑦ 앞차의 미등만 보고 주행하지 않는다.

## 2 안개길 운전

### (1) 안개길 운전의 위험성

① 안개로 인해 운전시야 확보가 곤란하다.

② 주변의 교통안전표지 등 교통정보 수집이 곤란하다.

③ 다른 차량 및 보행자의 위치 파악이 곤란하다.

### (2) 안개길 안전운전

① 전조등, 안개등 및 비상점멸표시등을 켜고 운행한다.

② 가시거리가 100m 이내인 경우에는 최고속도를 50% 정도 감속하여 운행한다.

③ 앞차와의 차간거리를 충분히 확보하고, 앞차의 제동이나 방향지시등의 신호를 예의 주시하며 운행한다.

④ 고속도로를 주행하고 있을 때 안개지역을 통과할 때에는 다음을 최대한 활용한다.

    ㉮ 도로전광판, 교통안전표지 등을 통해 안개 발생구간을 확인한다.

    ㉯ 갓길에 설치된 안개시정표지를 통해 시정거리 및 앞차와의 거리를 확인한다.

    ㉰ 중앙분리대 또는 갓길에 설치된 반사체인 시선유도표지를 통해 전방의 도로선형을 확인한다.

## 3 빗길 운전

### (1) 빗길 운전의 위험성

① 비로 인해 운전시야 확보가 곤란하다. 앞 유리창에 김이 서리거나, 흐르는 물방울 및 물기는 운전자의 시야를 방해하고, 시계는 와이퍼(Wiper)의 작동 범위에 한정되므로 좌ㆍ우의 안전을 확인하기 쉽지 않다.

② 타이어와 노면과의 마찰력이 감소하여 정지거리가 길어진다.

③ 수막현상 등으로 인해 조향조작 및 브레이크 기능이 저하될 수 있다.

④ 보행자의 주의력이 약해지는 경향이 있다.

### (2) 빗길 안전운전

① 비가 내려 노면이 젖어있는 경우에는 최고속도의 20%를 줄인 속도로 운행한다.

② 폭우로 가시거리가 100m 이내인 경우에는 최고속도의 50%를 줄인 속도로 운행한다.

③ 물이 고인 길을 통과할 때에는 속도를 줄여 저속으로 통과한다.

④ 물이 고인 길을 벗어난 경우에는 브레이크를 여러 번 나누어 밟아 마찰열로 브레이크 패드나 라이닝의 물기를 제거한다.

⑤ 보행자 옆을 통과할 때에는 속도를 줄여 흙탕물이 튀기지 않도록 주의한다.

## 제9절  경제운전

## 1  경제운전의 개념과 효과

> 🚌 **경제운전(에코 드라이빙)**
> 여러 가지 외적 조건(기상, 도로, 차량, 교통상황 등)에 따라 운전방식을 맞추어 감으로써 연료 소모율을 낮추고, 공해배출을 최소화하며, 심지어는 안전의 효과를 가져 오고자 하는 운전방식이다.

### (1) 경제운전의 기본적인 방법

① 가 · 감속을 부드럽게 한다.

② 불필요한 공회전을 피한다.

③ 급회전을 피한다. 차가 전방으로 나가려는 운동에너지를 최대한 활용해서 부드럽게 회전한다.

④ 일정한 차량속도를 유지한다.

### (2) 경제운전의 효과

① 차량관리 비용, 고장수리 비용, 타이어 교체 비용 등의 감소효과

② 고장수리 작업 및 유지관리 작업 등의 시간 손실 감소효과

③ 공해배출 등 환경문제의 감소효과

④ 교통안전 증진 효과

⑤ 운전자 및 승객의 스트레스 감소 효과

## 2  경제운전에 영향을 미치는 요인

### (1) 교통상황

① 교통체증 상황에는 가 · 감속 및 기어변속 등이 잦게 됨에 따라 에너지 소모량도 증가한다.

② 에너지 소모량은 가속 저항 정도에 따라 부분적으로 결정된다.

③ 일정 속도를 유지하면 가속저항이 제로가 되어 그만큼 에너지 소모량도 감소한다.

④ 부드러운 가속, 즉 불필요한 가속과 제동을 피하는 것이 에너지 소모량을 최소화하는 것이다.

⑤ 경제운전 방식은 부드러운 가속, 제동의 최소화, 예측운전 등의 방식이다.

### (2) **도로조건** : 젖은 노면은 구름저항을 증가시키며, 경사도는 구배저항에 영향을 미침으로서 연료 소모를 증가시킨다.

### (3) **기상조건** : 맞바람은 공기저항을 증가시켜 연료소모율을 높임

### (4) **차량의 타이어**

① **역할** : 타이어 트레드는 차량과 노면 간에 힘을 전달하며, 물과 오염물질을 밀어내는 역할을 하고, 타이어를 식히는 역할을 한다.

② **타이어의 공기압** : 공기압이 낮으면 트레드가 구실을 못하게 되며, 차량의 안정성이 낮아진다. 공기압이 너무 높으면 접지력이 떨어지고, 타이어 손상 가능성도 높아진다.

③ **공기압과 연료소모량** : 타이어의 공기압이 적정압력보다 15 ~20% 낮으면 연료 소모량은 약 5~8% 증가하는 것으로 나타나고 있다.

④ 타이어의 수명 : 급가속 및 급제동과 같은 공격적 운전방식, 과적과 부적절한 휠 얼라인먼트는 타이어 수명에도 영향을 준다.

(5) **엔진** : 엔진은 동력을 생산하는 가장 중요한 장치로 엔진효율이 곧 연료소모율을 결정한다.

(6) **공기역학** : 버스가 유선형일수록 연료소모율을 낮출 수 있다. 주행 중 창문을 열 경우 공기저항이 증가하여 연료소모율을 높일 수 있다.

## 3 주행방법과 연료소모율

### (1) 시동 및 출발

① 버스 엔진의 시동을 걸 때는 적정 속도로 엔진을 회전시켜 적정한 오일 압력이 유지되도록 하여야 한다. 오일이 엔진의 다양한 윤활지점에 도달하여야 이상 없이 출발을 할 수 있다. 일단 오일 압력이 적정해지면 부드럽게 출발한다. 이때 적정한 공회전 시간은 여름은 20~30초, 겨울은 1~2분 정도가 적당하다.

② 엔진이 차가운 상태에서 주행하게 되면 엔진이 더워진 상태에서 주행하는 것보다 약 15% 정도 연료소모율이 증가한다.

**엔진 냉각 정도에 따른 시동 시 연료소모율(VTL 2002)**

| | 중형버스(8.8t) | | 대형버스(24.5t) | |
|---|---|---|---|---|
| | 1/100km | 지수 | 1/100km | 지수 |
| 냉각상태 | 21.6 | 100 | 49.6 | 100 |
| 워밍상태 | 18.5 | 86 | 42.6 | 86 |

※ 주 : 평균 시속 40km에서 테스트한 결과

③ 엔진이 적당히 워밍업될 때까지 차량의 속도를 시속 30km 이하로 주행해야 한다.

### (2) 속도

① 경제운전을 위해서는 가능한 한 일정 속도로 주행하는 것이 매우 중요하다.

② 일정 속도란 평균속도가 아니고, 도중에 가·감속이 없는 속도를 의미한다.

③ 가·감속과 제동을 자주하며 공격적인 운전으로 평균 시속 40km를 유지하는 것이 시속 40km의 일정속도로 주행할 때보다 연료소모가 훨씬 많다.

④ 평균속도와 일정속도에서의 연료소모량의 차이는 20%에 까지 이른다.

### (3) 기어변속

① 기어를 적절히 변속하는 것 또한 경제운전에서 매우 중요한 요소이다.

② 기어변속은 엔진회전속도가 2,000~3,000rpm 상태에서 고단 기어 변속이 바람직하다.

③ 경제운전을 위해서는 반드시 저단 기어 상태에서 차를 멈출 필요는 없다.

④ 기어는 가능한 한 빨리 고단 기어로 변속하는 것이 좋다.

⑤ 기어 변속 시 반드시 순차적으로 해야 하는 것은 아니다.

## (4) 제동과 관성 주행

① 운전 중 교차로에 접근하든가 할 때 가속페달에서 발을 떼고 관성으로 차를 움직이게 할 수 있을 때는 제동을 피하는 것이 좋다.

② 관성주행은 가속페달에서 발을 떼서 엔진을 브레이크로 이용하는 것이다.

③ 이때 연료공급이 차단되어 연료소모가 줄어들고, 제동장치와 타이어의 불필요한 마모도 줄일 수 있다.

## (5) 교통류에의 합류와 분류

① 흔히 지선에서 차량속도가 높은 본선으로 합류할 때는 강한 가속이 필수적이다.

② 이 경우는 경제 운전보다 안전이 더 중요하기 때문이다.

## (6) 위험예측운전

① 위험예측 운전은 자신의 운전행동을 도로 및 교통조건에 맞추어 나가는 것이다.

② 주요 고려사항은 자기 차 앞과 뒤의 교통상황, 대향차, 교차로 접근 차량, 앞지르기와 후진 차량 등에 대한 적절한 관찰이다.

## (7) 경제운전과 방어운전 : 방어운전은 사고를 회피하는 것 뿐 아니라 연료소비 감소까지 가져오는 효과가 있기 때문에 본질적으로는 방어운전이지만 경제운전이 될 수도 있다.

## 제10절 기본 운행 수칙

### 1 출발, 정지, 주차

#### (1) 출발하고자 할 때

① 매일 운행을 시작할 때에는 후사경이 제대로 조정되어 있는지 확인한다.

② 시동을 걸 때에는 기어가 들어가 있는지 확인한다.

③ 주차 브레이크가 채워진 상태에서는 출발하지 않는다.

④ 주차상태에서 출발할 때에는 차량의 사각지점을 고려하여 버스의 전·후, 좌·우의 안전을 직접 확인한다.

⑤ 운행을 시작하기 전에 제동등이 점등되는지 확인한다.

⑥ 정류소에서 출발할 때에는 자동차 문을 완전히 닫은 상태에서 방향지시등을 작동시켜 도로주행 의사를 표시한 후 출발한다.

⑦ 출발 후 진로변경이 끝나기 전에 신호를 중지하지 않는다.

#### (2) 정지할 때

① 정지할 때에는 미리 감속하여 급정지로 인한 타이어 흔적이 발생하지 않도록 한다(엔진 브레이크 및 저단 기어 변속 활용).

② 정지할 때까지 여유가 있는 경우에는 브레이크 페달을 가볍게 2~3회 나누어 밟는 '단속조작'을 통해 정지한다.

③ 미끄러운 노면에서는 제동으로 인해 차량이 회전하지 않도록 주의한다.

### (3) 주차할 때

① 주차가 허용된 지역이나 안전한 지역에 주차한다.

② 주행차로로 주차된 차량의 일부분이 돌출되지 않도록 주의한다.

③ 경사가 있는 도로에 주차할 때에는 밀리는 현상을 방지하기 위해 바퀴에 고임목 등을 설치하여 안전여부를 확인한다.

## 2 주행, 추종, 진로변경

### (1) 주행하고 있을 때

① 교통량이 많은 곳에서는 급제동 또는 후미추돌 등을 방지하기 위해 감속하여 주행한다.

② 노면상태가 불량한 도로에서는 감속하여 주행한다.

③ 해질 무렵, 터널 등 조명조건이 불량한 경우에는 감속하여 주행한다.

④ 주택가나 이면도로 등은 돌발 상황 등에 대비하여 과속이나 난폭운전을 하지 않는다.

⑤ 주행하는 차들과 제한속도를 넘지 않는 범위 내에서 속도를 맞추어 주행한다.

⑥ 신호대기 등으로 잠시 정지하고 있을 때에는 주차 브레이크를 당기거나, 브레이크 페달을 밟아 차량이 미끄러지지 않도록 한다.

⑦ 통행우선권이 있는 다른 차가 진입할 때에는 양보한다.

⑧ 직선도로를 통행하거나 구부러진 도로를 돌 때 다른 차로를 침범하거나, 2개 차로에 걸쳐 주행하지 않는다.

### (2) 앞차를 뒤따라가고 있을 때

① 앞차가 급제동할 때 후미를 추돌하지 않도록 안전거리를 유지한다.

② 적재상태가 불량하건, 적재물이 떨어질 위험이 있는 자동차에 근접하여 주행하지 않는다.

### (3) 다른 차량과의 차간거리 유지

① 앞 차량에 근접하여 주행하지 않는다. 앞 차량이 급제동할 경우 안전거리 미확보로 인해 앞차의 후미를 추돌하게 된다.

② 좌·우측 차량과 일정거리를 유지한다.

③ 다른 차량이 차로를 변경하는 경우에는 양보하여 안전하게 진입할 수 있도록 한다.

### (4) 진로변경 및 주행차로를 선택할 때

① 도로별 차로에 따른 통행차의 기준을 준수하여 주행차로를 선택한다.

② 급차로 변경을 하지 않는다.

③ 일반도로에서 차로를 변경하는 경우에는 그 행위를 하려는 지점에 도착하기 전 30m(고속도로에서는 100m) 이상의 지점에 이르렀을 때 방향지시등을 작동시킨다.

④ 도로노면에 표시된 백색 점선에서 진로를 변경한다.

⑤ 터널 안, 교차로 직전 정지선, 가파른 비탈길 등 백색 실선이 설치된 곳에서는 진로를 변경하지 않는다.

⑥ 다른 통행차량 등에 대한 배려나 양보 없이 본인 위주의 진로변경을 하지 않는다.

⑦ 진로변경 위반에 해당하는 경우

　⑦ 두 개의 차로에 걸쳐 운행하는 경우

　⑭ 갑자기 차로를 바꾸어 옆 차로로 끼어드는 행위

　⑭ 여러 차로를 연속적으로 가로지르는 행위

　⑭ 진로변경이 금지된 곳에서 진로를 변경하는 행위 등

## 3 앞지르기

### (1) 편도 1차로 도로 등에서 앞지르기하고자 할 때

① 앞지르기할 때에는 언제나 방향지시등을 작동시킨다.

② 앞지르기가 허용된 구간에서만 시행한다.

③ 제한속도를 넘지 않는 범위 내에서 시행한다.

④ 앞 차량의 좌측 차로를 통해 앞지르기를 한다.

⑤ 도로의 구부러진 곳, 오르막길의 정상부근, 급한 내리막길, 교차로, 터널 안, 다리 위에서는 앞지르기를 하지 않는다.

⑥ 앞차의 좌측에 다른 차가 나란히 가고 있는 경우에는 앞지르기를 시도하지 않는다.

## 4 교차로 통행

### (1) 좌 · 우로 회전할 때

① 회전이 허용된 차로에서만 회전하고, 회전하고자 하는 지점에 이르기 전 30m(고속도로에서는 100m) 이상의 지점에 이르렀을 때 방향지시등을 작동시킨다.

② 좌회전 차로가 2개 설치된 교차로에서 좌회전할 때에는 1차로(중 · 소형승합자동차), 2차로(대형승합자동차) 통행기준을 준수한다.

③ 우회전할 때에는 내륜차 현상으로 인해 보도를 침범하지 않도록 주의한다.

④ 회전할 때에는 원심력이 발생하여 차량이 이탈하지 않도록 감속하여 진입한다.

### (2) 신호할 때

① 진행방향과 다른 방향의 지시등을 작동시키지 않는다.

② 정당한 사유 없이 반복적이거나 연속적으로 경음기를 울리지 않는다.

## 5 차량점검 및 자기 관리

### (1) 차량에 대한 점검이 필요할 때

① 운행시작 전 또는 종료 후에는 차량상태를 철저히 점검한다.

② 운행 중에 차량의 이상이 발견된 경우에는 즉시 관리자에게 연락하여 조치를 받는다.

### (2) 감정의 통제가 필요할 때

① 운행 중 다른 운전자의 나쁜 운전행태에 대해 감정적으로 대응하지 않는다.

② 술이나 약물의 영향이 있는 경우에는 관리자에게 배차 변경을 요청한다.

## 제11절 계절별 안전운전

### 1 봄철

#### (1) 계절 특성

① 봄은 겨우내 잠자던 생물들이 새롭게 생존의 활동을 시작한다.

② 겨울이 끝나고 초봄에 접어들 때는 겨우내 얼어 있던 땅이 녹아 지반이 약해지는 해빙기이다.

③ 날씨가 온화해짐에 따라 사람들의 활동이 활발해지는 계절이다.

#### (2) 기상 특성

① 발달된 양쯔강 기단이 동서방향으로 위치하여 이동성 고기압으로 한반도를 통과하면 장기간 맑은 날씨가 지속되며, 봄 가뭄이 발생한다.

② 푄 현상으로 경기 및 충청지방으로 고온 건조한 날씨가 지속된다.

③ 시베리아 기단이 한반도에 겨울철 기압배치를 이루면 꽃샘추위가 발생한다.

④ 저기압이 한반도에 영향을 주면 약한 강우를 동반한 지속성이 큰 안개가 자주 발생한다.

⑤ 중국에서 발생한 모래먼지에 의한 황사현상이 자주 발생하여 운전자의 시야에 지장을 초래한다.

#### (3) 교통사고 위험요인(무더위, 장마, 폭우 등의 열악한 교통 환경)

① 도로조건

㉮ 이른 봄에는 일교차가 심해 새벽에 결빙된 도로가 발생할 수 있다.

㉯ 날씨가 풀리면서 겨우내 얼어 있던 땅이 녹아 지반 붕괴로 인한 도로의 균열이나 낙석 위험이 크다.

㉰ 황사현상에 의한 모래바람은 운전자 시야 장애요인이 되기도 한다.

② 운전자

㉮ 기온이 상승함에 따라 긴장이 풀리고 몸도 나른해진다.

㉯ 춘곤증에 의한 전방주시 태만 및 졸음운전은 사고로 이어질 수 있다.

㉰ 보행자 통행이 많은 장소(주택가, 학교주변, 정류장) 등에서는 무단 횡단하는 보행자 등 돌발 상황에 대비하여야 한다.

③ 보행자

㉮ 추웠던 날씨가 풀리면서 통행하는 보행자가 증가하기 시작한다.

㉯ 교통상황에 대한 판단능력이 떨어지는 어린이와 신체능력이 약화된 노약자들의 보행이나 교통수단 이용이 증가한다.

#### (4) 안전운행 및 교통사고 예방

① 교통 환경 변화

㉮ 춘곤증이 발생하는 봄철 안전운전을 위해서 과로한 운전을 하지 않도록 건강관리에 유의한다.

㉯ 포장도로 곳곳에 파인 노면은 차량주행 시 사고를 유발시킬 수 있으므로 운전자는 운행하는 도로 정보를 사전에 파악하도록 노력한다.

② 주변 환경 대응

　㉮ 주변 환경 변화

　　㉠ 포근하고 화창한 기후조건은 보행자나 운전자의 집중력을 떨어트린다.

　　㉡ 신학기를 맞이하여 학생들의 보행인구가 늘어난다.

　　㉢ 본격적인 행락철을 맞이하여 교통수요가 많아지고 통행량이 증가한다.

　㉯ 주변 환경에 대한 대응

　　㉠ 충분한 휴식을 통해 과로하지 않도록 주의한다.

　　㉡ 운행 중에는 주변 환경 변화를 인지하여 위험이 발생하지 않도록 방어운전 한다.

③ 춘곤증

　㉮ 봄이 되면 낮의 길이가 길어짐에 따라 활동 시간이 늘어나지만 휴식·수면 시간이 줄어든다.

　㉯ 신진대사 기능이 활발해지고 각종 영양소의 필요량이 증가하지만 이를 충분히 섭취하지 못하면 비타민의 결핍 등 영양상의 불균형이 발생하여 춘곤증이 나타나기 쉽다.

　㉰ 춘곤증으로 의심되는 현상은 나른한 피로감, 졸음, 집중력 저하, 권태감, 식욕부진, 소화불량, 현기증, 손·발의 저림, 두통, 눈의 피로, 불면증 등이 있다.

　㉱ 춘곤증을 예방하기 위해서 운동은 몰아서 하지 않고 조금씩 자주하는 것이 바람직하며, 운행 중에는 스트레칭 등으로 긴장된 근육을 풀어주는 것이 좋다.

(5) **자동차 관리(해빙기라는 계절적 변화에 착안하여 점검 실시)**

① 세차 : 환절기의 심한 온도차는 자동차 도장 부위에 심한 손상을 줄 수 있기 때문에 자주 세차하는 것은 바람직하지 못하나, 차량부식을 촉진시키는 제설작업용 염화칼슘을 제거하기 위해 세차할 때는 차량의 창문, 화물적재함 등 및 차체 하부 구석구석 씻어 주는 것이 좋다.

② 월동장비 정리

　㉮ 눈길을 주행하기 위해 준비했던 스노우 타이어, 체인 등 월동 장비는 물기 또는 녹 방지제를 뿌리고 이물질 등을 제거하여 통풍이 잘 통하는 곳에 보관한다.

　㉯ 겨우내 사용했던 스노우 타이어는 모양이 변형되지 않도록 가급적 휠에 끼워 습기가 없는 공기가 잘 통하는 곳에 보관한다.

③ 배터리 및 오일류 점검

　㉮ 배터리 액이 부족하면 증류수 등을 보충해 준다.

　㉯ 배터리 본체는 물걸레로 깨끗이 닦아주고, 배터리 단자는 사용하지 않는 칫솔이나 쇠 브러시로 이물질을 깨끗이 제거한 후 단단히 조여 준다.

　㉰ 추운 날씨로 인해 엔진오일이 변질될 수 있기 때문에 엔진오일 상태를 점검하여 필요 시 엔진오일과 오일필터 등을 교환한다.

④ 기타 점검

　㉮ 전선의 피복이 벗겨졌는지, 소켓 부분은 부식되지 않았는지 등을 점검하여 화재가 발생하지 않도록 낡은 배선 및 부식된 부분은 교환한다.

㉮ 작은 누수라도 방치할 경우 엔진 전체를 교환할 수 있기 때문에 겨우내 냉각계통에서 부동액이 샜는지 확인한다.

㉯ 더워지기 전에 겨우내 사용하지 않았던 에어컨을 작동시켜 정상적으로 작동되는지 확인한다. 에어컨 냉방 성능이 떨어졌다면 에어컨 가스가 누출되었는지, 에어컨 벨트가 손상되었는지 점검해야 한다.

## 2 여름철

### (1) 계절 특성

① 봄철에 비해 기온이 상승하며, 주로 6월 말부터 7월 중순까지 장마전선의 북상으로 비가 많이 내리고 장마 이후에는 무더운 날이 지속된다.

② 저녁 늦게까지 무더운 현상이 지속되는 열대야 현상이 나타나기도 한다.

### (2) 기상 특성(장마, 국지적 집중호우, 열대야 현상 발생)

① 시베리아 기단과 북태평양 기단의 경계를 나타내는 한대 전선대가 한반도에 위치할 경우 많은 강수가 연속적으로 내리는 장마와 국지적으로 집중호우가 발생한다.

② 북태평양 기단의 영향으로 습기가 많고, 온도가 높은 무더운 날씨가 지속된다.

③ 따뜻하고 습한 공기가 차가운 지표면이나 수면 위를 이동해 오면 밑 부분이 식어서 생기는 이류 안개가 번번히 발생하며, 연안이나 해상에서 주로 발생한다.

④ 한밤중에도 기온이 높고 습기가 많은 열대야 현상이 발생하여 운전자들의 주의집중이 곤란하고, 쉽게 피로해지기 쉽다.

### (3) 교통사고 위험요인(무더위, 장마, 폭우 등의 열악한 교통 환경)

① 도로조건

㉮ 갑작스런 악천후 및 무더위 등으로 운전자의 시각적 변화와 긴장 · 흥분 · 피로감이 복합적 요인으로 작용하여 교통사고를 일으킬 수 있으므로 기상 변화에 잘 대비하여야 한다.

㉯ 장마와 더불어 소나기 등 변덕스런 기상 변화 때문에 젖은 노면과 물이 고인 노면 등은 빙판길 못지않게 미끄러우므로 급제동 등이 발생하지 않도록 주의해야 한다.

② 운전자

㉮ 대기의 온도와 습도의 상승으로 불쾌지수가 높아져 적절히 대응하지 못하면 주행 중에 변화하는 교통상황에 대한 인지가 늦어지고, 판단이 부정확해질 수 있다.

㉯ 수면부족과 피로로 인한 졸음운전 등도 집중력 저하 요인으로 작용한다.

㉰ 불쾌지수가 높으면 나타날 수 있는 현상

㉠ 차량 조작이 민첩하지 못하고, 난폭운전을 하기 쉽다.

㉡ 사소한 일에도 언성을 높이고, 잘못을 전가하려는 신경질적인 반응을 보이기 쉽다.

㉢ 불필요한 경음기 사용, 감정에 치우친 운전으로 사고 위험이 증가한다.

㉣ 스트레스가 가중돼 운전이 손에 잡히지 않고, 두통, 소화불량 등 신체 이상이 나타날 수 있다.

③ 보행자
  ㉮ 장마철에는 우산을 받치고 보행함에 따라 전·후방 시야를 확보하기 어렵다.
  ㉯ 무더운 날씨 및 열대야 등으로 낮에는 더위에 지치고 밤에는 잠을 제대로 자지 못해 피로가 쌓일 수 있다.
  ㉰ 불쾌지수가 높아지면 위험한 상황에 대한 인식이 둔해지고, 교통법규를 무시하려는 경향이 강하게 나타날 수 있다.

## (4) 안전 운행 및 교통사고 예방

① **뜨거운 태양 아래 오래 주차하는 경우** : 기온이 상승하면 차량의 실내 온도는 뜨거운 양철지붕 속과 같이 뜨거우므로 출발하기 전에 창문을 열어 실내의 더운 공기를 환기시킨 다음 운행하는 것이 좋다.

② **주행 중 갑자기 시동이 꺼졌을 경우** : 기온이 높은 날에는 연료 계통에서 발생한 열에 의한 증기가 통로를 막아 연료 공급이 단절되면 운행 도중 엔진이 저절로 꺼지는 현상이 발생할 수 있다. 자동차를 길 가장자리 통풍이 잘되는 그늘진 곳으로 옮긴 다음 열을 식힌 후 재시동을 건다.

③ **비가 내리고 있을 때 주행하는 경우** : 비에 젖은 도로를 주행할 때는 건조한 도로에 비해 노면과의 마찰력이 떨어져 미끄럼에 의한 사고가 발생할 수 있으므로 감속 운행한다.

## (5) 자동차 관리

① **냉각장치 점검** : 냉각수 양, 냉각수 누수, 팬벨트 장력
② **와이퍼의 작동상태 점검** : 와이퍼 블레이드, 노즐 분출구
③ **타이어 마모상태 점검** : 트레드 홈 깊이 최저 1.6mm 이상
④ **차량 내부의 습기 제거** : 물에 잠긴 차량 여부 등
⑤ **에어컨 관리** : 팬모터 작동 여부, 퓨즈 단선, 배선 등
⑥ **기타 자동차 관리**(브레이크, 전차기배선, 세차)

# ❸ 가을철

## (1) 계절의 특성

① 천고마비의 계절인 가을은 아침저녁으로 선선한 바람이 불어 즐거운 느낌을 주기도 하지만, 심한 일교차로 건강을 해칠 수도 있다.

② 맑은 날씨가 계속되고 기온도 적당하여 행락객 등에 의한 교통수요와 명절 귀성객에 의한 통행량이 많이 발생한다.

## (2) 기상 특성

① 가을 공기는 고위도 지방으로부터 이동해 오면서 뜨거워지므로 대체로 건조하고, 대기 중에 떠다니는 먼지가 적어 깨끗하다.

② 큰 일교차로 지표면에 접한 공기가 냉각되어 생기는 복사안개가 발생하며 대부분 육지로 새벽이나 늦은 밤에 발생하여 아침에 해가 뜨면 사라진다.

③ 해안 안개는 해수온도가 높아 수면으로부터 증발이 잘 일어나고, 습윤한 공기는 육지로 이동하

여 야간에 냉각되면서 생기는 이류안개가 빈번히 형성된다. 특히, **하천이나 강을 끼고 있는 곳에서는 짙은 안개가 자주 발생한다.**

## (3) 교통사고 위험요인

① **도로 조건** : 추석절 귀성객 등으로 전국 도로가 교통량이 증가하여 지·정체가 발생하지만 다른 계절에 비하여 도로조건은 비교적 양호한 편이다.

② **운전자** : 추수철 국도 주변에는 저속으로 운행하는 경운기·트랙터 등의 통행이 늘고, 단풍 등 주변 환경에 관심을 가지게 되면 집중력이 떨어져 교통사고 발생가능성이 존재한다.

③ **보행자** : 맑은 날씨, 곱게 물든 단풍, 풍성한 수확 등 계절적 요인으로 인해 교통신호 등에 대한 주의집중력이 분산될 수 있다.

## (4) 안전운행 및 교통사고 예방

① **이상기후 대처**

㉮ 안개 속을 주행할 때 갑자기 감속하면 뒤차에 의한 추돌이 우려되며, 반대로 감속하지 않으면 앞차를 추돌하기 쉬우므로 안개 지역을 통과할 때에는 처음부터 감속 운행한다.

㉯ 늦가을에 안개가 끼면 기온차로 인해 노면이 동결되는 경우가 있는데, 이때는 엔진 브레이크를 사용하여 감속한 다음 풋 브레이크를 밟아야 하며, 핸들이나 브레이크를 급하게 조작하지 않도록 주의한다.

② **보행자에 주의** : 보행자는 기온이 떨어지면 몸을 움츠리는 등 행동이 부자연스러워 교통상황에 대한 대처 능력이 떨어지므로 보행자의 통행이 많은 곳을 운행할 때에는 보행자의 움직임에 주의한다.

③ **행락철 주의** : 행락철인 계절특성으로 각급 학교의 소풍, 회사나 가족단위의 단풍놀이 등 단체여행의 증가로 주차장 등이 혼잡하고, 운전자의 주의력이 산만해질 수 있으므로 주의해야 한다.

④ **농기계 주의**

㉮ 추수시기를 맞아 경운기 등 농기계의 빈번한 도로운행은 교통사고의 원인이 되기도 한다.

㉯ 지방도로 등 농촌 마을에 인접한 도로에서는 농지로부터 도로로 나오는 농기계에 주의하면서 운행한다.

㉰ 도로변 가로수 등에 가려 간선도로로 진입하는 경운기를 보지 못하는 경우가 있으므로 주의한다.

㉱ 농촌인구의 감소로 경운기를 조종하는 고령의 운전자가 많으며, 경운기 자체 소음으로 자동차가 뒤에서 접근하고 있다는 사실을 모르고 갑자기 진행방향을 변경하는 경우가 발생할 수 있으므로 운전자는 경운기와의 안전거리를 유지하고, 접근할 때에는 경음기를 울려 자동차가 가까이 있다는 사실을 알려주어야 한다.

## (5) 자동차 관리

① **세차 및 곰팡이 제거** : 염분이 차체를 부식

② **히터 및 서리제거 장치 점검** : 열선의 정상 작동 여부

## (6) 장거리 운행 전 점검사항

① 타이어 공기압은 적절한지, 타이어에 파손된 부위는 없는지, 스페어 타이어는 이상없는지 점검한다.

② 엔진룸 도어를 열어 냉각수와 브레이크 액의 양을 점검하고, 엔진오일의 양 및 상태 등에 대한 점검을 병행하며, 팬 벨트의 장력은 적정한지 점검한다.

③ 전조등 및 방향지시등과 같은 각종 램프의 작동여부를 점검한다.

④ 운행 중에 발생하는 고장이나 점검에 필요한 휴대용 작업 등 예비부품 등을 준비한다.

## 4 겨울철

### (1) 계절 특성

① 겨울철은 차가운 대륙성 고기압의 영향으로 북서 계절풍이 불어와 날씨는 춥고 눈이 많이 내리는 특성을 보인다.

② 교통의 3대 요소인 사람, 자동차, 도로환경 등 모든 조건이 다른 계절에 비하여 열악한 계절이다.

### (2) 기상 특성

① 한반도는 북서풍이 탁월하고 강하여, 습도가 낮고 공기가 매우 건조하다.

② 겨울철 안개는 서해안에 가까운 내륙지역과 찬 공기가 쌓이는 분지지역에서 주로 발생하며, 빈도는 적으나 지속시간이 긴 편이다.

③ 대도시 지역은 연기, 먼지 등 오염물질이 올라갈수록 기온이 상승되어 있는 기층 아래에 쌓여서 옅은 안개가 자주 나타난다.

④ 기온이 급강하고 한파를 동반한 눈이 자주 내리며, 눈길, 빙판길, 바람과 추위는 운전에 악영향을 미치는 기상특성을 보인다.

### (3) 교통사고 위험요인

① 도로조건

㉮ 겨울철에는 내린 눈이 잘 녹지 않고 쌓이며, 적은 양의 눈이 내려도 바로 빙판길이 될 수 있기 때문에 자동차간의 충돌·추돌 또는 도로 이탈 등의 사고가 발생할 수 있다.

㉯ 먼 거리에서는 도로의 노면이 평탄하고 안전해 보이지만 실제로는 빙판길인 구간이나 지점을 접할 수 있다.

② 운전자

㉮ 한 해를 마무리하는 시기로 사람들의 마음이 바쁘고 들뜨기 쉬우며, 각종 모임 등에서 마신 술이 깨지 않은 상태에서 운전할 가능성이 있다.

㉯ 추운 날씨로 방한복 등 두꺼운 옷을 착용하고 운전하는 경우에는 움직임이 둔해져 위기 상황에 민첩한 대처능력이 떨어지기 쉽다.

③ 보행자

㉮ 겨울철 보행자는 추위와 바람을 피하고자 두꺼운 외투, 방한복 등을 착용하고 앞만 보면서 목적지까지 최단거리로 이동하려는 경향이 있다.

④ 날씨가 추워지면 안전한 보행을 위해 보행자가 확인하고 통행하여야 할 사항을 소홀히 하거나 생략하여 사고에 직면하기 쉽다.

## (4) 안전운행 및 교통사고 예방

① 출발할 때(도로 노면에 눈이 쌓였거나 결빙되어 미끄러운 곳에서)

㉮ 도로가 미끄러울 때에는 급출발하거나 갑작스런 동작을 하지 않고, 부드럽게 천천히 출발하면서 도로 상태를 느끼도록 한다.

㉯ 미끄러운 길에서는 기어를 2단에 넣고 출발하는 것이 구동력을 완화시켜 바퀴가 헛도는 것을 방지할 수 있다.

㉰ 핸들이 한 쪽 방향으로 꺾여 있는 상태에서 출발하면 앞바퀴의 회전각도로 인해 바퀴가 헛도는 결과를 초래할 수 있으므로 앞바퀴를 직진 상태로 변경한 후 출발한다.

㉱ 체인은 구동바퀴에 장착하고, 과속으로 심한 진동 등이 발생하면 체인이 벗겨지거나 절단될 수 있으므로 주의한다.

② 주행할 때 : 미끄러운 도로에서의 제동할 때에는 정지거리가 평소보다 2배 이상 길어질 수 있기 때문에 충분한 차간거리 확보 및 감속운행이 요구되며, 다른 차량과 나란히 주행하지 않도록 주의한다.

㉮ 미끄러운 도로를 운행할 때에는 돌발 사태에 대처할 수 있는 시간과 공간이 필요하므로 보행자나 다른 차량의 움직임을 주시한다.

㉯ 주행 중에 차체가 미끄러질 때에는 핸들을 미끄러지는 방향으로 틀어주면 스핀(Spin) 현상을 방지할 수 있다.

㉰ 눈이 내린 후 타이어 자국이 나 있을 때에는 앞 차량의 타이어 자국 위를 달리면 미끄러짐을 예방할 수 있으며, 기어는 2단 혹은 3단으로 고정하여 구동력을 바꾸지 않은 상태에서 주행하면 미끄러움을 방지할 수 있다.

㉱ 미끄러운 오르막길에서는 앞서가는 자동차가 정상에 오르는 것을 확인한 후 올라가야 하며, 도중에 정지하는 일이 없도록 밑에서부터 탄력을 받아 일정한 속도로 기어 변속 없이 한 번에 올라가야 한다.

㉲ 주행 중 노면의 동결이 예상되는 그늘진 장소는 주의해야 한다. 햇볕을 받는 남향 쪽의 도로보다 북쪽 도로가 동결되어 있는 경우가 많다.

㉳ 커브길 진입 전에는 충분히 감속해야 하며, 햇빛 · 바람 · 기온 차이로 커브길의 입구와 출구 쪽의 노면 상태가 다르므로 도로 상태를 확인하면서 운행하여야 한다.

③ 장거리 운행 시

㉮ 장거리를 운행할 때에는 목적지까지의 운행 계획을 평소보다 여유 있게 세워야 하며, 도착지 · 행선지 · 도착시간 등을 승객에게 고지하여 기상악화나 불의의 사태에 신속히 대처할 수 있도록 한다.

㉯ 월동 비상장구는 항상 차량에 싣고 운행한다.

## (5) 자동차관리

### ① 월동장비 점검

㉮ 스크래치 : 유리에 끼인 성에를 제거할 수 있도록 비치한다.

㉯ 스노우 타이어 또는 차량의 타이어에 맞는 체인 구비하고, 체인의 절단이나 마모 부분은 없는지 점검한다.

### ② 냉각장치 점검

㉮ 냉각수의 동결을 방지하기 위해 부동액의 양 및 점도를 점검한다. 냉각수가 얼어붙으면 엔진과 라디에이터에 치명적인 손상을 초래할 수 있다.

㉯ 냉각수를 점검할 때에는 뜨거운 냉각수에 손을 데일 수 있으므로 엔진이 완전히 냉각될 때까지 기다렸다가 냉각장치 뚜껑을 열어 점검한다.

### ③ 정온기(온도조절기, Thermostat) 상태 점검

㉮ 정온기는 실린더헤드 물 재킷 출구 부분에 설치되어 냉각수의 온도에 따라 냉각수 통로를 개폐하여 엔진의 온도를 알맞게 유지하는 장치를 말한다. 즉, 엔진이 차가울 때는 냉각수가 라디에이터로 흐르지 않도록 차단하고, 실린더 내에서만 순환되도록 하여 엔진의 온도가 빨리 적정온도에 도달하도록 한다.

㉯ 정온기가 고장으로 열려 있다면 엔진의 온도가 적정수준까지 올라가는데 많은 시간이 필요함에 따라 엔진의 워밍업 시간이 길어지고, 히터의 기능이 떨어지게 된다.


## 제12절 고속도로 교통안전

### 1 고속도로 교통사고의 통계

### (1) 교통사고 발생추이 및 원인

① 지난 10년 동안 고속도로에서 발생한 교통사고 추이를 살펴보면 2005년 교통사고 발생건수는 4,113건, 사망자 402명, 부상자 10,801명에서 시작하여 2007년까지 감소하다가 2009년도에 다시 증가하였으며, 2015년도에는 교통사고 발생건수 4,495건, 사망자 241명, 부상자 11,014명으로 다시 증가하였다.

| 연 도 | 2009 | 2011 | 2013 | 2015 | 2016 | 2017 |
|---|---|---|---|---|---|---|
| 교통사고 발생(건) | 3,748 | 3,800 | 3,231 | 4,495 | 4,347 | 4,146 |
| 교통사고 사망자(명) | 397 | 282 | 298 | 241 | 273 | 248 |
| 교통사고 부상자(명) | 9,636 | 9,065 | 7,698 | 11,014 | 10,318 | 9,778 |

※ 자료 : 고속도로 교통사고통계, 경찰청, 2018

② 법규 위반별 교통사고 현황을 분석해 보면, 안전운전 불이행이 65.6%, 안전거리 미확보가 26.8%, 차도위반(선로변경)이 3.7% 정도를 차지하며, 고속도로 교통사고는 안전 불이행 등 운전자로 인한 교통사고가 주요 원인임을 알 수 있다.

## (2) 고속도로 교통사고 특성

① 빠르게 달리는 도로의 특성상 다른 도로에 비해 **치사율이 높다.**

② 운전자 전방주시 태만과 졸음운전으로 인한 2차(후속)사고 발생 가능성이 높아지고 있다.

③ 운행 특성상 장거리 통행이 많고 특히 영업용 차량(화물차, 버스) 운전자의 장거리 운행으로 인한 과로로 졸음운전이 발생할 가능성이 매우 높다.

④ 화물차, 버스 등 대형차량의 안전운전 불이행으로 대형사고가 발생하고, **사망자도 대폭 증가**하고 있는 추세이다. 또한 화물차의 적재불량과 과적은 도로상에 낙하물을 발생시키고 교통사고의 원인이 되고 있다.

⑤ 최근 고속도로 운전 중 휴대폰 사용, DMB 시청 등 기기사용 증가로 인해 전방주시에 소홀해지고 이로 인한 교통사고 발생가능성이 더욱 높아지고 있다.

## ❷ 고속도로의 통행방법

### (1) 고속도로의 통행방법

고속도로의 교통안전을 위한 제한속도 규정을, 이용효율을 높이기 위해 통행차량 기준(지정차로제, 버스전용차로제) 규정을 두고 있다. ※ 본서 32p, 33p 참조

### (2) 고속도로의 안전운전 방법

① 전방주시 철저

② 진입은 안전하게 천천히, 진입 후 가속은 빠르게

③ 주변 교통흐름에 따라 적정속도 유지

④ 주행차로로 주행

⑤ 전 좌석 안전띠 착용

⑥ 후부 반사판 부착(차량 총중량 7.5톤 이상 및 특수 자동차는 의무 부착)

### (3) 교통사고 및 고장 발생시 대처요령

고속도로에서는 2차사고 발생 시 사망사고로 이어질 가능성이 높다.

① 2차사고 예방 안전행동요령

㉮ 신속히 비상등을 켜고 다른 차의 소통에 방해가 되지 않도록 갓길로 **차량을 이동시킨다**(트렁크를 열어 위험을 알리는 것도 좋은 방법). 만일, 차량이동이 어려운 경우 탑승자들은 안전조치 후 신속하고 안전하게 가드레일 바깥 등의 안전한 장소로 대피한다.

㉯ 후방에서 접근하는 차량의 운전자가 쉽게 확인할 수 있도록 **고장자동차의 표지(안전삼각대)**를 한다. 야간에는 고장자동차 표지와 함께 **사방 500미터 지점**에서 식별할 수 있는 **적색 섬광신호 · 전기제등** 또는 **불꽃신호**를 설치한다(시인성 확보를 위한 안전조끼 착용 권장).

㉰ 운전자와 탑승자가 차량 내 또는 주변에 있는 것은 **매우 위험하므로** 가드레일 밖 등 안전한 장소로 대피한다.

㉱ 경찰관서(112), 소방관서(119) 또는 한국도로공사 콜센터(1588-2504)로 연락하여 도움을 요청한다.

② 부상자의 구호

    ㉮ 사고 현장에 **의사, 구급차 등**이 도착할 때까지 부상자에게는 가제나 깨끗한 손수건으로 **지혈**하는 등 가능한 응급조치를 한다.

    ㉯ 함부로 **부상자를 움직여서는 안 되며**, 특히 두부에 상처를 입었을 때에는 움직이지 말아야 한다. 그러나 2차 사고의 우려가 있을 경우에는 **부상자를 안전한 장소로 이동시킨다.**

③ 경찰공무원 등에게 신고

    ㉮ **사고를 낸 운전자**는 사고 발생 장소, 사상자 수, 부상정도, 그 밖의 조치상황을 경찰공무원이 현장에 있을 때에는 경찰공무원에게, **경찰공무원이 없을 때에는** 가장 가까운 **경찰관서에 신고한다.**

    ㉯ 사고발생 신고 후 사고 차량의 운전자는 경찰공무원이 말하는 부상자 구호와 교통안전상 필요한 사항을 지켜야 한다.

> 🚌 **※ 고속도로 2504 긴급견인 서비스(1588-2504, 한국도로공사 콜센터)**
> - 고속도로 본선, 갓길에 멈춰 2차 사고가 우려되는 소형차량을 안전지대(휴게소, 영업소, 쉼터 등)까지 견인하는 제도로서 한국도로공사에서 부담하는 무료서비스
> - 대상차량 : 승용차, 16인 이하 승합차, 1.4톤 이하 화물차

## (4) 도로터널 안전운전

① 도로터널 화재의 위험성 : 터널은 반밀폐된 공간으로 화재 시 **급속한 온도상승**과 연기 확산, 시야 확보가 어렵고 연기질식에 의한 다수의 인명 피해 발생 및 대형차량 화재 시 약 1,200℃까지 온도가 상승하여 구조물에 심각한 피해 유발

② 터널 안전운전 수칙

    ㉮ 터널 진입 전 입구 주변에 표시된 **도로정보**를 확인한다.

    ㉯ 터널 진입 시 **라디오**를 켠다.

    ㉰ **선글라스**를 벗고 **라이트**를 켠다.

    ㉱ **교통신호**를 확인한다.

    ㉲ **안전거리**를 유지한다.

    ㉳ **차선을 바꾸지 않는다.**

    ㉴ 비상시 대비하여 **피난연결통로, 비상주차대**의 위치를 확인한다.

③ 터널 내 화재 시 행동요령

    ㉮ 운전자는 차량과 함께 **터널 밖으로 신속히 이동**한다.

    ㉯ 터널 밖으로 이동이 불가능한 경우 **최대한 갓길 쪽으로 정차**한다.

    ㉰ **엔진을 끈 후 키를 꽂아둔 채 신속하게 하차**한다.

    ㉱ **비상벨**을 누르거나 **비상전화**로 화재발생을 알려줘야 한다.

    ㉲ 사고차량의 부상자에게 도움을 준다(비상전화 및 휴대폰 사용 터널관리소 및 119 구조 요청 / 한국도로공사 1588-2504).

    ㉳ 터널에 비치된 **소화기**나 설치되어 있는 **소화전**으로 조기 진화를 시도한다.

④ 조기 진화가 불가능할 경우 젖은 수건이나 손등으로 코와 입을 막고 낮은 자세로 화재 연기를 피해 유도등을 따라 신속히 터널 외부로 대피한다.

## 3 운행 제한차량 단속

### (1) 운행 제한차량 종류

① 차량의 축하중 10톤, 총중량 40톤을 초과한 차량
② 적재물을 포함한 차량의 길이(16.7m), 폭(2.5m), 높이(4m)를 초과한 차량
③ 다음에 해당하는 적재 불량 차량

㉮ 편중적재, 스페어 타이어 고정 불량
㉯ 덮개를 씌우지 않았거나 묶지 않아 결속 상태가 불량한 차량
㉰ 액체 적재물 방류차량, 견인 시 사고 차량 파손품 유포 우려가 있는 차량
㉱ 기타 적재 불량으로 인하여 적재물 낙하 우려가 있는 차량

### (2) 운행 제한벌칙

| 내용 | 벌칙 | 관련 법률 |
|---|---|---|
| • 도로관리청의 차량 회차, 적재물 분리 운송, 차량 운행중지 명령에 따르지 아니한 자 | 2년 이하 징역 또는 2천만원 이하 벌금 | 「도로법」 제80조, 제114조 |
| • 적재량 측정을 위한 공무원의 차량 동승 요구 및 관계서류 제출요구 거부한 자<br>• 적재량 재측정 요구에 따르지 아니한 자 | 1년 이하 징역 또는 1천만원 이하 벌금 | 「도로법」 제77조, 제78조, 제115조 |
| • 총중량 40톤, 축하중 10톤, 폭 2.5m, 높이 4m, 길이 16.7m를 초과하여 운행제한을 위반한 운전자<br>• 임차한 화물적재차량이 운행제한을 위반하지 않도록 관리를 하지 아니한 임차인<br>• 운행제한 위반의 지시 · 요구 금지를 위반한 자 | 500만원 이하 과태료 | 「도로법」 제77조, 제117조 |

### (3) 과적차량 제한 사유

① 고속도로의 포장균열, 파손, 교량의 파괴
② 저속주행으로 인한 교통소통 지장
③ 핸들 조작의 어려움, 타이어 파손, 전 · 후방 주시 곤란
④ 제동장치의 무리, 동력연결부의 잦은 고장 등 교통사고 유발

### (4) 운행 제한차량 통행이 도로포장에 미치는 영향

① 축하중 10톤 : 승용차 7만대 통행과 같은 도로파손
② 축하중 11톤 : 승용차 11만대 통행과 같은 도로파손
③ 축하중 13톤 : 승용차 21만대 통행과 같은 도로파손
④ 축하중 15톤 : 승용차 39만대 통행과 같은 도로파손

### (5) 운행 제한차량 운행허가서 신청절차

① 출발지 및 경유지 관할 도로관리청에 제한차량 운행허가 신청서 및 구비서류를 준비하여 신청
② 제한차량 인터넷 운행허가 시스템(http://www.ospermit.go.kr)에서 신청 가능

## 제1장 교통사고 요인과 운전자의 자세

**01** 교통사고요인의 복합적 연쇄과정에 대한 설명으로 틀린 것은?

① 인간요인에 의한 연쇄과정(원인 : 아내와 싸우다. / 결과 : 출근이 늦어졌다.)

② 차량요인에 의한 연쇄과정(원인 : 점검미스 / 결과 : 브레이크 제동력 약화됨을 미 발견)

③ 환경요인에 의한 연쇄과정(원인 : 비가 오고 있다. / 결과 : 젖은 도로)

④ 인간요인에 의한 연쇄과정(원인 : 출근이 늦어졌다. / 결과 : 과속으로 운전한다.)

**02** 교통법규 및 단속에 대한 인식, 운전상황에서의 위험에 대한 경험 등은 교통사고 요인 중 어디에 해당하는가?

① 인간 요인　　② 차량 요인

③ 환경 요인　　④ 간접 요인

**03** 교통사고는 여러 요인 등이 상호작용하여 시간적으로 연쇄과정을 거치면서 발생하는데 이 중 기여도가 가장 큰 요인은?

① 인간 요인　　② 태도 요인

③ 도로 요인　　④ 환경 요인

**04** 교통사고의 요인 중 인간에 의한 사고원인에 해당하지 않는 것은?

① 신체 요인(신체-생리적 요인)

② 태도 요인(운전태도와 사고에 대한 태도)

③ 도로 환경 요인(근무환경과 직업에 대한 만족도)

④ 운전 기술 요인(차로유지 및 대상의 회피)

**05** 버스 교통사고의 주요 요인이 되는 특성에 대한 설명이 아닌 것은?

① 버스의 길이는 승용차의 2배 정도 길이가 된다.

② 무게는 승용차보다 10배 이상이나 된다.

③ 버스의 운전석에서 잘 볼 수 없는 부분이 승용차에 비해 훨씬 좁다.

④ 버스의 좌·우 회전 시의 내륜차는 승용차에 비해 훨씬 크다.

**06** 버스의 특성과 관련된 대표적인 사고 유형 10가지 중에 사고 빈도가 1위인 것은?

① 회전, 급정거 등으로 인한 차내 승객사고

② 동일 방향 후미 추돌사고

③ 진로변경 중 접촉사고

④ 회전 중 주·정차, 진행차량, 보행자 등과의 접촉사고

## 제2장 운전자요인과 안전운행

**07** 운전능력에 영향을 미치는 감각들 중에서 가장 중요한 것은?

① 시력(시각)　　② 청력(청각)

③ 촉각　　④ 후각(냄새)

**08** 정지시력에 대한 설명으로 틀린 것은?

① 시력은 물체의 모양이나 위치를 분별하는 눈의 능력이다.

② 일정 거리에서 일정 시표를 보고 모양을 확인할 수 있는지를 가지고 측정하는 시력이다.

③ 정지시력을 측정하는 대표적인 방법이 란돌트 시표에 의한 측정이다.

④ 7m 거리에서 흰 바탕에 검정색으로 그려진 C링의 끊어진 부분을 식별할 수 있을 때의 시력을 1.0으로 한다.

**09** 자동차 운전면허를 취득하는데 필요한 정지시력 기준으로 틀린 것은?

① 제1종 운전면허 : 두 눈을 동시에 뜨고 잰 시력이 0.8 이상

② 제1종 운전면허 : 두 눈의 시력이 각각 0.5 이상

③ 제2종 운전면허 : 두 눈을 동시에 뜨고 잰 시력이 0.7 이상

④ 제2종 운전면허 : 한쪽 눈을 보지 못하는 사람은 다른 쪽 눈의 시력이 0.6 이상

제1장　1 ④　2 ①　3 ①　4 ③　5 ③　6 ①　　제2장　7 ①　8 ④　9 ③

**10** 움직이는 물체 또는 움직이면서 다른 자동차나 사람 등의 물체를 보는 시력을 무엇이라고 하는가?

① 동체시력　　　　② 정지시력
③ 주간시력　　　　④ 야간시력

**11** 동체시력의 특성이 아닌 것은?

① 물체의 이동속도가 빠를수록 저하된다.
② 동체시력은 정지시력과 어느 정도 비례 관계를 갖는다.
③ 동체시력은 조도(밝기)가 낮은 상황에서는 쉽게 저하된다.
④ 동체시력의 저하는 운전자의 나이와는 관련이 없다.

**12** 동체시력의 특성에서 달라지는 상태에 대한 설명으로 틀린 것은?

① 정지시력이 1.2인 사람이 시속 50km로 운전한 다면 동체시력은 0.7 이하로 떨어진다.
② 정지시력이 1.2인 사람이 시속 90km로 운전한 다면 동체시력은 0.5 이하로 떨어진다.
③ 정지시력이 저하되면 동체시력은 저하되지 않는 다.
④ 50대 이상에서는 야간에 움직이는 물체를 제대 로 식별하지 못하는 것이 주요 사고 요인으로도 작용한다.

**13** 인간이 전방의 어떤 사물을 주시할 때 그 사물을 분명하게 볼 수 있게 하는 눈의 영역을 무엇이라고 하는가?

① 시력　　　　　　② 시야
③ 주변시　　　　　④ 중심시

**14** 인간이 전방의 어떤 사물을 주시할 때 그 좌·우로 움직이는 물체 등을 인식할 수 있는 눈의 영역을 무엇이라고 하는가?

① 중심시　　　　　② 주변시
③ 동체시력　　　　④ 시야

**15** 중심시와 주변시를 포함해서 물체를 확인할 수 있는 범위 또는 바로 눈의 위치를 바꾸지 않고도 볼 수 있는 좌·우의 범위를 무엇이라고 하는가?

① 시야　　　　　　② 시력
③ 중심시　　　　　④ 주변시

**16** 다음 중 시야에 대한 설명으로 옳지 못한 것은?

① 시야는 움직이는 상태에 있을 때에는 움직이는 속도에 따라 축소된다.
② 시야는 시속 40km로 주행 중에는 100도로, 시속 100km로 주행 중에는 40도 정도로 축소된다.
③ 좌우를 살피기 위해서라도, 주행 중에 좌우로 눈을 움직이게 되면 위험하다.
④ 한 곳에 주의가 집중되어 있을 때, 인지할 수 있는 시야 범위는 좁아진다.

**17** 두 눈 또는 한쪽 눈 단서를 이용하여 물체의 거리를 효과적으로 판단하는 능력을 무엇이라고 하는가?

① 깊이지각　　　　② 중심시
③ 주변시　　　　　④ 입체시

**18** 일광 또는 조명이 밝은 조건에서 어두운 조건으로 변할 때 사람의 눈이 그 상황에 적응하여 시력을 회복하는 상태를 무엇이라고 하는가?

① 암순응　　　　　② 명순응
③ 현혹현상　　　　④ 증발현상

**19** 일광 또는 조명이 어두운 조건에서 밝은 조건으로 변할 때 사람의 눈이 그 상황에 적응하여 시력을 회복하는 상태를 무엇이라고 하는가?

① 증발현상　　　　② 현혹현상
③ 명순응　　　　　④ 암순응

**20** 운행 중 갑자기 빛이 눈에 비치(전조등 불빛을 직접 보았을 때)면 순간적으로 시력을 상실하여 장애물을 볼 수 없는 현상을 무엇이라고 하는가?

① 증발현상　　　　② 현혹현상
③ 명순응　　　　　④ 암순응

**21** 야간에 대향차의 전조등 눈부심으로 인해 순간적으로 보행자(보행자가 교차하는 차량의 불빛 중간에 있게 된 경우)를 잘 볼 수 없게 되는 현상을 무엇이라고 하는가?

① 증발현상
② 현혹현상
③ 중심시
④ 주변시

**22** 졸음 운전의 기본적인 증후에 대한 설명으로 틀린 것은?

① 눈이 스르르 감긴다든가 전방을 제대로 주시할 수 없다.

② 머리를 똑바로 유지하기가 쉽다.

③ 지난 몇 km를 어디를 운전해 왔는지 가물가물 하다.

④ 앞차에 바짝 붙거나 교통신호를 놓친다.

**23** 간에서 맥주 한 캔 정도의 알코올을 분해하는 시간에 대한 설명으로 맞는 것은?

① 30분 정도        ② 45분 정도

③ 1시간 정도       ④ 90분 정도

**24** 술에 대한 올바른 상식에 해당하는 것은?

① 운동을 하거나 커피를 마시면 술이 빨리 깬다.

② 알코올은 음식이나 음료일 뿐이다.

③ 술을 마시면 생각이 더 명료해진다.

④ 간장이 튼튼한 사람도 지나친 음주는 좋지 않다.

**25** 음주 운전이 위험한 이유가 아닌 것은?

① 소극적인 운전으로 교통지체 유발

② 운전에 대한 통제력 약화로 과잉조작에 의한 사고 증가

③ 시력 저하와 졸음 등으로 인한 사고의 증가

④ 2차 사고 유발

**26** 술을 마신 양에 따른 사고 위험도의 지속적 증가에 대한 것이다. 틀린 것은?

① 0.05%상태는 음주하지 않았을 때보다 확률이 2배

② 0.1%상태는 음주하지 않았을 때보다 확률이 6배

③ 0.15%상태는 음주하지 않았을 때보다 확률이 25배

④ 소주 2잔(120ml)정도를 마시고 운전하면 술을 마시지 않고 운전했을 때보다 사고 발생률이 약 3배로 증가

**27** 모든 차의 운전자가 "도로에 보도가 설치되지 않은 좁은 도로, 안전지대" 등에서 보행자 옆을 지나는 때의 통행방법으로 맞는 것은?

① 안전한 거리를 두고 서행해야 한다.

② 안전한 거리를 두고 일시정지 후 진행한다.

③ 안전한 거리를 두고 일단 정지 후 진행한다.

④ 즉시 정지할 수 있는 속도로 통행한다.

**28** 어린이가 보호자 없이 걸어가고 있거나, 도로를 횡단하고 있을 때의 운전자가 통행해야 할 방법은?

① 일시정지하여야 한다.

② 서행하여야 한다.

③ 같은 속도로 그대로 진행한다.

④ 경음기를 울려 도로로 튀어나오지 않도록 주의를 준다.

**29** 어린이 통학버스의 특별보호에 대한 설명으로 틀린 것은?

① 어린이 통학버스가 어린이 또는 영유아를 태우고 있다는 표시를 하고 도로를 통행하는 때에 모든 차의 운전자는 통학버스를 앞지르지 못한다.

② 어린이나 영유아가 타고 내리는 중임을 나타내는 어린이 통학버스에 이르기 전 일시정지하여 안전을 확인한 후 서행한다.

③ 중앙선이 설치되지 아니한 도로와 편도 1차로인 도로의 반대방향에서 진행하는 차의 운전자는 어린이 통학버스에 이르기 전 일시정지하여 안전을 확인한 후 서행한다.

④ 통학버스에 어린이가 승차하지 않았더라도 점멸등을 켜고 운행한다.

**30** 운행기록분석시스템 분석항목에 해당되지 않는 것은?

① 자동차의 운행경로에 대한 궤적의 표기

② 운전자별·시간대별 운행속도 및 주행거리의 비교

③ 진로변경 횟수와 사고위험도 측정, 과속·급가속·급감속·급출발·급정지 등 위험운전 행동 분석

④ 교통행정기관의 운행계통 및 운행경로 개선

**31** 교통행정기관이나 한국교통안전공단, 운송사업자가 운행기록의 분석결과를 교통안전 관련 업무에 한정하여 활용할 수 없는 것은?

① 자동차의 운행관리

② 운전자에 대한 교육·훈련

③ 운전자의 운전습관 교정

④ 자동차 운행 및 사고발생 상황 확인

---

22 ②  23 ③  24 ④  25 ①  26 ④  27 ①  28 ①  29 ④  30 ④  31 ④

**32** 운행기록분석시스템에서 사고유발과 직접 관련 있는 5가지 유형이 아닌 것은?

① 과속유형
② 급가속유형
③ 급후진유형
④ 급회전유형

**33** 사업용자동차 운전자의 위험운전행태별 사고유형 및 안전운전 요령에 해당되지 않는 것은?

① 고속주행을 하는 고속도로나 간선도로 등에서 차체가 큰 버스의 급진로변경은 연쇄추돌사고 등으로 연결되기 쉽다.
② 버스사고의 주요원인은 과속이다.
③ 버스는 회전 시 뒷바퀴가 앞바퀴보다 안쪽으로 회전하는 특성이 있으므로 횡단대기 중인 보행자에 유의하지 않아도 된다.
④ 빗길이나 눈길, 빙판길, 커브길에서는 차량의 속도를 감속하는 습관을 들여야 한다.

**34** 사업용자동차 운전자의 위험운전행동에서 급회전 유형에 해당되지 않는 것은?

① 급좌회전
② 급우회전
③ 급U턴
④ 급진로변경

### 제3장　자동차 요인과 안전운행

**35** 차가 길모퉁이나 커브를 돌 때에 핸들을 돌리면 주행하던 차로나 도로를 벗어나려는 힘이 작용하게 되는데 이 힘을 무엇이라고 하는가?

① 원심력
② 구심력
③ 낙하력
④ 관성력

**36** 일반적으로 매시 50km로 커브를 도는 차는 매시 25km로 도는 차보다 몇 배의 원심력이 발생하는가?

① 2배의 원심력 발생
② 4배의 원심력 발생
③ 6배의 원심력 발생
④ 8배의 원심력 발생

**37** 원심력이 변화하는 정황에 대한 설명으로 틀린 것은?

① 원심력은 속도가 빠를수록 커진다.
② 원심력은 커브 반경이 작을수록 커진다.
③ 원심력은 차의 중량이 무거울수록 커진다.
④ 원심력은 속도의 제곱에는 비례해서 작아진다.

**38** 차가 고속으로 주행할 때, 타이어의 회전속도가 빨라지면서 접지면에서 발생한 타이어의 변형이 다음 접지 시점까지 복원되지 않고 물결로 남게 되는 현상은?

① 베이퍼 록 현상
② 페이드 현상
③ 수막 현상
④ 스탠딩 웨이브 현상

**39** 스탠딩 웨이브 현상을 예방하기 위한 방법으로 가장 바른 것은?

① 속도를 낮추고, 공기압을 높인다.
② 속도를 높이고, 공기압을 낮춘다.
③ 속도와 공기압을 모두 낮춘다.
④ 속도와 공기압을 모두 높인다.

**40** 수막현상 발생 시 타이어가 완전이 노면으로부터 떨어질 때의 속도를 무엇이라고 하는가?

① 임계속도
② 주행속도
③ 수막속도
④ 추가속도

**41** 수막현상 발생을 예방하기 위한 조치가 아닌 것은?

① 자동차를 과속으로 주행하지 않는다.
② 자동차에 과다 마모된 타이어를 사용하지 않는다.
③ 타이어의 공기압을 평상시보다 조금 낮게 한다.
④ 배수효과가 좋은 타이어 패턴(리브형 타이어)을 사용한다.

**42** 내리막길을 내려갈 때 브레이크를 반복하여 사용하면 마찰열이 라이링에 축적되어 브레이크의 제동력이 저하되는 현상은?

① 모닝 록 현상
② 페이드 현상
③ 베이퍼 록 현상
④ 워터 페이드 현상

**43** 브레이크 마찰재가 물에 젖으면 마찰계수가 작아져 브레이크의 제동력이 저하되는 현상은?

① 워터 페이드 현상
② 모닝 록 현상
③ 수막현상
④ 스탠딩 웨이브 현상

**44** 긴 내리막길에서 풋 브레이크를 지나치게 사용하면 차륜 부분의 마찰열 때문에 휠 실린더나 브레이크 파이프 속에서 브레이크액이 기화되고 브레이크 회로 내에 공기가 유입된 것처럼 기포가 발생하여 브레이크 페달을 밟아도 브레이크가 작용하지 않는 현상은?

① 페이드 현상        ② 베이퍼 록 현상

③ 모닝 록 현상      ④ 워터 페이드 현상

**45** 비가 자주 오거나 습도가 높은 날 또는 오랜 시간 주차한 후에 브레이크 드럼에 미세한 녹이 발생하게 되어 브레이크 드럼과 라이닝, 브레이크 패드와 디스크의 마찰계수가 높아져 평소보다 브레이크가 지나치게 예민하게 작동하는 현상은?

① 워터 페이드 현상

② 모닝 록 현상

③ 스탠딩 웨이브 현상

④ 하이드로 플레닝 현상

**46** 타이어의 공기압에 대한 설명이 잘못된 것은?

① 타이어의 공기압은 승차감과 관련이 있다.

② 타이어 공기압이 낮으면 숄더 부분에 마찰력이 집중되어 타이어 수명이 길어진다.

③ 타이어 공기압이 높으면 승차감이 나빠진다.

④ 타이어 공기압이 높으면 트레드 중앙부분의 마모가 촉진된다.

**47** 운전자가 자동차를 정지시켜야 할 상황임을 인지하고 브레이크 페달로 발을 옮겨 브레이크가 작동을 시작하기 전까지 이동한 거리와 걸리는 시간에 대한 용어는?

① 공주거리와 공주시간

② 정지거리와 정지시간

③ 제동거리와 제동시간

④ 공주거리와 제동시간

**48** 다음 중 공주거리를 올바르게 설명한 것은?

① 제동거리에서 정지거리를 뺀 거리

② 제동거리에서 정지거리를 더한 거리

③ 정지거리에서 제동거리를 뺀 거리

④ 정지거리에서 제동거리를 곱한 거리

**제4장  도로요인과 안전운행**

**49** 방향별 교통량이 특정시간대에 현저하게 차이가 발생하는 도로에서 교통량이 많은 쪽으로 차로수가 확대될 수 있도록 신호기에 의하여 차로의 진행방향을 지시하는 차로를 무엇이라고 하는가?

① 가변차로        ② 양보차로

③ 회전차로        ④ 변속차로

**50** 양방향 2차로 앞지르기 금지구간에서 자동차의 원활한 소통을 도모하고 도로 안전성을 제고하기 위해 길어깨(갓길) 쪽으로 설치하는 저속 자동차의 주행차로를 무엇이라고 하는가?

① 가변차로        ② 양보차로

③ 저속차로        ④ 변속차로

**51** 다음 중 차로의 갯수를 셀 때, 포함되는 차로는?

① 오르막차로      ② 회전차로

③ 앞지르기차로    ④ 변속차로

**52** 「도로법」상 용어의 뜻이 잘못된 것은?

① 오르막차로 : 오르막 구간에서 저속 자동차를 다른 자동차와 분리 통행시키기 위해 설치하는 차로

② 회전차로 : 교차로 등에서 자동차가 우회전, 좌회전 또는 유턴을 할 수 있도록 직진차로와 분리하여 설치하는 차로

③ 변속(가·감속)차로 : 자동차를 가속시키거나 감속시키기 위하여 설치하는 차로로 교차로, 인터체인지 등에 주로 설치된다.

④ 도류화 : 평면곡선부에서 자동차가 원심력에 저항할 수 있도록 하기 위하여 설치하는 횡단경사를 말한다.

**53** 교통섬을 설치하는 목적이 아닌 것은?

① 도로교통의 흐름을 안전하게 유도

② 운전자에게 안전지대를 제공

③ 보행자가 도로를 횡단할 때 대피섬 제공

④ 노상시설의 설치장소 제공

**54** 자동차와 보행자를 안전하고 질서있게 이동시킬 목적으로 회전차로, 교통섬 등을 이용하여 상충하는 교통류를 분리시키는 것을 무엇이라고 하는가?

① 변속차로        ② 가변차로

③ 시선유도시설    ④ 도류화

**55** 곡선반경이 작은 도로에서 운행 중이던 차량의 운전자가 급격한 핸들 조작을 하였을 때에 일어날 수 있는 사고가 아닌 것은?

① 전도        ② 전복

③ 추락        ④ 추돌

45 ②  46 ②  47 ①  48 ③    제4장  49 ①  50 ②  51 ③  52 ④  53 ②  54 ④  55 ④

**56** 도로의 안전시설인 방호울타리의 기능이 아닌 것은?

① 차량과 구조물이 충돌하더라도 간접 충돌하도록 유도하는 기능
② 탑승자의 상해 및 차량의 파손을 최소화시키는 기능
③ 차량을 정상적인 진행방향으로 복귀시키는 기능
④ 운전자의 시선을 유도하고 보행자의 무단횡단을 방지하는 기능

**57** 중앙분리대의 기능이 아닌 것은?

① 상·하 차도의 교통을 분리시켜 차량의 중앙선 침범에 의한 치명적인 정면충돌 사고를 방지한다.
② 도로 중심축의 교통마찰을 감소시켜 원활한 교통 소통을 유지한다.
③ 도로 측방의 여유 폭은 교통의 안전성과 쾌적성을 확보할 수 있다.
④ 야간에 주행할 때 발생하는 전조등 불빛에 눈부심이 방지된다.

**58** 길어깨(갓길)의 기능이 아닌 것은?

① 고장차가 대피할 수 있는 공간을 제공하여 교통 혼잡을 방지하는 역할을 한다.
② 차량 정체 시 주행차로의 역할을 대신한다.
③ 도로 측방의 여유 폭은 교통의 안전성과 쾌적성을 확보할 수 있다.
④ 도로관리 작업공간이나 지하매설물 등을 설치할 수 있는 장소를 제공한다.

**59** 포장된 길어깨(갓길)의 장점으로 틀린 것은?

① 긴급자동차의 주행을 원활하게 한다.
② 차도 끝의 처짐이나 이탈을 방지한다.
③ 물의 흐름으로 인한 노면 패임을 방지한다.
④ 보도가 있는 도로에서는 보행의 편의를 제공한다.

**60** 교량 접근도로의 폭과 교량의 폭이 서로 다른 경우에도 교통통제설비를 설치하면 운전자의 경각심을 불러 일으켜 사고 감소효과가 발생할 수 있는데 그 교통통제설비가 아닌 것은?

① 안전표지
② 시선유도시설
③ 접근도로에 노면표시
④ 주·정차 표시

**61** 교통소통 측면에서 회전교차로를 설치하여야 하는 곳은?

① 교통량이 상대적으로 많은 비신호교차로에서 또는 교통량이 적은 신호 교차로 지체가 발생할 경우
② 교통사고 잦은 곳으로 지정된 교차로
③ 주도로와 부도로의 통행 속도차가 큰 교차로
④ 부상, 사망사고 등의 심각도가 높은 교통사고 발생 교차로

**62** 회전교차로의 일반적인 특징이 아닌 것은?

① 신호등이 없는 교차로에 비해 상충 횟수가 많다.
② 교통상황의 변화로 인한 운전자 피로를 줄일 수 있다.
③ 신호교차로에 비해 유지관리 비용이 적게 든다.
④ 사고 빈도가 낮아 교통안전 수준을 향상시킨다.

**63** 회전 교차로에 대한 설명이 틀린 것은?

① 진입자동차가 양보하며, 회전자동차에게 통행우선권이 있다.
② 진입부에서 고속진입한다.
③ 고속으로 회전차로를 운행할 수 없다.
④ 감속 또는 방향분리를 위해 분리교통섬을 필수로 설치한다.

**64** 도로의 안전시설 중 시선유도시설이 아닌 것은?

① 신호등
② 시선유도 표지
③ 갈매기 표지
④ 표지병

**65** 다음 중 자동차가 도로 밖으로 이탈하는 것을 방지하기 위해 도로의 길어깨 측에 설치하는 방호울타리는 무엇인가?

① 중앙분리대용 방호울타리
② 노측용 방호울타리
③ 보도용 방호울타리
④ 교량용 방호울타리

**66** 도로이용자가 안전하고 불안감 없이 통행할 수 있도록 적절한 조명환경을 확보해줌으로서 운전자에게 심리적 안정감을 제공하는 동시에 운전자의 시선을 유도해 주는 시설은?

① 조명시설
② 시선유도시설
③ 도로반사경
④ 접근로 노면표시

---

56 ①  57 ③  58 ②  59 ④  60 ④  61 ①  62 ①  63 ②  64 ①  65 ②  66 ①

**67** 조명시설의 주요기능이 아닌 것은?

① 주변이 밝아짐에 따라 교통안전에 도움이 된다.

② 자동차의 방향을 교정하여 본래의 주행차로로 복귀시킨다.

③ 범죄 발생을 방지하고 감소시킨다.

④ 운전자의 심리적 안정감 및 쾌적감을 제공한다.

**68** 버스전용차로에 있는 자동차와 좌회전하려는 자동차의 상충이 증가하는 정류소는?

① 도로구간 내 정류소

② 교차로 통과 전 정류소

③ 교차로 통과 후 정류소

④ 횡단보도 통합형 정류소

**69** 버스정류시설의 종류와 의미에 대한 설명으로 틀린 것은?

① 버스정류장 : 버스승객의 승·하차를 위하여 본선 차로에서 분리하여 설치된 띠 모양의 공간

② 버스정류소 : 버스승객의 승·하차를 위하여 본선의 오른쪽 차로를 그대로 이용하는 공간

③ 간이버스정류장 : 버스승객의 승·하차를 위하여 본선 차로에서 분리하여 최소한의 목적을 달성하기 위하여 설치하는 공간

④ 마을버스정류장 : 마을 주민들의 승·하차 편의를 위하여 설치한 정류장

**70** 우측 길어깨(갓길)의 폭이 협소한 장소에서 고장난 차량이 도로에서 벗어나 대피할 수 있도록 제공되는 공간을 무엇이라고 하는가?

① 비상주차대  ② 주·정차대

③ 교통섬  ④ 졸음쉼터

**71** 비상주차대를 설치하는 장소가 아닌 것은?

① 길어깨를 축소하여 건설되는 긴 교량의 경우

② 긴 터널의 경우

③ 휴게시설 부근의 경우

④ 고속도로에서 길어깨 폭이 2.5m 미만으로 설치되는 경우

**72** 사람과 자동차가 필요로 하는 서비스를 제공할 수 있는 시설로 주차장, 화장실, 급유소, 식당, 매점 등으로 구성되어 있는 휴게소를 무엇이라고 하는가?

① 일반휴게소

② 간이휴게소

③ 화물차 전용휴게소

④ 쉼터휴게소(소규모휴게소)

**73** 운전자의 생리적 욕구만 해소하기 위한 시설로 최소한의 주차장, 화장실과 최소한의 휴식공간으로 구성된 휴게소를 무엇이라고 하는가?

① 일반휴게소

② 화물차 전용휴게소

③ 간이휴게소

④ 쉼터휴게소(소규모 휴게소)

---

### 제5장 안전운전의 기술

**74** 다음 중 용어의 설명이 옳게 된 것은?

① 측대란 주행 중 운전자가 잠시 휴식을 취할 수 있도록 길 옆에 설치한 도로 부분이다.

② 편경사란 평면 곡선부에서 자동차가 원심력에 저항할 수 있도록 하기 위하여 설치하는 종단 경사를 말한다.

③ 차로수란 양방향차로의 수를 합한 것을 말한다.

④ 분리대란 보행자의 통행방향에 따라 분리하기 위해 설치하는 시설물이다.

**75** 안전운전을 하는데 필수적인 4 과정의 순서로 옳은 것은?

① 확인 → 예측 → 판단 → 실행

② 예측 → 판단 → 실행 → 확인

③ 판단 → 실행 → 확인 → 예측

④ 실행 → 확인 → 예측 → 판단

**76** 인지 판단의 기술에서 "확인"의 의미로 맞는 것은?

① 운전 중에 확인한 정보를 모으고 사고가 발생할 수 있는 지점을 판단하는 것

② 주변의 모든 것을 빠르게 보고 한눈에 파악하는 것

③ 수집된 정보에 대한 판단과정에서는 운전자의 경험뿐 아니라 성격, 태도, 동기 등 다양한 요인이 작용하는 것

④ 결정된 행동을 실행에 옮기는 단계에서 중요한 것은 요구되는 시간 안에 필요한 조작을 가능하고 부드럽고 신속하게 해내는 것

---

**77** 안전운전을 위한 확인을 할 때 가능한 한 멀리 전방까지 문제가 발생할 가능성이 있는지를 미리 확인하는 적당한 시간은?

① 적어도 10~12초 전방까지
② 적어도 11~14초 전방까지
③ 적어도 12~15초 전방까지
④ 적어도 13~16초 전방까지

**78** 안전운전을 위해 전방 확인을 할 때 시가지 도로에서 40~60km 정도로 주행할 경우 확인이 필요한 거리는?

① 100 여 미터
② 150 여 미터
③ 200 여 미터
④ 250 여 미터

**79** 예측 회피 운전의 기본적 방법에 속하지 않는 것은?

① 높은 상태의 각성수준 유지
② 속도 가감속
③ 위치 바꾸기(진로 변경)
④ 다른 운전자에게 신호 주기

**80** 안전운전의 5가지 기본 기술에 대한 설명으로 틀린 것은?

① 운전 중에 전방을 멀리 본다.
② 눈은 한 곳에만 집중하여 살핀다.
③ 전체적으로 살펴본다.
④ 차가 빠져나갈 공간을 확보한다.

**81** 시야 고정이 많은 운전자의 특성으로 틀린 것은?

① 위험에 대응하기 위해 경적이나 전조등을 자주 사용한다.
② 더러운 창이나 안개에 개의치 않는다.
③ 거울이 더럽거나 방향이 맞지 않는데도 개의치 않는다.
④ 정지선 등에서 정지 후 다시 출발할 때 좌우를 확인하지 않는다.

**82** 다음 중 자신과 다른 사람을 위험한 상황으로부터 보호하는 운전 기술을 무엇이라 하는가?

① 안전운전　　② 양보운전
③ 방호운전　　④ 방어운전

**83** 정면 충돌사고는 교차로에서 주로 발생하는데 대향 차량과의 사고를 회피하는 요령으로 틀린 것은?

① 전방의 도로 상황을 파악한다.
② 정면으로 마주칠 때 핸들조작은 왼쪽으로 한다.
③ 속도를 줄인다.
④ 오른쪽으로 방향을 조금 틀어 공간을 확보한다.

**84** 다음 중 후미 추돌 사고를 예방할 수 있는 방법으로 틀린 것은?

① 앞차에 대한 주의를 늦추지 않는다.
② 상황을 멀리까지 살펴본다.
③ 충분한 거리를 유지한다.
④ 상대가 속도를 늦추면 따라서 속도를 늦춘다.

**85** 다음 중 방어운전 시 시인성을 높일 수 있는 방법이 아닌 것은?

① 차 안팎 유리창을 깨끗이 닦는다.
② 와이퍼와 워셔 등이 제대로 작동하는지 점검한다.
③ 다른 운전자의 사각에 들어가 운전하도록 한다.
④ 자신의 의도를 다른 도로 이용자에게 좀 더 분명히 전달하도록 한다.

**86** 젖은 노면을 다루는 방법에 대한 설명이 잘못된 것은?

① 비가 오면 노면의 마찰력이 감소하기 때문에 정지거리가 늘어난다.
② 노면의 마찰력이 가장 낮아지는 시점은 비오기 시작한지 30~60분 이내이다.
③ 비가 많이 오게 되면 수막현상을 주의한다.
④ 수막현상은 속도가 높을수록 또는 빗물이 고인 도로상에서 갑자기 회전 또는 정지하려는 경우에 쉽게 발생한다.

**87** 시가지 교차로에서 방어운전에 대한 설명으로 틀린 것은?

① 선신호에 따라 진행하는 차가 없는지 확인하고 출발한다.
② 교통이 빈번한 교차로에 진입할 때에는 일시정지하여 안전을 확인한 후 출발한다.
③ 좌우회전할 때에는 상향등을 정확히 점등한다.
④ 내륜차에 의한 사고에 주의한다.

---

77 ③　78 ③　79 ①　80 ②　81 ①　82 ④　83 ②　84 ④　85 ③　86 ②　87 ③

**88** 교차로 황색신호에서의 방어운전 요령에 대한 설명으로 틀린 것은?

① 황색신호일 때에는 멈출 수 있도록 감속하여 접근한다.

② 황색신호일 때 모든 차는 정지선을 지나 정지해도 된다.

③ 이미 교차로 안으로 진입하여 있을 때 황색신호로 변경된 경우에는 신속히 교차로 밖으로 빠져나간다.

④ 교차로 부근에는 무단 횡단하는 보행자 등 위험 요인이 많으므로 돌발 상황에 대비한다.

**89** 시가지 이면도로에서의 방어운전 시 주의할 사항으로 틀린 것은?

① 주택 등이 밀집되어 있는 주택가나 동네길, 학교 앞 도로로 보행자의 횡단이나 통행이 많다.

② 길가에서 뛰노는 어린이들이 많아 어린이들과의 접촉사고가 발생할 가능성이 높다.

③ 차량의 속도를 줄여 언제라도 정지할 수 있는 마음의 준비를 한다.

④ 특히 어린이보호구역에서는 제한속도인 40km/h를 준수하도록 한다.

**90** 지방도 운행 시 시인성을 다루는 방법으로 잘못된 것은?

① 주간에도 하향(변환빔) 전조등을 켠다.

② 도로상 또는 주변에 보행자, 장애물 등이 있는지를 살피며, 1-2초 앞의 상황을 탐색한다.

③ 문제를 야기할 수 있는 전방 12-15초의 상황을 확인한다.

④ 회전 시, 차를 길가로 붙일 때, 앞지르기를 할 때 등에서는 자신의 의도를 신호로 나타낸다.

**91** 커브길 방어운전의 개념과 주행방법으로 틀린 것은?

① 슬로우-인, 패스트-아웃 : 커브길 진입할 때에는 속도를 줄이고, 진출할 때에는 속도를 높인다.

② 아웃-인-아웃 : 차로 바깥쪽에서 진입하여 안쪽, 바깥쪽 순으로 통과한다.

③ 커브 진입 직전에 속도를 감속하여 원심력을 최대화한다.

④ 커브가 끝나는 조금 앞에서 차량의 방향을 바르게 하면서 속도를 서서히 높여 통과할 수 있도록 핸들을 조작한다.

**92** 내리막길에서의 방어운전으로 잘못된 것은?

① 기어변속할 때 클러치 및 변속레버의 작동을 천천히 한다.

② 내리막길에서는 엔진 브레이크로 속도를 조절하는 것이 바람직하다.

③ 주행 중간에 불필요하게 속도를 줄이거나 급제동하는 것을 주의한다.

④ 왼손은 핸들을 조정하고, 오른손과 양발은 신속히 움직인다.

**93** 철길 건널목에서 방어운전 시 주의사항에 대한 설명이 잘못된 것은?

① 철길 건널목에 접근할 때에는 속도를 줄여 접근한다.

② 일시정지 후에는 철도 좌·우의 안전을 확인한다.

③ 건널목을 통과할 때에는 기어를 변속하여 빨리 통과한다.

④ 건널목 건너편 여유 공간을 확인한 후에 통과한다.

**94** 고속도로 운행 시 시인성을 다루는 방법으로 잘못된 것은?

① 20-30초 전방을 탐색해서 도로주변에 차량, 장애물, 동물, 심지어 보행자 등이 없는가를 살핀다.

② 진출입로 부근의 위험이 있는지에 대해 주의한다.

③ 가급적이면 상향 전조등을 켜고 주행한다.

④ 가급적 대형차량이 전방 또는 측방 시야를 가리지 않는 위치를 잡아 주행하도록 한다.

**95** 고속도로 진입부에서의 안전운전 시 주의사항으로 틀린 것은?

① 주행차로 진입의도를 다른 차량에게 방향지시등으로 알린다.

② 주행차로 진입 전 충분히 가속하여 본선 차량의 교통흐름을 방해하지 않도록 한다.

③ 진입을 위한 가속차로 끝부분에서 감속하지 않도록 한다.

④ 진입 전에는 충분히 가속하고, 진입할 때에는 천천히 차로로 들어가도록 한다.

---

**96** 다음 중 앞지르기 방법상의 주의사항으로 잘못된 것은?

① 앞지르기 금지장소 여부를 확인한다.

② 앞차가 속도를 줄이지 않으면 최대로 가속하여 진로를 빠르게 좌측으로 변경한다.

③ 차가 일직선이 되었을 때 방향지시등을 끈 다음 앞지르기 당하는 차의 좌측을 통과한다.

④ 앞지르기 당하는 차를 후사경으로 볼 수 있는 거리까지 주행한 후 우측 방향지시등을 켠다.

**97** 다음 중 앞지르기가 가능한 경우는?

① 앞차가 좌측으로 진로를 바꾸려고 하거나 다른 차를 앞지르려고 할 때

② 앞차가 우측으로 진로를 변경하려고 방향 지시를 할 때

③ 앞차의 좌측에 다른 차가 나란히 가고 있을 때

④ 뒤차가 자기 차를 앞지르려고 할 때

**98** 다른 차가 자신의 차를 앞지르기할 때의 방어운전 요령으로 옳은 것은?

① 경쟁 심리를 가지고 운전한다.

② 앞지르기를 시도하는 차가 쉽게 주행차로로 들어올 수 없도록 속도를 높인다.

③ 앞지르기 금지장소에서도 앞지르기를 시도하는 차가 있다는 사실을 항상 염두에 둔다.

④ 앞지르기 금지장소에서 앞지르기를 시도하는 차에게는 상향등이나 경음기를 이용해 적극적으로 주의를 준다.

**99** 자신의 차가 다른 차를 앞지르기 할 때의 방어운전 요령으로 틀린 것은?

① 앞지르기에 필요한 속도가 그 도로의 최고속도 범위 이내 일 때 앞지르기를 시도한다.

② 앞지르기에 필요한 충분한 거리와 시야가 확보되었을 때 앞지르기를 시도한다.

③ 앞차가 앞지르기를 하고 있을 때에 앞지르기를 시도한다.

④ 점선의 중앙선을 넘어 앞지르기 하는 때에는 대향차의 움직임에 주의한다.

**100** 야간의 안전운전 요령으로 틀린 것은?

① 해가 지기 시작하면 곧바로 전조등을 켜 다른 운전자들에게 자신을 알린다.

② 흑색 등 어두운 색의 옷차림을 한 보행자는 발견하기 곤란하므로 보행자의 확인에 더욱 세심한 주의를 기울인다.

③ 커브길에서는 상향등과 하향등을 적절히 사용하여 자신이 접근하고 있음을 알린다.

④ 자동차가 서로 마주보고 진행하는 경우에는 전조등 불빛의 방향을 위로(상향) 향하게 한다.

**101** 안개길 안전운전의 방법으로 틀린 것은?

① 전조등, 안개등, 비상점멸표시등을 켜고 운행한다.

② 가시거리가 100m 이내인 경우에는 최고속도를 50% 정도 감속하여 운행한다.

③ 앞차와의 차간거리를 충분히 확보하고, 앞차의 제동이나 방향지시등의 신호를 예의 주시하며 운행한다.

④ 앞을 분간하지 못할 정도의 짙은 안개로 운행이 어려울 때에는 주의해서 서행한다.

**102** 빗길 안전운전을 할때 주의사항으로 틀린 것은?

① 비가 내려 노면이 젖어있는 경우에는 최고속도의 30%를 줄인 속도로 운행한다.

② 폭우로 가시거리가 100m 이내인 경우에는 최고속도의 50%를 줄인 속도로 운행한다.

③ 물이 고인 길을 통과할 때에는 속도를 줄여 저속으로 통과한다.

④ 보행자 옆을 통과할 때에는 속도를 줄여 흙탕물이 튀기지 않도록 주의한다.

**103** 경제운전의 기본적인 방법으로 틀린 것은?

① 가·감속을 부드럽게 한다.

② 불필요한 공회전을 피한다.

③ 급회전을 피한다.

④ 과속을 하더라도 일정하게 속도를 유지한다.

**104** 경제운전의 효과에 대한 설명으로 틀린 것은?

① 차량관리 비용, 고장수리 비용, 타이어 교체 비용 등의 감소효과

② 고장수리 작업 및 유지관리 작업 등의 시간손실 감소 효과

③ 공해배출 등 환경문제의 증가 효과

④ 교통안전 증진 효과 및 운전자 및 승객의 스트레스 감소 효과

**105 경제운전에 영향을 미치는 요인들에 해당하지 않는 것은?**

① 교통상황 : 교통체증 상황은 에너지 소모량을 증가시킨다.

② 도로조건 : 젖은 노면은 구름저항을 증가, 경사도는 연료소모를 증가한다.

③ 기상조건 : 맞바람은 공기저항을 증가시켜 연료소모율을 높인다.

④ 공기역학 : 버스가 유선형일수록 연료소모율을 높일 수 있다.

**106 경제운전에서 주행방법과 연료소모율의 관계에 대한 설명이 잘못된 것은?**

① 시동 및 출발 : 적정한 공회전 시간은 여름은 20-30초, 겨울은 1-2분 정도가 적당하다.

② 속도 : 가능한 한 일정속도로 주행하는 것이 중요하다.

③ 기어변속 : 엔진회전속도가 3000-4000RPM인 상태에서 고단 기어 변속이 바람직하다.

④ 경제운전과 방어운전 : 방어운전이지만 경제운전이 될 수도 있다.

**107 차를 정지할 때 기본 운행 수칙으로 틀린 것은?**

① 정지할 때에는 미리 감속하여 급정지로 인한 타이어 흔적이 발생하지 않도록 한다.

② 정지할 때에는 엔진브레이크 및 저단 기어 변속을 활용할 필요는 없다.

③ 정지할 때까지 여유가 있는 경우에는 브레이크 페달을 가볍게 2-3회 나누어 밟는 '단속조작'을 통해 정지한다.

④ 미끄러운 노면에서는 제동으로 인해 차량이 회전하지 않도록 주의한다.

**108 차를 주차할 때 기본 운행수칙이 잘못된 것은?**

① 주차가 허용된 지역이나 안전한 지역에 주차한다.

② 주행차로로 주차된 차량의 일부분이 돌출되지 않도록 주의한다.

③ 경사가 있는 도로에 주차할 때에는 밀리는 현상을 방지하기 위해 기어를 1단에 넣는다.

④ 차가 도로에서 고장을 일으킨 경우에는 안전한 장소로 이동한 후 고장자동차의 표지(비상 삼각대)를 설치한다.

**109 차를 운전할 때 진로변경 및 주행차로를 선택할 때 기본 운행 수칙으로 잘못된 것은?**

① 도로별 차로에 따른 통행차의 기준을 준수하여 주행차로를 선택하며, 급차로 변경을 하지 않는다.

② 일반도로에서 차로를 변경하는 경우에는 그 행위를 하려는 지점에 도착하기 전 30m 이상의 지점에 이르렀을 때 방향지시등을 작동시킨다.

③ 터널 안, 교차로 직전 정지선, 가파른 비탈길 등 백색 실선이 설치된 곳에서는 진로를 변경하지 않는다.

④ 다른 통행차량 등에 대한 양보 없이 본인 위주의 진로변경을 한다.

**110 차를 운행 중일 때 진로변경 위반에 해당하지 않는 경우는?**

① 도로 노면에 표시된 백색 점선에서 진로를 변경하는 행위

② 두 개의 차로에 걸쳐 운행하는 행위

③ 갑자기 차로를 바꾸어 옆 차로로 끼어드는 행위

④ 여러 차로를 연속적으로 가로지르는 행위

**111 편도 1차로 도로 등에서 앞지르고자 할 때의 기본 운행 수칙이 잘못된 것은?**

① 앞지르기 할 때에는 언제나 방향지시기를 작동시킨다.

② 앞지르기가 허용된 구간이 아니라도 앞지르기를 할 수 있다.

③ 제한속도를 넘지 않는 범위 내에서 시행한다.

④ 앞 차량의 좌측 차로를 통해 앞지르기를 한다.

**112 봄철의 기상특성이 아닌 것은?**

① 푄 현상으로 경기 및 충청지방으로 고온 건조한 날씨가 지속된다.

② 시베리아 기단이 한반도에 겨울철 기압배치를 이루면 꽃샘추위가 발생한다.

③ 고기압이 한반도에 영향을 주면 강한 강우를 동반한 지속성이 큰 안개가 자주 발생한다.

④ 중국에서 발생한 모래먼지에 의한 황사현상이 자주 발생하여 운전자의 시야에 지장을 초래한다.

---

105 ④  106 ③  107 ②  108 ③  109 ④  110 ①  111 ②  112 ③

**113** 날씨가 풀리면서 땅이 녹아 지반붕괴로 인한 도로의 균열이나 낙석 위험이 큰 계절은?

① 봄철　　　　　　② 여름철
③ 가을철　　　　　④ 겨울철

**114** 여름철 계절 특성으로 틀린 것은?

① 봄철에 비해 기온이 상승한다.
② 주로 6월말부터 7월 중순까지 장마전선의 북상으로 비가 많이 내린다.
③ 장마 이후에는 시원한 날이 지속된다.
④ 저녁 늦게까지 무더운 현상이 지속되는 열대야 현상이 나타나기도 한다.

**115** 여름철 온도와 습도의 상승으로 불쾌지수가 높으면 운전 중 나타날 수 있는 현상과 관계가 없는 것은?

① 차량 조작이 민첩하지 못하고, 난폭운전을 하기 쉽다.
② 스트레스가 가중돼 운전이 손에 잡히지 않지만 소화불량 등 신체 이상이 나타나지는 않는다.
③ 불필요한 경음기 사용 등 감정에 치우친 운전으로 사고 위험이 증가한다.
④ 사소한 일에도 언성을 높이고, 신경질적인 반응을 보인다.

**116** 여름철 자동차 관리에 있어 다음 사항에 대한 관리 요령으로 틀린 것은?

① 장거리 운전 뒤에는 브레이크 패드와 라이닝, 브레이크액 등을 점검한다.
② 전선의 피복이 벗겨져 있을 때 습도가 높으면 누전이 발생하여 화재로 이어질 수 있다.
③ 차가운 바람이 적게 나오거나 나오지 않을 때에는 엔진룸 내의 팬 모터의 작동유무를 확인을 한다.
④ 해수욕장 또는 해안 근처를 다녀온 후에는 가급적 세차를 하지 않도록 한다.

**117** 가을철 계절의 특성이 아닌 것은?

① 아침 저녁으로 선선한 바람이 불어 즐거운 느낌을 준다.
② 심한 일교차로 건강을 해칠 수도 있다.
③ 맑은 날씨가 계속되고 기온도 적당하다.
④ 행락객의 교통수요는 그리 많지 않다.

**118** 계절의 기상 특성으로 일년 중 짙은 안개가 가장 많이 발생하는 계절은?

① 봄철
② 여름철
③ 가을철
④ 겨울철

**119** 가을철 교통사고 위험요인이 아닌 것은?

① 추석절 귀성객 등으로 지·정체가 발생하지만 다른 계절에 비하여 도로조건은 양호하다.
② 추수철 국도 주변에는 저속으로 운행하는 경운기, 트랙터 등의 통행이 늘고, 단풍 등 주변환경에 관심을 가지게 되면 집중력이 떨어져 교통사고 발생가능성이 존재한다.
③ 맑은 날씨, 곱게 물든 단풍, 풍성한 수확 등 계절적 요인으로 인해 교통신호등에 대한 주의집중력이 분산될 수 있다.
④ 하천이나 강을 끼고 있는 곳에는 안개는 자주 발생하지 않는다.

**120** 가을철 안전운행 및 교통사고 예방에 대한 설명으로 틀린 것은?

① 안개 속을 주행 중 갑자기 감속하면 뒤차에 의한 추돌이 우려되고, 앞차를 추돌할 위험이 있다.
② 보행자의 통행이 많은 곳을 운행할 때는 보행자의 움직임에 주의한다.
③ 각급 학교의 소풍, 회사나 가족단위의 단풍놀이 등 단체여행의 증가로 주의력이 산만해질 수 있어 신중해야 한다.
④ 농촌의 농지에서 도로로 나오는 농기계는 저속 주행하므로 주의를 요하지 않는다.

**121** 다음 중 가을철 장거리 운행 전 점검사항으로 잘못된 것은?

① 타이어의 공기압은 적절하고 파손된 부위는 없는지 점검한다.
② 전조등 및 방향지시등과 같은 각종 램프의 작동여부를 점검한다.
③ 운행 중 발생하는 고장이나 점검에 필요한 예비부품 등을 준비한다.
④ 기상악화에 대비하여 목적지까지의 운행계획을 평소보다 여유 있게 세워야 한다.

**122** 겨울철 계절 특성과 기상 특성으로 틀린 것은?

① 대륙성 고기압의 영향으로 북서 계절풍이 불어 와 날씨는 춥고 눈이 많이 내린다.

② 한반도는 북서풍이 약하여, 습도가 높고 공기가 매우 건조하다.

③ 대도시지역은 연기, 먼지 등 오염물질이 올라갈수록 기온이 상승되어 있는 기층 아래에 쌓여서 옅은 안개가 자주 나타난다.

④ 교통의 3대요소인 사람, 자동차, 도로환경 등 모든 조건이 다른 계절에 비하여 열악한 계절이다.

**123** 겨울철 교통사고 위험요인이 아닌 것은?

① 적은 양의 눈이 내려도 바로 빙판길이 될 수 있기 때문에 자동차간의 충돌, 추돌 또는 도로 이탈 등의 사고가 발생할 수 있다.

② 각종 모임 등에서 마신 술이 깨지 않은 상태에서 운전할 가능성이 있다.

③ 추위와 바람을 피하고자 두꺼운 외투, 방한복 등을 착용하고 앞만 보면서 목적지까지 최단거리로 이동하려는 경향이 있다.

④ 교통상황에 대한 판단 능력이 떨어지는 어린이와 신체능력이 약화된 노약자들의 보행이나 교통수단 이용이 증가한다.

**124** 겨울철 안전운행 및 교통사고 예방의 유의할 사항에 대한 설명이 잘못된 것은?

① 도로가 미끄러울 때에는 급출발을 하지 말고, 기어를 2단에 넣고 부드럽고 천천히 출발하여야 한다.

② 미끄러운 도로를 운행할 때에는 돌발사태에 대처할 수 있는 시간과 공간이 필요하므로 보행자나 다른 차량의 움직임을 주시한다.

③ 주행 중 노면의 동결이 예상되는 그늘진 장소는 주의해야 하며, 햇볕을 안 받는 북쪽의 도로보다 남쪽 도로는 동결되어 있는 경우가 있다.

④ 월동 비상장구는 항상 차량에 싣고 운행한다.

**125** 겨울철 자동차 관리에 대한 설명이 다른 것은?

① 스노타이어 또는 차량의 타이어에 맞는 체인을 구비하고, 체인의 절단이나 마모 부분은 없는지 점검한다.

② 냉각수의 동결을 방지하기 위해 부동액의 양 및 점도를 점검한다.

③ 정온기는 엔진의 온도를 알맞게 유지시켜주는 장치이므로 히터의 기름이 떨어지지 않도록 그 상태를 점검한다.

④ 안개에 의한 김서림 방지를 위해 스크래치를 구비하고 점검한다.

**126** 고속도로에서 발생하는 교통사고의 가장 주요한 원인은?

① 운전자 과실　　　② 타이어 파손
③ 적재불량　　　　④ 차량결함

**127** 고속도로에서 안전운전 방법에 대한 설명으로 가장 거리가 먼 것은?

① 전방 주시를 철저히 한다.

② 운전자는 앞차의 전방까지 시야를 두면서 운전한다.

③ 고속도로에 진입할 때는 방향지시등으로 진입의사를 표시한다.

④ 고속도로에 진입한 후에는 감속한다.

**128** 고속도로에서 시간을 효율적으로 다루는 기본원칙에 대한 설명으로 가장 맞지 않는 것은?

① 위험수준을 높일 수 있는 장애물이나 조건을 12~15초 전방까지 확인한다.

② 12~15초 전방의 장애물은 고속도로 등에서는 200m 정도의 거리이다.

③ 안전한 주행경로 선택을 위해 주행 중 20~30초 전방을 탐색한다.

④ 20~30초 전방은 고속도로에서는 80~ 100km/h 속도로 800m 정도의 거리이다.

**129** 고속도로 교통사고 특성에 대한 설명으로 틀린 것은?

① 다른 도로에 비해 치사율이 높다.

② 전방주시태만 등으로 인한 2차 사고 발생 가능성이 높다.

③ 장거리 운행으로 인한 졸음운전이 발생할 가능성이 높다.

④ 대형차량으로 인한 사고 사망률은 낮아지는 추세이나, 사고율은 높아지고 있다.

---

122 ②　123 ④　124 ③　125 ④　126 ①　127 ④　128 ②　129 ④

**130** 고속도로에서 후부반사판 부착에 대한 설명으로 틀린 것은?

① 차량 총중량이 6.5톤 이상 화물차는 후부반사판을 부착해야 한다.

② 특수자동차는 후부반사판을 부착해야 한다.

③ 화물차나 특수차량 뒤편에 부착하는 안전표지판이다.

④ 야간에 후방 주행차량이 전방을 잘 식별하게 도움을 준다.

**131** 고속도로에서 교통사고 발생 시 대처 요령에 대한 설명으로 가장 거리가 먼 것은?

① 밤에는 적색의 섬광신호, 전기제등 또는 불꽃신호를 설치해서 사방 500미터 지점에서 확인 가능하도록 해야 한다.

② 길 가장자리나 공터 등 안전한 장소에 정차시키고 엔진을 끈다.

③ 후방에서 접근하는 자동차의 운전자가 확인할 수 있는 위치에 안전삼각대를 설치한다.

④ 사고차량을 이동할 수 없을 때는 사고차량 운전자가 직접 차도 위에서 수신호를 해야 한다.

**132** 고속도로에서 교통사고 발생 시 대처요령에 대한 설명으로 가장 거리가 먼 것은?

① 사고를 낸 운전자는 사고발생 장소, 사상자 수, 부상정도, 그 밖의 조치사항을 신고해야 한다.

② 경찰공무원이 현장에 있을 때에도 우선 가까운 경찰관서에 먼저 신고한다.

③ 사고차량의 운전자는 사고발생 신고 후 경찰공무원이 말하는 부상자 구호와 교통안전상 필요한 사항을 지켜야 한다.

④ 경찰공무원은 부상자의 구호와 그 밖에 교통위험 방지를 위하여 필요하다고 인정하면 경찰공무원이 현장에 도착할 때까지 신고한 운전자 등에게 현장에서 대기할 것을 명할 수 있다.

**133** 고속도로의 제한속도에 대한 설명으로 틀린 것은?

① 최저 속도는 매시 50킬로미터이다.

② 편도 2차로 이상의 모든 고속도로의 최고속도는 매시 100킬로미터이다.

③ 적재 중량 1.5톤 초과 화물자동차, 특수자동차, 위험물운반자동차, 건설기계는 매시 80킬로미터이다.

④ 편도 1차로인 고속도로에서 최고속도는 매시 90킬로미터이다.

**134** 고속도로 편도 2차로 이상 지정·고시한 노선 또는 구간의 제한속도에 대한 설명으로 틀린 것은?

① 최고속도는 매시 120킬로미터이다.

② 최저속도는 매시 50킬로미터이다.

③ 적재 중량 1.5톤 초과 화물자동차의 최고속도는 매시 90킬로미터이다.

④ 승합자동차의 최고속도는 매시 90킬로미터 이내이다.

**135** 고속도로의 통행차량 기준에 대한 설명으로 틀린 것은?

① 고속도로의 이용효율을 높이기 위함이다.

② 차로별 통행 가능 차량을 지정한다.

③ 지정차로제를 시행하지 않고 있다.

④ 전용차로제를 시행하고 있다.

**136** 고속도로 편도 3차로에서 오른쪽 차로의 통행차 기준으로 틀린 것은?

① 중형 승합자동차

② 화물자동차

③ 특수자동차

④ 건설기계

**137** 고속도로에서 운행 제한 차량의 종류에 해당되지 않는 것은?

① 차량의 축하중 10톤, 총중량 30톤을 초과한 차량

② 편중적재, 스페어타이어 고정 불량 차량

③ 덮개를 씌우지 않거나 묶지 않아 상태가 불량한 차량

④ 적재물 포함 길이 16.7미터, 폭 2.5미터, 높이 4미터를 초과한 차량

**138** 운행 제한 차량의 종류에 해당되지 않는 것은?

① 적재불량의 액체 적재물 방류차량

② 위험물 운반차량

③ 적재불량으로 인하여 적재물 낙하 우려가 있는 차량

④ 적재불량으로 견인시 사고차량 파손품 유포 우려가 있는 차량

---

**130** ①   **131** ④   **132** ②   **133** ④   **134** ④   **135** ③   **136** ①   **137** ①   **138** ②

**139** 고속도로에서 과적차량 제한 사유에 해당되지 않는 것은?

① 고속도로의 포장균열, 파손, 교량의 파괴

② 고속주행으로 인한 교통소통 지장

③ 핸들 조작의 어려움, 타이어 파손, 전·후방 주시 곤란

④ 제동장치의 무리, 동력연결부의 잦은 고장 등 교통사고 유발

**140** 운행제한 차량 통행이 도로포장에 미치는 영향에 대한 설명으로 가장 거리가 먼 것은?

① 축하중 10톤 : 승용차 10만대 통행과 같은 도로 파손

② 축하중 11톤 : 승용차 11만대 통행과 같은 도로 파손

③ 축하중 13톤 : 승용차 21만대 통행과 같은 도로 파손

④ 축하중 15톤 : 승용차 39만대 통행과 같은 도로 파손

**141** 운행제한 차량 운행허가서 신청절차에 대한 설명으로 가장 거리가 먼 것은?

① 목적지 관할 도로관리청에 신청 가능

② 경유지 관할 도로관리청에 신청 가능

③ 출발지 관할 도로관리청에 신청 가능

④ 제한차량 인터넷 운행허가 시스템 신청 가능

**142** 도로관리청의 차량 회차, 적재물 분리 운송, 차량 운행중지 명령에 따르지 아니한 자에 대한 벌칙으로 맞는 것은?

① 1년 이하의 징역 또는 1천만원 이하 벌금

② 2천만원 이하 벌금

③ 500만원 이하 과태료

④ 2년 이하의 징역 또는 2천만원 이하 벌금

**143** 자동차를 운전하여 터널을 통과할 때 운전자의 안전수칙으로 가장 부적절한 것은?

① 터널 진입 전, 입구에 설치된 도로안내정보를 확인한다.

② 터널 진입 전, 암순응에 대비하여 감속은 하지 않고 밤에 준하는 등화를 켠다.

③ 터널 안 차선이 백색실선인 경우 차로를 변경하지 않고 터널을 통과한다.

④ 앞차와의 안전거리를 유지하면서 급제동에 대비한다.

**144** 자동차를 운전하고 터널을 통과 중 화재가 발생했을 때 운전자의 행동으로 가장 옳은 것은?

① 화재로 인해 터널 안이 연기로 가득 차므로 차 안에 대기한다.

② 도난 방지를 위해 자동차문을 잠그고 터널 밖으로 대피한다.

③ 유턴해서 출구 반대방향으로 되돌아간다.

④ 차량 엔진시동을 끄고 차량 이동을 위해 열쇠는 꽂아둔 채 신속하게 내려 대피한다.

---

139 ②　140 ①　141 ①　142 ④　143 ②　144 ④

## 제1장   여객운수종사자의 기본자세

### 제1절   서비스의 개념과 특징

**1** 서비스의 개념

**(1) 서비스의 사전적 의미**

무료, 덤, 할인, 봉사, 노무를 제공하는 것이며, 판매를 위해 제공되거나 연계되어 제공되는 행위 혹은 만족을 의미한다.

**(2) 서비스와 예(禮)의 관계**

서비스는 단지 비즈니스 현장에서만 필요한 것이 아니라 공공장소에서는 물론 일상생활에서 자연스럽게 표출되어야 하는 덕목으로 예의범절(禮儀凡節), 예절(禮節), 예(禮)와 상통한다.

① 예(禮)는 좋든 싫든 해야만 하는 것을 하게 하는 것이고, 이를 통해 내키지 않아도 해야 할 일은 하는 태도와 인내심이 길러지며, 인내를 바탕으로 자신을 다스릴 수 있다.

② 예(禮)는 참교육에 의해 자발적으로 생성되는 것이고 타인을 향한 습관화된 태도이다.

**(3) 여객 운송업의 서비스**

서비스는 행위, 과정, 성과로 정의할 수 있다. 운수 종사자의 서비스는 승객의 요구·필요를 충족시켜주기 위해 제공되는 서비스라 할 수 있으며, 승객이 목적지까지 편안하고 안전하게 이동할 수 있도록 책임과 의무를 다하는 것을 말한다.

> 🚍 **운수 종사자의 서비스 수칙**
> ① 예(禮)의 매뉴얼을 몸에 익히기
> ② 좋든 싫든 해야만 하는 것임을 인지하기
> ③ 의무를 다하는 태도를 갖기

**2** 서비스의 특성과 필요성

**(1) 서비스의 특성**

① 무형성

㉠ 보여지는 것이 아닌 기억에 새겨지는 것을 말한다. 즉, 고객의 욕구를 충족시키기 위해 수행되는 활동을 의미한다.

㉡ 개선 방안 : 실제적 단서를 제공하여 이미지를 개선해야 하며, 구전을 통해 호감 이미지를 확대시킨다.

② 이질성

　　㉠ 제공자와 수혜자의 상호 작용에 의해 다양성과 이질성이 심화되어 서비스 표준화가 어렵다는 것을 의미한다.

　　㉡ 개선 방안 : 표준화된 서비스를 제공하고 서비스 품질 관리에 노력을 기울여야 한다.

③ 소멸성

　　㉠ 서비스는 1회성이며 생방송과 같은 특성을 지니고 있음을 말한다. 저장 및 재활용을 할 수 없으며 한 순간의 느낌으로 남는 특성을 의미한다.

　　㉡ 개선 방안 : 수요와 공급을 고려한 편리성을 증진시키고, 한 사람도 빠짐없이 모든 직원이 좋은 서비스를 제공하도록 해야 한다.

④ 비분리성

　　㉠ 생산과 소비가 동시에 발생하는 것을 의미하며, 고객과 서비스 제공자 사이의 상호 작용으로 인해 발생된다.

　　㉡ 개선 방안 : 감동을 주는 서비스를 제공하고, 좋은 인적 자원 확보에 총력을 기울여야 한다.

(2) **서비스의 필요성**

서비스의 질에 따라 상호 작용이 달라지므로 질 좋은 서비스가 필요하다.

① 좋은 서비스의 효과 : 운전자 만족, 승객 만족, 수익 증가, 승객 증가

② 불쾌한 서비스의 효과 : 운전자 불만족, 승객 불만족, 수익 감소, 승객 이탈


## 제2절　승객 만족

### 1　승객 만족의 개념

승객의 요구와 불만을 파악하여 그 기대를 충족시키는 양질의 서비스를 제공하고, 그로 인해 승객이 만족감을 느끼게 하는 것을 말한다.

### 2　승객 만족을 위한 운전자의 태도

승객 만족을 위한 추진력 및 분위기 조성은 경영자의 몫이지만, 결국 실제로 승객을 만족시켜야 할 사람은 승객과 직접 접촉하는 운전자이므로 항상 올바른 태도를 지녀야 한다.

① 직무에 책임을 다한다.

② 단정한 용모를 유지한다.

③ 시간을 엄수한다.

④ 매사에 성실하고 성의를 다한다.

⑤ 공손하고 친절하게 응대한다.

⑥ 예의 바른 말씨를 사용한다.

⑦ 자신을 제어한다.

⑧ 조심성 있게 행동하고 일을 정확히 처리한다.

⑨ 조직이 추구하는 목표와 윤리 기준에 부합하기 위해 최선을 다한다.

⑩ 명랑한 태도로 모든 일을 의욕적으로 한다.

## 3 승객의 특성

100명의 운수 종사자 중 99명의 운수 종사자가 바람직한 서비스를 제공한다 하더라도 승객이 접해 본 단 한 명이 불만족스러웠다면 승객은 그 한 명을 통하여 회사 전체를 평가하게 된다.

### (1) 불평 · 불만 승객

불만을 갖는 승객 중 4~5% 만이 불만을 표출하고 나머지 95%는 침묵한다. 불만 승객 1명의 뒤에는 보이지 않는 수많은 불만 승객이 있음을 유념해야 한다.

### (2) 승객의 요구

① 자신이 제기한 불만의 정당성 인정

② 자신의 감정에 대한 공감 및 이해하는 태도

③ 잘못된 점에 대한 시정 약속

④ 자신이 입은 피해에 대한 진정성 있는 사과와 보상

⑤ 잘못된 점을 개선할 의지가 보이는 말과 그에 따른 변화

## 4 승객 만족 서비스

### (1) 3S

① 스마일(Smile) : 호감을 주는 표정으로

② 서비스(Service) : 승객의 입장에서 생각하고

③ 스피드(Speed) : 신속한 응대 및 성의 있는 행동을 한다.

### (2) 승객에 대한 책임과 의무

① 쾌적하고 안전한 버스 환경 점검

② 건강한 심신 유지

③ 단정한 용모와 복장 확인

④ 온화한 표정과 좋은 음성 관리

⑤ 승 · 하차 시 인사 표현 연습

⑥ 상황별 인사 표현

⑦ 성의 있는 반응 보이기

　　ex) 질문에 정성껏 응대, 공감적 수용적 응대

## 제3절 승객 만족을 위한 긍정 표현

### 1 태도(Attitude)

#### (1) 태도의 의미

실제 모든 일에서 가장 중요한 것은 그 일을 대하는 자세 혹은 태도이다. 태도(Attitude)는 라틴어 앱투스(Aptus)에서 기원된 것으로, 행동적인 측면뿐만 아니라 준비 또는 적응의 의미로도 쓰인다. 즉, 태도는 무언가를 행할 준비가 되어있는 상태를 의미한다.

#### (2) 운수 종사자의 준비

① 용모와 복장 상태를 청결하고 단정하게 관리

② 쾌적한 버스 환경을 제공

③ 버스의 청결도(좌석, 천장, 바닥, 손잡이 등)와 쾌적성(적당한 온도, 좋은 냄새 등) 확인

④ 방역 소독과 질병에 대한 환경 관리

### 2 승객 만족을 위한 자세

#### (1) 승객 맞이 인사

승·하차 시 승객에게 밝은 목소리로 반갑게 인사한다.

#### (2) 근무복(유니폼) 착용

단정한 용모와 근무복(유니폼) 착용은 직업인으로서의 준비된 자세를 표현하며, 승객에게 신뢰감을 주는 효과가 있으므로, 회사에서 지급한 근무복(유니폼) 착용을 의무화하고 용모를 깔끔하게 관리한다.

#### (3) 승·하차 승객 확인

승객의 안전을 지키기 위해 승·하차 승객을 확인 후 출발한다. 이는 끼임 사고를 예방하고 '개문 발차'를 방지할 수 있다.

> 🚌 **접점별 점검**
>
> ① 승차 시
>   ㉠ 승객을 바라보고 경쾌한 음성으로 인사
>   ㉡ 승차한 승객의 안전 확인(착석 및 손잡이 잡기) 후 이동
>
> ② 이동 중
>   ㉠ 운전 중 고객에게 필요한 정보 제공
>   ㉡ 승객의 질문·요청 사항에 가급적 신속히 응대
>   ㉢ 불만 승객의 의견 수용 및 가급적 빠른 해결책 제시
>
> ③ 하차 시
>   ㉠ 하차하는 승객에게도 인사
>   ㉡ 승객 하차 확인 후 출입문 닫고 출발

## (4) 호감을 주는 언어 표현

### ① 대화 시의 표정 및 태도

| 구분 | 듣는 입장 | 말하는 입장 |
|---|---|---|
| 눈 | • 상대방을 정면으로 바라본다.<br>• 시선을 자주 마주친다. | • 듣는 사람을 정면으로 바라보고 말한다.<br>• 상대방 눈을 부드럽게 주시한다. |
| 몸 | • 정면을 향해 조금 앞으로 내미는 듯한 자세를 취한다.<br>• 손이나 다리를 꼬지 않는다.<br>• 끄덕끄덕하거나 메모하는 태도를 유지한다. | • 표정을 밝게 한다.<br>• 등을 펴고 똑바른 자세를 취한다.<br>• 자연스런 몸짓이나 손짓을 사용한다.<br>• 웃음이나 손짓이 지나치지 않도록 주의한다. |
| 입 | • 맞장구를 친다.<br>• 모르면 질문하여 물어본다.<br>• 대화의 핵심 사항을 재확인하며 말한다. | • 입은 똑바로, 정확한 발음으로 자연스럽고 상냥하게 말한다.<br>• 쉬운 용어를 사용하고, 경어를 사용하며, 말끝을 흐리지 않는다.<br>• 적당한 속도와 맑은 목소리를 사용한다. |
| 마음 | • 흥미와 성의를 가진다.<br>• 말하는 사람의 입장에서 생각하는 마음을 가진다<br>(역지사지의 마음). | • 성의를 가지고 말한다.<br>• 최선을 다하는 마음으로 말한다. |

### ② 상황에 따른 긍정 언어 표현

| 상황 | 호감 화법 |
|---|---|
| 긍정할 때 | • 네, 잘 알겠습니다.<br>• 네, 그렇죠, 맞습니다. |
| 부정할 때 | • 그럴 리가 없다고 생각되는데요.<br>• 확인해 보겠습니다. |
| 맞장구를 칠 때 | • 네, 그렇군요.<br>• 정말 그렇습니다.<br>• 참 잘 되었네요. |
| 거부할 때 | • 어렵겠습니다만,<br>• 정말 죄송합니다만,<br>• 유감스럽습니다만, |
| 부탁할 때 | • 양해해 주셨으면 고맙겠습니다.<br>• 그렇게 해 주시면 정말 고맙겠습니다. |
| 사과할 때 | • 폐를 끼쳐 드려서 정말 죄송합니다.<br>• 어떻게 사과의 말씀을 드려야 할지 모르겠습니다. |
| 겸손한 태도를 나타낼 때 | • 천만의 말씀입니다.<br>• 제가 도울 수 있어서 다행입니다.<br>• 오히려 제가 더 감사합니다. |
| 분명하지 않을 때 | • 어떻게 하면 좋을까요?<br>• 아직은 ~입니다만,<br>• 저는 그렇게 알고 있습니다만, |

③ 호칭

　　㉠ 아줌마 / 아가씨 → 손님, 선생님

　　㉡ 할머니 / 할아버지 → 손님, 어르신, 선생님

　　㉢ 꼬마야 → 학생

④ 반응 보이기(응답하기)

　　㉠ "OOO 갑니까?"

　　　　: "네" 또는 무응답(고개만 끄덕임) → "네~ 갑니다. 어르신, 천천히 올라오십시오."

　　㉡ "더우니 에어컨 좀 켜주세요."

　　　　: "네" 또는 응답하지 않고 킨다. → "네, 알겠습니다(흔쾌한 음성으로 대답)."

　　㉢ "저 OO역에 내리는데 좀 알려 주세요."

　　　　: "앉아 계세요." 또는 "일어나지 마세요." → "네, 어르신. 한 다섯 정류장 남았는데 그
　　　　　때 다시 말씀드릴게요. 앉아 계십시오."

⑤ 더욱 정중하게 거절하기

　　승객의 안전을 위해서 못해주는 것이고 모든 승객의 편의와 안전을 위한 것임을 인지시킨 뒤, 정
　　중히 양해를 구한다.

> 🚌 **불편 민원을 줄여주는 5대 금기 운전**
>
> ① 개문 발차하지 않기
> ② 끼임 사고 예방하기(0.2초의 여유)
> ③ 급제동 · 급출발하지 않기
> ④ 무정차하지 않기
> ⑤ 곡예 운전하지 않기

⑥ 상황별 멘트

| 구분 | 행동 | 멘트 |
|---|---|---|
| 승차 | • 승객이 올라오는 것을 보면서 말하며 인사한다. | • 안녕하세요?<br>• 천천히 올라오세요. |
| 승차 | • 승객이 승차한 후 자리를 잡거나 손잡이를 잡는 것을 확인한다.(거울을 보고 확인)<br>• 천천히 출발한다. | • 문 닫겠습니다.<br>• 출입문 닫습니다.<br>• 한 계단 올라서 주세요.<br>• 손잡이 잘 잡아주세요.<br>• 자리에 앉으셨습니까?<br>• 출발하겠습니다. |
| 운전 중 정차 | • 정류장 진입 시 감속하며 천천히 정지한다.<br>• 신호 대기 시 천천히 정지한다. | • 정류장에 정차합니다.(방송)<br>• 정류장에 정차할 때까지 자리에 앉아 계십시오.<br>• 정차 후 천천히 나오셔도 됩니다.<br>• 이동 중에는 자리에 앉아 계십시오.<br>• 손잡이 잡으세요. |

| 구분 | 행동 | 멘트 |
|---|---|---|
| 운전 중 급정지 | • 예기치 못한 급제동을 한 경우 | • 죄송합니다. 놀라게 해 드려서 죄송합니다.<br>• 괜찮으십니까?<br>• 그럼 출발하겠습니다. |
| 상황별 우대 | • 고령자나 교통 약자는 더 정성껏 챙긴다.<br>• 자리에 앉는 것을 꼭 확인한다.(시간 할애) | • 어르신, 어디까지 가십니까?<br>• 천천히 조심해서 앉으세요.<br>• 차가 정차하면 천천히 나오셔도 됩니다.<br>• 앞문으로 천천히 내리셔도 됩니다.(앞쪽에 앉아 있는 경우) |
| | • 승객이 너무 많아서 붐비는 경우 및 승하차가 어려운 경우에는 양해, 협조를 구한다. | • 안에 계시는 손님 분들 조금씩만 더 들어가 주시겠습니까? 협조해 주셔서 감사합니다.<br>• 출입문 계단에 서 계시면 위험하니 가능하시면 올라서 주시겠습니까?<br>• 거울이 안 보이니 조금만 올라서 주시겠습니까? |
| | • 질문이나 요청을 하는 승객에게 해 줄 수 있는 것은 흔쾌히 해준다. 그렇지 않은 경우에는 의견을 수용하고 변화의 의지를 표현한다. | • 네, 손님, 알겠습니다.<br>• 말씀해 주셔서 감사합니다.<br>• 선생님 의견 회사에 말씀드려 불편하지 않으시도록 저도 노력하겠습니다(노력해 보겠습니다). |
| | • 안 되는 것을 요청하는 경우에는 미안함을 표현하고 이유를 잘 설명한다. | • 네, 손님, 죄송합니다. ~~해서 어려우니 불편하시더라도 양해 부탁드립니다. 죄송합니다. |
| 하차 | • 승객이 내리는 것을 확인한다.<br>• 하차 확인 후 출입문을 닫는다.<br>• 천천히 출발한다.<br>• 차 밖에 뛰어오는 승객 여부를 확인한다. | • 안녕히 가세요.<br>• 좋은 하루 보내세요.<br>• 천천히 내리세요.<br>• 뒷문 닫겠습니다. |

## 3 직업관

(1) **직업의 개념과 의미**

① **직업** : 경제적 소득을 얻거나 사회적 가치를 이루기 위해 참여하는 계속적인 활동으로 삶의 한 과정이다.

② **직업의 특징**

㉮ 우리는 평생 어떤 형태로든지 직업과 관련된 삶을 살아가도록 되어 있으며, 직업을 통해 생계를 유지할 뿐만 아니라 사회적 역할을 수행하고, 자아실현을 이루어간다.

㉯ 어떤 사람들은 일을 통해 보람과 긍지를 맛보며 만족스런 삶을 살아가지만, 어떤 사람들은 그렇지 못하다.

③ **직업의 의미**

㉮ **경제적 의미**

㉠ 직업을 통해 안정된 삶을 영위해 나갈 수 있어 중요한 의미를 가진다.

㉡ 직업은 인간 개개인에게 일할 기회를 제공한다.

ⓒ 일의 대가로 임금을 받아 본인과 가족의 경제생활을 영위한다.

ⓓ 인간이 직업을 구하려는 동기 중의 하나는 바로 노동의 대가, 즉 임금을 얻는 소득 측면이 있다.

ⓝ **사회적 의미**

ⓐ 직업을 통해 원만한 사회생활, 인간관계 및 봉사를 하게 되며, 자신이 맡은 역할을 수행하여 능력을 인정받는 것이다.

ⓑ 직업을 갖는다는 것은 현대 사회의 조직적이고 유기적인 분업 관계 속에서 분담된 기능의 어느 하나를 맡아 사회적 분업 단위의 지분을 수행하는 것이다.

ⓒ 사람은 누구나 직업을 통해 타인의 삶에 도움을 주기도 하고, 사회에 공헌하며 사회발전에 기여하게 된다.

ⓓ 직업은 사회적으로 유용한 것이어야 하며, 사회발전 및 유지에 도움이 되어야 한다.

ⓓ **심리적 의미**

ⓐ 삶의 보람과 자기실현에 중요한 역할을 하는 것으로 사명감과 소명의식을 갖고 정성과 정열을 쏟을 수 있는 것이다.

ⓑ 인간은 직업을 통해 자신의 이상을 실현한다.

ⓒ 인간의 잠재적 능력, 타고난 소질과 적성 등이 직업을 통해 계발되고 발전된다.

ⓓ 직업은 인간 개개인의 자아실현의 매개인 동시에 장이 되는 것이다.

ⓔ 자신이 갖고 있는 제반 욕구를 충족하고 자신의 이상이나 자아를 직업을 통해 실현함으로써 인격의 완성을 기하는 것이다.

## (2) 직업관에 대한 이해

① **직업관** : 특정한 개인이나 사회의 구성원들이 직업에 대해 갖고 있는 태도나 가치관을 말한다.

② 생계유지의 수단, 개성발휘의 장, 사회적 역할의 실현 등 서로 상응관계에 있는 3가지 측면에서 직업을 인식할 수 있으나, 어느 측면을 보다 강조하느냐에 따라서 각기 특유의 직업관이 성립된다.

③ 바람직한 직업관

㉮ **소명의식을 지닌 직업관** : 항상 소명의식을 가지고 일하며, 자신의 직업을 천직으로 생각한다.

㉯ **사회구성원으로서의 역할 지향적 직업관** : 사회구성원으로서의 직분을 다하는 일이자 봉사하는 일이라 생각한다.

㉰ **미래 지향적 전문능력 중심의 직업관** : 자기 분야의 최고 전문가가 되겠다는 생각으로 최선을 다해 노력한다.

## (3) 올바른 직업윤리

① **소명의식** : 자신이 하는 일에 전력을 다하는 것이 하늘의 뜻에 따르는 것이라고 생각하는 것

② **천직의식** : 자신의 직업에 긍지를 느끼며, 그 일에 열성을 가지고 성실히 임하는 직업의식

③ **직분의식** : 사회구성원으로서 마땅히 해야 할 본분

④ **봉사정신** : 자신의 직무수행 과정에서 협동정신 등이 필요

⑤ 전문의식 : 자신의 직무를 수행하는 데 필요한 전문적 지식과 기술을 갖추는 것

⑥ 책임의식 : 역할과 직무를 충실히 수행하고, 맡은 바 임무나 의무를 다하는 것

> 🚌 **직업의식에 따른 바람직한 태도**
>
> 1. 직업의식을 바탕으로 서비스 정신 고양
> 2. 노력하고 개선하는 자세로 업무에 임하기
> 3. 승객의 마음을 이해하고 행동하는 프로 의식
> 4. 조직 내 상호 간에 존경과 사랑의 마음 갖기

# 제2장 운수종사자 준수사항 및 운전예절

## 제1절 운송사업자 준수사항(여객자동차운수 사업법 규칙 별표 4)

### 1 일반적인 준수사항

(1) 운송사업자는 노약자 · 장애인 등에 대해서는 특별한 편의를 제공해야 한다.

(2) 운송사업자는 여객에 대한 서비스 향상 등을 위하여 관할관청이 필요하다고 인정하는 경우에는 운수종사자로 하여금 단정한 복장 및 모자를 착용하게 해야 한다.

(3) 운송사업자는 자동차를 항상 깨끗하게 유지하여야 하며, 관할관청이 단독으로 실시하거나 관할관청과 조합이 합동으로 실시하는 청결상태 등의 검사에 대한 확인을 받아야 한다.

(4) 운송사업자는 다음의 사항을 승객이 자동차 안에서 쉽게 볼 수 있는 위치에 게시하여야 한다.
   ① 회사명, 자동차번호, 운전자 성명, 불편사항 연락처 및 차고지 등을 적은 표지판
   ② 운행계통도(노선운송사업자만 해당 : 시내버스, 농어촌버스, 마을버스, 시외버스)

(5) 노선운송사업자는 다음의 사항을 일반인이 보기 쉬운 영업소 등의 장소에 사전 게시해야 한다.
   ① 사업자 및 영업소의 명칭
   ② 운행시간표(운행횟수가 빈번한 운행계통에서는 첫차 및 마지막차의 출발시간과 운행 간격)
   ③ 정류소 및 목적지별 도착시간(시외버스운송사업자만 해당한다)
   ④ 사업을 휴업 또는 폐업하려는 경우 그 내용의 예고
   ⑤ 영업소를 이전하려는 경우에는 그 이전의 예고
   ⑥ 그 밖에 이용자에게 알릴 필요가 있는 사항

(6) 운송사업자는 운수종사자로 하여금 여객을 운송할 때에는 다음의 사항을 성실하게 지키도록 하고, 이를 항상 지도 · 감독해야 한다.
   ① 정류소에서 주차 또는 정차할 때에는 질서를 문란하게 하는 일이 없도록 할 것
   ② 정비가 불량한 사업용자동차를 운행하지 않도록 할 것
   ③ 위험방지를 위한 운송사업자 · 경찰공무원 또는 도로관리청 등의 조치에 응하도록 할 것

④ 교통사고를 일으켰을 때에는 긴급조치 및 신고의 의무를 충실하게 이행하도록 할 것

⑤ 자동차의 차체가 헐었거나 망가진 상태로 운행하지 않도록 할 것

(7) 시외버스운송사업자(승차권의 판매를 위탁받은 자 포함)는 운임을 받을 때에는 다음의 사항을 적은 일정한 양식의 승차권을 발행해야 한다.

① 사업자의 명칭　　　　　　　② 사용구간

③ 사용기간　　　　　　　　　④ 운임액

⑤ 반환에 관한 사항

(8) 시외버스운송사업자가 여객운송에 딸린 우편물·신문이나 여객의 휴대화물을 운송할 때에는 다음의 사항 중 필요한 사항을 적은 화물표를 우편물 등을 보내는 자나 휴대화물을 맡긴 여객에게 줘야 한다(※ 특약이 있는 경우는 제외).

① 운임·요금 및 운송구간

② 접수연월일

③ 품명·개수와 용적 또는 중량

④ 보내는 사람과 받는 사람의 성명·명칭 및 주소

(9) 우편물 등을 운송하는 시외버스운송사업자는 해당 영업소에 우편물 등의 보관에 필요한 시설을 갖춰야 한다.

(10) 시외버스운송사업자는 우편물 등의 멸실·파손 등으로 인하여 그 우편물 등을 받을 사람에게 인도할 수 없을 때에는 우편물 등을 보낸 사람에게 지체 없이 그 사실을 통지해야 한다.

(11) 전세버스운송사업자 및 특수여객자동차운송사업자는 운임 또는 요금을 받았을 때에는 영수증을 발급해야 한다.

(12) 운송사업자는 '자동차 및 자동차 부품의 성능과 기준에 관한 규칙'에 따른 속도제한장치 또는 운행기록계가 장착된 운송사업용 자동차를 해당 장치 또는 기기가 정상적으로 작동되는 상태에서 운행되도록 해야 한다.

(13) 시외버스운송사업자 및 전세버스운송사업자는 운수종사자로 하여금 자동차의 운행 전에 승객들에게 사고 시 대처요령과 비상망치·소화기 등 안전장치의 위치 및 사용방법 등이 포함된 안전사항에 관하여 안내 방송을 하도록 하여야 한다.

(14) 전세버스운송사업자는 운수종사자가 대열운행(같은 계약에 따라 같은 목적지로 이동하는 2대 이상의 차량이 고속도로, 자동차전용도로 등에서 「도로교통법」 제19조에 따른 안전거리를 확보하지 않고 줄지어 운행하는 것을 말한다)을 하지 않도록 지도·감독해야 한다.

(15) 전세버스운송사업자는 운수종사자로 하여금 운행 중인 전세버스운송사업용 자동차 안에서 안전띠를 착용하지 않고 좌석을 이탈하여 돌아다니는 승객을 제지하고 필요한 사항을 안내하도록 지도·감독해야 한다.

⒃ 전세버스운송사업자는 운수종사자로 하여금 운행 중인 전세버스운송사업용 자동차 안에서 가요반주기·스피커·조명시설 등을 이용하여 안전운전에 현저히 장해가 될 정도로 춤과 노래 등 소란 행위를 하는 승객을 제지하고, 필요한 사항을 안내하도록 지도·감독해야 한다.

⒄ 수요응답형 여객자동차운송사업자는 여객의 운행요청이 있는 경우 이를 거부하여서는 안 된다.

⒅ 구역 여객자동차운송사업 중 전세버스운송사업을 영위하는 운송사업자는 이용자의 요청이 있거나 이용자와 운송계약을 체결하는 경우 해당 차량 및 운전자에 관한 다음 각 호의 교통안전정보를 제공하여야 한다.
  ① 여객자동차운송사업의 운전업무 종사자격에 따른 운전업무 종사자격 취득 여부
  ② 자동차의 차령 제한 등에 따른 차령 및 운행거리 기준 준수 여부
  ③ 「자동차손해배상 보장법」에 따른 의무보험 가입 여부
  ④ 그 밖에 이용자의 교통안전과 관련된 정보로서 국토교통부령으로 정하는 정보

## 2 자동차의 장치 및 설비 등에 관한 준수사항

### (1) 노선버스

① 하차문이 있는 노선버스(시외직행, 시외고속 및 시외우등고속은 제외한다)는 여객이 하차 시 하차문이 닫힘으로써 여객에게 상해를 줄 수 있는 경우에 하차문의 동작이 멈추거나 열리도록 하는 압력감지기 또는 전자감응장치를 설치하고, 하차문이 열려 있으면 가속페달이 작동하지 않도록 하는 가속페달 잠금장치를 설치해야 한다.

② 난방장치 및 냉방장치를 설치해야 한다. 다만, 농어촌버스의 경우 도지사가 운행노선상의 도로 사정 등으로 냉방장치를 설치하는 것이 적합하지 않다고 인정할 때에는 그 차안에 냉방장치를 설치하지 않을 수 있다.

③ 시내버스 및 농어촌버스의 차 안에는 안내방송장치를 갖춰야 하며, 정차 신호용 버저를 작동시킬 수 있는 스위치를 설치해야 한다.

④ 시내버스, 농어촌버스, 마을버스 및 일반형시외버스의 차실에는 입석 여객의 안전을 위하여 손잡이대 또는 손잡이를 설치해야 한다(다만, 냉방장치에 지장을 줄 우려가 있다고 인정되는 경우에는 그 손잡이대를 설치하지 않을 수 있다).

⑤ 버스의 앞바퀴에는 재생한 타이어를 사용해서는 안 된다.

⑥ 시외우등고속버스, 시외고속버스 및 시외직행버스의 앞바퀴의 타이어는 튜브리스 타이어를 사용해야 한다.

⑦ 버스의 차체에는 목적지를 표시할 수 있는 설비를 설치해야 한다.

⑧ 시외버스(시외중형버스는 제외한다)의 차 안에는 휴대물품을 둘 수 있는 선반(시외우등고속 버스의 경우에는 적재함을 말한다)과 차 밑부분에 별도의 휴대물품 적재함을 설치해야 한다.

⑨ 시내버스운송사업용 자동차 중 시내일반버스의 경우에는 국토교통부장관이 정하여 고시하는 설치기준에 따라 운전자의 좌석 주변에 운전자를 보호할 수 있는 구조의 격벽시설을 설치하여야 한다.

### (2) 전세버스

① 난방장치 및 냉방장치를 설치해야 한다.

② 앞바퀴는 재생한 타이어를 사용해서는 안 된다.

③ 앞바퀴의 타이어는 튜브리스 타이어를 사용해야 한다.

④ 13세 미만의 어린이의 통학을 위하여 학교 및 보육시설의 장과 운송계약을 체결하고 운행하는 전세버스의 경우에는 「도로교통법」에 따른 어린이통학버스의 신고를 하여야 한다.

### (3) 장의자동차

① 관은 차 외부에서 싣고 내릴 수 있도록 해야 한다.

② 관을 싣는 장치는 차 내부에 있는 장례에 참여하는 사람이 접촉할 수 없도록 완전히 격리된 구조로 해야 한다.

③ 운구전용 장의자동차에는 운전자의 좌석 및 장례에 참여하는 사람이 이용하는 두 종류 이하의 좌석을 제외하고는 다른 좌석을 설치해서는 안 된다.

④ 차 안에는 난방장치를 설치해야 한다.

⑤ 일반 장의자동차의 앞바퀴에는 재생한 타이어를 사용해서는 안 된다.

## 제2절 운수종사자 준수사항

① 정당한 사유없이 여객의 승차를 거부하거나 여객을 중도에 내리게 하는 행위를 하여서는 안 된다.

② 부당한 운임 또는 요금을 받아서는 안 된다.

③ 일정한 장소에 오랜 시간 정차하여 여객을 유치하는 행위를 하면 안 된다.

④ 문을 완전히 닫지 아니한 상태에서 자동차를 출발시키거나 운행하여서는 안 된다.

⑤ 여객이 승차하기 전에 자동차를 출발시키거나 승하차할 여객이 있는데도 정류장을 지나치면 안 된다.

⑥ 여객의 안전과 사고예방을 위하여 운행 전 사업용 자동차의 안전설비 및 등화장치 등의 이상 유무를 확인해야 한다.

⑦ 운전업무 중 해당 도로에 이상이 있었던 경우에는 **운전업무를 마치고 교대할 때에 다음 운전자에게 알려야 한다.**

⑧ 여객이 다음 행위를 할 때에는 안전운행과 다른 승객의 편의를 위하여 이를 제지하고 필요한 사항을 안내해야 한다.

   ㉮ 다른 여객에게 위해를 끼칠 우려가 있는 폭발성 물질, 인화성 물질 등의 위험물, 위해를 끼치거나, 불쾌감을 줄 우려가 있는 동물을 자동차 안으로 가지고 들어오는 행위

   ㉯ 자동차의 출입구 또는 통로를 막을 우려가 있는 물품을 자동차 안으로 가지고 들어오는 행위

⑨ 관계 공무원으로부터 운전면허증, 신분증 또는 자격증의 제시 요구를 받으면 즉시 이에 따라야 한다.

⑩ 여객자동차 운송사업에 사용되는 자동차 안에서 담배를 피워서는 안 된다.

⑪ 사고로 인하여 사상자 발생 시 상황에 따른 적절한 조치 취하기

⑫ 관할 관청이 지정할 경우, 지정된 복장과 모자 착용, 용모 단정히 하기

## 1 교통질서의 중요성

① 타인도 쾌적하고 자신도 쾌적한 운전을 하기 위해서는 모든 운전자가 교통질서를 준수해야 한다.

② 교통사고로부터 국민의 생명 및 재산을 보호하고, 원활한 교통흐름을 유지하기 위해서는 운전자 스스로 교통질서를 준수해야 한다.

## 2 사업용 운전자의 사명과 자세

### (1) 운전자의 사명

① 타인의 생명도 내 생명처럼 존중 : 사람의 생명은 이 세상 다른 무엇보다도 존귀하고 소중하며, 안전운행을 통해 인명손실을 예방할 수 있다.

② 사업용 운전자는 '공인'이라는 사명감 필요 : 승객의 소중한 생명을 보호할 의무가 있는 공인이라는 사명감이 수반되어야 한다.

### (2) 운전자가 가져야 할 기본자세

① 교통법규 이해와 준수 : 실천하는 것이 중요

② 여유 있는 양보운전 : 마음의 여유를 갖고 서로 양보 운전

③ 주의력 집중 : 한 순간의 방심도 허용치 않음

④ 심신상태 안정 : 몸과 마음이 안정되어 있어야 함

⑤ 추측운전 금지 : 자신에게 유리한 판단이나 행동 조심

⑥ 운전기술 과신은 금물 : 자기 판단 착오로 사고 발생

⑦ 배출가스로 인한 대기오염 및 소음공해 최소화 노력 등

## 3 올바른 운전예절

### (1) 인성과 습관의 중요성

① 운전자는 일반적으로 각 개인이 가지는 **사고, 태도 및 행동특성인 인성(人性)의 영향**을 받게 된다.

② 운전자의 운전형태를 보면 어떤 행위를 오랫동안 되풀이하는 과정에서 저절로 익힌 **운전습관**을 살펴볼 수 있다.

㉮ 습관은 **후천적**으로 형성되는 조건반사 현상으로 무의식중에 어떤 것을 **반복적**으로 행할 때 자신도 모르게 **생활화된 행동**으로 나타나게 된다.

㉯ 습관은 본능에 가까운 **강력한 힘**을 발휘하게 되어 나쁜 운전습관이 몸에 배면 **나중에 고치기 어려우며** 잘못된 습관은 **교통사고**로 이어질 수 있다.

③ 올바른 운전 습관은 다른 사람들에게 **자신의 인격을 표현**하는 방법 중의 하나이다.

### (2) 운전예절의 중요성

① 사람은 일상생활의 대인관계에서 예의범절을 중시한다.

② 사람의 됨됨이는 그 사람이 얼마나 예의 바른가에 따라 가늠하기도 한다.

③ 예절바른 운전습관은 명랑한 교통질서를 유지하고, 교통사고를 예방할 뿐만 아니라 교통문화 선진화의 지름길이 될 수 있다.

## (3) 운전자가 지켜야 하는 올바른 행동

① 횡단보도
  ㉮ 신호등이 없는 횡단보도를 통행하고 있는 보행자가 있으면 **일시정지**하여 보행자를 보호한다.
  ㉯ 보행자가 통행하고 있는 **횡단보도 내**로 차가 진입하지 않도록 정지선을 지킨다.

② 전조등
  ㉮ 야간운행 중 반대차로에서 오는 차가 있으면 **전조등을 하향**으로 조정하여 상대 운전자의 눈부심 현상을 방지한다.
  ㉯ 야간에 커브 길을 진입하기 전에 반대차로를 주행하고 있는 **차의 전조등 불빛**이 보이지 않으면 **상향등을 깜박거려** 자신의 진입을 알린다.

③ 차로변경
  ㉮ 방향지시등을 작동시킨 후 차로를 변경하고 있는 차가 있는 경우에는 속도를 줄여 진입이 원활하도록 도와준다.
  ㉯ 차로변경의 도움을 받았을 때에는 **비상등을 2~3회 작동**시켜 양보에 대한 고마움을 표현한다.

④ 교차로
  ㉮ 교차로 전방의 정체 현상으로 통과하지 못할 때에는 교차로에 **진입하지 않고 대기**한다.
  ㉯ 앞 신호에 따라 진행하고 있는 차가 있는 경우에는 **안전하게 통과**하는 것을 확인하고 출발한다.

## (4) 운전자가 삼가야 하는 행동

① 지그재그 운전으로 다른 운전자를 불안하게 만드는 행동은 하지 않는다.
② 과속으로 운행하며 급브레이크를 밟는 행위는 하지 않는다.
③ 운행 중에 갑자기 끼어들거나 다른 운전자에게 욕설을 하지 않는다.
④ 도로상에서 사고가 발생한 경우 차량을 세워 둔 채로 시비, 다툼 등의 행위로 다른 차량의 통행을 방해하지 않는다.
⑤ 운행 중에 갑자기 오디오 볼륨을 크게 작동시켜 승객을 놀라게 하거나, 경음기 버튼을 작동시켜 다른 운전자를 놀라게 하지 않는다.
⑥ 신호등이 바뀌기 전에 빨리 출발하라고 전조등을 켰다 껐다하거나 경음기로 재촉하는 행위를 하지 않는다.
⑦ 교통 경찰관의 단속에 불응하거나 항의하는 행위를 하지 않는다.
⑧ 갓길로 통행하지 않는다.

---

## 제4절  운전자 주의사항

### 1 교통관련 법규 및 사내 안전관리 규정 준수

① 배차지시 없이 임의 운행금지
② 정당한 사유 없이 **지시된 운행노선**을 임의로 **변경운행** 금지
③ 승차 지시된 운전자 이외의 **타인에게 대리운전** 금지
④ 사전승인 없이 **타인을 승차**시키는 행위 금지
⑤ 운전에 악영향을 미치는 **음주 및 약물복용 후** 운전 금지

⑥ 철길 건널목에서는 **일시정지 준수 및 정차 금지**

⑦ 도로교통법에 따라 취득한 운전면허로 운전할 수 있는 **차종 이외의 차량 운전금지**

⑧ 자동차 전용도로, 급한 경사길 등에서는 주 · 정차 금지

## 2 운행 전 준비

① 용모 및 복장 확인(단정하게)

② 승객에게는 항상 친절하게 불쾌한 언행 금지

③ 운행 전 일상점검을 철저히 하고 이상이 발견되면 관리자에게 즉시 보고하여 조치 받은 후 운행

④ 배차사항, 지시 및 전달사항 등을 확인한 후 운행

## 3 운행 중 주의

① 주 · 정차 후 출발할 때에는 차량주변의 보행자, 승 · 하차자 및 **노상취객** 등을 확인한 후 안전하게 운행

② 내리막길에서는 **풋 브레이크**를 장시간 사용하지 않고, **엔진 브레이크** 등을 적절히 사용하여 안전하게 운행

③ 보행자, 이륜차, 자전거 등과 **교행, 병진**할 때에는 서행하며 **안전거리를 유지**하면서 운행

④ 후진할 때에는 **유도요원을 배치**하여 수신호에 따라 안전하게 후진

⑤ 뒤따라오는 차량이 추월하는 경우에는 **감속 등을 통한 양보 운전**

## 4 교통사고에 따른 조치

① 교통사고를 발생시켰을 때에는 도로교통법령에 따라 현장에서의 **인명구호, 관할경찰서** 신고 등의 의무를 성실히 이행한다.

② 어떤 사고라도 임의로 처리하지 말고, 사고발생 경위를 육하원칙에 따라 거짓 없이 정확하게 회사에 보고한다.

## 5 운전자 신상변동 등에 따른 보고

① 결근, 지각, 조퇴가 필요하거나, 운전면허증 기재사항 변경, 질병 등 신상변동이 발생한 때에는 즉시 회사에 보고한다.

② 운전면허 정지 및 취소 등의 행정처분을 받았을 때에는 즉시 회사에 보고하여야 하며, 어떠한 경우라도 운전을 해서는 아니 된다.

# 제3장 교통시스템에 대한 이해

## 제1절 버스준공영제

### 1 개요

## (1) 버스운영체제의 유형

① 공영제 : 정부가 버스노선의 계획에서부터 버스차량의 소유·공급, 노선의 조정, 버스의 운행에 따른 수입금 관리 등 버스 운영체계의 전반을 책임지는 방식이다.

② 민영제 : 민간이 버스노선의 결정, 버스운행 및 서비스의 공급 주체가 되고, 정부규제는 최소화하는 방식이다.

③ 버스준공영제 : 노선버스 운영에 공공개념을 도입한 형태로 운영은 민간, 관리는 공공영역에서 담당하게 하는 운영체제를 말한다.

## (2) 공영제와 민영제의 장단점 비교

① 공영제의 장점

㉮ 종합적 도시교통계획 차원에서 운행서비스 공급이 가능

㉯ 노선의 공유화로 수요의 변화 및 교통수단간 연계차원에서 노선조정, 신설, 변경 등이 용이

㉰ 연계·환승시스템, 정기권 도입 등 효율적 운영체계의 시행이 용이

㉱ 서비스의 안정적 확보와 개선이 용이

㉲ 수익노선 및 비수익노선에 대해 동등한 양질의 서비스 제공이 용이

㉳ 저렴한 요금을 유지할 수 있어 서민대중을 보호하고 사회적 분배효과 고양

② 공영제의 단점

㉮ 책임의식 결여로 생산성 저하

㉯ 요금인상에 대한 이용자들의 압력을 정부가 직접 받게 되어 요금조정이 어려움

㉰ 운전자 등 근로자들이 공무원화 될 경우 인건비 증가 우려

㉱ 노선 신설, 정류소 설치, 인사 청탁 등 외부간섭의 증가로 비효율성 증대

③ 민영제의 장점

㉮ 민간이 버스노선 결정 및 운행서비스를 공급함으로 공급비용을 최소화

㉯ 업무성적과 보상이 연관되어 있고 엄격한 지출통제에 제한받지 않기 때문에 민간회사가 보다 효율적

㉰ 버스시장의 수요·공급체계의 유연성

㉱ 정부규제 최소화로 행정비용 및 정부재정지원의 최소화

④ 민영제의 단점

㉮ 노선의 사유화로 노선의 합리적 개편이 적시적소에 이루어지기 어려움

㉯ 노선 독점운영으로 업체간 수입격차가 극심하여 서비스 개선 곤란

㉰ 비수익노선의 운행서비스 공급 애로

㉱ 타 교통수단과의 연계교통체계 구축이 어려움

㉲ 과도한 버스 운임의 상승

## (3) 버스준공영제의 특징

① 버스의 소유·운영은 각 버스업체가 유지

② 버스노선 및 요금의 조정, 버스운행 관리에 대해서는 지방자치단체가 개입

③ 지방자치단체의 판단에 의해 조정된 노선 및 요금으로 인해 발생된 운송수지적자에 대해서는 지방자치단체가 보전

④ 노선체계의 효율적인 운영

⑤ 표준운송원가를 통한 경영효율화 도모

⑥ 수준 높은 버스 서비스 제공

## 2 버스준공영제의 유형

### (1) 형태에 의한 분류

① 노선 공동관리형

② 수입금 공동관리형

③ 자동차 공동관리형

### (2) 버스업체 지원형태에 의한 분류

① 직접 지원형 : 운영비용이나 자본비용을 보조하는 형태

② 간접 지원형 : 기반시설이나 수요증대를 지원하는 형태

> 🚌 **국내 버스준공영제의 일반적인 형태**
> 수입금 공동관리제를 바탕으로 표준운송원가대비 운송수입금 부족분을 지원하는 직접 지원형

## 3 주요 도입 배경

### (1) 현행 민영체제하에서 버스운영의 한계

① 오랫 동안 버스 서비스를 민간 사업자에게 맡김으로 인해 노선이 사유화되고 이로 인해 적지 않은 문제점이 내재하고 있음

② 버스노선의 사유화로 비효율적 운영

㉮ 도시구조의 변화, 수요의 변화 등으로 노선의 합리적 개편이 필요하나 적시적소에 이루어지지 못하고 있음

㉯ 노선의 독점적 운영으로 업체간 수입격차가 극심하여 서비스개선이 곤란할 뿐만 아니라 서비스수준이 하향 평준화되고 있음

㉰ 버스수요에 적합한 버스운행서비스 공급구조 확보 곤란

㉱ 특히 고령자의 급증에 따라 접근성 확보 시급

③ 버스업체의 자발적 경영개선의 한계

㉮ 수요 감소에 따른 업체의 수익성 악화로 자발적 서비스개선을 기대하기 어려움

㉯ 인건비, 유류비의 비중이 상대적으로 높아 비용절감에 한계

㉰ 급격한 자가용승용차 이용 증가에 따른 버스 수요 이탈로 버스업계의 자구적 경영개선에 한계

④ 노·사 대립으로 인한 사회적 갈등

### (2) 버스교통의 공공성에 따른 공공부문의 역할분담 필요

① 버스 서비스는 공공성이 강조되는 공공재의 성격이 강한 재화이고 운행중단 등의 사회적 문제가 발생하는 것을 예방할 필요

② 타 운송수단과의 효율적 연계를 위해서는 일정 부분의 공적 개입이 필요

## (3) 복지국가로서 보편적 버스교통 서비스 유지 필요

① 기초적인 대중교통수단의 접근성과 이용 보장을 위해 정부의 기본적인 임무수행 필요
② 사회적 형평성 확보
  ㉮ 경제적, 신체적 약자의 교통권 보장
  ㉯ 낙후지역의 생활여건 개선으로 지역균형과 사회적 안정성 제고

## (4) 교통효율성 제고를 위해 버스교통의 활성화 필요

① 버스교통 활성화를 통해 도로교통 혼합완화로 사회 · 경제적 비용 경감
② 도로 등 교통시설 건설투자비 절감
③ 국가물류비 절감, 유류소비 절약 등

## 4 주요 시행내용 및 목적

| 시행내용 | 시행목적 |
|---|---|
| • 운영비용에 대한 재정지원 | • 서비스 안정성 제고 |
| • 표준운송원가 및 표준경영모델 도입 | • 적정한 원가보전 기준마련 및 경영개선유도 |
| • 운송수입금 공동관리 및 정산시스템 구축 | • 수입금 투명한 관리와 시민 신뢰 확보 |
| • 시내버스 서비스 평가제 도입 | • 도덕적 해이 방지<br>• 운행질서 등 전반적인 서비스 품질 향상 |
| • 시내버스 차량 및 이용시설 개선 | • 버스이용의 쾌적 · 편의성 증대<br>• 버스에 대한 이미지 개선 |
| • 무료환승제 도입 | • 대중교통 이용 활성화 유도 |

## 제2절 버스요금제도

## 1 버스요금의 관할관청

### (1) 버스운임의 기준 · 요율 결정 및 신고의 관할관청

| 구 분 | | 운임의 기준 · 요율결정 | 신 고 |
|---|---|---|---|
| 노선 운송사업 | 시내버스 | 시 · 도지사(광역급행형 : 국토교통부장관) | 시장 · 군수 |
| | 농어촌버스 | 시 · 도지사 | 시장 · 군수 |
| | 시외버스 | 국토교통부장관 | 시 · 도지사 |
| | 고속버스 | 국토교통부장관 | 시 · 도지사 |
| | 마을버스 | 시장 · 군수 | 시장 · 군수 |
| 구역 운송사업 | 전세버스 | 자율요금 | |
| | 특수여객 | 자율요금 | |

**2** 버스요금체계

**(1) 버스요금체계의 유형**

① **단일(균일) 운임제** : 이용거리와 관계없이 일정하게 설정된 요금을 부과하는 요금체계이다.

② **구역 운임제** : 운행구간을 몇 개의 구역으로 나누어 구역별로 요금을 설정하고, 동일 구역 내에서는 균일하게 요금을 설정하는 요금체계이다.

③ **거리운임 요율제** : 거리운임요율에 운행거리를 곱해 요금을 산정하는 요금체계이다.

④ **거리 체감제** : 이용거리가 증가함에 따라 단위당 운임이 낮아지는 요금체계이다.

**(2) 업종별 요금체계**

① **시내 · 농어촌버스** : 동일 특별시 · 광역시 · 시 · 군내에서는 **단일운임제**, 시(읍)계외 지역에서는 구역제 · 구간제 · 거리비례제

② **시외버스** : 거리운임요율제(기본구간 10km 기준 최저 기본운임), 거리체감제

③ **고속버스** : 거리체감제  ④ **마을버스** : 단일운임제

⑤ **전세버스** : 자율요금  ⑥ **특수여객** : 자율요금

---

**제3절** 간선급행버스체계(BRT)

**1** 개념

① 도심과 외곽을 잇는 주요 간선도로에 버스전용차로를 설치하여 급행버스를 운행하게 하는 대중교통시스템을 말한다.

② 요금정보시스템과 승강장 · 환승정류장 · 환승터미널 · 정보체계 등 도시철도시스템을 버스운행에 적용한 것으로 '땅 위의 지하철'로도 불린다.

**2** 간선급행버스체계의 도입배경

① 도로와 교통시설의 증가의 둔화

② 대중교통 이용률 하락

③ 교통체증의 지속

④ 도로 및 교통시설에 대한 투자비의 급격한 증가

⑤ 신속하고, 양질의 대량수송에 적합한 저렴한 비용의 대중교통 시스템 필요

**3** 간선급행버스체계의 특성

① 중앙버스차로와 같은 분리된 버스전용차로 제공

② 효율적인 사전 요금징수 시스템 채택

③ 신속한 승 · 하차 가능

④ 정류소 및 승차대의 쾌적성 향상

⑤ 지능형 교통시스템(ITS)을 활용한 첨단신호체계 운영

⑥ 실시간으로 승객에게 버스운행정보 제공 가능

⑦ 환승 정류소 및 터미널을 이용하여 다른 교통수단과의 연계 가능

⑧ 환경친화적인 고급버스를 제공함으로써 버스에 대한 이미지 혁신 기능

⑨ 대중교통에 대한 승객 서비스 수준 향상

## 4 간선급행버스체계 운영을 위한 구성요소

(1) **통행권 확보** : 독립된 전용도로 또는 차로 등을 활용한 이용통행권 확보

(2) **교차로 시설 개선** : 버스우선신호, 버스전용 지하 또는 고가 등을 활용한 입체교차로 운영

(3) **자동차 개선** : 저공해, 저소음, 승객들의 수평 승하차 및 대량수송

(4) **환승시설 개선** : 편리하고 안전한 환승시설 운영

(5) **운행관리시스템** : 지능형 교통시스템을 활용한 운행관리

## 제4절 버스정보시스템(BIS) 및 버스운행관리시스템(BMS)

## 1 BIS/BMS 개요(버스정보시스템/버스운행관리시스템)

### (1) 정의

① 버스정보시스템(BIS) : 버스와 정류소에 무선 송수신기를 설치하여 버스의 위치를 실시간으로 파악하고, 이를 이용해 이용자에게 정류소에서 해당 노선버스의 도착예정시간을 안내하고 이와 동시에 인터넷 등을 통하여 운행 정보를 제공하는 시스템이다.

② 버스운행관리시스템(BMS) : 차내 장치를 설치한 버스와 종합사령실을 유·무선 네트워크로 연결해 버스의 위치나 사고 정보 등을 승객, 버스회사, 운전자에게 실시간으로 보내주는 시스템이다.

③ 버스정보시스템(BIS)과 버스운행관리시스템(BMS)의 비교

| 구 분 | 버스정보시스템(BIS) | 버스운행관리시스템(BMS) |
|---|---|---|
| 정 의 | 이용자에게 버스 운행상황 정보제공 | 버스 운행상황 관제 |
| 제공매체 | 정류소 설치 안내기, 인터넷, 모바일 | 버스회사 단말기, 상황판, 차량단말기 |
| 제공대상 | 버스이용승객 | 버스운전자, 버스회사, 시·군 |
| 기대효과 | 버스 이용승객에게 편의 제공 | 배차관리, 안전운행, 정시성 확보 |
| 데 이 터 | 정류소 출발·도착 데이터 | 일정 주기 데이터, 운행기록데이터 |

### (2) 버스정보시스템(BIS) 운영

① **정류장** : 대기승객에게 정류소 안내기를 통하여 도착예정시간 등을 제공

② **차내** : 다음 정류소 안내, 도착예정시간 안내

③ **그 외 장소** : 유·무선 인터넷을 통한 특정 정류소 버스도착예정시간 정보 제공

④ **주목적** : 버스이용자에게 편의 제공과 이를 통한 활성화

(3) 버스운행관리시스템(BMS) 운영

① 버스운행관리센터 또는 버스회사에서 버스운행 상황과 사고 등 돌발적인 상황 감지

② 관계기관, 버스회사, 운수종사자를 대상으로 정시성 확보

③ 버스운행관제, 운행상태(위치, 위반사항) 등 버스정책 수립 등을 위한 기초자료 제공

④ 주목적 : 버스운행관리, 이력관리 및 버스운행정보제공 등

## 2 버스정보시스템 및 버스운행관리시스템의 주요기능

(1) 버스정보시스템의 주요기능

① 버스도착 정보제공

㉮ 정류소별 도착예정정보 표출

㉯ 정류소간 주행시간 표출

㉰ 버스운행 및 종료 정보 제공

(2) 버스운행관리시스템의 주요기능

① 실시간 운행상태 파악

㉮ 버스운행의 실시간 관제

㉯ 정류소별 도착시간 관제

㉰ 배차간격 미준수 버스 관제

② 전자지도 이용 실시간 관제

㉮ 노선 임의변경 관제

㉯ 버스위치표시 및 관리

㉰ 실제 주행여부 관제

③ 버스운행 및 통계관리

㉮ 누적 운행시간 및 횟수 통계관리

㉯ 기간별 운행통계관리

㉰ 버스, 노선, 정류소별 통계관리

## 3 버스정보시스템 및 버스운행관리시스템의 이용주체별 기대효과

(1) 버스정보시스템의 기대효과

① 이용자(승객)

㉮ 버스운행정보 제공으로 만족도 향상

㉯ 불규칙한 배차, 결행 및 무정차 통과에 의한 불편해소

㉰ 과속 및 난폭운전으로 인한 불안감 해소

㉱ 버스도착 예정시간 사전확인으로 불필요한 대기시간 감소

(2) 버스운행관리시스템의 기대효과

① 운수종사자(버스 운전자)

㉮ 운행정보 인지로 정시 운행

      ⓑ 앞 · 뒤차 간의 간격인지로 차간 간격 조정 운행

      ⓒ 운행상태 완전노출로 운행질서 확립

  ② 버스회사

      ㉮ 서비스 개선에 따른 승객 증가로 수지개선

      ㉯ 과속 및 난폭운전에 대한 통제로 교통사고율 감소 및 보험료 절감

      ㉰ 정확한 배차관리, 운행간격 유지 등으로 경영합리화 가능

  ③ 정부 · 지자체

      ㉮ 자가용 이용자의 대중교통 흡수 활성화

      ㉯ 대중교통정책 수립의 효율화

      ㉰ 버스운행 관리감독의 과학화로 경제성, 정확성, 객관성 확보

## 제5절 버스전용차로 및 대중교통 전용 지구

### 1 개념

(1) **버스전용차로** : 일반차로와 구별되게 버스가 전용으로 신속하게 통행할 수 있도록 설정된 차로를 말한다.

(2) **버스전용차로 구분** : 통행방향과 차로의 위치에 따라 **가로변버스전용차로, 역류버스전용차로, 중앙버스전용차로**로 구분할 수 있다.

(3) **버스전용차로의 설치 시 단점** : 일반차량의 **차로수를 줄이기** 때문에 일반차량의 **교통상황이 나빠**지는 문제가 발생할 수 있다.

(4) **효율적으로 운영하기 위한 버스전용차로의 설치구간**

  ① 전용차로를 설치하고자 하는 구간의 **교통정체가 심한 곳**

  ② 버스 통행량이 일정수준 이상이고, 승차인원이 한 명인 승용차의 비중이 높은 구간

  ③ 편도 3차로 이상 등 도로 기하구조가 전용차로를 설치하기 적당한 구간

  ④ 대중교통 이용자들의 폭넓은 지지를 받는 구간

### 2 전용차로 유형별 특징

(1) **가로변버스전용차로**

  ① 가로변버스전용차로는 일방통행로 또는 양방향 통행로에서 가로변 차로를 버스가 전용으로 통행할 수 있도록 제공하는 것을 말한다.

  ② 가로변버스전용차로는 종일 또는 출 · 퇴근 시간대 등을 지정하여 운영할 수 있다.

  ③ 버스전용차로 운영시간대에는 가로변의 주 · 정차를 금지하고 있으며, 시행구간의 버스 이용자수가 승용차 이용자수보다 많아야 효과적이다.

  ④ 가로변버스전용차로는 우회전하는 차량을 위해 교차로 부근에서는 일반차량의 버스전용차로 이용을 허용하여야 하며, 버스전용차로에 주 · 정차하는 차량을 근절시키기 어렵다.

⑤ 가로변버스전용차로의 장 · 단점

| 장점 | 단점 |
|---|---|
| • 시행이 간편하다. | • 시행효과가 미비하다. |
| • 적은 비용으로 운영이 가능하다. | • 가로변 상업 활동과 상충된다. |
| • 기존의 가로망 체계에 미치는 영향이 적다. | • 전용차로 위반차량이 많이 발생한다. |
| • 시행 후 문제점 발생에 따른 보완 및 원상복귀가 용이하다. | • 우회전하는 차량과 충돌할 위험이 존재한다. |

## (2) 역류버스전용차로

① 역류버스전용차로는 일방통행로에서 차량이 진행하는 반대방향으로 1~2개 차로를 버스전용 차로로 제공하는 것을 말한다. 이는 일방통행로에서 양방향으로 대중교통 서비스를 유지하기 위한 방법이다.

② 역류버스전용차로는 일반 차량과 반대방향으로 운영하기 때문에 차로분리시설과 안내시설 등의 설치가 필요하며, 가로변 버스전용차로에 비해 시행비용이 많이 든다.

③ 역류버스전용차로는 일방통행로에 대중교통수요 등으로 인해 버스노선이 필요한 경우에 설치한다.

④ 대중교통 서비스는 계속 유지되면서 일방통행의 장점을 살릴 수 있지만, 시행준비가 까다롭고 투자비용이 많이 소요되는 단점이 있다.

⑤ 역류버스전용차로의 장 · 단점

| 장점 | 단점 |
|---|---|
| • 대중교통 서비스를 제공하면서 가로변에 설치된 일방통행의 장점을 유지할 수 있다. | • 일방통행로에서는 보행자가 버스전용차로의 진행방향만 확인하는 경향으로 인해 보행자 사고가 증가할 수 있다. |
| • 대중교통의 정시성이 제고된다. | • 잘못 진입한 차량으로 인해 교통혼잡이 발생할 수 있다. |

## (3) 중앙버스전용차로

① 중앙버스전용차로는 도로 중앙에 버스만 이용할 수 있는 전용차로를 지정함으로써 버스를 다른 차량과 분리하여 운영하는 방식을 말한다.

② 중앙버스전용차로는 버스의 운행속도를 높이는데 도움이 되며, 승용차를 포함한 다른 차량들은 버스의 정차로 인한 불편을 피할 수 있다. 버스의 잦은 정류장 또는 정류소의 정차 및 갑작스런 차로 변경은 다른 차량의 교통흐름을 단절시키거나 사고 위험을 초래할 수 있다.

③ 중앙버스전용차로는 일반 차량의 중앙버스전용차로 이용 및 주 · 정차를 막을 수 있어 차량의 운행속도 향상에 도움이 된다.

④ 버스 이용객의 입장에서 볼 때 횡단보도를 통해 정류소로 이동함에 따라 정류소 접근시간이 늘어나고, 보행자사고 위험성이 증가할 수 있는 단점이 있다.

⑤ 중앙버스전용차로는 일반적으로 편도 3차로 이상 되는 기존 도로의 중앙차로에 버스전용차로를 제공하는 것으로 다른 차량의 진입을 막기 위해 방호울타리 또는 연석 등의 물리적 분리시설 등의 안전시설이 필요하기 때문에 설치비용이 많은 비용이 소요되는 단점이 있다.

⑥ 차로수가 많을수록 중앙버스전용차로 도입이 용이하고, 만성적인 교통 혼잡이 발생하는 구간 또는 좌회전하는 대중교통 버스노선이 많은 지점에 설치하면 효과가 크다.

⑦ 중앙버스전용차로의 장·단점

| 장점 | 단점 |
| --- | --- |
| • 일반 차량과의 마찰을 최소화 한다. | • 도로 중앙에 설치된 버스정류소로 인해 무단횡단 등 안전문제가 발생한다. |
| • 교통정체가 심한 구간에서 더욱 효과적이다. | • 여러 가지 안전시설 등의 설치 및 유지로 인한 비용이 많이 든다. |
| • 대중교통의 통행속도 제고 및 정시성 확보가 유리하다. | • 전용차로에서 우회전하는 버스와 일반차로에서 좌회전하는 차량에 대한 체계적인 관리가 필요하다. |
| • 대중교통 이용자의 증가를 도모할 수 있다. | • 일반 차로의 통행량이 다른 전용차로에 비해 많이 감소할 수 있다. |
| • 가로변 상업 활동이 보장된다. | • 승·하차 정류소에 대한 보행자의 접근거리가 길어진다. |

⑧ 중앙버스전용차로의 위험요소
    ㉮ 대기 중인 버스를 타기 위한 보행자의 횡단보도 신호위반 및 버스정류소 부근의 무단횡단 가능성 증가
    ㉯ 중앙버스전용차로가 시작하는 구간 및 끝나는 구간에서 일반차량과 버스간의 충돌위험 발생
    ㉰ 좌회전하는 일반차량과 직진하는 버스 간의 충돌위험 발생
    ㉱ 버스전용차로가 시작하는 구간에서는 일반차량의 직진 차로수의 감소에 따른 교통혼잡 발생
    ㉲ 폭이 좁은 정류소 추월차로로 인한 사고 위험 발생 : 정류소에 설치된 추월차로는 정류소에 정차하지 않는 버스 또는 승객의 승·하차를 마친 버스가 대기 중인 버스를 추월하기 위한 차로로 폭이 좁아 중앙선을 침범하기 쉬운 문제를 안고 있다.

(4) 고속도로 버스전용차로제

본서 33쪽 고속도로 버스전용차로제 참고

## 3 대중교통 전용 지구

(1) 개념

① 「도시교통정비촉진법」 제33조에 따라 도시의 교통수요를 감안해 승용차 등 일반 차량의 통행을 제한할 수 있는 지역 및 제도를 말한다.
② 도심상업지구 내로의 일반 차량의 통행을 제한하고 대중교통수단의 진입만을 허용하여 교통여건을 개선하여 쾌적한 보행과 쇼핑이 가능하도록 하는 대중교통 중심의 보행자 전용 공간이다.

(2) 목적

① 도심상업지구의 활성화
② 쾌적한 보행자 공간의 확보
③ 대중교통의 원활한 운행 확보
④ 도심교통환경 개선

(3) 운영내용

① 버스 및 16인승 승합차, 긴급자동차만 통행 가능하며 심야시간에 한해 택시의 통행 가능
② 승용차 및 일반 승합차는 24시간 진입불가(화물차량은 허가 후 통행가능)
③ 보행자 보호를 위해 대중교통 전용 지구 내 30km/h로 속도 제한

## 1 교통카드시스템의 개요

(1) 교통카드는 대중교통수단의 운임이나 유료도로의 통행료를 지불할 때 주로 사용되는 일종의 전자화폐이다.

(2) 현금지불에 대한 불편 및 승하차시간 지체문제 해소와 운송업체의 경영효율화 등을 위해 1996년 3월에 최초로 서울시가 버스카드제를 도입하였으며 1998년 6월부터 지하철카드제를 도입하였다.

(3) **교통카드시스템의 도입효과**

    ① 이용자 측면

        ㉮ 현금소지의 불편 해소        ㉯ 소지의 편리성, 요금 지불 및 징수의 신속성

        ㉰ 하나의 카드로 다수의 교통수단 이용 가능  ㉱ 요금할인 등으로 교통비 절감

    ② 운영자 측면

        ㉮ 운송수입금 관리가 용이

        ㉯ 요금집계업무의 전산화를 통한 경영합리화

        ㉰ 정확한 전산실적자료에 근거한 운행 효율화

        ㉱ 대중교통 이용률 증가에 따른 운송수익의 증대

        ㉲ 다양한 요금체계에 대응(거리비례제, 구간요금제 등)

    ③ 정부 측면

        ㉮ 대중교통 이용률 제고로 교통환경 개선    ㉯ 첨단교통체계 기반 마련

        ㉰ 교통정책 수립 및 교통요금 결정의 기초자료 확보

## 2 교통카드시스템의 구성

    ① 교통카드시스템은 크게 사용자 카드, 단말기, 중앙처리시스템으로 구성된다.

    ※ 교통카드 → 단말기 → 집계시스템 → 정산시스템

                   충전시스템

    ② 흔히 사용자가 접하게 되는 것은 교통카드와 단말기이며, 교통카드 발급자와 단말기 제조자, 중앙처리시스템 운영자는 사정에 따라 같을 수도 있으나 다른 경우가 대부분이다.

## 3 교통카드의 종류

(1) **카드방식에 따른 분류**

    ① MS(Magnetic Strip) 방식 : 자기인식방식으로 간단한 정보기록이 가능하고, 정보를 저장하는 매체인 자성체가 손상될 위험이 높고, 위·변조가 용이해 보안에 취약하다.

    ② IC방식(스마트카드) : 반도체 칩을 이용해 정보를 기록하는 방식으로 자기카드에 비해 수 백 배 이상의 정보 저장이 가능하고, 카드에 기록된 정보를 암호화할 수 있어 자기카드에 비해 보안성이 높다.

**(2) IC카드의 종류(내장하는 Chip의 종류에 따라)**

① 접촉식

② 비접촉식(RF, Radio Frequency)

③ 하이브리드 : 접촉식+비접촉식 2종의 칩을 함께하는 방식으로 2개 종류 간 연동이 안 된다.

④ 콤비 : 접촉식+비접촉식 2종의 칩을 함께하는 방식으로 2개 종류 간 연동이 된다.

**(3) 지불방식에 따른 구분**

① 선불식                                    ② 후불식

## 4 단말기

① 단말기의 기능 : 카드를 판독하여 이용요금을 차감하고 잔액을 기록하는 기능

② 구조 : 카드인식장치, 정보처리장치, 킷 값(Idcenter), 키값 관리장치, 정보저장장치

## 5 집계시스템

① 기능 : 단말기와 정산시스템을 연결하는 기능

② 구성 : 데이터 처리장치, 통신장치(유/무선), 인쇄장치, 무정전전원공급장치

## 6 충전시스템

① 기능 : 금액이 소진된 교통카드에 금액을 재충전하는 기능

② 종류 : on line(은행과 연결하여 충전), off line(충전기에서 직접 충전)

③ 구조 : 충전시스템과 전화선 등으로 정산센터와 연계

## 7 정산시스템

① 각종 단말기 및 충전기와 네트워크로 연결하여 사용 거래기록을 수집, 정산 처리하고, 정산결과를 해당 은행으로 전송한다.

② 거래기록의 정산처리 뿐만 아니라 정산 처리된 모든 거래기록을 데이터베이스화하는 기능을 한다.

## 제4장   운수종사자가 알아야 할 응급처치방법 등

### 제1절 운전자 상식

## 1 교통관련 용어의 정의

**(1) 「교통사고조사규칙」(경찰청 훈령)에 따른 대형교통사고**

① 3명 이상이 사망(교통사고 발생일로부터 30일 이내에 사망한 것이 해당)

② 20명 이상의 사상자가 발생한 사고

(2) 「여객자동차 운수사업법」에 따른 중대한 교통사고

① 전복(顚覆)사고                       ② 화재가 발생한 사고
③ 사망자 2명 이상 발생한 사고           ④ 사망자 1명과 중상자 3명 이상이 발생한 사고
⑤ 중상자 6명 이상이 발생한 사고

(3) 「교통사고조사규칙」에 따른 교통사고의 용어

① 충돌사고 : 차가 반대방향 또는 측방에서 진입하여 그 차의 정면으로 다른 차의 정면 또는 측면을 충격한 것을 말한다.
② 추돌사고 : 2대 이상의 차가 동일방향으로 주행 중 뒤차가 앞차의 후면을 충격한 것을 말한다.
③ 접촉사고 : 차가 추월, 교행 등을 하려다 차의 좌·우 측면을 서로 스친 것을 말한다.
④ 전도사고 : 차가 주행 중 도로 또는 도로 이외의 장소에 차체의 측면이 지면에 접하고 있는 상태(좌측면이 지면에 접해 있으면 좌전도, 우측면이 지면에 접해 있으면 우전도)를 말한다.
⑤ 전복사고 : 차가 주행 중 도로 또는 도로 이외의 장소에 뒤집혀 넘어진 것을 말한다.
⑥ 추락사고 : 자동차가 도로의 절벽 등 높은 곳에서 떨어진 사고를 말한다.

(4) 「자동차 및 자동차 부품의 성능과 기준에 관한 규칙」에 따른 용어

① 공차상태 : 자동차에 사람이 승차하지 아니하고 물품(예비부분품 및 공구 기타 휴대물품을 포함한다)을 적재하지 아니한 상태로서 연료·냉각수 및 윤활유를 만재하고 예비 타이어(예비 타이어를 장착한 자동차만 해당한다)를 설치하여 운행할 수 있는 상태를 말한다.
② 차량 중량 : 공차상태의 자동차 중량을 말한다.
③ 적차상태 : 공차상태의 자동차에 승차정원의 인원이 승차하고 최대적재량의 물품이 적재된 상태를 말한다. 이 경우 승차정원 1인(13세 미만의 자는 1.5인을 승차정원 1인으로 본다)의 중량은 65kg으로 계산하고, 좌석정원의 인원은 정위치에, 입석정원의 인원은 입석에 균등하게 승차시키며, 물품은 물품적재장치에 균등하게 적재시킨 상태이어야 한다.
④ 차량 총 중량 : 적차상태의 자동차의 중량을 말한다.
⑤ 승차정원 : 자동차에 승차할 수 있도록 허용된 최대인원(운전자를 포함한다)을 말한다.

(5) 버스 운전석의 위치나 승차정원에 따른 종류

① 보닛 버스(Cab-behind-Engine Bus) : 운전석이 엔진 뒤쪽에 있는 버스
② 캡 오버 버스(Cab-over-Engine Bus) : 운전석이 엔진의 위쪽에 있는 버스
③ 코치 버스(Coach Bus) : 3~6인승 정도의 승객이 승차 가능하며 화물실이 밀폐되어 있는 버스
④ 마이크로 버스(Micro Bus) : 승차정원이 16명 이하의 소형버스

(6) 버스차량 바닥의 높이에 따른 종류 및 용도

① 고상버스(High Decker) : 차 바닥을 높게 설계한 차량으로 가장 보편적으로 이용되고 있다.
② 초고상버스(Super High Decker) : 차 바닥을 3.6m 이상 높게 하여 조망을 좋게 하고 바닥 밑의 공간을 활용하기 위해 설계 제작되어 관광버스에서 주로 이용되고 있다.
③ 저상버스 : 출입구에 계단이 없고, 차체 바닥이 낮으며, 경사판(슬로프)이 장착되어 있어 장애인이 휠체어를 타거나, 아기를 유모차에 태운 채 오르내릴 수 있을 뿐 아니라 노약자들도 쉽게 이용할 수

있는 버스로서 주로 시내버스에 이용되고 있다.

※ 전고 : 차체의 전체 높이로서 일반적으로 바퀴와 접지된 지면에서 차체의 가장 높은 부분 사이의 높이를 의미한다.

※ 상면지상고 : 지면으로부터 실내 승객석이 위치한 바닥의 최저 높이를 의미한다.

## 2 교통사고 현장에서의 상황별 안전조치

### (1) 교통사고 상황파악

① 짧은 시간 안에 사고 정보를 수집하여 침착하고 신속하게 상황을 파악한다.

② 피해자와 구조자 등에게 위험이 계속 발생하는지 파악한다.

③ 생명이 위독한 환자가 누구인지 파악한다.

④ 구조를 도와줄 사람이 주변에 있는지 파악한다.

⑤ 전문가의 도움이 필요한지 파악한다.

### (2) 사고현장의 안전관리

① 피해자를 위험으로부터 보호하거나 피신시킨다.

② 사고위치에 노면표시를 한 후 도로 가장자리로 자동차를 이동시킨다.

## 3 교통사고 현장에서의 원인조사

### (1) 노면에 나타난 흔적조사

① 스키드 마크, 요 마크, 프린트 자국 등 타이어 자국의 위치 및 방향

② 차의 금속부분이 노면에 접촉하여 생긴 파인 흔적 또는 긁힌 흔적의 위치 및 방향

③ 충돌 충격에 의한 차량파손품의 위치 및 방향  ④ 충돌 후에 떨어진 액체잔존물의 위치 및 방향

⑤ 차량 적재물의 낙하위치 및 방향   ⑥ 피해자의 유류품(遺留品) 및 혈흔자국

⑦ 도로구조물 및 안전시설물의 파손위치 및 방향

### (2) 사고차량 및 피해자조사

① 사고차량의 손상부위 정도 및 손상방향   ② 사고차량에 묻은 흔적, 마찰, 찰과흔(擦過痕)

③ 사고차량의 위치 및 방향   ④ 피해자의 상처 부위 및 정도

⑤ 피해자의 위치 및 방향

### (3) 사고당사자 및 목격자조사

① 운전자에 대한 사고상황조사   ② 탑승자에 대한 사고상황조사

③ 목격자에 대한 사고상황조사

### (4) 사고현장 시설물조사

① 사고지점 부근의 가로등, 가로수, 전신주(電信柱) 등의 시설물 위치

② 신호등(신호기) 및 신호체계

③ 차로, 중앙선, 중앙분리대, 갓길 등 도로횡단구성요소

④ 방호울타리, 충격흡수시설, 안전표지 등 안전시설요소

⑤ 노면의 파손, 결빙, 배수불량 등 노면상태요소

(5) 사고현장 측정 및 사진촬영

① 사고지점 부근의 도로선형(평면 및 교차로 등)

② 사고지점의 위치

③ 차량 및 노면에 나타난 물리적 흔적 및 시설물 등의 위치

④ 사고현장에 대한 가로방향 및 세로방향의 길이

⑤ 곡선구간의 곡선반경, 노면의 경사도(종단구배 및 횡단구배)

⑥ 도로의 시거 및 시설물의 위치 등

⑦ 사고현장, 사고차량, 물리적 흔적 등에 대한 사진촬영

## 4 버스승객의 주요 불만사항

① 버스가 정해진 시간에 오지 않는다.　② 난폭, 과속운전을 한다.

③ 버스기사가 불친절하다.　④ 차내가 혼잡하다.

⑤ 안내방송이 미흡하다(시내버스, 농어촌버스).

⑥ 차량의 청소, 정비상태가 불량하다.

⑦ 정체로 시간이 많이 소요되고, 목적지에 도착할 시간을 알 수 없다.

⑧ 정류소에 정차하지 않고 무정차 운행한다(시내버스, 농어촌버스).

## 5 버스에서 발생하기 쉬운 사고유형과 대책

(1) 버스는 불특정 다수를 대량으로 수송한다는 점과 운행거리 및 운행시간이 타 차량에 비해 긴 특성을 가지고 있어 사고발생확률이 높으며, 실제로 더 많은 사고가 발생하고 있다.

(2) 버스사고의 절반가량은 사람과 관련되어 발생하고 있으며, 전체 버스사고 중 약 1/3 정도는 차내 전도사고이며, 승하차 중에도 사고가 빈발하고 있다.

(3) 버스사고는 주행 중인 도로상, 버스정류장, 교차로 부근, 횡단보도 부근 순으로 많이 발생하고 있다.

(4) 승객의 안락한 승차감과 사고를 예방하기 위해서는 안전운전습관을 몸에 익혀야 한다.

① 급출발이 되지 않도록 한다.

② 출발 시에는 차량탑승 승객이 좌석이나 입석공간에 완전히 위치한 상황을 파악한 후 출발한다.

③ 버스운전자는 안내방송 또는 육성을 통해 승객의 주의를 환기시켜 사고가 발생하지 않도록 사전예방에 노력을 기울여야 한다.

〈예시〉
• "다음 정류소는 ○○입니다. 손님 안녕히 가십시오."
• "차가 출발합니다. 손잡이를 꼭 잡으세요."

## 제2절 응급처치방법

## 1 부상자 의식 상태 확인

① 말을 걸거나 팔을 꼬집어 눈동자를 확인한 후 의식이 있으면 말로 안심시킨다.

② 의식이 없다면 기도를 확보한다. 머리를 뒤로 충분히 젖힌 뒤, 입 안에 있는 피나 토한 음식물 등을 긁어내어 막힌 기도를 확보한다.

③ 의식이 없거나 구토할 때는 목이 오물로 막혀 질식하지 않도록 옆으로 눕힌다.

④ 목뼈 손상의 가능성이 있는 경우에는 목 뒤쪽을 한 손으로 받쳐준다.

⑤ 환자의 몸을 심하게 흔드는 것은 금지한다.

## **2** 심폐 소생술

### (1) 의식 · 호흡 확인 및 주변 도움 요청(119 신고, 자동제세기)

① 성인, 소아 : 환자를 바로 눕힌 후 양쪽 어깨를 가볍게 두드리며 의식이 있는지, 숨을 정상적으로 쉬는지 확인 후, 주변 사람들에게 119 신고 및 자동제세기를 가져오도록 요청한다.

② 영아 : 한쪽 발바닥을 가볍게 두드리며 의식이 있는지, 숨을 정상적으로 쉬는지 확인 후, 주변 사람들에게 119 신고 및 자동제세기를 가져오도록 요청한다.

### (2) 가슴 압박 30회

① 성인, 소아 : 가슴 압박 30회(분당 100 ~ 120회 / 약 5cm 이상의 깊이)

② 영아 : 가슴 압박 30회(분당 100 ~ 120회 / 약 4cm 이상의 깊이)

### (3) 기도 열기(개방) 및 인공호흡 2회

성인, 소아, 영아 : 가슴이 충분히 올라올 정도로 2회(1회당 1초간) 실시

### (4) 가슴 압박 및 인공호흡 무한 반복 : 30회 가슴 압박과 2회 인공호흡 반복(30:2)

① 가슴 압박 방법

㉠ 성인

㉮ 가슴의 중앙인 흉골의 아래쪽 절반 부위에 손바닥을 위치시킨다.

㉯ 양손을 깍지 낀 상태로 손바닥의 아래 부위만을 환자의 흉골 부위에 접촉시킨다.

㉰ 시술자의 어깨는 환자의 흉골이 맞닿는 부위와 수직이 되게 위치시킨다.

㉱ 양쪽 어깨의 힘을 이용하여 분당 100~120회 정도의 속도로 5cm 이상 깊이로 강하고 빠르게 30회 눌러 준다.

㉡ 소아

㉮ 압박할 위치는 양쪽 젖꼭지의 부위를 잇는 선의 정 중앙의 바로 아래 부분이다.

㉯ 한 손으로 손바닥의 아래 부위만을 환자의 흉골 부위에 접촉시킨다.

㉰ 시술자의 어깨는 환자의 흉골이 맞닿는 부위와 수직이 되게 위치시킨다.

㉱ 한 손으로 1분당 100~120회 정도의 속도와 5cm 이상의 깊이로 강하고 빠르게 30회 눌러준다.

㉢ 영아

㉮ 압박할 위치는 양쪽 젖꼭지 부위를 잇는 선 정중앙의 바로 아래 부분이다.

㉯ 검지와 중지 또는 중지와 약지 손가락을 모은 후, 첫 마디 부위를 환자의 흉골 부위에 접촉시킨다.

㉰ 시술자의 손가락은 환자의 흉골이 맞닿는 부위와 수직이 되게 위치한다.

㉑ 1분당 100~120회 속도와 4cm 이상의 깊이로 강하고 빠르게 30회 눌러준다.

② 기도 열기(개방) 및 인공호흡

　㉠ 성인

　　㉮ 한 손으로 턱을 올리고, 다른 손으로 머리를 뒤로 젖혀 기도를 개방시킨다.

　　㉯ 머리를 젖힌 손의 검지와 엄지로 코를 막는다.

　　㉰ 가슴 상승이 눈으로 확인될 정도로 1초간의 인공호흡을 2회 실시한다.

　㉡ 소아

　　㉮ 한 손으로 턱을 들어올리고, 다른 손으로 머리를 뒤로 젖혀 기도를 개방시킨다.

　　㉯ 머리를 젖힌 손의 검지와 엄지로 코를 막는다.

　　㉰ 가슴 상승이 눈으로 확인될 정도로 1초간의 인공호흡을 2회 실시한다.

　㉢ 영아

　　㉮ 한 손으로 귀와 바닥이 평행할 정도로 턱을 들어올리고, 다른 손으로 머리를 뒤로 젖힌다.

　　㉯ 환자의 입과 코에 동시에 숨을 불어넣을 준비를 한다.

　　㉰ 가슴 상승이 눈으로 확인될 정도로 1초간의 인공호흡을 2회 실시한다.

> **심폐 소생술 가이드라인**
> 2015년 한국형 심폐 소생술 가이드라인(일반인용)에 따르면, 인공호흡 하는 방법을 모르거나, 인공호흡을 꺼리는 일반인 구조자는 가슴 압박 소생술을 하도록 권장한다. 가슴 압박 소생술은 심폐 소생술에서 인공호흡을 하지 않고, 가슴 압박을 시행하는 소생술 방법이다.

## 3 출혈 또는 골절

(1) 출혈이 심하다면 출혈 부위보다 심장에 가까운 부위를 헝겊 또는 손수건 등으로 지혈될 때까지 꽉 잡아맨다.

(2) 출혈이 적을 때에는 거즈나 깨끗한 손수건으로 상처를 꽉 누른다.

(3) 가슴이나 배를 강하게 부딪쳐 내출혈이 발생하였을 때에는 얼굴이 창백해지며 핏기가 없어지고 식은땀을 흘리며 호흡이 얕고 빨라지는 쇼크증상이 발생한다.

① 부상자가 입고 있는 옷의 단추를 푸는 등 옷을 헐렁하게 하고 하반신을 높게 한다.

② 부상자가 춥지 않도록 모포 등을 덮어주지만, 햇볕은 직접 쬐지 않도록 한다.

(4) 골절 부상자는 잘못 다루면 오히려 더 위험해질 수 있으므로 구급차가 올 때까지 가급적 기다리는 것이 바람직하다.

① 지혈이 필요하다면 골절 부분은 건드리지 않도록 주의하여 지혈한다.

② 팔이 골절되었다면 헝겊으로 띠를 만들어 팔을 매달도록 한다.

## 4 차멀미

(1) 증상

① 자동차를 타면 어지럽고 속이 메스꺼우며 토하는 증상이 나타나는 것을 말한다.

② 차멀미가 심한 경우 갑자기 쓰러지고 안색이 창백하며 사지가 차가우면서 땀이 나는 허탈증상이 나타나기도 한다.

**(2) 차멀미 승객에 대해서는 세심하게 배려한다.**

① 환자의 경우는 통풍이 잘되고 비교적 흔들림이 적은 앞쪽으로 앉도록 한다.

② 심한 경우에는 휴게소 내지는 안전하게 정차할 수 있는 곳에 정차하여 차에서 내려 시원한 공기를 마시도록 한다.

③ 차멀미 승객이 토할 경우를 대비해 위생봉지를 준비한다.

④ 차멀미 승객이 토한 경우에는 주변 승객이 불쾌하지 않도록 신속히 처리한다.

## 제3절 응급상황 대처요령

### 1 교통사고 발생 시 운전자의 조치사항

(1) 교통사고가 발생했을 때 운전자는 무엇보다도 사고피해를 최소화하는 것과 제2차 사고 방지를 위한 조치를 우선적으로 취한다.

(2) 운전자는 이를 위해 마음의 평정을 찾아야 한다.

**(3) 사고발생 시 운전자가 취할 조치과정은 다음과 같다.**

① **탈출** : 교통사고 발생 시 우선 엔진을 멈추게 하고 연료가 인화되지 않도록 한다. 이 과정에서 무엇보다 안전하고 신속하게 사고차량으로부터 탈출해야 하며 침착해야 한다.

② **인명구조** : 부상자가 발생하여 인명구조를 해야 될 경우 다음과 같은 점에 유의한다.

㉮ 승객이나 동승자가 있는 경우 적절한 유도로 승객의 혼란방지에 노력해야 한다. 아비규환의 상태에서는 피해가 더욱 증가할 수 있기 때문이다.

㉯ 인명구출 시 부상자, 노인, 어린아이 및 부녀자 등 노약자를 우선적으로 구조한다.

㉰ 정차위치가 차선, 노견 등과 같이 위험한 장소일 때에는 신속히 도로 밖의 안전장소로 유도하고 2차 피해가 일어나지 않도록 한다.

㉱ 부상자가 있을 때에는 우선 응급조치를 한다.

㉲ 야간에는 주변의 안전에 특히 주의를 하고 냉정하고 기민하게 구출유도를 해야 한다.

③ **후방방호** : 고장발생 시와 마찬가지로 경황이 없는 중에 통과차량에 알리기 위해 차선으로 뛰어나와 손을 흔드는 등의 위험한 행동은 삼가야 한다.

④ **연락** : 보험회사나 경찰 등에 다음 사항을 연락한다.

㉮ 사고발생지점 및 상태　　㉯ 부상정도 및 부상자수
㉰ 회사명　　㉱ 운전자 성명
㉲ 화물의 상태　　㉳ 연료 유출여부 등

⑤ **대기** : 대기요령은 고장차량의 경우와 같이 하되, 부상자가 있는 경우 응급처치 등 부상자 구호에 필요한 조치를 한 후 후속차량에 긴급후송을 요청해야 한다. 부상자를 후송할 경우 위급한 환자부터 먼저 후송하도록 해야 한다.

**2** 차량고장 시 운전자의 조치사항

(1) 교통사고는 고장과 연관될 가능성이 크며, 고장은 사고의 원인이 되기도 한다.

(2) **여러 가지 이유로 고장이 발생할 경우 다음과 같은 조치를 취해야 한다.**

① 정차 차량의 결함이 심할 때는 비상등을 점멸시키면서 갓길에 바짝 차를 대서 정차한다.

② 차에서 내릴 때에는 옆 차로의 차량 주행상황을 살핀 후 내린다.

③ 야간에는 밝은 색 옷이나 야광이 되는 옷을 착용하는 것이 좋다.

④ 비상전화를 하기 전에 차의 후방에 경고반사판을 설치해야 하며, 특히 야간에는 주위를 기울인다.

⑤ 비상주차대에 정차할 때는 타 차량의 주행에 지장이 없도록 정차해야 한다.

(3) **후방에 대한 안전조치를 취하여야 한다.**

① 대기 장소에서는 통과차량의 접근에 따라 접촉이나 추돌이 생기지 않도록 하는 안전조치를 취해 야 한다.

② 고장차를 즉시 알 수 있도록 표시 또는 눈에 띄게 한다.

③ '자동차의 운전자는 고장이나 그 밖의 사유로 고속도로 등에서 자동차를 운행할 수 없게 되었을 때에는 고장자동차의 표지설치를 하여야 하며, 그 자동차를 고속도로 등이 아닌 다른 곳으로 옮 겨 놓는 등의 필요한 조치를 하여야 한다'.

(4) **자동차 고장으로 인한 고장자동차의 표지 설치**

① 안전삼각대를 설치하는 경우 그 자동차의 후방에서 접근하는 자동차의 운전자가 확인할 수 있는 위치에 설치하여야 한다.

② 밤에는 표지와 함께 사방 500미터 지점에서 식별할 수 있는 적색의 섬광 신호, 전기제등 또는 불 꽃신호를 설치하여야 한다.

(5) 구조차 또는 서비스차가 도착할 때까지 차량 내에 대기하는 것은 특히 위험하므로 반드시 후방의 안전지대로 나가서 기다리도록 유도한다.

**3** 재난발생 시 운전자의 조치사항

(1) 운행 중 재난이 발생한 경우에는 신속하게 차량을 안전지대로 이동한 후 즉각 회사 및 유관기관 에 보고한다.

(2) 장시간 고립 시에는 유류, 비상식량, 구급환자발생 등을 즉시 신고, 한국도로공사 및 인근 유관 기관 등에 협조를 요청한다.

(3) **승객의 안전조치를 우선적으로 취한다.**

① 폭설 및 폭우로 운행이 불가능하게 된 경우에는 응급환자 및 노인, 어린이 승객을 우선적으로 안 전지대로 대피시키고 유관기관에 협조를 요청한다.

② 재난 시 차내에 유류 확인 및 업체에 현재 위치를 알리고 도착 전까지 차내에서 안전하게 승객을 보호한다.

③ 재난 시 차량 내에 이상 여부 확인 및 신속하게 안전지대로 차량을 대피한다.

# 출제예상문제

## 제1장 여객운수종사자의 기본자세

**01** 여객 운송업에 있어 서비스의 일반적인 사전적 의미가 아닌 것은?

① 무료, 덤, 할인, 봉사, 노무를 제공하는 것을 의미한다.

② 판매를 위해 제공되거나, 연계되어 제공되는 행위를 의미한다.

③ 판매를 위해 제공되거나, 연계되어 제공되는 만족(滿足)을 의미한다.

④ 서비스는 행위, 과정, 성과로 정의할 수 없다.

**02** 여객 운송 사업 종사자의 서비스와 예(禮)의 관계에 대한 설명이다. 옳지 않은 것은?

① 서비스는 단지 비즈니스 현장에서만 필요한 것이 아니라 공공장소에서는 물론 일상생활에서 자연스럽게 표출되어야 하는 덕목으로 예의범절(禮儀凡節), 예절(禮節), 예(禮)와 상통한다.

② 예(禮)는 좋든 싫든 해야만 하는 것을 하게 하는 것이 아니다.

③ 예(禮)를 통해, 내키지 않아도 해야 할 일은 하는 태도와 인내심이 길러지며 인내를 바탕으로 자신을 다스릴 수 있다.

④ 예(禮)는 참 교육에 의해 자발적으로 생성되는 것이고 타인을 향한 습관화된 태도이다.

**03** 여객 운송업으로서의 서비스에 대한 설명이다. 다른 것은?

① 서비스는 행위, 과정, 성과로 정의할 수 있다.

② 운수 종사자의 서비스는 승객의 요구, 필요를 충족시켜 주기 위해 제공되는 서비스라 할 수 있다.

③ 승객이 목적지까지 편안하고 안전하게 이동할 수 있도록 책임과 의무를 다하는 것을 말한다.

④ 서비스는 저장, 재활용할 수 없다.

**04** 여객 운수 종사자의 서비스 수칙에 대한 설명이다. 아닌 것은?

① 예(禮)의 메뉴얼을 몸에 익히기

② 좋든 싫든 해야만 하는 것임을 인지하기

③ 인내의 바탕 위에서 자기 관리를 하고 감정 다스리지 않기

④ 의무를 다하는 태도를 갖기

**05** 서비스의 특성에 대한 설명이다, 틀린 것은?

① 무형성 : 보여지는 것이 아니라 기억에 새겨지는 것이다.

② 이질성 : 제공자와 수혜자의 상호 작용으로 다양성과 이질성이 심화되므로 서비스 표준화가 어렵다.

③ 소멸성 : 서비스는 1회성이고 생방송이며, 저장ㆍ재활용할 수 없고, 한 순간의 느낌이 남는 것이다.

④ 비분리성 : 감동을 주는 서비스와 좋은 인적 자원을 확보하는 것이다.

**06** 여객 자동차 서비스의 특성 중 개선 방안에 대한 설명으로 틀린 것은?

① 무형성 : 실질적인 단서를 제공하여 이미지 개선 및 구전을 통한 호감 이미지 확대

② 이질성 : 표준화된 서비스 제공 및 서비스 품질 관리에 노력

③ 소멸성 : 서비스는 1회성이고 생방송이며, 저장ㆍ재활용 불가, 한 순간의 느낌으로 남는 것

④ 비분리성 : 감동을 주는 서비스와 좋은 인적 자원 확보

**07** 여객 운송 사업 서비스 제공자와 수혜자의 상호 작용에 대한 필요성 중 '좋은 서비스'에 관한 설명이다. 틀린 것은?

① 좋은 서비스 – 운전자 만족

② 좋은 서비스 – 승객 만족

③ 좋은 서비스 – 수익 증가

④ 좋은 서비스 – 승객 이탈

**08** 여객 자동차 운송 서비스에서 '승객 만족'의 정의에 대한 설명이다. 옳지 못한 것은?

① 승객이 무엇을 원하고 있는지 파악한다.

② 승객이 무엇이 불만인지 알아내야 한다.

③ 승객의 기대에 부응하는 양질의 서비스를 제공한다.

④ 승객을 만족시켜야 할 사람은 경영자의 몫이라 할 수 있다.

---

제1장  **01** ④  **02** ②  **03** ④  **04** ③  **05** ④  **06** ③  **07** ④  **08** ④

**09** 운수 종사자의 승객 만족을 위한 행동(태도)에 대한 설명이다. 옳지 못한 행동(태도)은?

① 직무에 책임을 다하고 단정한 용모를 유지하며, 시간을 엄수하고 매사에 성실과 성의를 다한다.

② 공손하고 친절하게 응대하고 예의 바른 말씨를 사용하며 타인의 행동을 제어한다.

③ 조심성 있게 행동하고 일을 정확히 처리하며, 조직이 추구하는 목표와 윤리 기준에 부합하기 위해 최선을 다한다.

④ 명랑한 태도로 모든 일을 의욕적으로 한다.

**10** 여객 운송 사업에서 승객의 요구 사항에 대한 설명이다. 잘못된 것은?

① 자신이 제기한 불만의 정당성을 인정

② 잘못된 점에 대한 시정 약속

③ 자신의 감정에 대한 공감 및 이해하는 태도

④ 타인이 입은 피해에 대한 진정성 있는 사과와 보상

**11** 승객 만족 서비스에서 3S에 해당되지 않는 것은?

① 스마일(Smile)  ② 슬로우(Slow)

③ 서비스(Service)  ④ 스피드(Speed)

**12** 승객 만족 서비스 중 승객에 대한 책임과 의무에 대한 설명이다. 해당되지 않는 것은?

① 쾌적하고 안전한 버스 환경 점검과 건강한 심신 유지

② 단정한 용모와 복장 확인 및 온화한 표정과 좋은 음성 관리

③ 승·하차 시 인사 표현 연습과 상황별 인사 표현

④ 용기 있는 반응 보이기

**13** 승객 만족을 위한 긍정 표현에서 태도(Attitude)의 의미에 대한 설명이다. 틀린 것은?

① 실제 모든 일에서 가장 중요한 것은 그 일을 대하는 자세 혹은 태도이다.

② 태도(Attitude)는 라틴어 '앱투스(Aptus)'에서 기원된 것이다.

③ 태도(Attitude)는 행동적인 측면뿐만 아니라 행위, 준비 또는 적응의 의미로 쓰인다.

④ 태도(Attitude)는 무엇인가를 행할 준비가 되어 있지 않은 상태를 말한다.

**14** 여객 자동차 운수 종사자의 준비에 대한 설명이다. 틀린 것은?

① 운수 종사자는 자신의 용모와 복장 상태를 청결하고 단정하게 한다.

② 운수 종사자는 쾌적한 버스 환경을 제공해야 한다.

③ 버스 내의 방역 소독과 질병에 대한 환경은 신경 쓰지 않아도 된다.

④ 버스의 청결도(좌석, 천장, 바닥, 손잡이 등), 쾌적성(적당한 온도, 좋은 냄새 등)을 체크 한다.

**15** 여객 자동차 운수 종사자의 승객 만족을 위한 자세이다. 옳지 않은 것은?

① 승객 맞이 인사 : 승·하차 시 인사 한다.(안녕하세요, 어서 오세요 등)

② 근무복(유니폼) 착용 : 단정한 용모와 근무복(유니폼) 착용은 직업인으로서의 준비된 자세를 표현하며, 승객에게 신뢰감을 준다.

③ 근무복(유니폼) : 근무복(유니폼) 착용은 자유화하고, 용모를 깔끔하게 관리한다.

④ 승·하차 승객 확인 : 승객의 안전을 지키기 위해 승·하차 승객을 확인 후 출발한다.

**16** 운수 종사자의 승객에 대한 접점별 점검 사항이다. 아닌 것은?

① 승차 시 : 승객을 보고 경쾌한 음성으로 말하며 인사 표현하기, 승차한 승객의 안전을 확인(착석 및 손잡이 잡기)한 후 이동하기

② 이동 중 : 운전 중 고객에게 필요한 정보 주기, 불만을 제기하는 승객의 얘기를 수용해 주고 가능하면 빠른 해결책 제시하기

③ 이동 중 : 승객의 질문이나 요청 사항에 가급적 천천히 응대하기

④ 하차 시 : 하차 승객에게 인사하기(안녕히 가세요), 승객이 하차한 것을 확인 후 출입문 닫고 출발하기

**17** 운수 종사자(듣는 입장)가 승객과 대화를 나눌 때의 표정과 태도에 관한 설명이다. 옳지 않은 것은?

① 눈 : 듣는 사람을 정면으로 바라보고 말하며, 상대방의 눈을 부드럽게 주시한다.

② 몸 : 정면을 향해 조금 앞으로 내미는듯한 자세를 취한다. 손이나 다리를 꼬지 않고, 끄덕끄덕하거나 메모하는 태도를 유지한다.

③ 입 : 맞장구를 친다. 모르면 질문하여 물어보고, 대화의 핵심 사항을 재확인하며 말한다.

④ 마음 : 흥미와 성의를 가지고, 말하는 사람의 입장에서 생각하는 마음을 가진다(역지사지의 마음).

**18** 운수 종사자(말하는 입장)가 승객과 대화를 나눌 때의 표현과 태도에 대한 설명이다. 틀린 것은?

① 눈 : 듣는 사람을 정면으로 바라보고 말하며, 상대방의 눈을 부드럽게 주시한다.

② 몸 : 표정을 밝게 한다. 등을 펴고 똑바른 자세를 취하고, 자연스런 몸짓이나 손짓을 사용하며, 웃음이나 손짓이 지나치지 않도록 주의한다.

③ 입 : 입은 똑바로, 정확한 발음으로 자연스럽고 상냥하게 말한다. 쉬운 용어를 사용하고, 외국어를 사용하며, 말끝을 흐리지 않는다.

④ 마음 : 성의를 가지고 말하며, 최선을 다하는 마음으로 말한다.

**19** 운수 종사자의 상황에 따른 긍정 언어 표현 호감 화법이다. 맞지 않는 문항은?

① 긍정할 때 : "그럴 리가 없다고 생각되는데요.", "확인해 보겠습니다."

② 맞장구를 칠 때 : "네, 그렇군요.", "정말 그렇습니다.", "참 잘 되었네요."

③ 부탁할 때 : "양해해주셨으면 고맙겠습니다.", "그렇게 해 주시면 정말 고맙겠습니다."

④ 겸손한 태도를 나타날 때 : "천만의 말씀입니다.", "제가 도울 수 있어 다행입니다.", "오히려 제가 더 감사합니다."

**20** 운수 종사자의 상황에 따른 긍정 언어 표현 호감 화법이다. 맞지 않는 문항은?

① 부정할 때 : "네, 잘 알겠습니다.", "네, 알겠습니다."

② 거부할 때 : "어렵겠습니다만, ~.", "정말 죄송합니다만, ~.", "유감스럽습니다만, ~."

③ 사과할 때 : "폐를 끼쳐 드려서 정말 죄송합니다.", "어떻게 사과의 말씀을 드려야 할지 모르겠습니다."

④ 분명하지 않을 때 : "어떻게 하면 좋을까요?", "아직은 ~입니다만, ~.", "저는 그렇게 알고 있습니다만, ~."

**21** 운수 종사자의 승객에 대한 호칭과 지칭에 대한 설명이다. 적당하지 않은 것은?

① 아줌마, 아저씨 : 손님, 선생님

② 할머니, 할아버지 : 손님 어르신, 선생님

③ 꼬마야 : 학생

④ 카드가 체크되지 않았을 때 : "아줌마 카드 다시 찍어요."

**22** 여객 자동차 운수 종사자의 5대 불편 민원 사항에 대한 설명이다. 해당되지 않는 것은?

① 개문발차 하지 않기, 곡예 운전하지 않기

② 끼임 사고 예방(0.2초의 여유), 곡예 운전하지 않기

③ 급제동, 급출발, 무정차 통과하지 않기

④ 운전 중에 핸드폰 전화 받기

**23** 직업관에서 직업의 의미에 해당하지 않는 것은?

① 경제적 의미 – 개개인에게 일할 기회 제공

② 사회적 의미 – 업무수행으로 능력인정 받는 곳

③ 물질적 의미 – 물질 만능욕구

④ 심리적 의미 – 자신의 이상실현

**24** 다음 중 바람직한 직업관이 아닌 것은?

① 차별적 직업관 : 육체노동을 천시한다.

② 소명의식을 지닌 직업관 : 항상 소명의식을 가지고 일하며, 자신의 직업을 천직으로 생각한다.

③ 사회구성원으로서의 역할 지향적 직업관 : 사회 구성원으로서의 직분을 다하는 일이자 봉사하는 일이라 생각한다.

④ 미래 지향적 전문능력 중심의 직업관 : 자기분야의 최고 전문가가 되겠다는 생각으로 최선을 다해 노력한다.

**25** 올바른 직업윤리에 해당하지 않는 것은?

① 소명의식 : 자신이 하는 일에 전력을 다하는 것이 하늘의 뜻에 따르는 것이라고 생각하는 것이다.

② 현실의식 : 금전적 어려움을 해소한다는 물질적인 직업의식을 말한다.

③ 천직의식 : 자신이 긍지를 느끼며, 그 일에 열성을 가지고 성실히 임하는 직업의식을 말한다.

④ 직분의식 : 사회 구성원으로서 마땅히 해야 할 본분을 다한다.

**26** 직업의 의미 중 심리적 의미에 대한 설명이다. 틀린 것은?

① 삶의 보람과 자기실현에 중요한 역할을 하는 것으로 사명감과 소명의식을 갖고 정성과 정열을 쏟을 수 있는 것이다.

② 인간은 직업을 통해 자신의 이상을 실현한다.

③ 직업은 인간 개개인의 자아실현의 매개인 동시에 장이 되는 것이다.

④ 인간의 천재적 능력, 타고난 소질과 적성 등이 직업을 통해 계발되고 발전한다.

## 제2장  운수종사자 준수사항 및 운전예절

**27** 운송사업자가 운수종사자로 하여금 여객을 운송할 때 성실하게 지키도록 항상 지도·감독하여야 하는 사항이 아닌 것은?

① 정류소에서 주차 또는 정차할 때에는 질서를 문란하게 하는 일이 없도록 할 것

② 정비가 불량한 사업용자동차를 운행하지 않도록 할 것

③ 관계 공무원으로부터 운전면허증, 신분증 등의 제시 요구를 받으면 즉시 이에 따르도록 할 것

④ 교통사고를 일으켰을 때에는 긴급조치 및 신고의 의무를 충실하게 이행하도록 할 것

**28** 노선버스 자동차의 장치 및 설비 등에 관한 준수사항이 잘못된 것은?

① 난방장치 및 냉방장치를 설치해야 한다.

② 시내버스 및 농어촌버스의 차 안에는 안내방송장치를 설치할 필요가 없고, 정차신호용 버저를 작동시킬 수 있는 스위치를 설치해야 한다.

③ 버스의 앞바퀴에는 재생한 타이어를 사용해서는 안 된다.

④ 시외우등고속버스, 시외고속버스 및 시외직행버스의 앞바퀴에는 튜브리스 타이어를 사용해야 한다.

**29** 전세버스 자동차의 장치 및 설비 등에 관한 준수사항이 잘못된 것은?

① 난방장치 및 냉방장치를 설치해야 한다.

② 앞바퀴에는 재생한 타이어를 사용해서는 안 된다.

③ 뒷바퀴의 타이어는 튜브리스 타이어를 사용해야 한다.

④ 13세 미만의 어린이의 통학을 위하여 학교 및 보육시설의 장과 운송계약을 체결하고 운행하는 경우에는 「도로교통법」에 따른 어린이통학버스의 신고를 하여야 한다.

**30** 장의자동차의 장치 및 설비 등에 관한 준수사항으로 잘못된 것은?

① 관은 차 외부에서 싣고 내릴 수 있도록 해야 한다.

② 관을 싣는 장치는 차 내부에 있는 장례에 참여하는 사람이 접촉할 수 없도록 완전히 격리된 구조로 해야 한다.

③ 운구전용 장의자동차에는 운전자의 좌석 및 장례에 참여하는 사람이 이용하는 두 종류의 좌석을 포함하여 다른 좌석을 설치할 수 있다.

④ 일반장의자동차의 앞바퀴에는 재생한 타이어를 사용해서는 안 된다.

**31** 운송사업자의 일반적인 준수사항에 해당하지 않는 것은?

① 운송사업자는 자동차를 항상 깨끗하게 유지하여야 한다.

② 운송사업자는 노약자, 장애인 등에 대해서는 특별한 편의를 제공해야 한다.

③ 자동차 안에 게시하는 표시판은 운전자가 보기 편리한 위치에 게시하여야 한다.

④ 수요응답형 여객자동차운송사업자는 여객의 운행 요청이 있는 경우, 이를 거부하여서는 안 된다.

**32** 여객자동차운수종사자가 해당 도로에 이상이 있었던 경우에 운전업무를 마치고 교대할 때의 준수 사항으로 맞는 것은?

① 회사에 보고한다.

② 관계기관에 통보한다.

③ 다음 교대 운전자에게 알린다.

④ 알릴 필요가 없다.

**33** 운전예절에서 교통질서의 중요성에 대한 설명으로 틀린 것은?

① 제한된 도로 공간에서 많은 운전자가 안전한 운전을 하기 위해서는 운전자의 질서의식이 제고되어야 한다.

② 교통질서를 지키지 않는 다른 운전자를 선도하고 가르친다는 마음으로 운전해야 한다.

③ 운전자는 교통사고로부터 국민의 생명과 재산을 보호하여야 한다.

④ 교통질서의 원활한 교통흐름을 유지하기 위해서는 운전자 스스로 교통질서를 준수해야 한다.

**34** 사업용 운전자의 사명에 대한 설명으로 틀린 것은?

① 타인의 생명도 내 생명처럼 존중한다.

② 사람의 생명은 이 세상 다른 무엇보다도 존귀하고 소중하며, 안전운행을 통해 인명손실을 예방할 수 있다.

③ 사업용 운전자는 '공인'이라는 사명감은 필요 없다.

④ 모든 운전자는 승객의 소중한 생명을 보호할 의무와 사명감이 수반되어야 한다.

---

**35** 사업용 운전자가 가져야 할 기본자세에 대한 설명이 잘못된 것은?

① 교통법규 이해와 준수　② 여유있는 양보운전

③ 주의력 집중　　　　　 ④ 상황을 추측하며 운전

**36** 사업용 운전자의 올바른 운전예절 중 인성과 습관의 중요성에 대한 설명이 잘못된 것은?

① 운전자는 일반적으로 각 개인이 가지는 사고, 태도 및 행동특성인 인성(人性)의 영향을 받게 된다.

② 습관은 후천적으로 형성되는 조건반사 현상으로 무의식중에 어떤 것을 반복적으로 행할 때 자신도 모르게 생활화된 행동으로 나타나게 된다.

③ 나쁜 운전습관이 몸에 배면 나중에 고치기 쉽다.

④ 올바른 운전습관은 다른 사람들에게 자신의 인격을 표현하는 방법 중의 하나이다.

**37** 사업용 운전자의 운전예절의 중요성으로 틀린 것은?

① 사람은 일상생활의 대인관계에서 예의범절을 중시하고 있다.

② 사람의 됨됨이는 그 사람이 얼마나 예의 바른가에 따라 가늠하기도 한다.

③ 예절바른 운전습관은 명랑한 교통질서를 유지한다.

④ 예절바른 운전습관은 교통문화 선진화의 지름길이 될 수 없다.

**38** 운전자가 지켜야 하는 행동사항으로 잘못된 것은?

① 횡단보도에서의 올바른 행동 : 일시정지하여 보행자 보호 또는 횡단보도 내로 차 진입 금지

② 전조등의 올바른 사용 : 항상 하향등으로 하고 운행

③ 차로변경에서 올바른 행동 : 방향지시등을 작동시킨 후 차로변경

④ 교차로를 통과할 때의 올바른 행동 : 교차로 전방이 정체된 때 진입을 중지하고 정지선에서 대기

**39** 운전자의 교통관련 법규 및 사내 안전관리 규정 준수사항에 대한 설명으로 틀린 것은?

① 정당한 사유 없이 지시된 운행노선을 임의로 변경운행 금지

② 운전에 악영향을 미치는 음주 및 약물복용 후 운전금지

③ 부득이한 경우 타인에게 대리운전 허용

④ 사회적인 물의를 일으키거나 회사의 신뢰를 추락시키는 난폭운전 등의 운전금지

**40** 운전자가 운행 중 주의할 사항으로 잘못된 것은?

① 주·정차 후 출발할 때에는 차량주변의 보행자, 승·하차자 및 노상취객 등을 확인한 후 안전하게 운행한다.

② 내리막길에서는 풋(발)브레이크를 장시간 사용하지 않고, 엔진 브레이크 등을 적절히 사용하여 안전하게 운행한다.

③ 후진할 때에는 유도요원의 배치 없이 안전하게 후진한다.

④ 뒤따라오는 차량이 추월하는 경우에는 감속 등을 통한 양보 운전을 한다.

**41** 운전자가 운행 중 교통사고가 발생하였을 때의 조치요령으로 틀린 것은?

① 교통사고가 발생하였을 때에는 현장에서의 인명구호, 관할경찰서 신고 등의 의무를 성실히 이행한다.

② 경미한 교통사고는 임의로 처리한다.

③ 교통사고가 발생하면 사고발생 경위를 육하원칙에 따라 거짓 없이 정확하게 회사에 보고한다.

④ 사고처리 결과에 대해 개인적으로 통보를 받았을 때에는 회사의 지시에 따라 조치한다.

## 제3장　교통시스템에 대한 이해

**42** 버스운영체제의 유형에 해당하지 않는 것은?

① 공영제　　　　　　　 ② 민영제

③ 버스준공영제　　　　 ④ 직영제

**43** 노선버스 운영에 공공개념을 도입한 형태로 운영은 민간, 관리는 공공영역에서 담당하게 하는 운영체제에 해당하는 것은?

① 공영제　　　　　　　 ② 민영제

③ 버스준공영제　　　　 ④ 복수제

**44** 버스운영체제의 유형 중 공영제의 단점에 해당하는 것은?

① 노선의 사유화로 노선의 합리적 개편이 적시적소에 이루어지기 어려움

② 책임의식 결여로 생산성 저하

③ 비수익노선의 운행서비스 공급에 애로

④ 과도한 버스 운임의 상승

**45** 버스준공영제의 특징에 대한 설명으로 틀린 것은?

① 버스의 소유·운영은 각 버스업체가 유지

② 노선체계의 효율적인 운영

③ 표준운송원가를 통한 경영효율화 도모

④ 민간이 버스노선을 결정하고 운행서비스를 공급하여 공급 비용을 최소화

---

**46** 다음 중 국내 버스준공영제의 일반적인 형태는?

① 노선 공동관리형　　② 수입금 공동관리형
③ 직접지원 관리형　　④ 자동차 공동관리형

**47** 버스준공영체제의 주요 도입 배경으로 틀린 것은?

① 현행 민영체제 하에서 버스운영의 한계
② 버스교통의 공공성에 따른 공공부분의 역할분담 필요
③ 복지국가로서 일방적 버스교통 서비스 유지 필요
④ 교통효율성 제고를 위해 버스교통의 활성화 필요

**48** 버스준공영체제에 있어 무료환승제를 도입한 목적에 해당하는 것은?

① 서비스 안정성 제고
② 수입금 투명한 관리와 시민 신뢰 확보
③ 버스이용의 쾌적 · 편의성 증대
④ 대중교통 이용 활성화 유도

**49** 노선운송사업 버스운임의 기준 · 요율을 결정하는 관할관청에 대한 설명으로 틀린 것은?

① 시내버스 : 시 · 도지사
② 농어촌버스 : 시 · 도지사
③ 시외버스 : 국토교통부장관
④ 마을버스 : 국토교통부장관

**50** 버스 요금체계의 유형에 대한 설명으로 틀린 것은?

① 단일 운임제 : 이용거리와 관계 없이 일정하게 설정된 요금을 부과하는 요금체계이다.
② 구역 운임제 : 운행구역을 몇 개의 구역으로 나누어 구역별로 요금을 설정하고, 동일 구역 내에서는 균일하게 요금을 설정하는 요금체계이다.
③ 거리운임 요율제 : 거리 운임요율에 운행거리를 더하여 요금을 산정하는 요금체계이다.
④ 거리 체감제 : 이용거리가 증가함에 따라 단위당 운임이 낮아지는 요금체계이다.

**51** 버스 업종별 요금체계에서 자율요금제를 채택한 업종은?

① 시내 · 농어촌버스　　② 시외버스
③ 고속버스　　④ 전세버스, 특수여객

**52** 간선급행버스체계(BRT)의 도입 배경 설명으로 틀린 것은?

① 도로와 교통시설 증가의 둔화
② 도로 및 교통시설에 대한 투자비의 급격한 증가
③ 신속하고, 양질의 대량수송에 적합한 저렴한 비용의 대중교통 시스템 필요

④ 대중교통 이용률 증가

**53** 간선급행버스체계의 특성으로 맞는 것은?

① 분리된 버스전용차로는 제공되지 않음
② 효율적인 사후 요금징수 시스템 채택
③ 신속한 승 · 하차 가능
④ 정류소 및 승차대의 쾌적성 저하

**54** 버스정보시스템(BIS) 및 버스운행관리시스템(BMS)의 정의에 대한 설명으로 틀린 것은?

① BIS : 버스와 정류소에 무선 송수신기를 설치하여 버스의 위치를 실시간으로 파악한다.
② BIS : 버스의 위치를 파악한 정보를 이용자에게 정류소에서 해당 노선버스의 도착예정시간을 안내한다.
③ BIS : 지능형 교통시스템을 통하여 운행상황을 관제하는 시스템이다.
④ BMS : 차내장치를 설치한 버스와 종합사령실을 유 · 무선 네트워크로 연결해 버스의 위치나 사고 정보 등을 버스회사, 운전자에게 실시간으로 보내주는 시스템이다.

**55** 버스운행관리시스템(BMS)운영에 대한 설명으로 틀린 것은?

① 버스운행관리센터 또는 버스회사에서 버스운행 상황을 이용자에게 제공
② 관계기관, 버스회사, 운수종사자를 대상으로 정시성 확보
③ 버스운행관제, 운행상태 등 버스 정책 수립 등을 위한 기초자료 제공
④ 버스운행관리 · 이력관리 및 버스운행정보제공 등이 주목적

**56** 버스정보시스템(BIS)의 주요 기능이 아닌 것은?

① 정류소별 도착예정정보 표출
② 정류소간 주행시간 표출
③ 버스운행 및 종료 정보 제공
④ 버스운행 및 통계관리

**57** 버스전용차로의 개념에 대한 설명으로 틀린 것은?

① 일반차로와 구별하여 버스가 전용으로 신속하게 통행할 수 있도록 설정된 차로이다.
② 통행방향과 차로의 위치에 따라 가로변버스전용차로, 역류버스전용차로, 중앙버스전용차로로 구분한다.

---

46 ③　47 ③　48 ④　49 ④　50 ③　51 ④　52 ④　53 ③　54 ③　55 ①　56 ④　57 ③

③ 설치할 때 일반차량의 차로수를 줄여도 일반차량의 교통상황이 나빠지는 문제가 발생하지 않는다.
④ 버스전용차로를 설치하여 효율적으로 운영하기 위해서는 첫째 설치구간에 교통정체가 심한 곳 등이어야 한다.

**58** 버스전용차로 중 일방통행로에서 차량이 진행하는 반대방향으로 1~2개 차로를 버스전용차로로 제공하는 것은 무엇인가?
① 고속도로버스전용차로
② 가로변버스전용차로
③ 역류버스전용차로
④ 중앙버스전용차로

**59** 다음 중 가로변버스전용차로의 단점은?
① 시행이 불편하다.
② 시행효과가 바로 나타나지 않는다.
③ 시행 후 문제점 발생에 따른 보완 및 원상복귀가 어렵다.
④ 기존의 가로망 체계에 미치는 영향이 크다.

**60** 다음 중 중앙버스전용차로의 단점은?
① 일반 차량과의 마찰을 최대화한다.
② 승·하차 정류소에 대한 보행자의 접근거리가 길어진다.
③ 교통정체가 심한 구간에서는 효과가 없다.
④ 가로변 상업 활동을 보장할 수 없다.

**61** 중앙버스전용차로의 위험요소에 대한 설명으로 틀린 것은?
① 대기 중인 버스를 타기 위한 보행자의 횡단보도 신호위반 및 버스정류소 부근의 무단횡단 가능성 증가
② 중앙버스전용차로가 시작하는 구간 및 끝나는 구간에서 일반차량과 버스간의 충돌위험 발생
③ 좌회전하는 일반차량과 우회전하는 버스 간의 충돌위험 발생
④ 폭이 좁은 정류소 추월차로로 인한 위험 발생

**62** 대중교통전용지구에 대한 설명으로 틀린 것은?
① 대중교통 중심의 보행자 전용공간이다.
② 도시의 교통수요를 감안해 승용차 등 일반차량의 통행을 제한할 수 있는 지역 및 제도를 말한다.
③ 도심의 상업지구 내로의 일반차량의 통행을 제한하고 대중교통수단의 진입만을 허용하여 교통 여건을 개선한다.
④ 쾌적한 보행과 쇼핑은 불가능하다.

**63** 도심상업지구 내로의 일반차량의 통행을 제한하여 쾌적한 보행과 쇼핑이 가능하도록 하는 대중교통 중심의 보행자 전용공간은?
① 대중교통전용지구
② 가로변버스전용차로지구
③ 간선급행버스체계지구
④ 버스준공영제지구

**64** 대중교통 전용 지구의 운영내용에 해당되지 않는 것은?
① 버스 및 16인승 승합차, 긴급자동차만 통행 가능하며 심야시간에 한해 택시의 통행 가능
② 승용차 및 일반 승합차는 24시간 진입불가(화물차량은 허가 후 통행가능)
③ 보행자 보호를 위해 대중교통 전용 지구 내 30km/h로 속도 제한
④ 도심 상업지구 내의 대중교통 중심의 차량 전용 공간 확보

**65** 교통카드시스템의 도입효과 중 운영자 측면에 대한 설명으로 맞는 것은?
① 현금소지의 불편해소
② 운송수입금 관리가 용이
③ 소지의 편리성, 요금 지불 및 징수의 신속성
④ 하나의 카드로 다수의 교통수단 이용 가능

**66** 교통카드시스템 도입효과 중 정부 측면에 대한 설명으로 틀린 것은?
① 대중교통 이용률 제고로 교통환경 개선
② 첨단교통체계 기반 마련
③ 교통정책수립 및 교통요금 결정의 기초자료 확보
④ 다양한 요금체계에 대응

**67** 교통카드시스템의 구성에 해당하지 않는 것은?
① 사용자 카드
② 단말기
③ 중앙처리시스템
④ 충전시스템

**68** 교통카드 종류 중 IC카드 종류가 아닌 것은?
① 접촉식
② 비접촉식
③ 콤비
④ MS 방식

**69** 카드를 판독하여 이용요금을 차감하고 잔액을 기록하는 기능을 갖는 기계는?
① 단말기
② 집계시스템
③ 충전시스템
④ 정산시스템

---

58 ③  59 ②  60 ②  61 ③  62 ④  63 ①  64 ④  65 ②  66 ④  67 ④  68 ④  69 ①

**70** 각종 단말기 및 충전기와 네트워크로 연결하여 사용 거래기록을 수집, 정산 처리하고, 정산결과를 해당 은행으로 전송하고, 정산 처리된 모든 거래기록을 데이터베이스화 하는 기능을 갖는 시스템은?

① 충전시스템　　② 정산시스템
③ 집계시스템　　④ 단말기

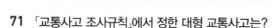

## 제4장　운수종사자가 알아야 할 응급처치방법 등

**71** 「교통사고 조사규칙」에서 정한 대형 교통사고는?

① 교통사고로 1명 이상이 사망한 사고
② 교통사고 발생일로부터 100일 이내 사망한 경우
③ 5명 이상의 사상자가 발생한 사고
④ 교통사고로 3명 이상이 사망한 사고

**72** 「여객자동차 운수사업법」에 따른 중대한 교통사고에 해당되지 않는 사고는?

① 전복사고 또는 화재가 발생한 사고
② 사망자 2명 이상 발생한 사고
③ 사망자 1명과 중상자 1명이 발생한 사고
④ 중상자 6명 이상이 발생한 사고

**73** 「교통사고 조사규칙」에 따른 교통사고의 용어에 대한 설명이 잘못된 것은?

① 충돌사고 : 차가 반대방향 또는 측방에서 진입하여 그 차의 정면으로 다른차의 정면 또는 측면을 충격한 것을 말한다.
② 추돌사고 : 2대 이상의 차가 동일방향으로 주행 중 뒤차가 앞차의 측면을 충격한 것을 말한다.
③ 전도사고 : 차가 주행 중 도로 또는 도로 이외의 장소에 차체의 측면이 지면에 접하고 있는 상태를 말한다.
④ 전복사고 : 차가 주행 중 도로 또는 도로 이외의 장소에 뒤집혀 넘어진 것을 말한다.

**74** 자동차에 사람이 승차하지 않고 물품을 적재하지 않은 상태로서 연료, 냉각수 및 윤활유를 만재하고 예비타이어를 설치하여 운행할 수 있는 상태를 무엇이라 하는가?

① 공차상태　　② 만차상태
③ 적재상태　　④ 미만차상태

**75** 다음 중 적차상태의 기준으로 맞는 것은?

① 13세 미만의 자는 2인을 승차정원 1인으로 본다.
② 승차인원 1인의 중량은 80kg을 기준으로 계산한다.
③ 공차상태의 자동차에 승차정원의 인원이 승차하고, 최대적재량의 물품이 적재된 상태를 말한다.
④ 좌석정원의 인원은 정위치에 있지 않아도 된다.

**76** 다음 중 운전석이 엔진 뒤쪽에 있는 버스를 무엇이라 하는가?

① 코치 버스
② 캡오버 버스
③ 보닛 버스
④ 마이크로 버스

**77** 차량 바닥을 3.6m 이상 높게 하여 조망을 좋게 하고 바닥 밑의 공간을 활용하기 위해 설계되어 관광용 버스에서 주로 이용되고 있는 버스의 명칭은?

① 고상버스
② 초고상버스
③ 저상버스
④ 초저상버스

**78** 출입구에 계단이 없고 차체 바닥이 낮으며, 경사판이 장착되어 있어 장애인이 휠체어를 타거나, 아이를 유모차에 태운 채 오르내릴 수 있을 뿐 아니라 노약자들도 쉽게 이용할 수 있는 버스로서 주로 시내버스에 이용되는 버스의 명칭은?

① 저상버스
② 고상버스
③ 초고상버스
④ 초저상버스

**79** 다음 중 교통사고 현장에서의 상황별 안전조치사항으로 잘못된 것은?

① 생명이 위독한 환자가 누구인지 파악한다.
② 피해자는 원만한 사고 처리를 위해서 곁에 둔다.
③ 구조를 도와줄 사람이 주변에 있는지 파악한다.
④ 사고위치에 노면표시를 한 후, 도로 가장자리로 자동차를 이동시킨다.

**80** 버스승객의 주요 불만사항의 설명이 아닌 것은?

① 요금이 비싸다.
② 난폭, 과속운전을 한다.
③ 버스기사가 불친절하다.
④ 안내방송이 미흡하다.

---

**70 ②　　제4장　71 ④　72 ③　73 ②　74 ①　75 ③　76 ③　77 ②　78 ①　79 ②　80 ①**

**81** 심폐소생술에 있어 가슴압박 및 인공호흡을 해야 하는 횟수가 맞는 것은?

① 30회 가슴압박과 1회 인공호흡(30 : 1) 반복 실시
② 30회 가슴압박과 2회 인공호흡(30 : 2) 반복 실시
③ 30회 가슴압박과 3회 인공호흡(30 : 3) 반복 실시
④ 30회 가슴압박과 5회 인공호흡(30 : 5) 반복 실시

**82** 심폐소생술에 대한 설명이 잘못된 것은?

① 의식 확인 : 양쪽 어깨를 가볍게 두드리며 "괜찮으세요?"라고 말한 후 반응 확인
② 기도 열기 : 머리를 뒤로 젖히고 기도 개방하기
③ 인공호흡 : 가슴이 충분히 올라올 정도로 2회(1회 당 1초간) 실시
④ 가슴압박 및 인공호흡 반복 : 30회 가슴압박과 5회 인공호흡 반복 (30 : 5) 실시

**83** 성인의 인공호흡 방법에 대한 설명이 잘못된 것은?

① 가슴의 중앙인 흉골의 아래쪽 절반 부위에 손바닥을 위치시킨다.
② 양손을 깍지 낀 상태로 손바닥의 아래 부위만을 환자의 흉골 부위에 접촉시킨다
③ 시술자의 어깨는 환자의 흉골이 맞닿는 부위와 수직이 되게 위치시킨다
④ 양쪽 어깨의 힘을 이용하여 분당 100~120회 정도의 속도로 5cm 이상 깊이로 강하고 빠르게 20회 눌러 준다.

**84** 부상자의 가슴압박 방법으로 틀린 것은?

① 가슴 중앙(양쪽 젖꼭지 사이)에 두 손을 올려 놓는다.
② 팔을 곧게 펴서 바닥과 수직이 되도록 한다.
③ 5cm 깊이로 체중을 이용하여 압박과 이완을 반복한다.
④ 분당 130회 속도로 약하고 빠르게 압박한다.

**85** 부상자의 가슴압박을 할 때 성인과 영아의 압박 강도로 맞는 것은?

① 성인 : 가슴 중앙 5cm 깊이로 압박과 이완
　　영아 : 가슴 중앙 4cm 깊이로 압박과 이완
② 성인 : 가슴 중앙 6cm 깊이로 압박과 이완
　　영아 : 가슴 중앙 1cm 깊이로 압박과 이완
③ 성인 : 가슴 중앙 5cm 깊이로 압박과 이완
　　영아 : 가슴 중앙 3cm 깊이로 압박과 이완
④ 성인 : 가슴 중앙 6cm 깊이로 압박과 이완
　　영아 : 가슴 중앙 4cm 깊이로 압박과 이완

**86** 교통사고 현장에서 "부상자의 출혈 상태"를 관찰하고 조치하는 요령으로 틀린 것은?

① 가슴이나 배를 강하게 부딪쳐 내출혈이 발생하였을 때에는 얼굴이 창백해지며 핏기가 없어지고 식은 땀을 흘리며 호흡이 얕고 빨라지는 쇼크 증상이 발생한다.
② 출혈이 적을 때에는 거즈나 깨끗한 손수건으로 상처를 꽉 누른다.
③ 출혈이 심하다면 출혈 부위보다 심장에 가까운 부위를 헝겊 또는 손수건 등으로 지혈될 때까지 꽉 잡아맨다.
④ 부상자가 춥지 않도록 모포 등을 덮어주고 햇볕을 직접 쬐도록 한다.

**87** 교통사고 발생 시 운전자가 취할 조치과정을 설명한 것 중 옳지 않은 것은?

① 안전하고 신속하게 사고차량으로부터 탈출해야 한다.
② 부상자, 노인, 어린아이 및 부녀자 등 노약자를 우선적으로 구조한다.
③ 통과 차량에 알리기 위해 차선으로 뛰어나와 손을 흔든다.
④ 보험회사나 경찰 등에 사고발생지점 등을 알린다.

**88** 교통사고로 부상자가 발생하여 인공호흡을 하여야 할 환자에 해당하는 사람은?

① 호흡이 없고 맥박이 있는 사람
② 호흡과 맥박이 모두 없는 사람
③ 호흡과 맥박이 모두 있는 사람
④ 출혈이 심하여 얼굴색이 창백한 사람

**89** 재난발생 시 운전자의 조치사항으로 틀린 것은?

① 운행 중 재난이 발생한 경우에는 신속하게 차량을 안전지대로 이동한 후 즉각 회사 및 유관기관에 보고한다.
② 장시간 고립 시에는 유류, 비상식량, 구급환자 발생 등을 즉시 신고, 한국도로공사 및 인근 유관기관 등에 협조를 요청한다.
③ 승객의 안전조치를 우선적으로 취한다.
④ 폭설 및 폭우로 운행이 불가능하게 된 경우에는 응급환자 및 노인, 어린이 승객을 차내에서 보호한다.

---

81 ②　82 ④　83 ④　84 ④　85 ①　86 ④　87 ③　88 ①　89 ④

**01** 「여객자동차 운수사업법」상 용어의 정의에 대한 설명으로 틀린 것은?

① 여객자동차운송사업 : 다른 사람의 수요에 응하여 자동차를 사용하여 유상으로 여객을 운송하는 사업

② 노선 : 자동차를 정기적으로 운행하거나 운행하려는 구간

③ 관할관청 : 관할이 정해지는 국토교통부장관이나 특별시장·광역시장·특별자치시장·도지사 또는 특별자치도지사

④ 여객자동차터미널 : 여객이 승차 또는 하차할 수 있도록 노선 사이에 설치한 장소

**02** 운행계통을 정하지 아니하고 전국을 사업구역으로 하여 1개의 운송계약에 따라 특수형 승합자동차 또는 승용자동차를 사용하여 장례에 참여하는 자와 시체(유골을 포함)를 운송하는 사업은?

① 일반장의자동차운송사업

② 전세버스운송사업

③ 운구전용자동차운송사업

④ 특수여객자동차운송사업

**03** 농어촌을 기점 또는 종점으로 하고, 운행계통·운행시간·운행횟수를 여객의 요청에 따라 탄력적으로 운영하여 여객을 운송하는 사업은?

① 노선 여객자동차운송사업

② 구역 여객자동차운송사업

③ 수요응답형 여객자동차운송사업

④ 특수 여객자동차운송사업

**04** 마을버스운송사업의 운행형태 및 노선구역에 대한 설명이다. 틀린 것은 ?

① 고지대 마을, 외지 마을 등을 기점 또는 종점으로 하여 특별한 사유가 없으면 그 마을과 가장 가까운 백화점 또는 체육시설 사이를 운행하는 사업이다.

② 관할관청은 지역 여건상 특히 필요하다고 인정되는 경우에는 해당 행정구역의 경계로부터 5km의 범위에서 연장하여 운행하게 할 수 있다.

③ 관할관청은 지역주민의 편의상 특히 필요하다고 인정되는 경우에는 해당 행정구역의 경계로부터 5km의 범위에서 연장하여 운행하게 할 수 있다.

④ 아파트단지, 산업단지, 학교, 종교단체의 소재지 등을 기점 또는 종점으로 하여 특별한 사유가 없으면 그 마을과 가장 가까운 철도역 또는 노선버스 정류소 사이를 운행하는 사업이다.

**05** 다음은 운수종사자 등의 현황 통보에 대한 설명이다. 틀린 것은?

① 조합은 소속 운송사업자를 대신하여 소속 운송사업자의 운수종사자 현황을 취합·통보할 수 있다.

② 시·도지사는 통보받은 운수종사자 현황을 취합하여 한국교통안전공단에 통보하여야 한다.

③ 새로 채용한 운수종사자 교육을 실시한 운수종사자 연수기관 등은 교육을 받은 운수종사자 현황을 매월 10일까지 국토교통부장관에게 보고하여야 한다.

④ 운송사업자는 매월 말일 현재의 운수종사자 현황을 매월 15일까지 시·도지사에게 알려야 한다.

**06** 버스운전업무에 종사하려는 사람에 대한 운전적성정밀검사 중 "특별검사"를 받아야 할 대상자가 아닌 것은?

① 중상 이상의 사상 사고를 일으킨 자

② 과거 1년간 「도로교통법 시행규칙」에 따른 운전면허 행정처분기준에 따라 계산한 누산점수가 81점 이상인 자

③ 질병, 과로, 그 밖의 사유로 안전운전을 할 수 없다고 인정되는 자인지 알기 위하여 운송사업자가 신청한 자

④ 65세 이상 70세 미만인 사람

**07** 운송사업자의 운전자격증명 관리에 대한 설명이다. 틀린 것은?

① 한국교통안전공단 또는 운전자격증명 발급기관은 운송사업자가 운전자격증을 받은 사람을 운전업무에 종사시키기 위하여 운전자격증명의 발급을 신청하면 발급하여야 한다.

② 운전자격증 또는 운전자격증명의 기록사항에 착오가 있거나 변경된 내용이 있어 정정을 받으려는 경우 지체 없이 해당 서류를 첨부하여 한국교통안전공단 또는 운전자격증명 발급기관에 신청하여야 한다.

**01** ④ **02** ④ **03** ③ **04** ① **05** ④ **06** ④ **07** ④

③ 여객자동차운송사업용 운수종사자는 해당 사업용 자동차 안에 운전자격증명을 항상 게시하여야 한다.

④ 운수종사자가 퇴직하는 경우에는 본인의 운전자격증명을 운송사업자에게 반납하여야 하며, 운송사업자는 지체 없이 해당 운전자격증명을 시·도지사에게 제출하여야 한다.

**08** 버스운전자격의 효력정지처분의 일반기준 중 감경사유에 대한 설명으로 틀린 것은?

① 위반행위가 고의나 중대한 과실이 아닌 사소한 부주의나 오류로 인한 것으로 인정되는 경우

② 위반의 내용정도가 중대하여 이용객에게 미치는 피해가 크다고 인정되는 경우

③ 위반행위를 한 사람이 처음 해당 위반행위를 한 경우로서 5년 이상 해당 여객자동차운송사업의 모범적인 운수종사자로 근무한 사실이 인정되는 경우

④ 그 밖에 여객자동차운수사업에 대한 정부 정책상 필요하다고 인정되는 경우

**09** 다음은 과징금의 용도에 대한 설명이다. 틀린 것은?

① 벽지노선이나 그 밖에 수익성이 없는 노선으로서 수요응답형 여객자동차운송사업의 노선을 운행하여서 생긴 손실의 보전

② 운수사업자의 양성, 교육훈련, 그 밖의 자질 향상을 위한 시설과 운수사업자에 대한 지도 업무를 수행하기 위한 시설의 건설 및 운영

③ 지방자치단체가 설치하는 터미널을 건설하는 데에 필요한 자금의 지원 및 터미널 시설의 정비·확충

④ 여객자동차 운수사업의 경영 개선이나 그 밖에 여객자동차 운수사업의 발전을 위하여 필요한 사업

**10** 「도로교통법」상 용어에 대한 설명으로 틀린 것은?

① 자동차 전용도로 : 자동차만 다닐 수 있도록 설치된 도로

② 차도 : 연석선(차도와 보도를 구분하는 돌 등으로 이어진 선), 안전표지나 그와 비슷한 인공구조물을 이용하여 경계를 표시하여 모든 차가 통행할 수 있도록 설치된 도로의 부분

③ 차선 : 차마가 한 줄로 도로의 정하여진 부분을 통행하도록 차선으로 구분한 차선의 부분

④ 신호기 : 도로교통에 관하여 문자·기호 또는 등화를 사용하여 진행·정지·방향전환·주의 등의 신호를 표시하기 위하여 사람이나 전기의 힘으로 조작하는 장치

**11** 보행자의 통행방법에 대한 설명이다. 틀린 것은?

① 보행자는 보도와 차도가 구분된 도로에서는 언제나 보도로 통행하여야 한다.

② 보행자는 보도와 차도가 구분되지 아니한 도로에서는 차마와 마주보는 방향의 길가장자리 또는 길가장자리 구역으로 통행하여야 한다.

③ 도로의 통행방향이 일방통행인 경우에는 차마를 마주보고 통행하여야 한다.

④ 보행자는 보도에서는 우측통행을 원칙으로 한다.

**12** 도로 및 차로에 따라 통행할 때의 주의 사항이다. 틀린 것은?

① 차로의 순위는 도로의 중앙선 쪽에 있는 차로부터 1차로로 한다. 다만, 일방통행도로에서는 도로의 왼쪽부터 1차로로 한다.

② 좌회전 차로가 둘 이상 설치된 교차로에서 좌회전하고자 하는 차는 그 설치된 좌회전 차로 내에서 고속도로의 통행기준에 따라 좌회전하여야 한다.

③ 모든 차의 운전자는 통행하고 있는 차로에서 느린 속도로 진행하여 다른 차의 정상적인 통행을 방해할 우려가 있는 때에는 그 통행하던 차로의 오른쪽 차로로 통행하여야 한다.

④ 위험물 등을 운반하는 자동차는 도로의 오른쪽 가장자리 차로로 통행하여야 한다.

**13** 교통정리가 없는 교차로에서의 양보운전에 대한 설명이다. 틀린 것은?

① 교통정리를 하고 있지 아니하는 교차로에 들어가려고 하는 차의 운전자는 이미 교차로에 들어가 있는 다른 차가 있을 때에는 그 차에 진로를 양보하여야 한다.

② 통행하고 있는 도로의 폭보다 교차하는 도로의 폭이 넓은 경우에는 서행하여야 한다.

③ 폭이 넓은 도로로부터 교차로에 들어가려 할 때 다른 차가 있을 때는 그 차에 진로를 양보하여야 한다.

④ 교차로에 동시 진입할 때에는 좌측 도로의 차에 진로 양보하여야 한다.

**14** 긴급자동차의 우선통행 등에 대한 설명이다. 틀린 것은?

① 교차로나 그 부근에서 긴급자동차가 접근하는 경우에는 교차로를 피하여 도로의 우측 가장자리에 일시정지 하여야 한다.

② 교차로 또는 그 부근이 아닌 곳에서 긴급자동차가 접근하는 경우에는 진로를 양보할 필요가 없다.

③ 긴급자동차는 긴급하고 부득이한 경우에는 도로의 중앙이나 좌측부분을 통행할 수 있다.

④ 긴급자동차 운전자는 해당 자동차를 그 본래의 긴급한 용도로 운행하지 아니하는 경우에는 경광등이나 사이렌을 작동하여서는 아니 된다.

**15** 술에 취한 상태에서의 운전금지에 대한 설명이다. 틀린 것은?

① 술에 취한 상태인 혈중알코올농도 0.01% 이상에서 자동차 등을 운전하여서는 아니 된다.

② 경찰공무원은 교통의 안전과 위험 방지를 위하여 필요하다고 인정하거나, 술에 취한 상태에서 자동차 등을 운전하였다고 인정할 만한 상당한 이유가 있는 경우에는 운전자가 술에 취하였는지를 호흡조사로 측정할 수 있다.

③ 운전자는 경찰관의 호흡조사 측정에 응하여야 한다.

④ 경찰공무원이 술에 취하였는지를 측정한 호흡조사 결과에 불복하는 운전자에 대하여는 운전자의 동의를 받아 혈액 채취 등의 방법으로 다시 측정할 수 있다.

**16** 다음 중 운송사업용 자동차 운전자의 금지행위가 아닌 것은?

① 운행기록계가 설치되어 있지 아니한 자동차를 운전하는 행위

② 운행기록계가 고장 등으로 사용할 수 없는 운행기록계가 설치된 자동차를 운전하는 행위

③ 운행기록계를 원래의 목적대로 사용하는 자동차를 운전하는 행위

④ 승차를 거부하는 행위

**17** 어린이통학버스의 특별보호에 대한 설명으로 틀린 것은?

① 어린이통학버스가 도로에 정차하여 어린이나 영유아가 타고 내리는 중임을 표시하는 점멸등 등의 장치를 작동 중일 때에는 어린이통학버스가 정차한 차로와 그 차로의 바로 옆 차로로 통행하는 차의 운전자는 어린이통학버스에 이르기 전에 일시정지하

여 안전을 확인한 후 서행하여야 한다.

② 중앙선이 설치되지 아니한 도로에서는 반대방향에서 진행하는 차의 운전자도 어린이통학버스에 이르기 전에 일시정지하여 안전을 확인한 후 서행하여야 한다.

③ 모든 차의 운전자는 어린이나 영유아를 태우고 있다는 표시를 한 상태로 도로를 통행하는 어린이 통학버스를 앞지르지 못한다.

④ 편도 1차로인 도로에서는 반대방향에서 진행하는 차의 운전자도 어린이통학버스에 이르기 전에 서행하여야 한다.

**18** 자동차의 운전자가 고속도로 등에서 고장이나 그 밖의 사유로 자동차 운행을 할 수 없게 된 경우 조치요령이다. 틀린 것은?

① 고장자동차의 표지를 설치하여야 한다.

② 고장자동차를 고속도로 등이 아닌 다른 곳으로 이동조치를 할 필요가 없다.

③ 고장자동차의 표지를 설치하는 경우 그 자동차의 후방에서 접근하는 자동차의 운전자가 확인할 수 있는 위치에 설치하여야 한다.

④ 밤에 고장이나 그 밖의 사유로 고속도로 등에서 자동차를 운행할 수 없는 경우에는 사방 500m 지점에서 식별할 수 있는 적색의 섬광 신호, 전기제등 또는 불꽃신호를 설치하여야 한다.

**19** 다음 중 교통사고로 처리되는 경우에 해당하는 것은?

① 명백한 자살이라고 인정되는 경우

② 업무상 필요한 주의를 게을리하여 타인을 사상하거나 물건을 손괴한 경우

③ 건조물 등이 떨어져 운전자 또는 동승자가 사상한 경우

④ 사람이 건물, 육교 등에서 추락하여 운행 중인 차량과 충돌 또는 접촉하여 사상한 경우

**20** 교통사고에서 중상해에 대한 설명이다. 틀린 것은?

① 생명에 대한 위험 : 뇌 또는 주요 장기에 중대한 손상

② 불구 : 사지절단 등 신체 중요부분의 상실·중대변형 또는 시각·청각·언어·생식기능 등 영구적 상실

③ 불치나 난치의 질병 : 중증의 정신장애·하반신 마비 등 중대 질병

④ 교통사고로 중상해 사고를 유발하고 형사상 합의가 안 된 경우에는 형사처벌 하지 않음

**21** 다음 중 신호 위반사고 사례가 아닌 것은?

① 신호가 변경되기 전에 출발하여 인적피해를 야기한 경우

② 황색점멸 신호에 교차로에 진입하여 인적피해를 야기한 경우

③ 신호내용을 위반하고 진행하여 인적피해를 야기한 경우

④ 적색 차량신호에 진행하다 정지선과 횡단보도 사이에서 보행자를 충격한 경우

**22** 과속사고의 성립요건 중 운전자 과실의 내용에 대한 설명이다. 틀린 것은?

① 제한속도 20km/h 이상 과속으로 운행 중에 대물피해 사고가 발생한 경우

② 고속도로나 자동차 전용도로에서 법정 속도 20km/h를 초과하여 인적피해 사고가 발생한 경우

③ 일반도로 법정속도 매시 60km/h, 편도 2차로 이상의 도로에서는 매시 80km/h에서 20km/h를 초과하여 인적피해 사고가 발생한 경우

④ 속도제한 표지판 설치구간에서 제한속도 20km/h를 초과하여 인적피해 사고가 발생한 경우

**23** 보도침범, 보도횡단방법위반 사고의 성립요건으로 틀린 것은?

① 장소적요건 : 보도와 차도가 구분된 도로에서 보도 내 사고

② 피해자요건 : 보도 내에서 보행 중 사고

③ 운전자과실 : 고의적 과실, 의도적 과실, 현저한 부주의 과실

④ 시설물 설치 요건 : 학교·아파트단지 등 특정 구역 내부의 소통과 안전을 목적으로 설치된 보도

**24** 어린이 보호구역 내  어린이 보호의무위반 사고의 성립요건으로 틀린 것은?

① 장소적요건 : 어린이 보호구역으로 지정된 장소

② 피해자요건 : 어린이가 상해를 입은 경우

③ 운전자과실 : 어린이에게 상해를 입힌 경우

④ 보호구역 지정장소 : 「초·중등교육법」에 따른 중학교 또는 특수학교

**25** 교통사고조사규칙상 용어의 정의에 대한 설명이다. 틀린 것은?

① 스키드 마크 : 차의 급제동으로 인하여 타이어의 회전이 정지된 상태에서 노면에 미끄러져 생긴 타이어 마모흔적 또는 활주흔적

② 요 마크 : 급핸들 등으로 인하여 차의 바퀴가 돌면서 차축과 평행하게 옆으로 미끄러진 타이어의 마모흔적

③ 전도 : 차가 주행 중 도로 또는 도로 이외의 장소에 뒤집혀 넘어진 것

④ 추락 : 차가 도로변 절벽 또는 교량 등 높은 곳에서 떨어진 것

**26** 자동차 운행 중의 안전수칙 중 음주·과로한 상태에서의 운전 금지에 대한 설명이다. 틀린 것은?

① 적당한 휴식을 취하지 않고 계속 운전하면 졸음운전을 하게 된다.

② 장시간 운전을 하는 경우에는 2시간마다 휴식을 취하도록 한다.

③ 음주는 운전자의 판단, 시력과 근육 조절을 저하시킨다.

④ 적당량의 음주는 운전자의 반사신경, 인식, 판단에 영향을 주지 않는다.

**27** 압축천연가스 자동차 점검시 가스공급라인 등 연결부에서 가스가 누출될 때 등의 조치요령이다. 틀린 것은?

① 차량 부근으로 화기 접근을 금하고, 엔진시동을 끈 후 메인 전원 스위치를 차단한다.

② 탑승하고 있는 승객을 차량에 대기시킨 상태로 누설부위를 비눗물 또는 가스 검진기 등으로 확인한다.

③ 스테인리스 튜브 등 가스공급라인의 몸체가 파열된 경우에는 교환한다.

④ 커넥터 등 연결부위에서 가스가 새는 경우에는 새는 부위의 너트를 조금씩 누출이 멈출 때까지 반복해서 조여 준다.

**28** 악천후 시 자동차 주행 조작요령이다. 틀린 것은?

① 비가 내릴 때에는 노면이 미끄러우므로 급제동을 피하고, 차간 거리를 충분히 유지한다.

② 폭우가 내릴 경우에는 신속히 그 지역을 통과할 수 있도록 가속한다.

③ 노면이 젖어있는 도로를 주행한 후에는 브레이크를 건조시키기 위해 앞차와의 안전거리를 확보하고 서행하는 동안 여러 번에 걸쳐 브레이크를 밟아준다.

④ 안개가 끼었거나 기상조건이 나빠 시계가 불량할 경우에는 속도를 줄이고, 미등 및 안개등 또는 전조등을 점등하고 운행한다.

**29** 자동차 전조등의 사용 시기에 대한 설명이다. 틀린 것은?

① 변환빔(하향) : 마주 오는 차가 있거나 앞 차를 따라갈 경우

② 주행빔(상향) : 야간 운행 시 시야확보를 원할 경우

③ 하향점멸 : 다른 차의 정지를 요구할 경우

④ 상향점멸 : 다른 차의 주의를 환기시킬 경우

**30** 전자제어 현가장치 시스템의 주요기능이다. 아닌 것은?

① 차량 주행 중에는 에어 소모가 감소하나, 자기진단 기능이 없어 정비성이 떨어진다.

② 차량 하중 변화에 따른 차량 높이 조정이 자동으로 빠르게 이루어진다.

③ 도로조건이나 기타 주행조건에 따라서 운전자가 스위치를 조작하여 차량의 높이를 조정할 수 있다.

④ 안전성이 확보된 상태에서 차량의 높이 조정 및 닐링 시스템 기능을 할 수 있다.

**31** 잭을 사용하여 차체를 들어 올릴 때 주의사항이다. 틀린 것은?

① 잭을 사용할 때에 후륜의 경우에는 리어 액슬 아래 부분에 설치한다.

② 잭을 사용할 때에는 평탄하고 안전한 장소에서 사용한다.

③ 잭을 사용하는 동안에 시동을 걸어도 안전하다.

④ 잭으로 차량을 올린 상태에서 차량 하부로 들어가면 위험하다.

**32** 자동차 엔진의 시동모터는 작동되나 시동이 걸리지 않는 경우의 추정원인이 아닌 것은?

① 연료가 떨어졌다.  ② 예열작동이 불충분하다.

③ 연료필터가 막혀있다.  ④ 배터리가 방전되었다.

**33** 브레이크 제동효과가 나쁜 경우의 추정원인이 아닌 것은?

① 공기압이 과다하다.

② 공기누설(타이어 공기가 빠져 나가는 현상)이 있다.

③ 라이닝 간극 과다 또는 마모상태가 심하다.

④ 타이어가 편마모 되어 있다.

**34** 클러치의 구비조건이 아닌 것은?

① 냉각이 잘 되어 과열하지 않아야 한다.

② 구조가 간단하고, 다루기 쉬우며 고장이 적어야 한다.

③ 회전력 단속 작용이 확실하며, 조작이 쉬워야 한다.

④ 회전관성이 커야 한다.

**35** 완충(현가)장치 중 스프링의 종류에 대한 설명으로 틀린 것은?

① 판 스프링 : 적당히 구부린 띠 모양의 스프링 강을 몇 장 겹쳐 그 중심에서 볼트로 조인 것을 말한다. 버스나 화물차에 사용한다.

② 코일 스프링 : 스프링 강을 코일 모양으로 감아서 제작한 것으로 외부의 힘을 받으면 비틀려진다. 승용자동차에 많이 사용된다.

③ 토션 바 스프링 : 비틀었을 때 탄성에 의해 원위치하려는 성질을 이용한 스프링 강의 막대이다.

④ 탄성 스프링 : 탄성을 이용한 스프링으로 다른 스프링에 비해 유연한 탄성을 얻을 수 있고, 노면으로부터의 작은 진동도 흡수할 수 있다.

**36** 버스나 트럭 등 대형차량에 주로 사용하는 공기식 브레이크의 구조에 대한 설명이다. 틀린 것은?

① 공기 압축기 : 압력조정기와 함께 공기탱크 내의 압력을 일정하게 유지하고 필요 이상으로 압축기가 구동되는 것을 방지한다.

② 공기 탱크 : 브레이크 밸브의 공기가 배출되면 배출밸브를 열어 브레이크 체임버에 작용한 압축공기를 완전히 배출하여 브레이크를 푼다.

③ 브레이크 밸브 : 페달을 밟으면 플런저가 배출 밸브를 눌러 공기탱크의 압축 공기가 앞 브레이크 체임버와 릴레이 밸브에 보내져 브레이크 작용을 한다.

④ 릴레이 밸브 : 브레이크 밸브에서 공기를 공급하면 배출 밸브는 닫고 공기 밸브를 열어 뒤 브레이크 체임버에 압축공기를 보낸다.

**37** 공기식 브레이크의 장점이 아닌 것은?

① 자동차 중량에 제한을 받지 않고, 압축공기의 압력을 높이면 더 큰 제동력을 얻을 수 있다.

② 공기가 다소 누출되어도 제동성능이 현저하게 저하되지 않아 안전도가 높다.

③ 구조가 간편하고 유압 브레이크보다 값이 싸다.

④ 페달을 밟는 양에 따라 제동력이 조절되고, 베이퍼 록 현상이 발생할 염려가 없다.

**38** ABS(Anti-lock Break System)의 특징이 아닌 것은?

① 바퀴의 미끄러짐이 없는 제동 효과를 얻을 수 있다.

② 자동차의 방향 안정성, 조종성능을 확보해 준다.

③ 노면의 상태가 변하면 최소 제동효과를 얻을 수 있다.

④ 뒷바퀴의 조기 고착으로 인한 옆방향 미끄러짐을 방지한다.

**39** 자동차종합검사 유효기간 연장사유에 해당하는 경우가 아닌 것은?

① 전시 · 사변 또는 이에 준하는 비상사태로 인하여 관할지역에서 자동차종합검사 업무를 수행할 수 없다고 판단되는 경우(대상 자동차, 유예기간 및 대상 지역 등이 공고된 경우만 해당한다)

② 자동차를 도난당한 경우, 사고발생으로 인하여 자동차를 장기간 정비할 필요가 있는 경우

③ 자동차를 「형사소송법」 등에 따라 자동차가 압수되어 운행할 수 없는 경우, 운전면허 취소 등으로 인하여 자동차를 운행할 수 없는 경우

④ 자동차 운전자가 소유권을 이전하려는 경우

**40** 튜닝검사 신청서류가 아닌 것은?

① 자동차등록증

② 튜닝 전 · 후의 자동차의 외관도(외관변경이 없는 경우)

③ 튜닝 전 · 후의 주요제원대비표

④ 튜닝승인서 및 튜닝하려는 구조 · 장치의 설계도

**41** 교통사고의 제요인들 중 가장 기여도가 큰 요인은?

① 인간요인  ② 차량요인
③ 환경요인  ④ 교통요인

**42** 교통사고의 간접원인에 해당하지 않는 것은?

① 알코올에 의한 기능 저하  ② 피로
③ 자동차의 결함  ④ 약물에 의한 기능 저하

**43** 정지상태에서의 양안(양쪽 눈) 시야 범위로 옳은 것은?

① 150도  ② 160도
③ 160 ~ 180도  ④ 180 ~ 200도

**44** 운전자의 시각기능을 섬광을 마주하기 전 단계로 되돌리는 신속성의 정도를 무엇이라고 하는가?

① 명순응  ② 암순응
③ 섬광회복력  ④ 섬광지각력

**45** 다음 중 명순응과 암순응의 위험에 대처하는 방법으로 틀린 것은?

① 대향차량의 전조등 불빛을 직접적으로 보지 않는다.

② 전조등 불빛을 피해 멀리 도로 왼쪽 가장자리 방향을 바라보면서, 주변시로 다가오는 차를 계속 주시한다.

③ 만약 불빛에 의해 순간적으로 앞을 잘 볼 수 없다면 속도를 줄인다.

④ 커브길 등에서와 같이 대향차의 전조등이 정면으로 비칠 가능성이 있는 상황에서는 그에 대비한다.

**46** 피로가 운전에 미치는 영향 중 신체적 피로현상에 해당하는 것은?

① 빛에 민감하고, 작은 소음에도 과민반응을 보인다.
② 주의가 산만해지고, 집중력이 저하된다.
③ 자발적인 행동이 감소한다.
④ 긴장이나 주의력이 감소한다.

**47** 혈중 알코올농도와 행동적 증후를 연결한 다음 중 맞지 않는 것은?

① 2잔(0.02~0.04% : 초기) – 기분이 상쾌해 짐, 판단력이 조금 흐려짐

② 3~5잔(0.05~0.10% : 중기) – 얼큰히 취한 기분, 체온 상승, 맥박이 빨라짐

③ 6~7잔(0.11~0.15% : 완취기) – 화를 자주 냄, 서면 휘청거림

④ 15~20잔(0.16~0.30% : 만취기) – 호흡이 빨라짐, 갈지자 걸음

**48** 음주운전 차량의 특징적인 패턴에 대한 다음 설명 중 틀린 것은?

① 전조등이 미세하게 좌, 우로 왔다 갔다 하는 자동차
② 야간에 아주 빨리 달리는 자동차
③ 지그재그 운전을 수시로 하는 차량
④ 단속현장을 보고 멈칫하거나 눈치를 보는 자동차

**49** 고령운전자의 시각적 특성으로 맞는 것은?

① 사물과 사물을 구별하는 대비능력의 증대
② 조도 순응 및 색채 지각 능력의 증대
③ 광선 혹은 섬광에 대한 민감성 증대
④ 시각적 주의력 범위 증대

**50** 커브길에서 발생하는 언더 스티어(Under steer)에 대한 설명이 잘못된 것은?

① 코너링 상태에서 구동력이 원심력보다 작아 타이어가 코너 바깥쪽으로 밀려나가는 현상이다.

② 핸들을 지나치게 꺾거나 과속, 브레이크 잠김 등이 원인이다.

③ 후륜구동 차량에서 주로 일어난다.

④ 앞바퀴와 노면과의 마찰력 감소에 의해 슬립각이 커지면서 발생한다.

---

**39** ④  **40** ②  **41** ①  **42** ③  **43** ④  **44** ③  **45** ②  **46** ①  **47** ④  **48** ②  **49** ③  **50** ③

**51** 내륜차와 외륜차에 대한 설명으로 틀린 것은?

① 차가 회전할 때에는 내·외륜차에 의한 여러 가지 교통사고 위험이 발생한다.

② 회전 시 바깥바퀴의 궤적 간의 차이를 내륜차라 한다.

③ 전진주차를 위해 주차공간으로 진입 도중 차의 뒷부분이 다른 차량과 충돌하는 것은 내륜차에 의한 것이다.

④ 후진주차를 위해 주차공간으로 진입 도중 차의 앞부분이 다른 차량과 충돌하는 것은 외륜차에 의한 것이다.

**52** 길어깨(갓길) 또는 중앙분리대의 일부분으로 포장 끝부분 보호, 측방의 여유확보, 운전자의 시선을 유도하는 기능을 하는 도로시설을 무엇이라고 하는가?

① 측대 ② 주정차대

③ 분리대 ④ 교통섬

**53** 교통약자에 해당하지 않는 사람은?

① 어린이, 영유아를 동반한 사람

② 장애인

③ 청소년

④ 고령자와 임산부

**54** 도로를 도류화하는 목적에 해당하지 않은 것은?

① 자동차와 보행자를 안전하고 질서있게 이동시켜 도로의 안전성과 쾌적성을 향상시킨다.

② 자동차가 진행해야 할 경로를 명확히 제공한다.

③ 보행자 안전지대를 설치하기 위한 장소를 제공한다.

④ 교차로 면적을 조정함으로써 자동차 간에 상충되는 면적을 넓힌다.

**55** 다음은 도로의 선형과 교통사고의 발생관계를 설명한 것이다. 틀린 것은?

① 종단경사(오르막 내리막 경사)가 커짐에 따라 자동차 속도 변화가 커 사고발생이 증가할 수 있다.

② 곡선부가 종단경사와 중복되는 곳에서는 사고 위험성이 감소한다.

③ 양호한 선형조건에서 제한시거가 불규칙적으로 나타나면 높은 사고율을 나타낸다.

④ 내리막길에서의 사고율이 오르막길에서보다 높은 것으로 나타난다.

**56** 시야장애를 받을 경우 뒤차가 바짝 붙어 오는 상황을 피하기 위한 방법으로 가장 옳지 않은 것은?

① 가능하면 뒤차가 지나갈 수 있게 차로를 변경한다.

② 가능하면 속도를 약간 내서 뒤차와의 거리를 늘린다.

③ 브레이크 페달을 순간적으로 밟아서 뒤차에게 경고의 메세지를 보낸다.

④ 정지할 공간을 확보할 수 있게 점진적으로 속도를 줄여 뒤차가 추월하게 해 준다.

**57** 철길 건널목 통과 중에 시동이 꺼졌을 때의 조치방법으로 맞지 않는 것은?

① 즉시 동승자를 하차시키고 보험회사에 전화를 건다.

② 즉시 동승자를 대피시키고, 차를 건널목 밖으로 이동시키기 위해 노력한다.

③ 철도 공무원, 건널목 관리원이나 경찰에게 알리고 지시에 따른다.

④ 건널목 내에서 움직일 수 없을 때에는 옷을 벗어 흔드는 등 기관사에게 위급상황을 알린다.

**58** 내리막길에서의 방어운전 방법으로 옳지 않은 것은?

① 내리막길에서는 풋 브레이크로 속도를 조절한다.

② 변속할 때 클러치 및 변속 레버의 작동을 신속하게 한다.

③ 경사길 중간에 불필요하게 속도를 줄이거나 급제동 하지 않는다.

④ 변속할 때에는 전방이 아닌 다른 방향으로 시선을 놓치지 않도록 한다.

**59** 앞지르기 순서와 방법에 대한 설명으로 옳지 않은 것은?

① 전방의 안전을 확인하는 동시에 후사경으로 좌측 및 좌후방을 확인한다.

② 좌측 방향지시등을 켜고 최고속도를 초과하여서라도 가속하여 진로를 신속히 좌측으로 변경한다.

③ 앞지르기 당하는 차를 후사경으로 볼 수 있는 거리까지 주행한 후 우측 방향지시등을 켠다.

④ 진로를 서서히 우측으로 변경한 후 차가 일직선이 되었을 때 방향지시등을 끈다.

**60** 여러가지 외적 조건(기상, 도로, 차량 등)에 따라 운전 방식을 맞추어 감으로써 연료 소모율을 낮추고, 공해배출을 최소화하며, 안전의 효과를 가져오고자 하는 운전 방식을 무엇이라고 하는가?

① 안전운전 ② 방어운전

③ 양보운전 ④ 경제운전

51 ② 52 ① 53 ③ 54 ④ 55 ② 56 ③ 57 ① 58 ① 59 ② 60 ④

**61** 타이어의 공기압과 연료소모량을 조사한 바에 의할 때 공기압이 적정압력보다 15~20% 낮은 경우 연료소모량의 변화는?

① 약 5~8% 증가     ② 약 9~12% 증가

③ 약 13~16% 증가     ④ 약 17~20% 증가

**62** 기어변속과 연료소모율과 관계를 설명한 다음 중 맞지 않은 것은?

① 엔진회전속도가 2,000~3,000rpm 상태에서 고단 기어변속이 바람직하다.

② 기어는 가능한 한 빨리 고단 기어로 변속하는 것이 좋다.

③ 기어변속은 반드시 순차적으로 해야 한다.

④ 기어변속은 반드시 순차적으로 해야 하는 것은 아니다.

**63** 춘곤증으로 의심되는 현상이 아닌 것은?

① 나른한 피로감     ② 손발의 저림

③ 집중력 저하     ④ 관절통증

**64** 겨울철 미끄러운 길에서 출발하는 기어는 몇 단이 가장 좋은가?

① 1단     ② 2단

③ 3단     ④ 4단

**65** 고속도로에서 안개지역을 통과할 때 활용해야 할 사항으로 맞지 않는 것은?

① 도로전광판 등을 통해 안개 발생구간 확인

② 갓길에 설치된 안개시정 표지를 통해 시정거리 및 앞차와의 거리 확인

③ 중앙분리대 또는 갓길에 설치된 시선유도표지를 통해 전방의 도로 선형 확인

④ 도로이탈이 확인될 때에는 원래 차로로 신속히 복귀하여 평균 주행속도로 계속 운행

**66** 일반적인 승객의 욕구에 해당하지 않는 것은?

① 기억되고 싶어한다.

② 평범한 사람으로 인식되고 싶어한다.

③ 환영받고 싶어한다.

④ 기대와 욕구를 수용하고 인정받고 싶어한다.

**67** 호감 받는 표정관리를 위한 올바른 시선처리가 아닌 것은?

① 자연스럽고 부드러운 시선으로 상대를 본다.

② 눈동자는 항상 중앙에 위치하도록 한다.

③ 가급적 승객의 눈높이와 맞춘다.

④ 눈높이를 맞추면 불편해 하므로 다른 한 곳을 응시한다.

**68** 운송사업자가 승객이 자동차 안에서 쉽게 볼 수 있는 위치에 게시하여야 하는 사항에 해당하지 않는 것은?

① 회사명     ② 차종

③ 불편사항 연락처     ④ 차고지

**69** 운송사업자가 운행하고 있는 여객자동차에 부착하는 '속도제한장치', '운행기록계'의 설치 근거는?

① 자동차관리법

② 여객자동차운수사업법

③ 도로교통법

④ 자동차 및 자동차부속품의 성능과 기준에 관한 규칙

**70** 운전자의 운행 전 준비사항에 해당하지 않는 것은?

① 용모 및 복장을 단정하게

② 차의 내외부를 항상 청결하게

③ 운행 전 일상점검과 이상 발견 시 임의 조치 후 운행

④ 배차사항, 지시 및 전달사항 등을 확인 후 운행

**71** 버스공영제의 장점에 해당하지 않는 것은?

① 종합적 도시교통계획 차원에서 운행서비스 공급 가능

② 운전자 등 근로자들이 공무원화 될 경우 인건비 증가

③ 서비스의 안정적 확보와 개선용이

④ 수익노선 및 비수익노선에 대해 동등한 양질의 서비스 제공용이

**72** 버스준공영제 형태에 의한 분류에 해당하지 않는 것은?

① 자동차 공동관리형     ② 수입금 공동관리형

③ 노선 공동관리형     ④ 운행자 공동관리형

**73** 버스업종별 버스운임의 기준 · 요율을 결정하는 관할관청의 연결이 맞는 것은?

① 농어촌버스 – 국토교통부장관

② 마을버스 – 시 · 도지사

③ 특수여객 – 자율요금

④ 고속버스 – 시 · 도지사

**74** 버스운행관리시스템(BMS)의 주요 기능에 해당하지 않는 것은?

① 버스운행 및 종료정보 제공

② 전자지도 이용시간 관제

③ 실시간 운행상태 파악

④ 버스운행 및 통계관리

---

**75** 버스전용차로를 설치하여 효율적으로 운영하기 위한 도로 구간 요건에 맞지 않는 것은?

① 전용차로를 설치하고자 하는 구간의 교통정체가 심한 곳

② 버스 통행량이 일정수준 이상이고, 승차인원이 한 명인 승용차의 비중이 높은 구간

③ 편도 2차로 이상 등 도로 기하구조가 전용차로를 설치하기 적당한 구간

④ 대중교통 이용자들의 폭넓은 지지를 받는 구간

**76** 교통카드시스템에 대한 설명 중 틀린 것은?

① 교통카드는 대중교통수단의 운임이나 유료도로의 통행료를 지불할 때 주로 사용되는 일종의 전자화폐이다.

② 1996년 3월에 최초로 서울시가 버스카드제를 도입하였다.

③ 정부측면에서 보면 요금집계업무의 전산화를 통한 경영합리화의 도입효과가 있다.

④ 이용자측면에서 보면 소지의 편리성, 요금 지불 및 징수의 신속성 등의 도입효과가 있다.

**77** 교통카드의 충전시스템에 대한 설명 중 틀린 것은?

① 카드를 판독하여 이용요금을 차감하고 잔액을 기록하는 기능을 한다.

② 종류로는 on line, off line 방식이 있다.

③ 구조는 충전시스템과 전화선 등으로 정산센터와 연계되어 있다.

④ 금액이 소진된 교통카드에 금액을 재충전하는 것이다.

**78** 교통사고 현장에서의 상황별 안전조치에 대한 설명으로 맞지 않는 것은?

① 짧은 시간 안에 사고 정보를 수집하여 침착하고 신속하게 상황을 파악한다.

② 피해자와 구조자 등에게 위험이 계속 발생하는지 파악한다.

③ 피해자를 위험으로부터 보호하거나 피신시킨다.

④ 사고장소를 보존하기 위해 경찰이 출동하기 전까지 차량은 그대로 둔다.

**79** 버스에서 발생하기 쉬운 사고 및 대책에 대한 설명으로 잘못된 것은?

① 버스는 불특정 다수를 대량으로 수송한다는 점과 운행거리, 운행시간 등이 길어 사고발생 확률이 높다.

② 전체 버스사고 중 가장 발생 빈도가 적은 것은 차내 전도사고이다.

③ 버스사고는 주행 중인 도로상, 버스정류장, 교차로 부근, 횡단보도 부근 순으로 많이 발생한다.

④ 승객의 안락한 승차감과 사고를 예방하기 위해서는 안전운전 습관을 몸에 익혀야 한다.

**80** 일반적인 심폐소생술의 진행순서를 옳게 열거한 것은?

① 인공호흡 - 의식확인 - 기도열기 및 호흡확인 - 가슴압박 및 인공호흡 반복

② 인공호흡 - 기도열기 및 호흡확인 - 의식확인 - 가슴압박 및 인공호흡 반복

③ 의식확인 - 인공호흡 - 기도열기 및 호흡확인 - 가슴압박 및 인공호흡 반복

④ 의식확인 - 기도열기 및 호흡확인 - 인공호흡 - 가슴압박 및 인공호흡 반복

# 1일이면 끝내주는
# 버스운전 자격시험 출제문제

**발 행 일** 2025년 1월 10일 개정11판 1쇄 발행
2025년 5월 20일 개정11판 2쇄 발행

**저    자** 대한교통안전연구회

**발 행 처**  크라운출판사
http://www.crownbook.co.kr

**발 행 인** 李尙原

**신고번호** 제 300-2007-143호

**주    소** 서울시 종로구 율곡로13길 21

**공 급 처** 02) 765-4787, 1566-5937

**전    화** 02) 745-0311~3

**팩    스** 02) 743-2688, (02) 741-3231

**홈페이지** www.crownbook.co.kr

**I S B N** 978-89-406-4914-5 / 13550

## 특별판매정가  15,000원

## 제1편 교통관련법규 및 교통사고유형

**01** 「여객자동차 운수사업법」의 제정 목적 ● ① 여객자동차 운수사업에 관한 **질서 확립** ② **여객의 원활한 운송** ③ 여객자동차 운수사업의 **종합적인 발달 도모** ④ **공공복리 증진**

**02** 「여객자동차 운수사업법」의 용어의 정의 ● ① **여객자동차운송사업** : 다른 사람의 수요에 응하여 자동차를 사용하여 유상(有償)으로 여객을 운송하는 사업 ② **노선** : 자동차를 정기적으로 운행하거나 운행하려는 구간 ③ **관할관청** : 관할이 정해지는 국토교통부장관이나 특별시장 · 광역시장 · 특별자치시장 · 도지사 또는 특별자치도지사 ④ **정류소** : 여객이 승차 또는 하차할 수 있도록 노선 사이에 설치한 장소 ⑤ **여객자동차터미널** : 도로의 노면, 그 밖에 일반교통에 사용되는 장소가 아닌 곳으로서 승합자동차를 정류(停留)시키거나 여객을 승하차(乘下車)시키기 위하여 설치된 시설과 장소 ⑥ **운행계통** : 노선의 기점(起點) · 종점(終點)과 그 기점 · 종점 간의 운행경로 · 운행거리 · 운행횟수 및 운행대수를 총칭한 것

**03** 여객자동차운송사업의 종류 ● ① **노선** 여객자동차운송사업 ② **구역** 여객자동차운송사업 ③ **수요응답형** 여객자동차운송사업

**04** 시내버스운송사업 및 농어촌버스운송사업의 노선구역에서 지역주민의 편의 또는 지역 여건상 필요하다고 인정되는 경우 노선연장은 행정구역 경계로부터 몇 km까지 인가 ● 30km(국제공항 · 관광단지 · 신도시 등 지역의 특수성을 고려하여 국토교통부장관이 고시하는 지역을 운행하는 경우에는 50km)를 초과하지 아니하는 범위에서 해당 행정구역 밖 지역까지 노선을 연장 운행 할 수 있다.

**05** 노선 여객자동차운송사업의 한정면허를 받을 수 있는 사유에 해당하는 것 ● ① **여객의 특수성 또는 수요의 불규칙성 등으로 인하여 노선 여객자동차운송사업자가 노선버스를 운행하기 어려운 경우** ㉮ 공항, 도심공항터미널 또는 국제여객선터미널을 기점 또는 종점으로 하는 경우로서 공항, 도심공항터미널 또는 국제여객터미널 이용자의 교통 불편을 해소하기 위하여 필요하다고 인정되는 경우 ㉯ 관광지를 기점 또는 종점으로 하는 경우로서 관광의 편의를 제공하기 위하여 필요하다고 인정되는 경우 ㉰ 「산업집적활성화 및 공장설립에 관란 법률」에 따른 산업단지 또는 관할관청이 정하는 공장밀집지역을 기점 또는 종점으로 하는 경우로서 산업단지 또는 공장밀집지역의 접근성 향상을 위하여 필요하다고 인정되

는 경우 ② 수익성이 없어 노선운송사업자가 운행을 기피하는 노선으로서 관할 관청이 보조금을 지급하려는 경우 ③ 버스전용차로의 설치 및 운행계통의 신설 등 버스교통체계 개선을 위하여 시·도의 조례로 정한 경우 ④ 신규노선에 대하여 운행형태가 광역급행형인 시내버스운송사업을 경영하려는 자의 경우 ⑤ 수요응답형 여객자동차운송사업을 경영하려는 경우 ⑥ 국토교통부장관이 정하여 고시하는 운송사업자가 국토교통부장관이 정하여 고시하는 심야시간대에 승차정원이 11인승 이상의 승합자동차를 이용하여 여객의 요청에 따라 탄력적으로 여객을 운송하는 구역 여객자동차운송사업을 경영하려는 경우

**06** 운송사업자는 사업용 자동차에 의해 중대한 교통사고가 발생한 경우 지체 없이 국토교통부장관 또는 시·도지사에게 보고하여야 할 사고 **○** ① 전복사고 ② 화재가 발생한 사고 ③ 사망자가 2명 이상, 사망자 1명과 중상자 3명 이상, 중상자 6명 이상의 사람이 죽거나 다친 사고

**07** 운송사업자가 사업용자동차에 의해 중대한 교통사고 발생 시 보고할 시간 **○** 24시간 이내에 사고의 일시·장소 및 피해사항 등 사고의 개략적인 상황을 시·도지사에게 보고한 후 72시간 이내에 사고보고서를 작성하여 관할 시·도지사에게 제출하여야 한다.

**08** 운송사업자는 운수종사자 현황(전월 중 채용 또는 퇴직한 운수종사자 등)을 시·도지사에게 언제까지 알려야 하는가 **○** 매월 10일까지

**09** 운전적성정밀검사의 종류 **○** ① 신규검사 ② 특별검사 ③ 자격유지검사(택시운송사업에 종사하는 운수종사자 제외)

**10** 운전적성정밀검사 중 "특별검사"를 받아야 할 대상자 **○** ① 중상 이상의 사상(死傷)사고를 일으킨 자 ② 과거 1년간 「도로교통법」 시행규칙에 따른 운전면허 행정처분기준에 따라 계산한 누산점수가 81점 이상인 자 ③ 질병, 과로, 그 밖의 사유로 안전운전을 할 수 없다고 인정되는 자인지 알기 위하여 운송사업자가 신청한 자
   ※ **자격유지검사를 받아야 할 대상자**(택시운송사업에 종사하는 운수종사자는 제외)
      ① 65세 이상 70세 미만인 사람(자격유지검사의 적합판정을 받고 3년이 지나지 아니한 **사람은 제외**) ② 70세 이상인 사람(자격유지검사의 적합판정을 받고 1년이 지나지 아니한 **사람은 제외**)

**11** 버스운전 자격시험의 필기시험 합격점수는 **○** 총점의 6할 이상을 얻은 사람

**12** 운송사업자에 대한 행정처분 또는 과징금 **○** ① **행정처분** : ㉮ 운송사업자가 차

내에 운전자격증명을 항상 게시하지 않은 경우(1차위반 : 운행정지 5일) ㉯ 운송종사자의 자격요건을 갖추지 않은 사람을 운전업무에 종사하게 한 경우 (1차위반 : 감차명령, 2차위반: 노선폐지 명령) ② **과징금**: ㉮ 운송사업자가 차내에 운전자격증명을 항상 게시하지 않은 경우:10만원, 시내·농어촌·마을·시외·전세·특수여객버스 각각 동일 함 ㉯ 운수종사자의 자격요건을 갖추지 않은 사람을 운전업무에 종사하게 한 경우:500만원, 시내·농어촌·마을·시외·전세버스:360만원, 특수여객 2차 위반시는 360만원, 시외·시내·농어촌·마을·전세 버스가 2차 위반시: 1,000만원

**13** 버스운전자격의 최대효력 정지기간은 ○ 가중한 기간을 합산한 기간은 **6개월을 초과할 수 없다.**

**14** 운전자격의 취소 및 효력 정지의 처분기준 ○ 개별기준 ① **자격취소** : ㉮ 버스운전자격시험 결격사유가 있음에도 자격증을 취득한 때 ㉯ 부정한 방법(나이, 경력, 적성 등)으로 버스 운전자격증을 취득한 경우 ㉰ 특정범죄 가중처벌 등에 관한 법률, 특정강력범죄의 처벌에 관한 특례법, 마약, 형법 도로교통법 위반에 해당된 경우 ㉱ 운송종사자 준수사항(도중 하차, 부당운임, 여객유치 등) 금지행위로 1년간 3회의 과태료 처분을 받은 사람이 같은 행위를 위반한 경우 ㉲ 교통사고와 관련하여 거짓이나 부정한 방법으로 보험금을 청구하여 금고이상의 형을 선고 받고, 그 형이 확정된 경우 ㉳ 운전업무와 관련하여 버스운전자격증을 타인에게 대여한 경우 ㉴ 도로교통법 위반으로 사업용 자동차를 운전할 수 있는 운전면허가 취소된 경우 ② **자격정지 60일**(사망 2명 이상), 자격정지 50일(사망 1명 및 중상 3명 이상), 자격정지 40일(중상6명 이상) ③ **자격정지 5일**(운행기록증 식별을 어렵게 하거나, 그 자동차를 운행한 경우, 운수 종사자의 교육을 받지 않은 경우)

**15** 자가용자동차를 유상운송용으로 제공 또는 임대하거나 이를 알선할 수 있는 경우 ○ ① **출퇴근 때 승용자동차를 함께 타는 경우** ② **특별자치도지사·시장·군수·구청(자치구)장의 허가를 받은 경우** ㉮ 천재지변, 긴급 수송, 교육 목적을 위한 운행 ㉯ 천재지변이나 그 밖에 이에 준하는 비상사태로 인하여 수송력 공급의 증가가 긴급히 필요한 경우 ㉰ 사업용자동차 및 철도 등 대중교통수단의 운행이 불가능하여 이를 일시적으로 대체하기 위한 수송력 공급이 긴급히 필요한 경우 ㉱ 휴일이 연속되는 경우 등 수송수요가 수송력 공급을 크게 초과하여 일시적으로 수송력공급의 증가가 필요한 경우 등

**16** 차량충당연한의 기산일 ◐ ① 제작연도에 등록된 자동차 : **최초의 신규등록일** ② 제작연도에 등록되지 아니한 자동차 : **제작연도의 말일**
※ 승용자동차 : 1년, 승합자동차 : 3년

**17** 과징금 부과기준으로 국토교통부장관 또는 시·도지사는 여객자동차 운수사업자에게 사업정지 처분을 하여야 하는 경우에 그 사업정지 처분이 그 여객자동차 운수사업을 이용하는 사람들에게 심한 불편을 주거나 공익을 해칠 우려가 있는 때에는 그 사업정지 처분에 갈음하여 부과·징수할 수 있는 과징금은 ◐ 5천만원 이하

**18** 시내버스, 농어촌버스, 마을버스, 시외버스 "결행", "도중 회차", "노선 또는 운행계통의 단축 또는 연장 운행", "감회 또는 증회 운영"을 임의로 사업계획을 위반한 경우 과징금은 ◐ 각 100만원(2차 150만원)

**19** 자동차 안에 게시하여야 할 사항을 게시하지 아니한 시내버스, 농어촌버스, 마을버스, 전세버스, 시외버스 및 특수여객의 과징금 ◐ 1차 위반 각 20만원

**20** 시내버스, 농어촌버스, 마을버스, 시외버스, 전세버스, 특수여객자동차가 앞바퀴에 재생 타이어를 사용한 경우의 과징금은 ◐ 1차 위반 각 360만원

**21** 중대한 사고시의 조치 또는 보고를 하지 아니하거나 거짓보고를 한 운송사업자에 대한 과태료 금액은 ◐ ① 사고시의 조치를 아니한 경우(1회:50만원, 2회:75만원, 3회: 100만원), ② 보고를 하지 않거나 거짓보고를 한 경우(1회:20만원, 2회:30만원, 3회 이상: 50만원)

**22** 다음 각 목의 운수종사자 준수사항을 위반한 자의 과태료 금액은 ◐ **각회 각 20만원** ① 정당한 사유 없이 여객의 승차를 거부하거나 여객을 중도에 내리게 하는 행위 ② 부당한 운임 또는 요금을 받는 행위 ③ 일정한 장소에 오랜 시간 정차하여 여객을 유치(誘致)하는 행위 ④ 문을 완전히 닫지 아니한 상태에서 자동차를 출발시키거나 운행하는 행위

**23** 다음 각 목의 운수종사자 준수사항을 위반한 자의 과태료 금액은 ◐ **각회 각 10만원** ① 여객이 승차하기 전에 자동차를 출발시키거나 승하차할 여객이 있는데도 정차하지 아니하고 정류소를 지나치는 행위 ② 안내방송을 하지 아니하는 행위 (시내버스, 농어촌버스) ③ 여객자동차운송사업용 자동차 안에서 흡연하는 행위

**24** **자동차 전용도로** ◐ 자동차만 다닐 수 있도록 설치된 도로

**25** **길가장자리구역** ◐ 보도와 차도가 구분되지 아니한 도로에서 보행자의 안전을 확보하기 위하여 안전표지 등으로 경계를 표시한 도로의 가장자리 부분

**26** 「도로교통법」에 규정된 긴급자동차 ○ ① **소방차** ② **구급차** ③ **혈액공급차량** ④ 경찰용 자동차 중 **범죄수사, 교통단속**, 그 밖에 긴급한 경찰업무 수행에 사용되는 자동차 ⑤ **군** 내부의 질서유지나 부대의 질서 있는 이동을 유도하는데 사용되는 자동차 ⑥ 수사기관의 자동차 중 **범죄수사**를 위하여 사용되는 자동차 ⑦ 교도소 · 소년교도소 · 구치소, 소년원 또는 소년분류심사원, 보호관찰소의 자동차 중 도주자의 체포 또는 수용자 · 보호관찰대상자의 호송 · 경비를 위하여 사용되는 자동차 ⑧ 국내외 요인에 대한 경호업무 수행에 공무로 사용되는 자동차 등 ⑨ **생명이 위급한** 환자 또는 부상자나 수혈을 위한 **혈액을 운송 중인** 자동차

**27** 시 · 도경찰청장이 지정(사용자와 기관 등의 신청)하는 긴급자동차 ○ 전기사업, 가스사업, 민방위업무자동차, 도로응급복구작업차, 전신 · 전화, 수리공사작업차 등

**28** 어린이통학버스에 승차할 수 있는 어린이의 나이(연령) ○ 13세 미만

**29** 서행 ○ 운전자가 차를 즉시 정지시킬 수 있는 정도의 느린 속도로 진행하는 것

**30** **차량 및 버스신호등 황색등화의 뜻** ○ ① 버스전용차로에 있는 차마 또는 차로에 있는 차마는 정지선이 있거나 횡단보도가 있을 때에는 그 직전이나 교차로의 직전에 정지하여야 하며, 이미 교차로에 차마의 일부라도 진입한 경우에는 신속히 교차로 밖으로 진행하여야 한다. ② 차마는 우회전할 수 있고 우회전하는 경우에는 보행자의 횡단을 방해하지 못한다.

**31** 차량신호등 황색등화 점멸의 뜻 ○ 차마는 다른 교통 또는 안전표지의 표시에 주의하면서 진행할 수 있다.

**32** 안전표지의 종류 ○ **주의표지, 규제표지, 지시표지,** 보조표지, **노면표시**

**33** 주의표지 ○ 도로상태가 위험하거나 도로 또는 그 부근에 위험물이 있는 경우에 필요한 안전조치를 할 수 있도록 이를 도로사용자에게 알리는 표지

**34** 지시표지 ○ 도로의 통행방법 · 통행구분 등 도로교통의 안전을 위하여 필요한 지시를 하는 경우에 도로사용자가 이에 따르도록 알리는 표지

※ **보조표시** : 주의 · 규제 · 지시표지의 주기능을 보충하여 도로사용자에게 알리는 표지

**35** 보행자의 통행방법 ○ ① 보도와 차도가 구분된 도로 : 언제나 보도 ② **보도와 차도가 구분되지 아니한 도로** : 차마와 마주보는 방향의 길가장자리 또는 길가장자리구역(일방통행 도로의 경우 예외) ③ **보행자는 보도 우측통행을 원칙**

**36** 차도를 통행할 수 있는 사람 또는 행렬 ● ① 말·소 등의 큰 동물을 몰고 가는 사람 ② 사다리·목재나 그 밖에 보행자의 통행에 지장을 줄 우려가 있는 물건을 운반 중인 사람 ③ 도로에서 청소나 보수 등의 작업을 하고 있는 사람 ④ 군부대나 그 밖에 이에 준하는 단체의 행렬 ⑤ 기 또는 현수막 등을 휴대한 행렬 및 장의행렬

**37** 차마의 운전자가 도로의 중앙이나 좌측 부분을 통행할 수 있는 경우 ● ① **도로가 일방통행인 경우** ② 도로의 **파손**, 도로공사나 그 밖의 **장애** 등으로 도로의 우측 부분을 통행할 수 없는 경우 ③ 도로의 우측 부분의 폭이 **6m**가 되지 아니하는 도로에서 다른 차를 앞지르려는 경우 등

**38** 고속도로 외의 도로에서 차로에 따른 통행차 기준 ● ① **왼쪽 차로** : 승용차동차 및 경형·소형·중형 승합자동차 ② **오른쪽 차로** : 대형승합자동차, 화물자동차, 특수자동차, 법 제2조제18호 나목에 따른 건설기계, 이륜자동차, 원동기장치자전거

**39** 고속도로에서 차로에 따른 통행차 기준 ● ① **편도 2차로의 1차로** : 앞지르기하려는 모든 자동차 ② **편도 2차로의 2차로** : 모든 자동차 ③ **편도 3차로 이상의 1차로** : 앞지르기하려는 승용자동차 및 경·소·중형승합자동차 ④ **편도 3차로 이상의 왼쪽 차로** : 승용자동차 및 경·소·중형 승합자동차 ⑤ **편도 3차로 이상의 오른쪽 차로** : 대형 승합자동차, 화물자동차, 특수자동차, 법 제2조제18호나목에 따른 건설기계

**40** 고속도로 버스전용차로를 통행할 수 있는 자동차 ● 9인승 이상 승용자동차 및 승합자동차(승용자동차 또는 12인승 이하의 승합자동차는 **6인 이상이 승차**한 경우에 한정한다)

**41** 편도 2차로 이상 모든 고속도로에서의 속도 ● ① **최고속도** : 매시 100km(적재중량 1.5톤 초과 화물자동차, 특수자동차, 위험물운반자동차, 건설기계 : 매시 80km) ② **최저속도** : 매시 50km

**42** 고속도로 편도 2차로 이상 지정 고시한 노선 또는 구간 ● ① **최고속도** : 매시 120km(적재중량 1.5톤 초과 화물자동차, 특수자동차, 위험물운반자동차, 건설기계 : 매시 90km) ② **최저속도** : 매시 50km

**43** 자동차전용도로의 속도 ● ① **최고속도** : 매시 90km ② **최저속도** : 매시 30km

**44** 악천후(비·안개·눈) 시 최고속도의 100분의 50을 줄인 속도로 운행하여야 하는 경우 ● ① 폭우·폭설·안개 등으로 **가시거리가 100m 이내**인 경우 ② 노면이 얼어붙은 경우 ③ **눈이 20mm 이상 쌓인** 경우

**45** 앞지르기 금지 장소 ◆ ① 교차로 ② 터널 안 ③ 다리 위 ④ 도로의 구부러진 곳, 비탈길 고갯마루 부근, 가파른 비탈길의 내리막 등 시·도경찰청장이 안전표지로 지정한 곳

**46** 철길 건널목의 통과요령 ◆ ① 건널목 앞 일시정지 ② 차단기가 내려져 있거나 내려지려고 하는 경우, 건널목의 경보기가 울리고 있는 동안에는 그 건널목으로 들어가서는 아니 된다. ③ 건널목을 통과하다가 고장 등의 사유로 건널목 안에서 차를 운행할 수 없게 된 경우 즉시 승객을 대피시키고 비상신호기 등을 사용하거나 그밖의 방법으로 철도공무원 또는 경찰공무원에게 그 사실을 알려야 한다.

**47** 모든 차의 운전자는 도로에 설치된 안전지대에 보행자가 있는 경우와 차로가 설치되지 아니한 좁은 도로에서 보행자의 옆을 지나는 경우의 보행자 보호 방법 ◆ 운전자는 **안전한 거리를 두고 서행**하여야 한다.

**48** 긴급자동차의 우선통행 ◆ ① **교차로나 그 부근** : 교차로를 피하여 도로의 우측 가장자리에 일시정지하여야 한다. ② **교차로 또는 그 부근이 아닌 곳** : 긴급자동차가 우선통행할 수 있도록 진로를 양보하여야 한다. ③ **일방통행으로 된 도로** : 우측 가장자리로 피하는 것이 긴급자동차의 통행에 지장을 주는 경우에는 좌측 가장자리로 피하여 양보할 수 있다. ④ 긴급자동차 운전자는 해당 자동차를 그 본래의 긴급한 용도로 운행하지 아니하는 경우에는 **경광등이나 사이렌을 작동하여서는 아니 된다.** 다만, **범죄 및 화재 예방** 등을 위한 **순찰·훈련** 등을 실시하는 경우에는 그러하지 아니한다.

**49** 긴급자동차에 대한 특례 ◆ ① 자동차의 속도 제한(긴급자동차 속도를 제한한 경우 속도제한규정을 적용) ② 앞지르기의 금지의 시기 및 장소 ③ 끼어들기의 금지

**50** 서행하여야 하는 곳 ◆ ① 교통정리를 하고 있지 아니하는 교차로 ② 도로가 구부러진 부근 ③ 비탈길의 고갯마루 부근 ④ 가파른 비탈길의 내리막 ⑤ 지방경찰청장이 필요하다고 인정하여 안전표지로 지정한 곳

**51** 주차금지의 장소 ◆ ① 터널 안 및 다리 위 ② 화재경보기로부터 3m 이내인 곳 ③ 다음 각 목의 곳으로부터 5m 이내인 곳 ㉠ 도로공사를 하고 있는 경우에는 그 공사 구역의 양쪽 가장자리 ㉡ 다중이용업소의 영업장이 속한 건축물로 소방본부장의 요청에 의하여 시·도경찰청장이 지정한 곳 ㉢ 시·도경찰청장이 도로에서의 위험을 방지하고 교통의 안전과 원활한 소통을 확보하기 위하여 필요하다고 인정하여 지정된 곳

**52** 자동차의 승차정원 **○** 승차정원 이내일 것

**53** 어린이통학버스 자동차의 요건 **○** ① 승차정원 9인승 이상의 자동차 ② 통학버스의 색상 : 황색

**54** 고속도로등에서 고장등으로 자동차 운행을 할 수 없게 된 경우 조치요령 **○** ① 자동차의 운전자는 고장이나 그 밖의 사유로 운행할 수 없게 되었을 때에는 고장자동차의 표지를 설치하여야 하며, 자동차를 고속도로 등이 아닌 다른 곳으로 옮겨 놓아야 한다. ② 고장자동차의 표지를 설치할 때에는 자동차의 후방에서 접근하는 다른 자동차 운전자가 확인할 수 있는 위치에 설치한다. ③ 밤에는 고장자동차의 표지와 함께 사방 500m 지점에서 식별할 수 있는 적색의 섬광신호, 전기제등 또는 불꽃신호를 추가로 설치한다.

**55** 특별교통안전교육의 종류 **○** ① 특별교통안전 의무교육 ② 특별교통안전 권장교육

**56** 제1종 대형면허로 운전할 수 있는 자동차 **○** ① 승합자동차 ② 12톤 이상 화물자동차 ③ 건설기계-덤프트럭, 도로보수트럭, 3톤 미만의 지게차 등 ④ 특수자동차[대형견인차, 소형견인차 및 구난차는 제외]

※ 제1종 특수면허로 운전할 수 있는 자동차 : 피견인자동차는 제1종 대형면허, 제1종 보통면허 또는 제2종 보통면허를 가지고 있는 사람이 그 면허로 운전할 수 있는 자동차(「자동차관리법」 제3조에 따른 이륜자동차는 제외한다)로 견인할 수 있다. 이 경우, 총중량 750킬로그램을 초과하는 3톤 이하의 피견인자동차를 견인하기 위해서는 견인하는 자동차를 운전할 수 있는 면허와 소형견인차면허 또는 대형견인차면허를 가지고 있어야 하고, 3톤을 초과하는 피견인자동차를 견인하기 위해서는 견인하는 자동차를 운전할 수 있는 면허와 대형견인차면허를 가지고 있어야 한다.

| 특수면허 | 대형견인차 | 1. 견인형 특수자동차 |
| | | 2. 제2종 보통면허로 운전할 수 있는 차량 |
| | 소형견인차 | 1. 총중량 3.5톤 이하의 견인형 특수자동차 |
| | | 2. 제2종 보통면허로 운전할 수 있는 차량 |
| | 구난차 | 1. 구난형 특수자동차 |
| | | 2. 제2종 보통면허로 운전할 수 있는 차량 |

**57** 제1종 보통면허로 운전할 수 있는 자동차 **○** ① 승차정원 15인 이하의 승합자동차 ② 적재중량 12톤 미만의 화물자동차 ③ 총 중량 10톤 미만의 특수자동차(구난차등은 제외) 등

**58** 자동차 운전에 필요한 적성(시력)의 기준 ◐ ① 제1종 운전면허 : 두 눈을 동시에 뜨고 잰 시력이 0.8 이상이고, 두 눈의 시력이 각각 0.5 이상일 것, 다만 한쪽 눈을 보지 못하는 사람이 보통면허를 취득하려는 경우에는 다른 쪽 눈의 시력이 0.8 이상이고, 수평시야가 120도 이상이며, 수직시야가 20도 이상이고, 중심시야 20도 내 암점(暗點) 또는 반맹(半盲)이 없어야 한다. ② 제2종 운전면허 : 두 눈을 동시에 뜨고 잰 시력이 0.5 이상일 것. 다만, 한쪽 눈을 보지 못하는 사람은 다른 쪽 눈의 시력이 0.6 이상일 것

**59** 누산점수의 관리 ◐ 법규위반 또는 교통사고로 인한 벌점은 행정처분기준을 적용하고자 하는 **당해 위반 또는 사고가 있었던 날을 기준으로 하여 과거 3년간의 모든 벌점을 누산하여 관리한다.**

**60** 무위반 · 무사고기간 경과로 인한 벌점 소멸 ◐ 처분벌점이 **40점 미만**인 경우에, 최종의 위반일 또는 사고일로부터 **위반 및 사고 없이 1년이 경과**한 때에는 그 처분벌점은 소멸한다.

※ **벌점 공제**

① 인적 피해 있는 교통사고를 야기하고 도주한 차량의 운전자를 검거하거나 신고하여 검거하게 한 운전자(교통사고의 피해자가 아닌 경우로 한정한다)에게는 검거 또는 신고할 때마다 40점의 특혜점수를 부여하여 기간에 관계없이 그 운전자가 정지 또는 취소처분을 받게 될 경우 누산점수에서 이를 공제한다. 이 경우 공제되는 점수는 40점 단위로 한다.

② 경찰청장이 정하여 고시하는 바에 따라 무위반 · 무사고 서약을 하고 1년간 이를 실천한 운전자에게는 실천할 때마다 10점의 특혜점수를 부여하여 기간에 관계없이 그 운전자가 정지처분을 받게 될 경우 누산점수에서 이를 공제한다. 이 경우 공제되는 점수는 10점 단위로 한다.

**61** 벌점 · 누산점수 초과로 인한 면허 취소

| 기간 | 벌점 또는 누산점수 |
|---|---|
| 1년간 | 121점 이상 |
| 2년간 | 201점 이상 |
| 3년간 | 271점 이상 |

**62** 운전면허 행정(취소)처분 개별기준 ◐ ① **혈중알코올농도 0.03% 이상**을 넘어서 운전 중 교통사고로 인명피해를 일으킨 경우 ② 술에 취한 상태의 **측정에 불응**한 때 ③ 다른 사람에게 **면허증을 대여** ④ 운전면허 **행정처분기간 중** 운전행위

⑤ 교통사고를 일으키고 **구호조치**를 하지 아니한 때 등 ⑥ 공동위험행위 또는 난폭운전으로 **구속**된 때 ⑦ 자동차 등을 이용하여 「**형법**」상 특수상해, 특수협박, 특수손괴를 행하여**(보복운전) 구속**된 때

**63** 정지처분 개별기준 벌점 ○ ① 벌점 100점 : 술에 취한 상태(0.03% 이상 0.08% 미만), 자동차 등을 사용하여 「형법」상 특수상해 등(보복운전)을 하여 입건된 때 ② 벌점 60점 : 속도위반(60km/h 초과) ③ 벌점 40점 : 공동위험행위 또는 난폭운전으로 형사입건된 때, 승객의 차내 소란행위 방치운전, 출석기간 또는 범칙금 납부기간 만료일부터 60일이 경과될 때까지 즉결심판을 받지 아니한 때 등 ④ 벌점 30점 : 통행구분(중앙선 침범에 한함), 속도위반(40km/h 초과 60km/h 이하), 철길 건널목 통과방법위반, 고속(자동차전용)도로 갓길통행, 운전면허증 등의 제시의무위반(질문 불응), 어린이 통학버스특별보호 위반, 어린이 통학버스 운전자의 의무위반 등 ⑤ 벌점 15점 : 신호 · 지시위반, 속도위반(20km/h 초과 40km/h 이하), 운전 중 휴대용 전화 사용, 속도위반(어린이보호구역 안에서 오전 8시부터 오후 8시까지 사이에 제한속도를 20km/h 이내에서 초과한 경우에 한정), 적재제한위반 또는 적재물추락방지위반 등

**64** 어린이보호구역 및 노인 · 장애인보호구역 안에서 오전 8시부터 오후 8시까지 사이에 다음의 어느 하나에 해당하는 위반행위를 한 운전자에 대해서는 정지처분 개별기준에 따른 벌점의 2배에 해당하는 벌점 부과 ○ ① 속도위반(60km/h 초과) ② 속도위반(40km/h 초과 60km/h 이하) ③ 신호 · 지시위반 ④ 속도위반(20km/h 초과 40km/h 이하) ⑤ 보행자 보호 불이행(정지선 위반 포함) * 벌점 120점 부과 항목 ○ ① 속도위반(100km/h 초과) ② 속도위반(80km/h 초과 100km/h 이하)

**65** 사고결과에 따른 벌점 ○ ① **사망**(사고 발생 시부터 72시간 내) 1명마다 : 90점 ② **중상**(3주 이상 치료) 1명마다 : 15점 ③ **경상**(3주 미만 5일 이상의 치료) 1명마다 : 5점 ④ **부상신고**(5일 미만 치료) 1명마다 : 2점

**66** 운전자에게 부과되는 범칙행위 및 범칙금액(승합자동차 등 기준) ○ ① **범칙금액 13만원** : 속도위반(60km/h 초과), 어린이 통학버스 운전자의 의무위반(좌석안전띠를 매도록 하지 아니한 운전자는 제외), 어린이 통학버스 운영자의 의무위반, 인적사항 제공의무위반(주 · 정차된 차만 손괴된 것이 분명한 경우에 한정) ② **범칙금액 10만원** : 속도위반(40km/h 초과 60km/h 이하), 차내 승객의 소란행위 방치운전, 어린이 통학버스 특별보호위반 ③ **범칙금액 7만원** : 신호 · 지시 위반, 중앙선침범 · 통행구분 위반, 속도위반(20km/h 초과 40km/h 이하), 운전 중 휴대용

전화사용, 횡단보도 보행자 횡단방해, 운행기록계 미설치 자동차운전금지 위반, 긴급자동차에 대한 양보 · 일시정지위반, 긴급한 용도나 그 밖에 허용된 사항외에 경광등이나 사이렌 사용 등 ④ **범칙금액 5만원** : 일반도로 전용차로 통행위반, 고속도로 · 자동차전용도로 안전거리 미확보, 보행자 통행방해 또는 보호 불이행, 도로에서의 시비 · 다툼 등으로 차마의 통행방해행위, 급발진 · 급가속 · 엔진 공회전 또는 반복적 · 연속적인 경음기 울림으로 소음 발생행위, 고속도로 · 자동차전용도로 고장 등의 경우 조치 불이행, 고속도로 · 자동차전용도로 횡단 · 유턴 · 후진위반 등 ⑤ **범칙금액 3만원** : 혼잡완화 조치위반, 속도위반(20km/h 이하), 급제동금지 위반, 끼어들기금지 위반, 좌석안전띠 미착용, 방향전환 · 진로변경 시 신호 불이행, 운전석 이탈시 안전확보 불이행, 경찰관의 실효된 면허증 회수에 대한 거부 또는 방해 등

**67** 어린이 보호구역 및 노인 · 장애인보호구역에서의 과태료 부과(차 또는 노면전차의 고용주 등) 기준(승합자동차 등의 기준) ◐ ① **과태료 금액 14만원** : 신호 · 지시 위반한 차의 고용주 등 ② **제한속도를 준수하지 않은 차 또는 노면전차의 고용주 등** : ㉮ 60km/h 초과 : **17만원** ㉯ 40km/h 초과 60km/h 이하 : **14만원** 20km/h 초과 40km/h 이하 : **11만원** ㉰ 20km/h 이하 : **7만원** ③ **과태료 금액 9만원(10만원)** ㉮ 정차 및 주차의 금지 위반 ㉯ 주차금지의 장소 위반 ㉰ 정차 또는 주차의 방법 및 시간의 제한 ※ **괄호 안의 금액은 같은 장소에서 2시간 이상 정차 또는 주차위반을 한 경우**

**68** 노면표시에 사용되는 각종 선이 나타내는 의미 ◐ ① **점선은 허용** ② **실선은 제한** ③ **복선은 의미의 강조**

**69** 노면표시의 색채 기준 ◐ ① **노란색** : 중앙선 표시, 주차 금지 표시, 정차 · 주차 금지 표시, 정차 금지 지대 표시, 보호 구역 기점 · 종점 표시의 테두리와 어린이 보호 구역 횡단보도 및 안전지대 중 양방향 교통을 분리 하는 표시 ② **파란색** : 전용 차로 표시 및 노면 전차 전용로 표시 ③ **빨간색 또는 흰색** : 소방 시설 주변 정차 · 주차 금지 표시 및 보호 구역(어린이, 노인, 장애인) 또는 주거 지역 안에 설치하는 속도 제한 표시의 테두리선 ④ **분홍색, 연한 녹색 · 녹색** : 노면 색깔 유도선 표시 ⑤ **흰색** : 그 밖의 표시

**70** 「형법」 제268조(업무상과실 · 중과실치사상죄) 교통사고 발생 시 벌칙 ◐ **5년** 이하의 금고 또는 **2천만원 이하**의 벌금에 처한다.

**71** 교통사고 ◐ 차의 교통으로 인하여 **사람을 사상**하거나 **물건을 손괴**하는 것을 말한다.

**72** 교통사고의 조건 ◐ ① **차에 의한 사고** ② **피해의 결과 발생**(사람 사상 또는 물건 손괴 등) ③ **교통으로 인하여 발생한 사고**

**73** 보험 또는 공제에 가입된 경우의 특례 적용 예외 ✪ "교통사고처리특례법상 **특례 적용이 배제되는 사고**"에 해당하는 경우 ① **중상해** : 피해자가 신체의 상해로 인하여 생명에 대한 위험이 발생하거나 불구(不具) 또는 불치(不治)나 난치(難治)의 질병이 생긴 경우 ② **보험계약 또는 공제계약이 무효**로 되거나 해지되거나 계약상의 면책 규정 등으로 인하여 보험회사, 공제조합 또는 공제사업자의 **보험금 또는 공제금 지급의무가 없어진 경우**

**74** 보험 또는 공제에 가입된 사실 확인 ✪ 보험회사, 공제조합 또는 공제사업자가 작성한 서면에 의하여 증명되어야 한다.

**75** 사고운전자가 형사처벌 대상이 되는 경우(특례적용 제외자) ✪ ① **사망사고** ② 차의 교통으로 업무상과실치상죄 또는 중과실치상죄를 범하고 피해자를 구호하는 등의 **조치를 하지 아니하고 도주하거나, 피해자를 사고장소로부터 옮겨 유기하고 도주한 경우** ③ **신호·지시 위반** 사고 ④ **중앙선침범** 사고, 횡단, 유턴 또는 후진 중 사고 ⑤ 과속(20km/h 초과) 사고 등

**76** 중상해의 범위 ✪ ① **생명에 대한 위험** : 뇌 또는 주요장기에 중대한 손상 ② **불구** : 사지절단 등 신체 중요부분의 상실·중대변형 또는 시각·청각·언어·생식기능 등 영구적 상실 ③ **불치나 난치의 질병** : 중증의 정신장애·하반신 마비 등 중대 질병

**77** 사고운전자가 피해자를 구호하는 등의 조치를 하지 아니하고 도주한 경우 사고 운전자의 가중처벌 ✪ ① 피해자를 사망에 이르게 하고 도주하거나, 도주 후에 피해자가 사망한 경우에는 **무기 또는 5년 이상의 징역** ② 피해자를 상해에 이르게 한 경우에는 **1년 이상의 유기징역 또는 500만원 이상 3천만원 이하의 벌금**

**78** 사고운전자가 피해자를 사고 장소로부터 옮겨 유기하고 도주한 경우 가중처벌 ✪ ① 피해자를 사망에 이르게 하고 도주하거나, 도주 후에 피해자가 사망한 경우에는 **사형, 무기 또는 5년 이상의 징역** ② 피해자를 상해에 이르게 한 경우에는 **3년 이상의 유기징역**

**79** 사망사고 정의 ✪ ① 교통안전법시행령상 : **교통사고 발생시부터 30일이내** 사망한 경우 ② 도로교통법령상 : **교통사고 발생 후 72시간 내** 사망하면 **벌점 90점**부과되고 교통사고 처리 특례법상 형사적 책임이 부과된다.

**80** 도주차량(뺑소니) 사고인 경우 ✪ ① 피해자 **사상 사실**을 **인식**하거나 **예견**됨에도 가버린 경우 ② 피해자를 사고현장에 **방치한 채** 가버린 경우 ③ 현장에 도착한

경찰관에게 **거짓**으로 진술한 경우 ④ 사고운전자를 **바꿔치기**하여 신고한 경우 ⑤ 사고운전자가 **연락처를 거짓**으로 알려준 경우 등

**81** 신호 · 위반사고 사례 ◐ ① 신호가 변경되기 전에 출발하여 인적피해를 야기한 경우 ② 황색 주의신호에 교차로에 진입하여 인적피해를 야기한 경우 ③ 신호내용을 위반하고 진행하여 인적피해를 야기한 경우 ④ 적색 차량신호에 진행하다 정지선과 횡단보도 사이에서 보행자를 충격한 경우

**82** 신호 · 지시위반 사고의 성립요건 중 장소적 요건의 예외사항 ◐ 신호기의 고장이나, 황색 점멸신호등의 경우

**83** 신호 · 지시위반 사고에 따른 행정처분 ◐ **범칙금** = 7만원, **벌점** = 15점

**84** 중앙선 침범을 적용하는 경우(현저한 부주의) ◐ ① 커브 길에서 과속으로 인한 중앙선 침범의 경우 ② 빗길에서 과속으로 인한 중앙선 침범의 경우 ③ 졸다가 뒤늦은 제동으로 중앙선을 침범한 경우 ④ 차내 잡담 또는 휴대폰 통화 등의 부주의로 중앙선을 침범한 경우

**85** 속도에 대한 정의 ◐ ① 규제속도 : 법정속도(「도로교통법」에 따른 도로별 최고 · 최저속도)와 제한속도(시 · 도경찰청장에 의한 지정속도) ② 설계속도 : 도로 설계의 기초가 되는 자동차의 속도 ③ **주행속도** : 정지시간을 제외한 실제 주행거리의 평균 주행속도 ④ **구간속도** : 정지시간을 포함한 주행거리의 평균 주행속도

**86** 과속사고의 성립요건 중 운전자 과실의 내용 ◐ 제한속도 20km/h를 초과하여 과속으로 운행 중에 인적피해 사고가 발생한 경우 : ① 고속도로나 자동차 전용도로에서 법정 속도 20km/h를 초과한 경우 ② 일반도로 법정속도 매시 60km/h, 편도 2차로 이상의 도로에서는 매시 80km/h에서 20km/h를 초과한 경우

**87** 비 · 안개 · 눈 등으로 인한 악천후 시 최고속도의 100분의 20을 줄인 속도로 운행 ◐

| 정상 날씨 제한속도 | 60 km/h | 70 km/h | 80 km/h | 90 km/h | 100 km/h |
|---|---|---|---|---|---|
| • 비가 내려 노면이 젖어있는 경우<br>• 눈이 20mm 미만 쌓인 경우 | 48 km/h | 56 km/h | 64 km/h | 72 km/h | 80 km/h |

**88** 과속사고에 따른 행정처분(승합자동차) ○

| 범칙금 및 벌점(승합자동차) | | | | |
|---|---|---|---|---|
| 항목 | 60km/h<br>초과 | 40km/h 초과<br>60km/h 이하 | 20km/h 초과<br>40km/h 이하 | 20km/h<br>이하 |
| 범칙금 | 13만원 | 10만원 | 7만원 | 3만원 |
| 벌점 | 60점 | 30점 | 15점 | - |

**89** 앞지르기 금지의 시기 및 장소 ○ ① 금지시기 ㉠ 앞차의 좌측에 다른 차가 앞차와 나란히 가고 있는 경우 ㉡ 앞차가 다른 차를 앞지르고 있거나 앞지르고자 하는 경우 ㉢ 경찰공무원의 지시를 따르거나 위험을 방지하기 위하여 정지하거나 서행하고 있는 경우 ② 금지장소 ㉠ 교차로 ㉡ 터널 안 ㉢ 다리 위 ㉣ 도로의 구부러진 곳, 비탈길의 고객마루 부근 또는 가파른 비탈길의 내리막 등 시·도경찰청장이 필요하다고 인정하여 안전표지로 지정한 곳

**90** 철길 건널목의 종류와 내용 ○

| 항목 | 내용 |
|---|---|
| 제1종 건널목 | 차단기, 건널목경보기 및 교통안전표지가 설치되어 있는 경우 |
| 제2종 건널목 | 건널목경보기 및 교통안전표지가 설치되어 있는 경우 |
| 제3종 건널목 | 교통안전표지만 설치되어 있는 경우 |

**91** 철길 건널목 통과방법위반 사고의 운전자 과실내용 ○ ① **철길 건널목 통과방법위반 과실** : ㉠ 철길 건널목 전에 일시정지 불이행, ㉡ 안전미확인 통행 중 사고, ㉢ 차량이 고장난 경우 승객대피, ㉣ 차량이동 조치 불이행 ② **철길 건널목 진입금지** : ㉠ 차단기가 내려져 있는 경우, ㉡ 차단기가 내려지려고 하는 경우, ㉢ 경보기가 울리고 있는 경우

**92** 철길 건널목 통과방법위반 사고에 따른 행정처분 ○

| 항목 | 범칙금(승합자동차) | 벌점 |
|---|---|---|
| 철길 건널목 통과방법위반 | 7만원 | 30점 |

**93** 횡단보도로 인정되는 경우와 아닌 경우 ○ ① 횡단보도 노면표시가 있으나 횡단보도 표지판이 설치되지 않은 경우에도 **횡단보도로 인정** ② 횡단보도 노면표시가 포장공사로 반은 지워졌으나, 반이 남아 있는 경우에도 **횡단보도로 인정** ③ 횡단보도 노면표시가 완전히 지워지거나, 포장공사로 덮여졌다면 **횡단보도 효력 상실**

**94** 보행자 보호의무위반 사고의 성립요건 중 운전자 과실내용 ◐ 보행신호가 녹색등화일 때 횡단보도를 진입하여 건너고 있는 보행자를 보행신호가 녹색등화의 점멸 또는 적색등화로 변경된 상태에서 충돌한 경우

**95** 음주운전인 경우 ◐ **불특정 다수인이** 이용하는 도로와 특정인이 이용하는 주차장 또는 **학교 경내 등**에서의 음주운전도 **형사처벌 대상**(※ 0.03% 미만에서의 음주운전은 **처벌 불가**) ※ **특정인만이** 이용하는 장소에서의 음주운전으로 인한 운전면허 행정처분은 불가

**96** 승객추락방지의무위반에 해당하는 경우 ◐ ① 문을 연 상태에서 **출발**하여 타고 있는 승객이 추락한 경우 ② **승객이 타거나 또는 내리고 있을 때** 갑자기 문을 닫아 문에 충격된 승객이 추락한 경우 ③ 버스 운전자가 **개·폐 안전장치인 전자감응장치가** 고장난 상태에서 운행 중에 승객이 내리고 있을 때 출발하여 승객이 추락한 경우

**97** 승객추락방지의무위반 사고의 성립요건 ◐

| 항목 | 내용 | 예외사항 |
|---|---|---|
| 1. 장소적 요건 | · 승용, 승합, 화물, 건설기계 등 자동차에만 적용 | · 이륜자동차 및 자전거는 제외 |
| 2. 피해자 요건 | · 탑승 승객이 개문되어 있는 상태로 출발한 차량에서 추락하여 피해를 입은 경우 | · 적재되어 있는 화물의 추락 사고는 제외 |
| 3. 운전자 과실 | · 차의 문이 열려 있는 상태로 출발하는 행위 | · 차량이 정지하고 있는 상태에서의 추락은 제외 |

※ 승객 또는 승하차자 추락방지조치위반 : 범칙금 7만원, 벌점 10점

**98** 어린이 보호의무위반 사고의 성립요건 ◐

| 항목 | 범칙금(승합자동차) | 예외사항 |
|---|---|---|
| 1. 장소적 요건 | · 어린이 보호구역으로 지정된 장소 | · 어린이 보호구역이 아닌 장소 |
| 2. 피해자 요건 | · 어린이가 상해를 입은 경우 | · 성인이 상해를 입은 경우 |
| 3. 운전자 과실 | · 어린이에게 상해를 입힌 경우 | · 성인에게 상해를 입힌 경우 |

**99** 교통사고조사규칙에 따른 대형사고 ◐ **3명 이상이 사망**(교통사고 발생일부터 30일 이내에 사망)하거나 **20명 이상의 사상자가** 발생한 사고

**100** 요 마크(Yaw mark) ◐ 급핸들 등으로 인하여 차의 바퀴가 돌면서 차축과 평행하게 옆으로 미끄러진 타이어의 마모흔적

**101** 충돌 ◐ 차가 반대방향 또는 측방에서 진입하여 그 차의 정면으로 **다른 차의 정면 또는 측면을 충격한 것**

**102** 추돌 ◐ 2대 이상의 차가 동일방향으로 주행 중 **뒤차가 앞차의 후면을 충격한 것**

**103** 접촉 ◐ 차가 추월, 교행 등을 하려다가 **차의 좌·우측면을 서로 스친 것**

**104** 추락 ◐ 차가 도로변 **절벽** 또는 **교량** 등 높은 곳에서 **떨어진 것**

**105** 도주차량(뺑소니) 사고의 처리 관계법령 ◐ ① 인명피해사고는 「특정범죄가중처벌 등에 관한 법률」 제5조의3을 적용하여 **기소의견으로 송치** ② 물적피해사고는 「도로교통법」 제148조를 적용하여 **기소의견으로 송치**

**106** 교통사고 발생 시 피해자와 가해자간의 손해배상 합의기간을 사고를 접수한 날로부터 주는 기간(보험 등에 가입되지 아니한 경우와 중상해 사고를 야기한 운전자) ◐ 사고를 접수한 날부터 **2주간(특례적용제외자는 해당없음)**

**107** 안전거리 ◐ 같은 방향으로 가고 있는 앞차가 갑자기 정지하게 되는 경우 그 앞차와의 추돌을 피할 수 있는 **필요한 거리**로 정지거리보다 약간 긴 정도의 거리

**108** 안전거리 미확보 사고의 성립요건 중 운전자 과실의 내용 ◐ ① 뒤차가 안전거리를 미확보하여 **앞차를 추돌한 경우 : ㉮ 앞차의 정당한 급정지 ㉯ 앞차의 상당성 있는 급정지 ㉰ 앞차의 과실 있는 급정지**

**109** 고속도로에서의 차로 의미 ◐ ① **주행차로** : 고속도로에서 주행할 때 통행하는 차로 ② **가속차로** : 주행차로에 진입하기 위해 속도를 높이는 차로 ③ **감속차로** : 주행차로를 벗어나 고속도로에서 빠져나가기 위해 감속하기 위한 차로 ④ **오르막차로** : 오르막 구간에서 저속자동차와 다른 자동차를 분리하여 통행시키기 위한 차로

**110** 후진에 따른 안전운전불이행 ◐ 주의를 기울이지 않은 채 후진하여 다른 보행자나 차량을 충돌한 경우(골목길, 주차장 등에서 주로 발생)

**111** 후진사고의 성립요건 중 장소적 요건 ◐ 도로에서 발생

**112** 교차로 통행방법위반 사고 중 앞차가 가해자인 사고 ◐ 앞차가 너무 넓게 우회전하여 앞·뒤가 아닌 좌·우차의 개념으로 보는 상태에서 충돌한 경우에는 **앞차가 가해자이다.**

**113** 신호등 없는 교차로에 "시설물(안전표지)"을 설치하여야 할 표지는 ◐ 일시정지표지, 서행표지, 양보표지

**114** 서행 ◐ 차가 즉시 **정지할 수 있는 느린 속도**로 진행하는 것을 의미(위험을 예상한 상황적 대비)

**115** 난폭운전 사례 ◐ **급차로 변경, 지그재그 운전, 좌·우로 핸들을 급조작**하는 운전, 지선도로에서 간선도로로 진입할 때 일시정지 없이 **급진입하는 운전** 등

## 제2편  자동차 관리요령

**01** 일상점검 ◐ 자동차를 운행하는 사람이 매일 **자동차를 운행하기 전**에 점검하는 것

**02** 일상점검을 할 때 주의사항 ◐ ① 경사가 없는 **평탄한 장소**에서 점검한다. ② 변속 레버는 P(주차)에 위치시킨 후 **주차 브레이크를 당겨 놓는다**. ③ 엔진 시동 상태에서 점검해야 할 사항이 아니면 **엔진 시동을 끄고** 한다. ④ 점검은 환기가 잘 되는 **장소**에서 실시한다. ⑤ 엔진을 점검할 때에는 반드시 엔진을 끄고, 식은 다음에 실시한다(**화상예방**). ⑥ 연료장치나 배터리 부근에서는 **불꽃을 멀리한다(화재예방)**. ⑦ 배터리, 전기 배선을 만질 때에는 미리 배터리의 ⊖ **단자를 분리한다(감전예방)**.

**03** 차의 외관 일상점검 항목 및 내용 ◐ ① **완충스프링** : 스프링 연결부위의 손상 또는 균열 ② **바퀴** : 타이어의 공기압, 타이어의 이상마모 또는 손상, 휠 볼트 및 너트의 조임과 손상 여부 ③ **배기가스** : 배기가스의 색깔

**04** 자동차 운행 전 점검사항 중에서 "외관점검" 사항 ◐ 유리 청결과 파손, 차체의 기울기, 휠 너트 조임 상태, 파워스티어링 및 브레이크 오일 수준 상태, 차체에서 오일, 연료, 냉각수 등 누출되는 곳 여부 등

**05** 자동차 운행 전 안전수칙 중 안전벨트의 착용 ◐ ① 가까운 거리라도 안전벨트를 착용한다 : **신체 상해 발생 예방** ② 안전벨트는 꼬이지 않도록 하여 아래 엉덩이 부분에 착용한다 : **신체보호 효과 감소 방지** ③ 허리부위 안전벨트는 골반 위치에 착용한다 : 복부에 착용할 때 **장파열 등 신체**에 위해를 가할 수 있다.

**06** 자동차 운행 전 안전수칙 중 인화성·폭발성 물질의 차내 반입금지 ◐ 여름철과 같이 **차 안의 온도가 급상승 하는 경우**에는 인화성·폭발성 물질이 폭발할 수 있으므로 반입을 금지한다.

**07** 자동차 운행 중의 안전수칙 중 음주·과로한 상태에서의 운전 금지 ◐ ① **적당한 휴식**을 취하지 않고 계속 운전하면 **졸음운전**을 하게 된다. ② 장시간 운전을 하는 경우에는 **2시간마다 휴식**을 취하도록 한다. ③ 음주는 운전자의 **판단, 시력**과 **근육 조절**을 저하시킨다. ④ 소량의 음주라도 운전자의 반사신경, 인식, 판단에 영향을 미친다.

**08** 자동차 운행 후 안전수칙 중 오르막 또는 내리막길 주차할 때의 주의사항 ◐ 오르막길에서는 1단, 내리막길에서는 R(후진)로 놓고 바퀴에 고임목을 설치한다.

**09** 터보차 장착차 점검과 고장 원인 ◐ 대부분 윤활유 공급 부족, 엔진 오일 오염, 이물질 유입으로 인한 압축기 날개 손상 등에 의해 발생

※ 점검을 위하여 에어클리너 엘리먼트를 장착하지 않고 고속회전할 경우 압축기 날개 손상의 원인

**10** 세차의 시기 ▶ ① 겨울철에 동결방지제(**염화칼슘 등**)**를 뿌린 도로를 주행하였**을 경우 ② **해안지대를 주행**하였을 경우 ③ **진흙 및 먼지** 등이 현저하게 붙어 있는 경우 ④ 옥외에서 장시간 주차하였을 때 ⑤ **매연이나 분진, 철분** 등이 묻어 있는 경우 ⑥ **타르, 모래, 콘크리트 가루** 등이 묻어 있는 경우 ⑦ **새의 배설물, 벌레** 등이 붙어 있는 경우

**11** 자동차 연료로서 천연가스의 특징 ▶ ① 천연가스는 메탄($CH_4$)을 주성분으로 (83~99%) 하는 탄소량이 적은 탄화수소 연료이며, 메탄 이외에 소량 에탄($C_2H_2$), 프로판($C_3H_8$), 부탄($C_4H_{10}$)등이 함유되어 있다. ② **메탄의 비등점은 −162℃** 이고, 상온에서는 **기체이다.** 단위 에너지당 연료 용적은 경유 연료를 1로 하였을 때 CNG는 **3.7배,** LNG는 **1.65배**이다. ③ 옥탄가가 비교적 **높고**(RON : 120~136), 세탄가는 **낮다.** 따라서 오토 사이클 엔진에 적합한 연료이다. ④ 가스 상태로 엔진 내부로 흡입되어 **혼합기 형성이 용이**하고, **희박연소가 가능**하다.

**12** 천연가스 형태별 종류 ▶ ① LNG(**액화천연가스**, Liquified Natural Gas) ② CNG(**압축천연가스**, Compressed Natural Gas)
※LPG(액화석유가스 : 천연가스 형태별 종류가 아님)

**13** 가스공급라인 등 연결부에서 가스가 누출될 때의 조치 요령 ▶ ① 차량 부근으로 화기 접근을 금하고, 엔진시동을 끈 후 **메인 전원 스위치를 차단한다.** ② 탑승하고 있는 승객을 안전한 곳으로 대피시킨 후 누설부위를 **비눗물 또는 가스 검진기** 등으로 확인한다. ③ 스테인리스 튜브 등 가스공급라인의 몸체가 파열된 경우에는 교환한다. ④ 커넥터 등 연결부위에서 가스가 새는 경우에는 새는 부위의 너트를 조금씩 누출이 멈출 때까지 반복해서 조여준다. 만약 계속해서 가스가 누출되면 사람의 접근을 차단하고 실린더 내의 가스가 모두 배출될 때까지 기다린다.

**14** 자동차 운행 시 "브레이크 조작 요령" ▶ ① 브레이크를 밟을 때 **2~3회에 나누**어 밟게 되면 안정된 성능을 얻을 수 있고, 뒤따라오는 자동차에게 제동정보를 제공함으로써 **후미추돌을 방지**할 수 있다. ② 내리막길에서 계속 풋 브레이크를 작동시키면 **브레이크 파열**, 브레이크의 일시적인 **작동불능** 등의 우려가 있다.

**15** ABS 브레이크 시스템에서 "ABS 경고등"은 키 스위치를 ON하면 경고등이 켜지는데 그 시간(초)는 ▶ 일반적으로 3초(ABS가 정상이면 경고등은 소등되고 계속 점등되면 점검이 필요하다)

**16** 자동차 운행 시 경제적인 운행방법 ◘ ① **급발진, 급가속 및 급제동 금지** ② **경제속도 준수** ③ **불필요한 공회전 금지** ④ 에어컨은 필요한 경우에만 작동 ⑤ 불필요한 **화물 적재 금지** ⑥ **창문을 열고 고속주행 금지** ⑦ 올바른 타이어 공기압 유지 ⑧ 목적지를 확실하게 파악한 후 운행

**17** 야간운행시 자동차 조작 요령 ◘ ① 마주오는 자동차와 교행 할 때에는 **전조등을 변환빔(하향등)**으로 작동시켜 교행하는 운전자의 눈부심을 방지한다. ② 비가 내리면 전조등의 **불빛이 노면에 흡수되거나** 젖은 장애물에 반사되어 더욱 보이지 않으므로 주의한다.

**18** 겨울철 오버히트가 발생하는 원인 ◘ ① 겨울철에 냉각수 통에 **부동액이 없는 경우** ② 부동액 **농도가 낮을 경우** ③ 엔진 내부가 얼어 **냉각수가 순환하지 않은 경우**

**19** 눈이 내려 타이어에 체인을 장착하였을 때의 주행속도 ◘ ① 30km/h 이내 ② 체인 제작사에서 추천하는 규정 속도 이하로 주행

**20** 자동차가 고속도로 운행을 할 때 운전요령 ◘ ① **운행 전 점검** : 연료, 냉각수, 엔진오일, 각종 벨트, 타이어 공기압 등 점검 ② 고속도로를 벗어날 경우에는 미리 **출구를 확인하고 방향지시등을 작동**시킨다. ③ **터널 출구 부분**을 나올 경우에는 바람의 영향으로 차체가 흔들릴 수 있으므로 **속도를 줄인다.** ④ 고속으로 운행할 경우 풋 브레이크만을 많이 사용하면 **브레이크 장치가 과열**되어 브레이크 기능이 저하되므로 엔진 브레이크와 함께 효율적으로 사용한다.

**21** 자동차 화물실 도어 개폐 요령 ◘ ① 화물실 도어는 **화물실 전용키**를 사용한다. ② 도어를 열 때에는 키를 사용하여 **잠금상태를 해제한 후** 도어를 당겨 연다. ③ 도어를 닫은 후에는 키를 사용하여 잠근다.

**22** 자동차 운전석의 안전벨트 착용시의 효과 ◘ 안전벨트 착용은 충돌이나 급정차시 **전방으로 움직이는 것을 제한**하여 차 내부와의 충돌을 막아 심각한 부상이나 **사망의 위험을** 감소시킨다.

**23** 자동차 운전석의 계기판 용어 ◘ ① 속도계 : 자동차의 **시간당 주행속도**를 나타낸다. ② 회전계(타코미터) : 엔진의 분당 **회전수(rpm)**를 나타낸다. ③ 수온계 : 엔진 **냉각수의 온도**를 나타낸다. ④ 연료계 : 연료탱크에 남아있는 **연료의 잔류량**을 나타낸다. ※ 동절기에는 연료를 가급적 충만한 상태를 유지한다(연료탱크 내부의 수분침투를 방지하는데 효과적). ⑤ 주행거리계 : 자동차가 주행한 **총거리(km 단위)**를 나타낸다. ⑥ 엔진오일 압력계 : 엔진 **오일의 압력**을 나타낸다. ⑦ 공기 압력계 : 브레이크 공기 탱크 내의 **공기압력을 나타낸다.** ⑧ 전압계 : 배터리의 **충전 및 방전 상태**를 나타낸다.

**24** 자동차 전조등 1단계 조작 시 점등 ○ **차폭등, 미등, 번호판등 계기판등**이 점등됨 ※ 2단계 조작 시 : **전조등 추가** 점등됨

**25** 자동차 전조등의 사용시기 ○ ① **변환빔(하향)** : 마주오는 차가 있거나 앞 차를 따라갈 경우 ② **주행빔(상향)** : 야간 운행 시 시야확보를 원할 경우(마주오는 차 또는 앞 차가 없을 때에 한하여 사용) ③ **상향점멸** : 다른 차의 주의를 환기시킬 경우(스위치를 2~3회 정도 당겨 올린다)

**26** 진동과 소리로 고장을 진단하는 요령 ○ ① 엔진의 이음(**쇠가 마주치는 소리**) ② 팬 벨트(**끼익**) ③ 클러치(**달달달**) ④ 조향장치(**핸들이 극단적으로 흔들린다**) ⑤ 현가장치 (**딱각딱각, 쿵쿵**)

**27** 냄새와 열이 나는 경우 진단 요령 ○ ① 전기 장치 부분(고무타는 냄새) ② 브레이크 장치 부분(**단내가 심하게 나는 경우**) ③ 한쪽만 뜨거울경우(**라이닝 간격이 좁아**)

**28** 배출 가스로 구분할 수 있는 고장진단 ○ ① 무색(완전 연소 : 무색 또는 약간 엷은 청색) ② 검은색(불완전 연소) ③ 백색(다량의 엔진 오일이 실린더 위로 올라와 연소되는 경우) ③ 한쪽만 뜨거울 경우(라이닝 간격이 좁다)

**29** 자동차 엔진에 오버히트가 발생하는 원인 ○ ① 냉각수가 **부족한 경우** ② 냉각수에 **부동액이 들어있지 않은 경우**(추운 날씨) ③ 엔진 내부가 얼어 **냉각수가 순환하지 않는 경우**

**30** 자동차 엔진에 오버히트가 발생할 때의 징후 ○ ① 운행 중 수온계가 H 부분을 가리키는 경우 ② **엔진출력이 갑자기 떨어지는 경우** ③ 노킹 소리가 들리는 경우 ※ 노킹(Knocking) : 압축된 공기와 연료 혼합물의 일부가 내연기관의 실린더에서 **비정상적으로 폭발할 때 나는 날카로운 소리**

**31** 고장자동차표지(비상용 삼각대) 설치방법 ○ ① 밤에 고장이나 그 밖의 사유로 고속도로 등에서 자동차를 운행할 수 없는 경우에 사방 500m 지점에서 식별할 수 있는 **적색의 섬광신호, 전기 제등 또는 불꽃 신호**를 설치한다. ② 고장자동차의 표지를 설치하는 경우, 그 자동차의 후방에서 접근하는 자동차의 운전자가 **확인할 수 있는 위치에 설치**한다.

**32** 자동차 엔진의 시동모터는 작동되나 시동이 걸리지 않는 때의 추정원인 ○ ① **연료가 떨어졌다.** ② **예열작동이 불충분**하다. ③ **연료필터가 막혀**있다.

**33** 자동차의 엔진 오일의 소비량이 많은 추정원인 ○ ① 사용되는 오일이 **부적당**하다. ② 엔진 오일이 누유되고 있다.

**34** 자동차의 연료소비량이 많은 추정원인 ○ ① **연료누출**이 있다. ② **타이어 공기압이 부족**하다. ③ 클러치가 **미끄러진다**. ④ 브레이크가 **제동된 상태**에 있다.

**35** 자동차 배기가스색이 검은 추정원인 **➡** ① 에어클리너 **필터가 오염되었다.** ② 밸브 간극이 **비정상이다.**

**36** 핸들이 무거워지는 추정원인 **➡** ① 앞바퀴의 공기압이 **부족하다.** ② 파워스티어링 **오일이 부족하다.**

**37** 자동차의 배터리가 자주 방전될 때의 추정원인 **➡** ① 배터리 **단자의 벗겨짐, 풀림, 부식이 있다.** ② 팬 **벨트가 느슨하게 되어 있다.** ③ 배터리액이 **부족하다.** ④ 배터리 수명이 다 되었다.

**38** 클러치의 기능 **➡** ① 엔진의 동력을 **변속기에 전달**하거나 **차단**하는 역할 ② 엔진 시동을 작동시킬 때나 기어를 변속할 때에는 **동력을 차단** ③ 출발할 때에는 엔진의 동력을 **서서히 연결**하는 일

**39** 자동차의 구조장치 중 클러치의 필요성 **➡** ① 엔진을 작동시킬 때 **엔진을 무부하 상태**로 유지한다. ② 변속기의 기어를 변속할 때 엔진의 동력을 **일시 차단**한다. ③ **관성운전을 가능**하게 한다.

**40** 자동차의 구조장치에서 클러치가 미끄러지는 원인 **➡** ① 클러치 페달의 자유간극(유격)이 없다. ② 클러치 디스크의 **마멸이 심하다.** ③ 클러치 디스크에 오일이 묻어 있다. ④ 클러치 스프링의 **장력이 약하다.**

**41** 변속기 개념과 기능 **➡** ① 변속기는 도로의 상태, 주행속도, 적재 하중 등에 따라 변하는 **구동력에 대응**하기 위해 엔진과 추진축 사이에 설치되어 있다. ② 변속기는 엔진의 출력을 자동차 주행속도에 알맞게 **회전력과 속도로 바꾸어서 구동바퀴에 전달**하는 장치를 말한다.

**42** 자동차 변속기의 필요성 **➡** ① 엔진과 차축 사이에서 **회전력을 변환시켜 전달**한다. ② 엔진을 시동할 때 **엔진을 무부하 상태**로 한다. ③ 자동차를 후진시키기 위하여 필요하다.

**43** 자동변속기의 오일 색깔 **➡** ① **정상** : 투명도가 높은 **붉은 색** ② **갈색** : 가혹한 상태에서 사용되거나, **장시간 사용한 경우** ③ **투명도가 없어지고 검은 색을 띨 때** : 자동변속기 내부의 클러치 디스크의 **마멸분말에 의한 오손, 기어가 마멸**된 경우 ④ **니스 모양으로 된 경우** : 오일이 매우 **고온에 노출된 경우** ⑤ **백색** : 오일에 수분이 다량으로 유입되는 경우

**44** 타이어의 주요기능 **➡** ① 자동차의 **하중을 지탱**하는 기능을 한다. ② 엔진의 **구동력** 및 브레이크의 **제동력을 노면에 전달**하는 기능을 한다. ③ 노면으로부터 전달되는 **충격을 완화**시키는 기능을 한다. ④ 자동차의 진행방향을 **전환 또는 유지**시키는 기능을 한다.

**45** 타이어의 구조 및 형상에 따른 구분 ➡ ① 튜브리스 타이어 ② 바이어스 타이어 ③ 레디얼 타이어 ④ 스노우 타이어

**46** 스탠딩 웨이브 현상 발생 가능 속도와 차종 ➡ 일반구조의 승용차용 타이어의 경우 **대략 150km/h 전후**의 주행속도에서 발생한다.

**47** 수막현상이 발생할 수 있는 주행속도 ➡ ① 시속 60km/h까지 주행할 경우 : 수막현상이 일어나지 않는다. ② 시속 80km/h로 주행할 경우 : 타이어의 옆면으로 물이 파고들기 시작하여 부분적으로 **수막현상을 일으킨다.** ③ **시속 100km/h로 주행할 경우** : 노면과 타이어가 분리되어 수막현상을 일으킨다.

**48** 수막현상 발생 임계속도 ➡ 수막현상이 발생할 때 **타이어가 완전히 떠오를 때의 속도**를 말한다.

**49** 자동차 완충(현가)장치의 주요기능 ➡ ① 적정한 자동차의 **높이 유지** ② 상 · 하 방향이 유연하여 차체가 노면에서 받는 **충격 완화** ③ 올바른 **휠 얼라인먼트 유지** ④ 차체의 무게 지탱 ⑤ 타이어의 **접지상태 유지** ⑥ 주행방향 조정

**50** 자동차의 조향핸들이 무거운 원인 ➡ ① 타이어의 공기압 부족 ② 조향기어의 **톱니바퀴 마모** ③ 조향기어 박스 내의 **오일 부족** ④ 앞바퀴의 **정렬 상태 불량** ⑤ 타이어의 마멸 과도

**51** 휠 얼라인먼트(차륜정렬) ➡ ① **캠버(Camber)** ② **캐스터(Caster)** ③ **토인 (Toe-in)** ④ 조향축(킹핀) 경사각

**52** 제동장치 중 "공기식 브레이크"를 주로 사용하는 차량 ➡ 버스, 트럭 등 대형 차량

**53** 공기식 브레이크의 구조 ➡ ① 공기 압축기 ② 공기 탱크 ③ 브레이크 밸브 ④ 릴레이 밸브 ⑤ 퀵 릴리스 밸브 ⑥ 브레이크 챔버 ⑦ 저압 표시기 ⑧ 체크 밸브

**54** 감속 브레이크(제3의 브레이크 구분) ➡ ① **엔진 브레이크** ② **제이크 브레이크** ③ **배기 브레이크** ④ **리타터 브레이크**

**55** 자동차 종합검사 유효기간 ➡ ① 사업용 승용자동차 : 차령이 2년 초과인 자동차 → 1년 ② 사업용 경형 · 소형의 승합 및 화물자동차 : 차령이 2년 초과인 자동차 → 1년 ③ 사업용 대형화물자동차 : 차령이 2년 초과인 자동차 → 6개월

**56** 자동차 소유자가 자동차종합검사를 받아야 하는 기간 ➡ 자동차종합검사 **유효기간의 마지막 날**(검사 유효기간을 연장하거나 검사를 유예한 경우에는 그 연장 또는 유예된 기간의 마지막 날) **전후 각각 31일 이내**에 받아야 한다. ※ **소유권 변동 또는 사용본거지 변경** 등의 사유로 종합검사를 받지 못한 자동차는 **변경등록을 한 날부터 62일 이내**에 받아야 한다.

**57** 자동차종합검사기간 내에 종합검사를 신청한 경우 ◐ **부적합 판정을 받은 날부터 자동차종합검사기간 만료 후 10일 이내**

**58** 자동차종합검사기간 전 또는 후에 종합검사를 신청한 경우 ◐ 부적합 판정을 받은 날의 **다음날부터 10일 이내**

**59** 자동차종합검사를 받지 아니한 경우의 과태료 부과기준 ◐ ① 검사를 받아야 하는 기간만료일부터 30일 초과 114일 이내인 경우 : **4만 원에 31일째부터 계산하여 3일 초과 시마다 2만 원 추가** ② 검사를 받아야 하는 기간만료일부터 115일 이상인 경우 : 60만 원

**60** 자동차 튜닝승인 불가 항목 ◐ ① 총 중량이 **증가되는 튜닝** ② 승차정원 또는 최대적재정량의 **증가를 가져오는 승차장치** 또는 **물품적재장치**의 튜닝 ③ 자동차의 **종류가 변경**되는 튜닝 ④ 튜닝 전보다 성능 또는 안전도가 **저하될 우려가** 있는 경우의 튜닝 ※ **튜닝승인대상** ◐ ① **구조** : 길이·너비 및 높이, 총중량 ② **장치** : 원동기장치, 주행장치, 조향장치, 제동장치, 연료장치, 차체, 차대, 전조등 ※ **자동차의 튜닝** ◐ 자동차의 **구조·장치의 일부를 변경**하거나 자동차에 **부착물을 추가**하는 것을 말한다.

**61** 임시검사를 받는 경우 ◐ ① 불법튜닝 등에 대한 안전성 확보를 위한 검사 ② 사업용 자동차의 차령연장을 위한 검사 ③ 자동차 소유자의 신청을 받아 시행하는 검사

**62** 신규검사 개념 ◐ 수입자동차, 일시 말소 후 재등록하고자 하는 자동차 등 신규 등록을 하고자 할 때 받는 검사

**63** 자동차 운행으로 다른 사람이 사망하거나 부상한 경우에 피해자(피해자가 사망한 경우에는 손해배상을 받을 권리를 가진 자)에게 책임보험금을 지급할 책임을 지는 책임보험이나 책임 공제에 미가입한 경우 ◐ ① 가입하지 아니한 기간이 10일 이내인 경우 : 3만원 ② 가입하지 아니한 기간이 10일을 초과한 경우 : 3만원에 11일째부터 1일마다 8천원을 가산한 금액 ③ **최고 한도금액** : 자동차 1대당 100만원

**64** 책임보험 또는 책임공제에 가입하는 것 외에 자동차 운행으로 인하여 다른 사람이 사망하거나 부상한 경우에 피해자에게 **책임보험** 및 **책임공제의 배상책임한도를 초과**하여 피해자 **1명당 1억원 이상의** 금액 또는 피해자에게 발생한 모든 손해액을 지급할 책임을 지는 보험업법에 따른 **보험**이나 여객자동차운수사업법에 따른 공제에 미가입한 경우 ◐ ① **가입하지 아니한 기간이 10일 이내인 경우 : 3만원** ② **가입하지 아니한 기간이 10일을 초과한 경우** : 3만원에 11일째부터 1일마다 8천원을 가산한 금액 ③ **최고 한도금액** : 자동차 1대당 100만원

**01** 교통사고의 구성(위험)요인 ● ① 인간 ② 도로환경 ③ 차량

**02** 교통사고요인의 복합적 연쇄과정에서 "인간요인에 의한 연쇄과정" ● 아내와 싸우다. 출근이 늦어졌다. 초조하게 운전을 한다. 과도한 속도

**03** 교통사고요인에서 "인간에 의한 사고원인" ● ① 신체 · 생리적 요인(피로, 음주, 약물, 신경성 질환) ② 운전태도 요인(교통법규 및 단속에 대한 인식, 속도지향성 및 자기중심성 등)과 사고에 대한 태도(위험에 대한 경험, 사고발생확률에 대한 믿음과 사고의 심리적 측면) ③ 사회 환경적 요인(근무환경, 직업에 대한 만족도, 주행환경에 대한 친숙성) ④ 운전기술요인(차로유지 및 대상의 회피)

**04** 교통사고의 간접원인으로 영향정도가 큰 것 ● ① 알코올에 의한 기능저하 ② 약물에 의한 기능저하 ③ 피로 ④ 경험부족

**05** 버스의 특성과 관련된 대표적인 사고 유형의 10가지 유형 중 사고 빈도 순위 ● 1위 : 회전, 급정거 등으로 인한 차내 승객 사고, 2위 : 동일방향 후미추돌사고, 3위 : 진로변경 중 접촉 사고, 4위 : 회전 중 주, 정차, 진행 차량, 보행자 등과의 접촉사고, 5위 : 승 · 하차 시 사고, 6위 : 횡단 보행자 등과의 사고

**06** 정지시력 ● 일정 거리에 일정한 시표를 보고 모양을 확인할 수 있는지를 가지고 측정하는 시력이다.

**07** 란돌트 시표(Landolt's rings) ● 정지시력을 측정하는 대표적인 방법

**08** 동체시력의 의미 ● 움직이는 물체 또는 움직이면서 다른 자동차나 사람 등의 물체를 보는 시력을 말한다.

**09** 동체시력의 특성 ● ① 동체시력은 물체의 이동속도가 빠를수록 저하된다. ② 정지시력이 1.2인 사람이 시속 50km로 운전한다면 동체시력은 0.7 이하로 떨어지며, 시속 90km라면 동체시력은 0.5 이하로 떨어진다. ③ 동체시력은 정지시력과 어느 정도 비례 관계를 갖는다. 정지시력이 저하되면 동체시력도 저하된다. ④ 동체시력은 조도(밝기)가 낮은 상황에서는 쉽게 저하되며, 50대 이상에서는 야간에 움직이는 물체를 제대로 식별하지 못하는 것이 주요 사고 요인으로도 작용한다.

**10** 시야 ● 중심시와 주변시를 포함해서 주위의 물체를 확인할 수 있는 범위를 말하며, 바로 눈의 위치를 바꾸지 않고도 볼 수 있는 좌우의 범위이다. ※ 중심시 : 인간이 전방의 어떤 사물을 주시할 때, 그 사물을 분명하게 볼 수 있게 하는 눈의 영역을 말한

다. ※ **주변시 : 그 좌우로 움직이는 물체** 등을 인식할 수 있게 하는 **눈의 영역**이다.

**11** 정지 상태에서의 시야 ◐ 정상인의 경우 **한쪽 눈의 기준은 대략 160°정도**이고, **양안(양쪽 눈)의 시야**는 보통 **180°~200°**이다.

**12** 시야가 다음과 같은 조건에서 받는 영향 ◐ ① 시야가 움직이는 상태에 있을 때는 움직이는 속도에 따라 축소되는 특성을 갖는다(운전자가 **시속 40km로 주행 중** 일 때 → 약 **100°정도로 축소**되고, **시속 100km로 주행** 중인 때는 **약 40°정도** 로 축소된다). ② 한 곳에 주의가 집중되어 있을 때에 인지할 수 있는 **시야 범위** 는 **좁아지는 특성**이 있다. 운전 중 교통사고가 발생한 곳으로 시선이 집중되어 있다면 **이에 비례하여 시야의 범위가 좁아진다.**

**13** 섬광 회복력 ◐ 운전자의 시각기능을 섬광을 마주하기 전 단계로 되돌리는 신속 성의 정도를 의미한다.

**14** 명순응 : 일광 또는 조명이 어두운 조건에서 밝은 조건으로 변할 때 사람의 눈이 그 상황에 적응하여 **시력을 회복하는 것**을 말한다.

**15** 암순응 : 일광 또는 조명이 밝은 조건에서 어두운 조건으로 변할 때 사람의 눈이 그 상황에 적응하여 **시력을 회복하는 것**을 말한다.

**16** 현혹현상 ◐ 운행 중 갑자기 빛이 눈에 비치면 순간적으로 장애물을 볼 수 없는 현상으로 마주 오는 차량의 전조등 불빛을 직접 보았을 때 순간적으로 시력이 상실되는 현상을 말한다.

**17** 증발현상 ◐ 야간에 대향차의 **전조등 눈부심으로 인해 순간적으로 보행자를 잘 볼 수 없게 되는 현상**으로 보행자가 교차하는 차량의 불빛 중간에 있게 되면 운 전자가 순간적으로 보행자를 전혀 보지 못하는 현상을 말한다.

**18** 피로가 운전과정에 미치는 영향 ◐ ① **정신적 주의력** : 교통표지를 간과하거나 보행자를 알아보지 못한다. ② **신체적 감각능력** : 교통신호를 **잘못보거나** 위험 신호를 제대로 파악하지 못한다.

**19** 혈중알코올농도와 행동적 증후 ◐ ① 2잔(0.02~0.04% : 초기) - 기분이 상쾌해 짐, 판단력이 조금 흐려짐 ② 6~7잔(0.11~0.15% : 완취기) - 화를 자주 냄, 서 면 휘청거림 ③ 21잔 이상(0.41~0.5% : 사망 가능) - 흔들어도 일어나지 않음 등

**20** 간에서 맥주 한 캔 정도의 알코올을 분해하는 시간 ◐ 1시간 정도 걸린다.

**21** 음주운전이 위험한 이유 ◐ ① **발견지연**으로 인한 사고 위험 증가 ② 운전에 대 한 통제력 약화로 **과잉조작에 의한 사고 증가** ③ **시력저하와 졸음** 등으로 인한 사고의 증가 ④ **2차 사고유발** ⑤ 사고의 **대형화** ⑥ 마신 양에 따른 사고 위험도 의 **지속적 증가**

**22** 혈중 알코올 농도에 따른 사고 가능율 **○** ① 0.05% 상태에서는 음주를 하지 않을 때보다 : 2배 ② 만취상태인 0.1%에서는 음주를 하지 않을 때보다 : 6배 ③ 0.15% 상태에서는 음주를 하지 않을 때보다 : 25배

**23** 음주운전 차량의 특징적인 패턴(0.05%~0.08% 수준 이상이 된 상태) **○** ① 야간에 **아주 천천히 달리는 자동차** ② 전조등이 미세하게 **좌·우로 왔다 갔다** 하는 자동차 ③ 과도하게 **넓은 반경으로 회전하는 차량** ④ **2개 차로에 걸쳐서 운전하는 차량** ⑤ 신호에 대한 반응이 **과도하게 지연되는 차량** ⑥ 운전행위와 반대되는 **방향지시등을 조작하는 차량** ⑦ 지그재그 운전을 수시로 하는 차량 ⑧ 경찰관이 정차명령을 하였을 때 제대로 **정차하지 못하거나 급정차하는 경우** ⑨ 단속현장을 보고 **멈칫하거나 눈치를 보는** 자동차 등

**24** 약물이 인체에 미치는 영향 **○** ① **진정제** : 반사능력을 둔화시키고, 조정능력을 **약화시킨다.** ② **흥분제** : 잘못된 자기확신을 쉽게 갖게 됨으로써 **위험감행을** 높인다. ③ **환각제** : 인간의 인지, 판단, 조작 등 **제반기능을 왜곡시킨다.**

**25** 모든 차의 운전자는 보행자 옆을 지나갈 때 **○ 안전거리를 두고 서행해야 한다.** ① 도로에 **보도가 설치되지 않은 좁은 도로,** 안전지대 등 보행자의 옆을 지나는 때에는 안전한 거리를 두고 서행해야 한다. ② **주·정차하고 있는 차 옆을 지나는 때에는** 차문을 열고 **사람이 내리거나** 갑자기 **사람이 튀어나오는** 경우가 있으므로 **서행하면서 확인주의 필요하다.**

**26** 모든 차의 운전자는 횡단하는 보행자의 보호 **○** ① **횡단보도가 없는 교차로나** 그 부근을 보행자가 횡단하고 있는 경우 ② 횡단하는 **사람이나 자전거 등이 없는 경우** 외에는 그 **직전이나 정지선에서** 정지할 수 있는 **속도로 줄이고 일시정지하여** 보행자 등의 통행을 방해해서는 안 된다. ③ 교통정리가 행하여지고 있는 **교차로에서 좌·우회전하려는 경우와 보행자 전용도로가 설치된 경우** ④ **신호기 또는 경찰공무원** 등의 **신호나 지시에 따라** 도로를 횡단하는 **보행자의 통행을 방해하여서는 안된다.**

**27** 어린이나 신체장애인의 보호 **○** ① **일시정지** : 어린이가 보호자 없이 걸어가고 있을 때, 도로를 횡단하고 있을 때 ② **일시정지하거나 서행** : ㉮ 앞을 보지 못하는 사람이 흰색 지팡이를 이용하거나, 장애인 보조견을 이용하여 도로를 횡단하고 있는 때 ㉯ 지하도, 육교 등 도로 횡단시설을 이용할 수 없는 신체 장애인이 도로를 횡단하고 있는 때

**28** 어린이통학버스의 특별보호 **○** ① 어린이통학버스가 **어린이 또는 영유아를** 태우고 있다는 표시를 하고 도로를 통행하는 때에 모든 **차의 운전자는** 어린이통학버스를 **앞지르기 못한다.** ② 어린이나 영유아가 타고 내리는 중임을 나타내는 어린이

통학버스가 **정차한 차로와** 그 차로의 바로 옆 **차로를 통행**하는 차의 운전자는 어린이통학버스에 이르기 전 일시정지하여 안전을 확인 후 서행한다. ③ 중앙선이 설치되지 아니한 도로와 편도 1차로인 도로의 **반대방향에서 진행하는 차의 운전자**는 어린이통학버스에 **이르기 전 일시정지**하여 안전을 확인한 후 **서행**한다.

**29** 고령운전자의 정의(교통안전 측면) ◎ 교통안전 측면에서 고령자를 관리하고 구분하기 위한 **입법적 또는 행정적 측면의 편의성을 고려**하여 고령운전자는 만65세 이상의 운전면허소지자를 대상으로 한다.

**30** 고령운전자의 특성 ◎ ① 시각적 특성(식별능력 저하, 대비(對比)감도 감소, 조도 순응 및 색채지각 능력 감소) ② **청각적 특성** ③ **체력적 특성** ④ **정신적 특성**

**31** 대형버스나 트럭의 특성 ◎ ① **대형차 운전자들이 볼 수 없는 곳(사각)이 늘어난다.** ② 정지하는데 더 많은 시간이 걸린다. ③ 움직이는데 점유하는 공간이 늘어난다. ④ 다른 차를 앞지르는데 걸리는 시간도 더 길어진다.

**32** 운행기록장치 정의 ◎ "운행기록장치"란 자동차의 **속도, 위치, 방위각, 가속도, 주행거리 및 교통사고 상황** 등을 기록하는 자동차의 **부속장치 중 하나인** 전자식 장치를 말한다.

**33** 운행기록분석시스템 분석항목 ◎ 운행기록분석시스템에서는 차량의 운행기록으로부터 다음의 항목을 분석하여 제공한다.
① 자동차의 운행경로에 대한 **궤적의 표기**
② 운전자별·시간대별 **운행속도 및 주행거리의 비교**
③ **진로변경 횟수와 사고위험도 측정, 과속·급가속·급감속·급출발·급정지** 등 위험운전 **행동 분석**
④ 그 밖에 자동차의 **운행 및 사고발생 상황의 확인**

**34** 운행기록분석결과의 활용 ◎ 교통행정기관이나 교통안전공단, 운송사업자는 운행기록의 분석결과를 다음과 같은 **교통안전 관련 업무에 한정하여 활용할 수 있다.**
① 자동차의 **운행관리**          ② 운전자에 대한 **교육·훈련**
③ 운전자의 **운전습관 교정**          ④ 운송사업자의 **교통안전관리 개선**
⑤ **교통수단** 및 **운행체계의 개선**
⑥ 교통행정기관의 운행**계통** 및 운행경로 개선
⑦ 그 밖에 사업용 자동차의 교통사고 예방을 위한 **교통안전정책의 수립**

**35** 원심력의 개념 ◎ 차가 **길모퉁이나 커브를 돌 때**에 핸들을 돌리면 주행하던 차로나 **도로를 벗어나려는 힘이 작용**하게 되는 힘을 원심력이라 한다.

**36** 원심력의 특성 ● ① 원심력은 속도의 제곱에 비례하여 커지고, 커브의 반경이 작을수록 크게 작용하며, 차의 중량에도 비례하여 커진다. ② 일반적으로 매시 **50km로 커브를 도는 차는 매시 25km로 도는 차보다 4배의 원심력이 발생**한다. ③ 이 경우 속도를 줄이지 않으면 **속도는 2배 증가**하였지만 차는 커브를 도는 힘보다 직진 하려는 힘이 **4배가 작용**하여 도로를 이탈하게 된다. ④ 원심력은 **속도가 빠를수록, 커브 반경이 작을수록, 차의 중량이 무거울수록 커지게** 되며, 특히 **속도의 제곱에 비례해서 커진다.**

**37** 스탠딩 웨이브 현상(Standing wave) ● ① **개념** : 고속으로 주행할 때에는 타이어의 회전속도가 **빨라지면** 접지면에서 발생한 타이어의 변형이 다음 접지 시점까지 **복원되지 않고** 진동의 물결로 남게 되는 현상을 스탠딩 웨이브라 한다. 스탠딩 웨이브 현상이 계속되면 타이어 내부의 **고열로 인해 타이어는 쉽게 과열**되어 **파손**될 수 있다. ② **스탠딩 웨이브 현상을 예방하기 위한 조치** : ㉮ 주행 중인 **속도를 줄인다.** ㉯ **타이어 공기압을 평소보다 높인다.** ㉰ 과다 마모된 타이어나 재생타이어의 사용을 자제한다.

**38** 수막현상(Hydroplaning) 개념 ● 자동차가 물이 고인 노면을 고속으로 주행할 때 타이어의 트레드 홈 사이에 있는 **물을 헤치는 기능이 감소**되어 노면 접지력을 **상실하게 되는 현상**으로 타이어 접지면 앞 쪽에서 들어오는 물의 압력에 의해 타이어가 노면으로부터 떠올라 물 위를 미끄러지는 현상을 수막현상이라 한다. ※ **수막현상 발생 시 물의 압력은 자동차 속도의 2배 그리고 유체밀도에 비례한다.**

**39** 수막현상 발생에 영향을 주는 요인 ● ① 차의 속도 ② 고인 물의 깊이 ③ 타이어의 패턴 ④ 타이어의 마모정도 ⑤ 타이어의 공기압 ⑥ 노면 상태 등

**40** 수막현상을 예방하기 위한 조치 ● ① **고속으로 주행하지 않는다.** ② 과다 마모된 타이어를 사용하지 않는다. ③ 공기압을 평상시보다 조금 **높게 한다.** ④ 배수효과가 좋은 **타이어 패턴(리브형 타이어)을** 사용한다.

**41** 페이드(Fade) 현상 개념 ● 내리막길을 내려갈 때 브레이크를 반복하여 사용하면 **마찰열이 라이닝에 축적되어** 마찰계수의 저하로 **브레이크의 제동력이 저하되**는 현상을 말한다.

**42** 워터 페이드(Water fade) 현상과 원상회복 ● ① 브레이크 **마찰재가 물에 젖으면** 마찰계수가 작아져 브레이크의 **제동력이 저하되는 현상**을 워터 페이드라 한다. ② 물이 고인 도로에 자동차를 **정차**시켰거나 **수중 주행**을 하였을 때 이 현상이 일어 날 수 있으며 브레이크가 전혀 작용되지 않을 수도 있다. ③ 워터 페이드 현상

이 발생하면 마찰열에 의해 **브레이크가 회복되도록** 브레이크 **페달을 반복해 밟으면서 천천히 주행**해야 한다.

**43** 베이퍼 록(Vapour lock) 현상 개념 **○** ① 긴 **내리막길에서 브레이크를 지나치게 사용**하면 차륜 부분의 마찰열 때문에 **휠 실린더**나 **브레이크 파이프** 속에서 **브레이크액이 기화**된다. ② ①의 현상으로 브레이크 회로 내에 공기가 유입된 것처럼 **기포가 발생**하여 브레이크 페달을 밟아도 **스펀지를 밟는 것 같고** 유압이 제대로 전달되지 않아 **브레이크가 작용하지 않는 현상**을 말한다.

※ 베이버 록(Vapour lock)현상이 발생하는 주요 원인 : ① 긴 내리막길에서 계속 풋(발)브레이크를 사용하며 브레이크 드럼이 과열되었을 때 ② 브레이크 드럼과 라이닝 간격이 작아 라이닝이 끌리게 됨에 따라 드럼이 과열되었을 때 ③ 불량한 브레이크 액을 사용하였을 때, ④브레이크 맥의 변질로 비등점이 저하되었을 때

**44** 모닝 록(Morning lock) 현상 개념 **○** 비가 자주 오거나 습도가 높은 날 또는 **오랜 시간 주차한 후**에는 브레이크 드럼에 미세한 녹이 발생하게 되는 현상을 말한다.(해소방법 : 출발시 서행하면서 브레이크를 몇 차례 밟아 주면 녹이 자연스럽게 제거된다.)

**45** 외륜차 **○** 바깥 바퀴의 궤적 간의 차이를 말한다. ※ **소형차에 비해** 축간거리가 긴 **대형차에서 내륜차** 또는 **외륜차가 크게 발생**한다. ※ **차가 회전할 때**에는 **내, 외륜차에 의한** 여러 가지 **교통사고 위험**이 발생한다.

**46** 내륜차에 의한 사고 위험 **○** 전진(前進)주차를 위해 주차공간으로 진입 도중 **차의 뒷부분이 주차되어 있는 차와 충돌**할 수 있다.

**47** 외륜차에 의한 사고 위험 **○** 후진주차를 위해 주차공간으로 진입 도중 차의 앞부분이 다른 차량이나 물체와 충돌할 수 있다.

**48** 타이어 마모에 영향을 주는 요소 **○** ① 타이어 공기압 ② 차의 하중 ③ 차의 속도 ④ 커브 ⑤ 브레이크(급제동, 밟는 횟수) ⑥ 노면 ⑦ 기타(정비불량, 기온, 운전자의 운전습관, 타이어 트레드 패턴 등)

**49** 공주거리 **○** 운전자가 자동차를 **정지시켜야 할 상황임을 인지**하고 브레이크로 **발을 옮겨 브레이크가 작동을 시작하기 전까지 이동한 거리**
※ **공주시간** : 공주거리 동안 자동차가 진행한 시간

**50** 제동거리 **○** 운전자가 브레이크에 **발을 올려 브레이크가 막 작동을 시작**하는 순간부터 자동차가 완전히 정지할 때까지 이동한 거리
※ **제동시간** : 제동거리 동안 자동차가 진행한 시간

**51** 정지거리 ● 운전자가 위험을 인지하고 자동차를 정지시키려고 시작하는 순간부터 자동차가 **완전히 정지할 때까지 이동한 거리** ※ **정지시간** : 정지거리 동안 자동차가 진행한 시간을 **정지시간**(공주시간＋제동시간)

**52** 정지거리의 발생에 대한 차이가 나는 요인 ● ① **운전자요인** : 인지 반응시간, 운행속도, 피로도, 신체적 특성 ② **자동차 요인** : 자동차의 종류, 타이어의 마모정도, 브레이크 성능 등 ③ **도로 요인** : 노면종류, 노면상태 등

**53** 양보차로 개념 ● 양방향 2차로 앞지르기 금지구간에서 자동차의 **원활한 소통**을 도모하고, 도로 안전성을 제고하기 위해 길어깨(갓길) 쪽으로 설치하는 **저속 자동차의 주행차로를 말한다.**

**54** 차로 수 ● **양방향 차로**(오르막차로, 회전차로, 변속차로 및 양보차로를 제외)의 수를 합한 것을 말한다. ① **오르막차로** : 오르막 구간에서 **저속 자동차를 다른 자동차와 분리하여 통행시키기 위해 설치하는 차로 ② **회전차로** : 자동차가 **우회전, 좌회전 또는 유턴을 할 수 있도록** 직진하는 **차로와 분리하여 설치하는 차로 ③ **변속차로** : 자동차를 가속시키거나 감속시키기 위하여 설치하는 차로로 **교차로, 인터체인지 등에 주로 설치되며 가 · 감속차로라고도 함**

**55** 측대 ● 길어깨(갓길) 또는 중앙분리대의 **일부분**으로 **포장 끝부분 보호**, 측방의 **여유확보**, 운전자의 시선을 유도하는 기능을 갖는다.

**56** 주 · 정차대 ● 자동차의 **주차** 또는 **정차에 이용하기** 위하여 **차도에 설치**하는 도로의 부분을 말한다.

**57** 분리대 ● 자동차의 통행 방향에 따라 분리하거나 **성질이 다른 같은 방향의 교통을 분리**하기 위하여 설치하는 도로의 부분이나 시설물을 말한다.

**58** 편경사 ● **평면곡선부**에서 자동차가 **원심력에 저항할 수 있도록** 하기 위하여 설치하는 **횡단경사를 말한다.**

**59** 도류화 ● **자동차와 보행자**를 안전하고 질서 있게 이동시킬 목적으로 회전차로, 변속차로, 교통섬, 노면표시 등을 이용하여 **상충하는 교통 분류를 분리**시키거나 통제하여 **명확한 통행경로를 지시해 주는 것**을 말한다.

**60** 교통섬 ● 자동차의 안전하고 원활한 교통처리나 보행자 도로횡단의 안전을 확보하기 위하여 교차로 또는 차도의 분기점에 설치하는 섬 모양의 시설로 설치하는 것을 말한다.

**61** 교통섬을 설치하는 목적 ● ① 도로교통의 **흐름을 안전하게 유도** ② 보행자가 도로를 횡단할 때 대피섬 제공 ③ **신호등**, 도로표지, 안전표지, 조명 등 노상시설의 **설치장소 제공**

**62** 교통약자 **○** 장애인, 고령자, 임산부, 영유아를 동반한 사람, 어린이 등이 생활함에 있어 **이동에 불편을 느끼는 사람**을 말한다.

**63** 시거(視距) **○** 운전자가 자동차 진행방향에 있는 **장애물 또는 위험 요소를 인지**하고 제동하여 정지하거나 또는 장애물을 피해서 주행할 수 있는 거리를 말한다. ※ **주행상의 안전과 쾌적성을 확보하는데 매우 중요한 요소이다.** ※ 종류 : **정지시거와 앞지르기시거가 있다.**

**64** 방호울타리의 주요기능 **○** ① 자동차의 **차도이탈 방지** ② 탑승자의 **상해 및 자동차의 파손 감소** ③ 자동차를 **정상적인 진행방향으로 복귀** ④ 운전자의 시선 유도

**65** 도로의 횡단면 **○** 차도, 중앙분리대, 길어깨, 주·정차대, 자전거도로, 보도 등이 있다.

**66** 일반적으로 횡단면 구성 **○** 지역특성(주택지역 또는 공업지역 등), 교통수요(차로폭, 차로수), 도로의 기능(이동로, 접근로 등), 도로 이용자(자동차, 보행자 등) 등을 반영하여 구성된다.

**67** 차로와 교통사고 **○** ① 횡단면의 **차로폭이 넓을수록 운전자의 안정감이 증진되어 교통사고예방 효과가 있다.** ② 차로폭이 **과다하게 넓으면 운전자의 경각심이 사라져** 제한속도보다 높은 속도로 주행하여 교통사고가 발생할 수 있다. ③ 차로를 구분하기 위한 **차선을 설치한 경우**에는 차선을 설치하지 않은 경우보다 교통사고 발생률이 낮다.

**68** 중앙분리대의 기능 **○** ① 상·하 차도의 교통을 분리시켜 차량의 중앙선 침범에 의한 **치명적인 정면충돌 사고를 방지**하고, 도로 중심축의 **교통마찰을 감소**시켜 원활한 **교통소통을 유지**한다. ② 광폭분리대의 경우 **사고 및 고장차량**이 정지할 수 있는 **여유 공간을 제공**한다. ③ 필요에 따라 유턴 등을 방지하여 교통 혼잡이 발생하지 않도록 하여 **안전성을 높인다.** ④ 도로표지 및 기타 교통관제시설 등을 설치할 수 있는 **공간을 제공**한다. ⑤ 평면교차로가 있는 도로에서는 폭이 충분할 때 좌회전 차로로 활용할 수 있어 **교통소통에 유리**하다. ⑥ 횡단하는 보행자에게 안전섬이 제공됨으로써 **안전한 횡단이 확보**된다. ⑦ 야간에 주행할 때 발생하는 전조등 불빛에 의한 **눈부심이 방지**된다.

**69** 길어깨(갓길)의 기능 **○** ① **고장차가 대피할 수 있는 공간을 제공**하여 교통 혼잡을 방지하는 역할을 한다. ② 도로 측방의 여유 폭은 교통의 **안전성과 쾌적성을 확보**할 수 있다. ③ 도로관리 **작업공간이나 지하매설물 등을 설치할 수 있는 장소를 제공**한다. ④ 곡선도로의 시거가 증가하여 **교통의 안전성이 확보**된다. ⑤ 보도가 없는 도로에서 **보행자의 통행 장소로 제공**된다.

**70** 포장된 길어깨(갓길)의 장점 ➡ ① 긴급자동차의 주행을 원활하게 한다. ② 차도 끝의 처짐이나 이탈을 방지한다. ③ 물의 흐름으로 인한 노면 패임을 방지한다. ④ 보도가 없는 도로에서는 보행의 편의를 제공한다.

**71** 회전교차로의 일반적인 특징 ➡ ① 회전교차로로 진입하는 자동차가 교차로 내부의 회전차로에서 주행하는 자동차에게 양보한다. ② 일반적인 교차로에 비해 상충 횟수가 적다. ③ 교차로 진입은 저속으로 운영하여야 한다. ④ 교차로 진입과 대기에 대한 운전자의 의사결정이 간단하다. ⑤ 교통상황의 변화로 인한 운전자 피로를 줄일 수 있다. ⑥ 신호교차로에 비해 유지관리 비용이 적게 든다. ⑦ 인접 도로 및 지역에 대한 접근성을 높여 준다. ⑧ 사고빈도가 낮아 교통 안전 수준을 향상시킨다.

**72** 회전교차로 설치를 통한 교차로 서비스 향상 ➡ ① 교통소통 측면 : 교통소통 향상 ② 교통안전 측면 : 교차로 안전성 향상 ③ 도로미관 측면 : 교차로 미관 향상 ④ 비용절감 측면 : 교차로 유지관리 비용 절감

**73** 도로의 안전시설에서 "시선유도시설"이란 ➡ ① 시선유도표지(직선, 곡선 구간 설치) ② 갈매기표지(급한 곡선 구간 설치) ③ 표지병(운전자의 시선을 유도하기 위해) ④ 시인성 증진 안전시설(시선유도봉 등)

**74** 방호울타리의 구분 ➡ ① 설치위치에 따라 구분(노측용, 중앙분리대용, 보도용, 교량용) ② 시설물 강도에 따라 구분[(가요성 또는 강성방호울타리(가드레일, 콘크리트)] ③ 강성방호 울타리(콘크리트 등)로 구분한다.㉮ 노측용 방호울타리 : 도로의 길어깨(갓길)측에 설치하는 것 ㉯ 중앙분리대용 방호울타리 : 도로의 중앙분리 내에 설치하는 방호울타리 ㉰ 보도용 방호울타리 : 교통사고로부터 보행자 등을 보호하기 위하여 설치하는 방호울타리 ㉱ 교량용 방호울타리 : 교량 바깥, 보도 등으로 벗어나는 것을 방지하기 위하여 설치하는 방호울타리

**75** 조명시설의 주요기능 ➡ ① 주변이 밝아짐에 따라 교통안전에 도움이 된다. ② 도로이용자인 운전자 및 보행자의 불안감을 해소해 준다. ③ 운전자의 피로가 감소한다. ④ 범죄 발생을 방지하고 감소시킨다. ⑤ 운전자의 심리적 안정감 및 쾌적감을 제공한다. ⑥ 운전자의 시선 유도를 통해 보다 편안하고 안전한 주행 여건을 제공한다.

**76** 긴급제동시설이란 ➡ 제동장치에 이상이 발생하였을 때 자동차가 안전한 장소로 진입하여 정지하도록 함으로써 도로이탈 및 충돌사고 등으로 인한 위험을 방지하는 시설을 말한다.

**77** 버스정류시설의 종류 및 의미 ◐ ① 버스정류장(Bus bay) : 버스승객의 승·하차를 위하여 **본선 차로에서 분리**하여 설치된 **띠 모양의 공간**을 말한다. ② 버스정류소(Bus stop) : 버스승객의 승·하차를 위하여 **본선의 오른쪽 차로를 그대로 이용**하는 공간을 말한다. ③ 간이버스정류소 : 버스승객의 승·하차를 위하여 **본선 차로에서 분리**하여 최소한의 목적을 달성하기 위하여 **설치하는 공간**을 말한다.

**78** 비상주차대가 설치되는 장소 ◐ ① 고속도로에서 **길어깨(갓길) 폭이 2.5m 미만**으로 설치되는 경우 ② 길어깨(갓길)를 축소하여 **건설되는 긴 교량**의 경우 ③ **긴 터널**의 경우 등

**79** 규모에 따른 휴게시설의 종류 ◐ ① 일반 휴게소 : 사람과 자동차가 필요로 하는 서비스를 제공할 수 있는 시설로 **주차장, 녹지공간, 화장실, 급유소, 식당, 매점** 등으로 구성된다. ② 간이 휴게소 : 짧은 시간 내에 차의 점검 및 운전자의 피로회복을 위한 시설로 **주차장, 녹지 공간, 화장실** 등으로 구성된다. ③ 화물차 전용 휴게소 : 화물차 운전자를 위한 전용 휴게소로 이용자 특성을 고려하여 **식당, 숙박시설, 샤워실, 편의점** 등으로 구성된다. ④ 쉼터 휴게소(소규모 휴게소) : 운전자의 생리적 욕구만 해소하기 위한 시설로 최소한의 **주차장, 화장실**과 **최소한의 휴식공간**으로 구성된다.

**80** 안전운전의 기술의 순서 ◐ ① 확인 ② 예측 ③ 판단 ④ 실행

**81** 자동차 운전을 할 때 중요한 정보 90% 이상을 얻는 정보기관 ◐ 시각정보기관

**82** 확인 ◐ ① 운전 중 주변의 모든 것을 **빠르게 보고 한눈에 파악**하는 것 ② 가능한 한 멀리까지, 즉 적어도 **12~15초 전방**까지 문제가 발생할 가능성이 있는지를 미리 확인하는 것이다. ③ 이 거리는 시가지 **도로에서 40~60km** 정도로 주행할 경우 **200여 미터**의 거리이다.

**83** 확인 과정에서 주의해서 보아야할 것 ◐ ① 전방을 탐색 시 : 다른 차로의 차량, 보행자, 자전거 교통의 흐름과 신호를 살핀다(특히 **화물차, 대형차**). ② 주변을 확인할 때 : 주차 차량이 있을 때는 **후진등이나 제동등, 방향지시기의 상태**를 살핀다.

**84** 예측 ◐ 예측한다는 것은 운전 중에 **확인한 정보를 모으고**, 사고가 발생할 수 있는 **지점을 판단**하는 것이다.

**85** 판단 과정에 작용하는 요인 ◐ ① 운전자의 **경험** ② **성격** ③ **태도** ④ **동기** 등

**86** 예측회피 운전의 기본적 방법 ◐ ① 속도 가·감속 ② 위치 바꾸기(진로변경) ③ 다른 운전자에게 **신호하기**

**87** 안전운전의 5가지 기본 기술 ◐ ① 운전 중에 **전방 멀리 본다.** ② **전체적으로 살펴본다.** ③ **눈을 계속해서 움직인다.** ④ 다른 사람들이 **자신을 볼 수 있게 한**

다. ⑤ 차가 빠져나갈 공간을 확보한다.

**88** 시야장애를 받을 경우 안전공간을 확보하기 위해 뒤차가 바짝 붙어 오는 상황을 피하기 위한 안전공간을 확보하는 방법 ◐ ① 가능하면 뒤차가 지나갈 수 있게 차로를 변경한다. ② 가능하면 속도를 약간 내서 **뒤차와의 거리를 늘린다.** ③ 브레이크 페달을 가볍게 밟아서 제동등이 들어오게 하여 **속도를 줄이려는 의도를 뒤차가 알 수 있게 한다.** ④ 정지할 공간을 확보할 수 있게 점진적으로 속도를 줄인다. 이렇게 해서 **뒤차가 추월할 수 있게 만든다.**

**89** 대향차량과의 정면 충돌 사고를 회피하는 방법 ◐ ① 전방의 도로 상황을 파악한다. ② 정면으로 마주칠 때 **핸들조작은 오른쪽으로 한다.** ③ **속도를 줄인다.** ④ **오른쪽으로 방향을 조금 틀어 공간을 확보한다.**

**90** 시간을 효율적으로 다루는 몇 가지 기본 원칙 ◐ ① 안전한 주행경로 선택을 위해 주행 중 **20~30초 전방을 탐색한다**(20~30초 전방은 **도시에서는 40~50km의 속도로 400m 정도의 거리이고, 고속도로등에서는 80~100km의 속도로 800m 정도의 거리이다**). ② 위험 수준을 높일 수 있는 **장애물이나 조건을 12~15초 전방까지 확인한다**(12~15초 전방의 장애물은 **도시에서는 200m 정도의 거리, 고속도로등에서는 400m 정도의 거리이다**). ③ 자신의 차와 앞차 간에 **최소한 2~3초의 추종거리를 유지한다.** 시간을 다루는데 특히 중요한 것은 앞차를 뒤따르는 추종거리이다. 운전자가 앞차가 갑자기 멈춰서는 것 등을 발견하고 회피 시도를 할 수 있기 위해서는 적어도 **2~3초 정도의 거리가 필요하다.** ④ **운전자의 반응시간**은 예기된 상황인 경우에는 **0.5초에서 0.7초 정도**이지만 예상치 못한 상황에서는 지각에 걸리는 시간까지 포함 **1초에서 2초까지 지연**된다.

**91** 공간을 다루는 법(자기 차와 앞차, 옆차 및 뒤차와의 거리를 다루는 문제)에서 속도와 시간, 거리 관계 ◐ ① 정지거리는 속도의 제곱에 비례한다. ② 속도를 2배 높이면 정지에 필요한 **거리는 4배 필요하다.** (건조한 도로를 50km의 속도로 주행 시 → **필요 정지거리 13m.** 그러나 100km에서는 52m(4×13m) 정도이다)

**92** 젖은 도로 노면을 다루는 법 ◐ ① 비가 오면 노면의 **마찰력이 감소하기 때문에 정지거리가 늘어난다.** 노면의 마찰력이 가장 **낮아지는 시점은 비오기 시작한 5~30분 이내**이다. ② 비가 많이 오게 되면 이번에는 **수막현상을 주의**해야 한다. ③ 수막현상은 속도가 높을수록 쉽게 일어난다.

**93** 교차로에서 방어운전을 할 때 내륜차에 의한 사고에 주의한다. ◐ ① 우회전할 때에는 뒷바퀴로 자전거나 보행자를 치지 않도록 주의한다. ② 좌회전할 때에는 정지해 있는 차와 충돌하지 않도록 주의한다.

**94** 커브 길에서 주행방법 ◆ ① 슬로우-인, 패스트-아웃(Slow-in, Fast-out) : 커브 길에 진입할 때에는 **속도를 줄이고**, 진출할 때에는 속도를 높이라는 뜻이다. ② 아웃-인-아웃(Out-In-Out) : 차로 바깥쪽에서 진입하여 **안쪽, 바깥쪽** 순으로 통과하라는 뜻이다. ③ 커브 진입직전에 **속도를 감속**하여 원심력 발생을 **최소화**하고, 커브가 끝나는 조금 앞에서 차량의 방향을 바르게 하면서 **속도를 가속**하여 신속하게 통과할 수 있도록 **핸들**을 조작한다.

**95** 배기 브레이크를 내리막길에서 사용할 때 효과 ◆ ① 브레이크액의 **온도상승 억제**에 따른 **베이퍼 록** 현상을 방지한다. ② 드럼의 온도상승을 억제하여 **페이드 현상을 방지**한다. ③ 브레이크 사용 감소로 **라이닝의 수명**을 연장시킬 수 있다.

**96** 철길 건널목에서의 방어운전 ◆ ① 철길 건널목에 접근할 때에는 **속도를 줄여 접**근한다. ② 일시정지 후에는 **철도 좌 · 우의 안전을 확인**한다. ③ 건널목을 통과할 때에는 **기어를 변속하지 않는다.** ④ 건널목 건너편 **여유 공간을 확인**한 후에 통과한다.

**97** 철길 건널목 통과 중에 시동이 꺼졌을 때의 조치방법 ◆ ① 즉시 동승자를 대피시키고, 차를 건널목 밖으로 **이동시키기 위해 노력**한다. ② 철도공무원, 건널목 관리원이나 **경찰에게 알리고 지시에 따른다.** ③ 건널목 내에서 움직일 수 없을 때에는 열차가 오고 있는 방향으로 뛰어가면서 **옷을 벗어 흔드는 등** 기관사에게 **위급상황을 알려 열차가 정지**할 수 있도록 안전조치를 취한다.

**98** 고속도로 진입부에서의 안전운전 ◆ ① 주행차로 진입의도를 다른 **차량에게 방향지시등으로 알린다.** ② 주행차로 진입 전 충분히 가속하여 **본선 차량의 교통 흐름을 방해하지 않도록** 한다. ③ 진입을 위한 가속차로 끝부분에서 감속하지 **않도록 주의**한다. ④ 고속도로 주행차로을 **저속**으로 진입하거나 진입 시기를 잘못 맞추면 추돌사고 등 **교통사고가 발생**할 수 있다.

**99** 고속도로 진출부에서의 안전운전 ◆ ① 본선 **진출의도를 다른 차량에게 방향지시등으로 알린다.** ② 진출부 진입 전에 **본선 차량에 영향을 주지 않도록 주의**한다. ③ 본선 차로에서 **천천히 진출부로 진입**하여 출구로 이동한다.

**100** 앞지르기를 해서는 안 되는 경우 ◆ ① 앞차가 **좌측으로 진로를 바꾸려고 하거나** 다른 차를 앞지르려고 할 때 ② 앞차의 **좌측에 다른 차가 나란히 가고 있을 때** ③ 뒤차가 자기 차를 앞지르려고 할 때 ④ 마주 오는 차의 진행을 방해하게 될 염려가 있을 때 ⑤ 앞차가 **교차로나 철길 건널목** 등에서 **정지 또는 서행**하고 있을 때 ⑥ 앞차가 **경찰공무원** 등의 지시에 따르거나 **위험방지**를 위하여 정지 또

는 서행하고 있을 때 ⑦ 어린이통학버스가 **어린이 또는 유아를 태우고 있다는**
표시를 하고 도로를 통행할 때

**101** 앞지르기할 때 발생하기 쉬운 사고 유형 ● ① **최초 진로를 변경할 때에는 동일
방향 좌측 후속 차량** 또는 나란히 진행하던 **차량과의 충돌** ② 중앙선을 넘어 앞
지르기할 때에는 **반대 차로에서 횡단**하고 있는 **보행자**나 주행하고 있는 차량과
의 충돌 ③ 앞지르기를 하고 있는 중에 **앞지르기 당하는 차량**이 좌회전하려고
**진입하면서 발생하는 충돌** ④ 앞지르기를 시도하기 위해 앞지르기 당하는 차량
과의 **근접주행으로 인한 후미 추돌** ⑤ 앞지르기한 후 **주행차로로 재진입하는 과
정**에서 앞지르기 당하는 차량과의 충돌

**102** 야간의 안전운전 ● ① 해가 지기 시작하면 곧바로 **전조등을 켜** 다른 운전자들에
게 자신을 알린다. ② 주간보다 시야가 제한되므로 **속도를 줄여 운행한다.** ③ 흑
색 등 어두운 색의 옷차림을 한 보행자는 발견하기 곤란하므로 보행자의 확인에
더욱 세심한 주의를 기울인다. ④ **승합자동차**는 야간에 운행할 때에 **실내조명등**
을 켜고 운행한다. ⑤ **선글라스를 착용하고 운전하지 않는다.** ⑥ 커브 길에서는
**상향등과 하향등을 적절히 사용**하여 자신이 접근하고 있음을 알린다. ⑦ 대향차
의 **전조등을 직접 바라보지 않는다.** ⑧ 자동차가 서로 마주보고 진행하는 경우
에는 전조등 불빛의 방향을 아래로 향하게 한다. ⑨ 밤에 앞차의 바로 뒤를 따라
갈 때에는 전조등 불빛의 방향을 아래로 향하게 한다.

**103** 안개길 안전운전 ● ① 전조등, 안개등 및 비상점멸표시등을 켜고 운행한다. ②
**가시 거리가 100m 이내**인 경우에는 **최고속도를 50% 정도 감속**하여 운행한
다. ③ 앞차와의 **차간거리**를 충분히 확보하고, 앞차의 **제동**이나 **방향지시등의
신호를 예의 주시**하며 운행한다. ④ 앞을 분간하지 못할 정도의 짙은 안개로 운
행이 어려울 때에는 **차를 안전한 곳에 세우고 미등과 비상점멸 표시등**(비상등)
등을 점등시키고 기다린다.

※ 고속도로에서 안개지역을 통과할 때 다음사항을 최대한 활용
① **도로전광판, 교통안전표지** 등을 통해 안개 발생구간 확인
② 갓길에 설치된 안개시정 표지를 통해 시정거리 및 앞차와의 거리 확인
③ 중앙분리대 또는 갓길에 설치된 **반사체인 시선유도표지를 통해** 전방의 도로선
형 확인
④ 도로 갓길에 설치된 **노면요철포장의 소음** 또는 **진동**을 통해 도로이탈을 확
인하고 **원래 차로로 신속히 복귀하여** 평균 주행속도보다 **감속 운행**

**104** 경제운전(에코드라이빙)의 개념 ● 여러 가지 **외적 조건**(기상, 도로, 차량, 교통

상황 등)에 따라 운전방식을 맞추어 감으로써 연료 소모율을 낮추고, 공해배출을 최소화하며, 심지어는 안전의 효과를 가져오고자 하는 운전방식이다.

**105** 경제운전의 기본적인 방법 ◐ ① 가 · 감속을 부드럽게 한다. ② 불필요한 공회전을 피한다. ③ 급회전을 피한다. 차가 전방으로 나가려는 운동에너지를 최대한 활용해서 부드럽게 회전한다. ④ 일정한 차량속도를 유지한다.

**106** 경제운전의 효과 ◐ ① 차량관리 비용, 고장수리 비용, 타이어 교체 비용 등의 감소 효과 ② 고장수리 작업 및 유지관리 작업 등의 시간 손실 감소 효과 ③ 공해배출 등 환경문제의 감소 효과 ④ 교통안전 증진 효과 ⑤ 운전자 및 승객의 스트레스 감소 효과

**107** 타이어의 공기압 관계 ◐ ① 공기압이 낮으면 : 트레드가 구실을 못하게 되며, 차량의 안정성이 낮아진다. ② 공기압이 높으면 : 접지력이 떨어지고, 타이어 손상가능성도 높아진다. ③ 적정 공기압일 때 : 제동거리도 최소화되며, 노면에 대한 주행 및 제동력의 전달이 가장 좋아지고 타이어의 내구성도 최대가 된다.

**108** 타이어의 공기압과 연료 소모량 ◐ 타이어의 공기압이 적정압력보다 15~20% 낮으면 연료 소모량은 약 5~8% 증가하는 것으로 나타나고 있다.

**109** 속도와 연료소모율의 관계 ◐ ① 일정 속도로 주행하는 것이 매우 중요하다. ② 일정 속도란 평균속도가 아니고, 도중에 가감속이 없는 속도를 의미한다. ③ 가, 감속과 제동을 자주하며 공격적인 운전으로 평균 시속 40km를 유지하는 것이 시속 40km의 일정속도로 주행할 때보다 연료소모가 훨씬 많다. ④ 평균속도와 일정속도에서의 연료소모량의 차이는 20%에까지 이른다.

**110** 기어변속과 연료소모율의 관계 ◐ ① 기어변속은 엔진회전속도가 2,000~3,000rpm 상태에서 고단 기어 변속이 바람직하다. ② 기어는 가능한 한 빨리 고단 기어로 변속하는 것이 좋다.

**111** 제동과 관성 주행 ◐ 연료공급이 차단되어 연료소모가 줄어들고, 제동장치와 타이어의 불필요한 마모도 줄일 수 있다.

**112** 진로변경 위반에 해당하는 경우 ◐ ① 두 개의 차로에 걸쳐 운행하는 경우 ② 한 차로로 운행하지 않고 두 개 이상의 차로를 지그재그로 운행하는 행위 ③ 갑자기 차로를 바꾸어 옆 차로로 끼어드는 행위 ④ 여러 차로를 연속적으로 가로지르는 행위 ⑤ 진로변경이 금지된 곳에서 진로를 변경하는 행위 등

**113** 봄철 계절 특성 ◐ ① 봄은 겨우내 잠자던 생물들이 새롭게 생존의 활동을 시작한다. ② 겨울이 끝나고 초봄에 접어들 때는 겨우내 얼어 있던 땅이 녹아 지반이

약해지는 해빙기이다. ③ 날씨가 온화해짐에 따라 **사람들의 활동이 활발**해지는 계절이다.

**114** 봄철 기상 특성 ◑ ① **푄 현상**으로 경기 및 충청지방으로 고온 건조한 날씨가 지속된다. ② 저기압이 한반도에 영향을 주면 **약한 강우를 동반한** 지속성이 큰 **안개가 자주 발생**한다 등.

**115** 여름철 계절 특성 ◑ ① 봄철에 비해 **기온이 상승**하며, 주로 6월 말부터 7월 중순까지 **장마전선의 북상**으로 비가 많이 내리고 장마 이후에는 무더운 날이 지속된다. ② 저녁 늦게까지 무더운 현상이 지속되는 **열대야 현상**이 나타나기도 한다 등.

**116** 여름철 기상 특성 ◑ ① 국지적으로 **집중호우가 발생**한다. ② 따뜻하고 습한 공기가 차가운 지표면이나 수면 위를 이동해 오면 밑 부분이 식어서 생기는 **이류안개가 번번히 발생**하며, **연안이나 해상에서 주로 발생**한다.

**117** 가을철 기상 특성 ◑ ① **복사안개가 발생**한다. ② 해안안개는 해수온도가 높아 수면으로부터 증발이 잘 일어나고, 습윤한 공기는 육지로 이동하여 야간에 냉각되면서 생기는 **이류안개가 빈번히 형성**된다. 특히 **하천이나 강을 끼고 있는 곳**에서는 짙은 안개가 자주 발생한다.

**118** 가을철 교통사고 위험요인(운전자) ◑ 추수철 국도 주변에는 **저속으로 운행**하는 **경운기·트랙터** 등의 통행이 늘고, 단풍 등 주변 환경에 관심을 가지게 되면 집중력이 떨어져 **교통사고 발생가능성이 존재**한다(특히 **경운기** 등 농기계에 주의한다).

**119** 겨울철 계절 특성 ◑ ① 겨울철은 차가운 **대륙성 고기압의 영향**으로 북서 계절풍이 불어와 날씨는 춥고 **눈이 많이 내리는 특성**을 보인다. ② **교통의 3대 요소**인 **사람, 자동차, 도로환경** 등 모든 조건이 다른 계절에 비하여 **열악한 계절**이다.

**120** 겨울철 기상 특성 ◑ ① 한반도는 **북서풍이 탁월**하고 강하여, **습도가 낮고** 공기가 **매우 건조**하다. ② 겨울철 안개는 서해안에 가까운 내륙지역과 찬 공기가 쌓이는 **분지지역에서 주로 발생**하며, 빈도는 적으나 **지속시간이 긴 편**이다 등.

**121** 미끄러운 도로(길)에서 출발하는 기어 ◑ **2단**

**122** 자동차가 미끄러운 도로에서 주행 중에 차체가 미끄러질 때의 조치 ◑ 핸들을 미끄러지는 **방향으로 틀어주면** 스핀(Spin) 현상을 방지할 수 있다.

**123** 고속도로 교통사고 법규위반 원인별 현황 ◑ ① **안전운전 불이행** : 65.6% ② **안전거리 미확보** : 26.8% ③ **차로 위반(진로변경)** : 3.7% 정도를 차지하고 있다. ④ 이 현황을 보면 **안전운전 불이행** 등 운전자로 인한 교통사고가 주요**원인**임을 알 수 있다.

**124** 고속도로 교통사고의 특성 ◐ ① 빠르게 달리는 도로의 특성상 치사율이 높다. ② 운전자 전방주시 태만과 졸음운전으로 2차(후속) 사고 발생 가능성이 높다. ③ 운행특성상 장거리 통행이 많고 영업용 차량(화물차, 버스) 운전자의 장거리 운행으로 과로 졸음운전이 발생할 가능성이 높다. ④ 화물차, 버스 등 대형차량의 안전운전 불이행으로 대형사고가 발생하며 사망자도 증가 추세이고, 화물차의 적재불량과 과적은 도로상에 낙하물을 발생시켜 교통사고 원인이 된다. ⑤ 최근 고속도로 운전 중 휴대폰 사용, DMB 시청 등 기기사용 증가로 인해 전방주시가 소홀해지고 이로 인해 교통사고 발생 가능성이 더욱 높아진다.

## 제4편 운송서비스(버스운전자의 예절포함)

**01** 서비스의 사전적 의미 ◐ 무료, 덤, 할인, 노무를 제공하는 것이며, 판매를 위해 제공되거나 연계되어 제공되는 행위 혹은 만족을 의미한다.

**02** 서비스와 예(禮)의 관계 ◐ 서비스는 단지 비즈니스 현장에서만 필요한 것이 아니라 공공장소에서는 물론 일상생활에서 자연스럽게 표출되어야 하는 덕목으로 예의범절(禮儀凡節), 예절(禮節), 예(禮)와 상통한다. ① 예(禮)는 좋든 싫든 해야만 하는 것을 하게 하는 것이고, 이를 통해 내키지 않아도 해야 할 일은 태도와 인내심이 길러지며, 인내를 바탕으로 자신을 다스릴 수 있다. ② 예(禮)는 참교육에 의해 자발적으로 생성되는 것이고 타인을 향한 습관화된 태도이다.

**03** 여객 운송업의 서비스 ◐ 서비스는 행위, 과정, 성과로 정의할 수 있다. ① 운수종사자의 서비스는 승객의 요구, 필요를 충족시켜주기 위해 제공되는 서비스라할 수 있으며, ② 승객이 목적지까지 편안하고 안전하게 이동할 수 있도록 책임과 의무를 다하는 것을 말한다.

**04** 운수 종사자의 서비스 수칙 ◐ ① 예(禮)의 매뉴얼을 몸에 익히기 ② 좋든 싫든 해야만 하는 것임을 인지하기 ③ 의무를 다하는 태도를 갖기

**05** 서비스의 특성의 내용 ◐ ① 무형성 : 보여지는 것이 아닌 기억에 새겨지는 것을 말한다. 즉, 고객의 욕구를 충족시키기 위해 수행되는 활동을 의미한다. ② 이질성 : 제공자와 수혜자의 상호 작용에 의해 다양성과 이질성이 심화되어 서비스 표준화가 어렵다. ③ 소멸성 : 서비스는 1회성이며, 생방송과 같은 특성을 지니고 있음을 말한다. 또한 저장 및 재활용을 할 수 없으며 한 순간의 느낌으로 남는 특성을 의미한다. ④ 비분리성 : 생산과 소비가 동시에 발생하는 것이며, 고객과 서비스 제공자 사이의 상호 작용으로 인해 발생한다.

**06** 서비스 특성의 문제 개선 방안 ◐ ① 무형성 : 실제적 단서를 제공하여 이미지를 개선해야 하며, 구전을 통해 호감 이미지를 확대시킨다. ② 이질성 : 표준화된 서비스를 제공하고 서비스 품질 관리에 노력을 기울여야 한다. ③ 소멸성 : 수요와 공급을 고려한 편리성을 증진시키고, 한 사람도 빠짐없이 모든 직원이 좋은 서비스를 제공하도록 해야 한다. ④ 비분리성 : 감동을 주는 서비스를 제공하고, 좋은 인적 자원 확보에 총력을 기울여야 한다.

**07** 서비스 제공자와 수혜자의 상호 작용(좋은 서비스) ◐ ① 운전자 만족 ② 승객 만족 ③ 수익 증가 ④ 승객 증가

**08** 승객 만족의 개념 ◐ 승객의 요구와 불만을 파악하여 그 기대를 충족시키는 양질의 서비스를 제공하고, 그로 인해 승객이 만족감을 느끼게 하는 것을 말한다.

**09** 승객 만족을 위한 운전자의 태도 ◐ ① 직무에 책임을 다 한다. ② 단정한 용모를 유지한다. ③ 시간을 엄수한다. ④ 매사에 성실하고 성의를 다한다. ⑤ 공손하고 친절하게 응대한다. ⑥ 예의 바른 말씨를 사용한다. ⑦ 자신을 제어한다. ⑧ 조심성 있게 행동하고 일을 정확히 처리한다. ⑨ 조직이 추구하는 목표와 윤리 기준에 부합하기 위해 최선을 다한다. ⑩ 명랑한 태도로 모든 일을 의욕적으로 한다.

**10** 승객의 평가 기준 ◐ 100명의 운수 종사자 중 99명의 운수 종사자가 바람직한 서비스를 제공한다 하더라도 '승객'이 접해본 단 한 명이 불만족스러웠다면 승객은 그 한 명을 통하여 회사 전체를 평가하게 된다. 불평·불만을 갖는 승객 중 4~5%만이 불만을 표출하고 나머지 95%는 침묵한다. 불만 승객 1명의 뒤에는 보이지 않는 수많은 불만 승객이 있음을 유념해야 한다.

**11** 승객의 요구 ◐ ① 자신이 제기한 불만의 정당성 인정 ② 자신의 감정에 대한 공감 및 이해하는 태도 ③ 잘못된 점에 대한 시정 약속 ④ 자신이 입은 피해에 대한 진정성 있는 사과와 보상 ⑤ 잘못된 점을 개선할 의지가 보이는 말과 그에 따른 변화

**12** 승객 만족 서비스에서 '3S' 의미 ◐ ① 스마일(Smile) : 호감을 주는 표정으로, ② 서비스(Service) : 승객의 입장에서 생각하고, ③ 스피드(Speed) : 신속한 응대 및 성의 있는 행동을 한다.

**13** 승객에 대한 책임과 의무 ◐ ① 쾌적하고 안전한 버스 환경 점검 ② 건강한 심신 유지 ③ 단정한 용모와 복장 확인 ④ 온화한 표정과 좋은 음성 관리 ⑤ 승·하차 시 인사 표현 연습 ⑥ 상황별 인사 표현 ⑦ 성의 있는 반응 보이기(예 : 질문에 정성껏 응대, 공감적 수용적 응대)

**14** 태도(Attitude)의 의미 ● ① 실제 모든 일에서 가장 중요한 것은 그 일을 대하는 자세 혹은 태도이다. ② 태도(Attitude)는 라틴어 앱투스(Aptus)에서 기원된 것으로, 행동적인 측면뿐만 아니라 또는 적응의 의미로도 쓰인다. ③ 태도(Attitude)는 무언가를 행할 준비가 되어있는 상태를 말한다.

**15** 운수 종사자의 준비 자세 ● ① 자신의 용모와 복장 상태를 청결하고 단정하게 관리 ② 쾌적한 버스 환경을 제공 ③ 버스의 청결도(좌석, 천장, 바닥, 손잡이 등)와 쾌적성(적당한 온도, 좋은 냄새 등) 확인 ④ 방역 소독과 질병에 대한 환경 관리

**16** 승객 만족을 위한 자세 ● ① 승객 맞이 인사 : 승·하차 시 승객에게 밝은 목소리로 반갑게 인사한다. ② 근무복(유니폼) 착용 : 단정한 용모와 근무복(유니폼) 착용은 직업인으로서의 준비된 자세를 표현하며, 승객에게 신뢰감을 주는 효과가 있으므로 회사에서 지급한 근무복 착용을 의무화하고 용모를 깔끔하게 관리한다. ③ 승·하차 시 승객 확인 : 승객의 안전을 지키기 위해 승·하차 승객을 확인 후 출발한다. 이는 끼임 사고를 예방하고 '개문 발차'를 방지할 수 있다.

**17** 승객 만족을 위한 자세의 접점별 점검 사항 ● ① 승차 시 : ㉠ 승객을 바라보고 경쾌한 음성으로 인사 ㉡ 승차한 승객의 안전 확인 후 이동 ② 이동 중 : ㉠ 운전 중 고객에게 필요한 정보 제공 ㉡ 승객의 질문·요청 사항에 가급적 신속히 응대 ㉢ 불만 승객의 의견 수용 및 가급적 빠른 해결책 제시 ③ 하차 시 : ㉠ 하차하는 승객에게도 인사 ㉡ 승객 하차 확인 후 출입문 닫고 출발

**18** 승객과 대화(듣는 입장) 시 표정과 태도 ● ① 눈 : ㉠ 상대방을 정면으로 바라본다. ㉡ 시선을 자주 마주친다. ② 몸 : ㉠ 정면을 향해 조금 앞으로 내미는 듯한 자세를 취한다. ㉡ 손이나 다리를 꼬지 않는다. ㉢ 끄덕끄덕하거나 메모하는 태도를 유지한다. ③ 입 : ㉠ 맞장구를 친다. ㉡ 모르면 질문하여 물어본다. ㉢ 대화의 핵심 사항을 재확인하여 말한다. ④ 마음 : ㉠ 흥미와 성의를 가진다. ㉡ 말하는 사람의 입장에서 생각하는 마음을 가진다(역지사지의 마음).

**19** 승객과 대화(말하는 입장) 시 표정과 태도 ● ① 눈 : ㉠ 듣는 사람을 정면으로 바라보고 말한다. ㉡ 상대방 눈을 부드럽게 주시한다. ② 몸 : ㉠ 표정을 밝게 한다. ㉡ 등을 펴고 똑바른 자세를 취한다. ㉢ 자연스러운 몸짓이나 손짓을 사용한다. ㉣ 웃음이나 손짓이 지나치지 않도록 주의한다. ③ 입 : ㉠ 입은 똑바로, 정확한 발음으로 자연스럽고 상냥하게 말한다. ㉡ 쉬운 용어를 사용하고, 경어를 사용하며, 말끝을 흐리지 않는다. ㉢ 적당한 속도와 맑은 목소리를 사용한다. ④ 마음 : ㉠ 성의를 가지고 말한다. ㉡ 최선을 다하는 마음으로 말한다.

**20** 운수 종사자의 상황에 따른 긍정 언어(호감 화법)표현 ○ ① 긍정할 때 : "네, 잘 알겠습니다.", "네, 그렇죠, 맞습니다." ② 부정할 때 : "그럴 리가 없다고 생각 되는데요.", "확인해 보겠습니다." ③ 맞장구를 칠 때 : "네, 그렇군요.", "정말 그렇습니다.", "참, 잘 되었네요." ④ 거부할 때 : "어렵겠습니다만, ~.", "정 말 죄송합니다만, ~.", "유감스럽습니다만, ~" ⑤ 부탁할 때 : "양해해 주셨으 면 고맙겠습니다.", "그렇게 해 주시면 정말 고맙겠습니다." ⑥ 사과할 때 : "폐를 끼쳐 드려서 정말 죄송합니다.", "어떻게 사과의 말씀을 드려야 할지 모르겠습니 다." ⑦ 겸손한 태도를 나타낼 때 : "천만의 말씀입니다.", "제가 도울 수 있어서 다행입니다.", "오히려 제가 더 감사합니다." ⑧ 분명하지 않을 때 : "어떻게 하면 좋을까요?", "아직은 ~입니다만, ~.", "저는 그렇게 알고 있습니다만, ~."

**21** 운수 종사자의 승객에 대한 호칭 ○ ① 아줌마 / 아가씨 : 손님, 선생님 ② 할머 니 / 할아버지 : 손님, 어르신, 선생님 ③ 꼬마야 : 학생
(예 : ① "아줌마, 카드 다시 찍어요." → "손님, (번거로우시겠지만) 카드 다시 찍어주시겠습니까?", "선생님, 카드가 안 찍혔습니다.", "선생님, 카드 다시 한 번(찍어 주시기) 부탁드립니다." ② "아가씨, 좀 기다렸다가 올라와요" → "손 님, 내리시는 분이 계시니 잠시 후 올라오십시오.(올라오시겠습니까?)" ③ "할 머니, 일어나지 마세요." → "손님, 주행 중 일어나시면 위험하니 차가 정차할 때까지 앉아 계시겠습니까?(계세요.)"

**22** 반응 보이기(응답하기) ○ ① "○○○ 갑니까?" – "네." 또는 무응답(고개만 끄 덕임) → "네, ~ 갑니다. 어르신, 천천히 올라오십시오." ② "더우니 에어컨 좀 켜주세요." – "네." 또는 응답하지 않고 킨다. → "네, 알겠습니다."(흔쾌한 음 성으로 대답) ③ "저 ○○역에 내리는데 좀 알려주세요." – "앉아 계세요." 또는 "일어나지 마세요." → "네, 어르신. 한 다섯 정류장 남았는데 그 때 다시 말씀 드릴게요. 앉아 계십시오." ④ 거절은 정중하게 한다. → 승객의 안전을 위해서 못해주는 것이고, 모든 승객의 편의와 안전을 위한 것임을 인지시킨다.

**23** 여객 자동차 운전자의 5대 금기 운전 사항 ○ ① '개문 발차'하지 않기 ② '끼임 사고' 예방(0.2초의 여유) ③ '급제동', '급출발'하지 않기 ④ '무정차'하지 않기 ⑤ '곡예 운전'하지 않기

**24** 직업의 의미 ○ ① **경제적** 의미 ② **사회적** 의미 ③ **심리적** 의미

**25** 바람직한 직업관 ○ ① **소명의식**을 지닌 직업관(천직으로 생각) ② **사회구성원** 으로서의 역할 지향적 직업관(봉사하는 일) ③ **미래 지향적** 전문능력 중심의 직 업관(전문가가 되겠다는 생각)

**26** 올바른 직업윤리 **○** ① 소명의식 ② 천직의식 ③ 직분의식 ④ 봉사정신 ⑤ 전문의식 ⑥ 책임의식

**27** 운송사업자는 다음의 사항을 승객이 자동차 안에서 쉽게 볼 수 있는 위치에 게시하여야 한다. **○** ① 회사명, 자동차 번호, 운전자 성명, 불편사항 연락처 및 차고지 등을 적은 표지판 ② 운행계통도(노선운송사업자 : 시내버스, 농어촌버스, 마을버스, 시외버스만 해당)

**28** 운송사업자가 운행하고 있는 여객자동차에 부착하는 "속도제한장치", "운행기록계"의 설치 근거는 **○** 자동차 및 자동차부품의 성능과 기준에 관한 규칙

**29** 13세 미만 어린이 통학을 위하여 전세버스 운행자는 학교 및 보육시설의 장과 운송계약을 체결하고 운행하여야 한다. 해당하는 법은 **○** 「도로교통법」(시행령 제31조 제4호)

**30** 버스 운전자가 운전업무 중 해당 도로에 이상이 있었던 경우에는 운전업무를 마치고 교대할 때의 인계 등 조치 방법 **○** 교대할 때에 다음 운전자에게 알려야 한다.

**31** 운전자가 가져야 할 기본자세 **○** ① 교통법규 이해와 준수 ② 여유 있는 양보운전 ③ 주의력 집중 ④ 심신상태 안정 ⑤ 추측운전 금지 ⑥ 운전기술 과신은 금물 ⑦ 배출가스로 인한 대기오염 및 소음공해 최소화 노력

**32** 운전자가 지켜야 하는 행동 **○** ① 횡단보도에서의 올바른 행동 ② 전조등의 올바른 사용 ③ 차로변경에서의 올바른 행동 ④ 교차로를 통과할 때의 올바른 행동

**33** 교통사고에 따른 조치 **○** ① 교통사고를 발생시켰을 때에는 도로교통법령에 따라 현장에서의 인명구호, 관할경찰서 신고 등의 의무를 성실히 이행한다. ② 어떤 사고라도 임의로 처리하지 말고, 사고발생 경위를 육하원칙에 따라 거짓 없이 정확하게 회사에 보고한다. ③ 사고처리 결과에 대해 개인적으로 통보를 받았을 때에는 회사에 보고한 후 회사의 지시에 따라 조치한다.

**34** 버스운영체제의 유형 **○** ① 공영제 ② 민영제 ③ 버스준공영제

**35** 공영제의 장점 **○** ① 종합적 도시교통계획 차원에서 운행서비스 공급이 가능 ② 노선의 공유화로 수요의 변화 및 교통수단간 연계차원에서 노선조정, 신설, 변경 등이 용이 ③ 연계 · 환승시스템, 정기권 도입 등 효율적 운영체계의 시행이 용이 ④ 서비스의 안정적 확보와 개선이 용이 ⑤ 수익노선 및 비수익노선에 대해 동등한 양질의 서비스 제공이 용이 ⑥ 저렴한 요금을 유지할 수 있어 서민대중을 보호하고 사회적 분배효과 고양

**36** 민영제의 장점 **○** ① 민간이 버스노선 결정 및 운행서비스를 공급함으로 **공급비용을 최소화 할 수 있음** ② 업무성적과 보상이 연관되어 있고 엄격한 지출통제에 제한받지 않기 때문에 **민간회사가 보다 효율적임** ③ 민간회사들이 보다 **혁신적임** ④ 버스시장의 **수요·공급체계의 유연성** ⑤ 정부규제 최소화로 행정비용 및 정부재정 **지원의 최소화**

**37** 버스공영제의 특징 **○** ① 버스의 소유·운영은 **각 버스업체가 유지** ② 버스노선 및 요금의 조정, 버스운행 관리에 대해서는 **지방자치단체가 개입** ③ 지방자치단체의 판단에 의해 조정된 노선 및 요금으로 인해 발생된 운송수지적자에 대해서는 **지방자치단체가 보전** ④ 노선체계의 **효율적인 운영** ⑤ 표준운송원가를 통한 **경영효율화 도모** ⑥ 수준 높은 버스 서비스 제공

**38** 버스준공영제 형태에 의한 분류 **○** ① **노선 공동관리형** ② **수입금 공동관리형** ③ **자동차 공동관리형**

**39** 버스업체 지원형태에 의한 분류 **○** ① **직접 지원형** : 운영비용이나 자본비용을 보조하는 형태 ② **간접 지원형** : 기반시설이나 수요증대를 지원하는 형태 ※ **국내 버스준공영제의 일반적인 형태** : 수입금 공동관리제를 바탕으로 표준운송 원가대비 운송수입금 부족분을 지원하는 **직접 지원형**

**40** 버스준공영제의 주요 도입 배경 **○** ① 현행 민영체제하에서 **버스운영의 한계** ② 버스교통의 공공성에 따른 **공공부문의 역할분담 필요** ③ 복지국가로서 보편적 버스교통 **서비스 유지 필요** ④ 교통효율성 제고를 위해 **버스교통의 활성화 필요** : ① 사회·경제적 비용 경감 ② 국가물류비 절감, 유류소비 절약 등

**41** 버스준공영제의 주요 시행 목적 **○** ① 서비스 안정성 제고 ② 적정한 원가보전 기준마련 및 **경영개선유도** ③ 수입금 **투명한 관리와 시민 신뢰 확보** ④ 도덕적 **해이 방지** ⑤ 운행질서 등 전반적인 **서비스 품질 향상** ⑥ 버스이용의 **쾌적성, 편의성 증대** ⑦ 버스에 대한 **이미지 개선** ⑧ 대중교통 이용 **활성화 유도**

**42** 버스운임의 기준·요율 결정 및 신고의 관할관청

| 구분 | | 운임의 기준·요율결정 | 신고 |
|---|---|---|---|
| 노선<br>운송사업 | 시내버스 | 시·도지사(광역급행형 : 국토교통부장관) | 시장·군수 |
| | 농어촌버스 | 시·도지사 | 시장·군수 |
| | 시외버스 | 국토교통부장관 | 시·도지사 |
| | 고속버스 | 국토교통부장관 | 시·도지사 |
| | 마을버스 | 시장·군수 | 시장·군수 |

| 구역 | 전세버스 | 자율요금 |
|---|---|---|
| 운송사업 | 특수여객 | 자율요금 |

**43** 버스요금체계의 유형 **○** ① 단일(균일) 운임제 : 이용거리와 관계없이 **일정하게 요금 부과**
② 구역 운임제 : 운행구간을 몇 개의 구역으로 나누어 **구역별로 요금 설정**
③ 거리운임 요율제 : **거리운임요율에 운행거리를 곱해** 요금을 산정하는 요금체계
④ 거리 체감제 : 이용거리가 **증가함에 따라** 단위당 운임이 **낮아지는 요금체계**

**44** 간선급행버스체계(BRT) 운영을 위한 구성요소 **○** ① 통행권 확보(이용 통행권 확보) ② 교차로 시설 개선(입체 교차로 운영) ③ **자동차 개선**(수평 승하차 및 대량 수송) ④ 환승시설 개선(환승시설 운영) ⑤ **운행관리 시스템**(지능형 교통시스템을 활용)

**45** 버스정보시스템(BIS) **○** 버스와 정류소에 무선 송수신기를 설치하여 버스의 위치를 **실시간으로 파악**하고, 이를 이용해 이용자에게 정류소에서 해당 노선버스의 **도착예정시간을 안내**하고 이와 동시에 인터넷 등을 통하여 운행 정보를 제공하는 시스템이다.

**46** 버스운행관리시스템(BMS) **○** 차내 장치를 설치한 버스와 종합사령실을 유 · 무선 네트워크로 연결해 버스의 위치나 사고 정보 등을 승객, 버스회사, 운전자에게 **실시간으로 보내주는 시스템**이다.

**47** 버스정보시스템 주요 기능 **○** ① 버스도착 정보제공 : 정류소별 도착예정정보 표출 등 ※ 버스운행관리시스템의 주요 기능 **○** ① 실시간 운행상태 파악 : 정류소별 도착시간 관제 등 ② **전자지도 이용 실시간 관제** : 버스위치표시 및 관리 등 ③ **버스운행 및 통계관리** : 누적 운행시간 및 횟수 통계관리

**48** 버스정보시스템의 이용주체별 기대효과 **○** ① 이용자(승객) : **버스도착 예정시간 사전확인**으로 불필요한 대기시간 감소 등
※ 버스운행관리시스템의 이용주체별 기대효과 **○** ① 운수종사자(버스 운전자) : 운행정보 인지로 **정시 운행** 등 ② 버스회사 : **과속 및 난폭운전**에 대한 통제로 **교통사고율 감소** 및 **보험료 절감**과 운행간격 유지 등으로 **경영합리화 가능** 등 ③ 정부 · 지자체 : 버스운행 관리감독의 과학화로 경제성, 정확성, 객관성 확보 등

**49** 버스전용차로의 개념 **○** 일반차로와 구별되게 **버스가 전용으로 신속하게 통행**할 수 있도록 설정된 차로를 말한다.

**50** 버스전용차로 유형별 구분 ❍ ① **가로변** 버스전용차로 ② **역류** 버스전용차로 ③ 중앙 버스전용차로

**51** 가로변 버스전용차로의 장점 ❍ ① **시행이 간편**하다. ② 적은 비용으로 운영이 가능하다. ③ 기존의 **가로망** 체계에 미치는 **영향이 적다**. ④ 시행 후 문제점 발생에 따른 보완 및 원상복귀가 용이하다.

**52** 중앙버스전용차로의 장점 ❍ ① 일반 차량과의 **마찰을 최소화** 한다. ② 교통정체가 심한 구간에서 **더욱 효과적**이다. ③ 대중교통의 **통행속도 제고 및 정시성** 확보가 유리하다. ④ 대중교통 이용자의 **증가를 도모**할 수 있다. ⑤ 가로변 상업 활동이 보장된다.

**53** 대중교통 전용 지구 ❍ ① **개념** : ㉮「도시교통정비촉진법」제33조에 따라 도시의 교통수요를 감안해 **승용차 등 일반 차량의 통행을 제한**할 수 있는 지역 및 제도를 말한다. ㉯ 도심 상업지구 내로의 일반 차량의 통행을 **제한**하고 대중교통 수단의 진입만을 허용하여 교통여건을 개선하여 **쾌적한 보행과 쇼핑**이 가능하도록 하는 대중교통 중심의 보행자 전용이다.
② **목적** : ㉮ 도심상업지구의 **활성화** ㉯ 쾌적한 보행자 **공간의 확보** ㉰ 대중교통의 **원활한 운행 확보** ㉱ 도심교통환경 개선
③ **운영내용** : ㉮ **버스 및 16인승 승합차, 긴급자동차만 통행** 가능하며 심야 시간에 한해 **택시의 통행 가능** ㉯ 승용차 및 일반 승합차는 **24시간 진입불가** (화물차량은 허가 후 통행가능) ㉰ 보행자 보호를 위해 대중교통 전용 지구 내 **30km/h로 속도제한**

**54** 교통카드시스템의 이용자 측면 도입효과 ❍ ① **현금소지의 불편 해소** ② 소지의 **편리성**, 요금 지불 및 징수의 **신속성** ③ 하나의 카드로 **다수의 교통수단 이용 가능** ④ 요금할인 등으로 **교통비 절감**

**55** 교통카드 시스템의 운영자 측면 도입효과 ❍ ① 운송수입금 **관리의 용이** ② 요금 집계업무의 전산화를 통한 **경영합리화** ③ 대중교통 이용률 증가에 따른 **운송수익의 증대** ④ 정확한 전산실적자료에 근거한 운행 효율화 ⑤ 다양한 **요금체계에 대응**(거리 비례제, 구간요금제 등)

**56** 교통카드 방식에 따른 분류 ❍ ① **MS**(Magnetic Strip)방식(자기 인식 방식) ② **IC방식**(스마트카드)(반도체 칩을 이용한 방식으로 보안성이 높다.)

**57** IC카드의 종류(내장하는 Chip의 종류에 따라) ❍ ① **접촉식** ② **비접촉식**(RF, Radio Frequency) ③ **하이브리드** ④ **콤비**

**58** 지불방식에 따른 구분 ❍ ① 선불식 ② 후불식

**59** 충전시스템 ◐ ① 금액이 소진된 교통카드에 금액을 재충전하는 기능을 한다. ② 종류 : on line(은행과 연결하여 충전), off line(충전기에서 직접 충전) ③ 구조 : 충전시스템과 전화선 등으로 정산센터와 연계

**60** 정산시스템 ◐ ① 각종 단말기 및 충전기와 네트워크로 연결하여 사용 거래기록을 수집, 정산처리하고, 정산결과를 해당 은행으로 전송한다. ② 거래기록의 정산처리 뿐만 아니라 정산처리된 모든 거래기록을 데이터베이스화하는 기능을 한다.

**61** 교통사고조사규칙에 따른 대형교통사고 ◐ ① 3명 이상이 사망(교통사고 발생일로부터 30일 이내에 사망한 것을 말한다) ② 20명 이상의 사상자가 발생한 사고

**62** 「여객자동차 운수사업법」에 따른 중대한 교통사고 ◐ ① 전복(顚覆)사고 ② 화재가 발생한 사고 ③ 사망자 2명 이상 발생한 사고 ④ 사망자 1명과 중상자 3명 이상이 발생한 사고 ⑤ 중상자 6명 이상이 발생한 사고

**63** 교통사고조사규칙에 따른 교통사고의 용어 ◐ ① 충돌사고 : 차가 반대방향 또는 측방에서 진입하여 그 차의 정면으로 다른 차의 정면 또는 측면을 충격한 것을 말한다. ② 추돌사고 : 2대 이상의 차가 동일방향으로 주행 중 뒤차가 앞차의 후면을 충격한 것을 말한다. ③ 추락사고 : 자동차가 도로의 절벽 등 높은 곳에서 떨어진 사고

**64** 버스 운전석의 위치나 승차정원에 따른 종류 ◐ ① 보닛 버스(Cab-behind-Engine Bus) : 운전석이 엔진 뒤쪽에 있는 버스 ② 캡 오버 버스(Cab-over-Engine Bus) : 운전석이 엔진의 위쪽에 있는 버스 ③ 코치 버스(Coach Bus) : 3~6인승 정도의 승객이 승차가능하여 화물실이 밀폐 되어 있는 버스 ④ 마이크로 버스(Micro Bus) : 승차정원이 16인 이하 소형버스

**65** 버스차량 바닥의 높이에 따른 종류 및 용도 ◐ ① 고상버스(High Decker) ② 초고상버스(Super High Decker) ③ 저상버스

**66** 버스승객의 주요 불만사항 ◐ ① 버스가 정해진 시간에 오지 않는다. ② 정체로 시간이 많이 소요되고, 목적지에 도착할 시간을 알 수 없다. ③ 난폭, 과속운전을 한다. ④ 버스기사가 불친절하다. ⑤ 차내가 혼잡하다. ⑥ 안내방송이 미흡하다(시내버스, 농어촌버스). ⑦ 차량의 청소, 정비상태가 불량하다. ⑧ 정류소에 정차하지 않고 무정차 운행한다(시내버스, 농어촌버스).

**67** 부상자 의식 상태 확인 ◐ ① 말을 걸거나 팔을 꼬집어 눈동자를 확인한 후 의식이 있으면 말로 안심시킨다. ② 의식이 없다면 기도를 확보한다. 머리를 뒤로 충분히 젖힌 뒤, 입 안에 있는 피나 토한 음식물 등을 긁어내어 막힌 기도를 확보한다. 등.

**68** 심폐소생술 의식확인 ➡ ① 성인 : 환자를 바로 눕히고, **양쪽 어깨를 가볍게 두** 드리며 의식이 있는지, 숨을 정상적으로 쉬는지 반응 확인 ② 영아 : 한쪽 발바 닥을 가볍게 두드리며 의식이 있는지, 숨을 정상적으로 쉬는지 **반응 확인**.

**69** 기도개방 및 인공호흡 2회 ➡ 가슴이 충분히 올라올 정도로 2회(1회당 1초간) 실시

**70** 가슴압박 및 인공호흡 무한반복 ➡ 30회 가슴압박과 2회 인공호흡 반복(30:2)

**71** 가슴압박 방법 ➡ 분당 100회~120회 정도의 속도로, 5cm(영아 – 4cm) 이상 깊이로, 강하고 빠르게 30회 압박한다.

**72** 교통사고발생 시 운전자가 취할 조치과정 ➡ ① **탈출**(엔진정지 후) ② **인명구조** (부상자, 노인, 어린이, 부녀자 등) ③ **후방방호**(차선 뛰어드는 행동 금지) ④ **연락**(경찰서 및 소속회사 등) ⑤ **대기**(사고장소 외의 장소)

**73** 차량고장 시 운전자의 후방에 대한 안전조치 ➡ ① 비상등을 점멸시키면서 길어 깨(갓길)에 바짝 차를 대고 정한다. ② 대기 장소에서는 통행차량의 접근에 따 라 접촉이나 추돌이 생기지 않도록 안전조치를 취해야 한다. ③ 고장차를 즉시 알 수 있도록 표시 또는 눈에 띄게 한다. ④ 행정안전부령이 정하는 표지(고장 자동차의 표지)를 설치하여야 한다(다른 곳으로 이동조치 포함) ⑤ 고장 자동차 의 표지와 함께 **사방 500m지점**에서 식별할 수 있는 "**적색의 섬광신호**·전기제 등 또는 불꽃신호를 추가로 설치하여야 한다. ⑥ 구급차 또는 서비스차가 도착 할 때까지 안전지대로 나가서 기다리도록 한다.

**74** 재난발생 시 운전자의 조치사항 ➡ ① 운행 중 재난이 발생한 경우에는 신속하게 차량을 **안전지대로 이동**한 후 즉각 **회사 및 유관에 보고**한다. ② 장시간 고립 시 에는 유류, 비상식량, **구급환자발생 등을 즉시 신고**, 한국도로공사 및 인근유관 기관 등에 협조를 요청한다. ③ 승객의 안전조치를 우선적으로 취한다. ㉮ 폭설 및 폭우로 운행이 불가능하게 된 경우에는 응급환자 및 노인, 어린이 승객을 우 선적으로 안전지대로 대피시키고 유관기관에 **협조를 요청**한다. ㉯ 재난 시 차내 에 유류 확인 및 업체에 현재 위치를 알리고 도착 전까지 **차내에서 안전하게 승** 객을 보호한다. ㉰ 재난 시 차량 내에 이상 여부 확인 및 신속하게 안전지대로 **차량을 대피**한다.